U0296345

尾矿宏观力学特性及细观力学机理

张千贵　范翔宇　尹光志　著

科学出版社

北　京

内 容 简 介

本书从材料的宏观尺度全面系统地介绍尾矿的分类和化学物理性质、静力学及动力学特性，从材料的细观尺度介绍尾矿颗粒统计分形特征及其与颗粒级配的关系、尾矿细观结构特征、尾矿孔隙与骨架结构的分形特征、尾矿细观结构受载非线性变形演化特征，并且从宏细观两方面介绍尾矿粗细分层结构的等效力学特性、尾矿粒径对其宏细观力学特性的影响、尾矿孔隙水运移特性及其对尾矿宏细观力学特性的影响机制等，最后介绍基于颗粒流数值模拟的尾矿坝细观结构变形演化特征。

本书可供采矿工程、矿山安全技术与工程、岩土工程、尾矿与尾矿库工程等相关领域的科研人员使用，也可以作为高等院校相关专业研究生和本科生的教学参考书。

图书在版编目（CIP）数据

尾矿宏观力学特性及细观力学机理 / 张千贵，范翔宇，尹光志著. —北京：科学出版社，2019.4

ISBN 978-7-03-061032-4

Ⅰ. ①尾…　Ⅱ. ①张…　②范…　③尹…　Ⅲ. ①尾矿－力学性质　Ⅳ. ①TD926.4

中国版本图书馆 CIP 数据核字（2019）第 067570 号

责任编辑：华宗琪　朱小刚 / 责任校对：彭珍珍
责任印制：罗　科 / 封面设计：陈　敬

科 学 出 版 社 出版
北京东黄城根北街 16 号
邮政编码：100717
http：//www.sciencep.com
四川煤田地质制图印刷厂印刷
科学出版社发行　各地新华书店经销
*
2019 年 4 月第　一　版　开本：787×1092　1/16
2019 年 4 月第一次印刷　印张：16　插页：16 面
字数：380 000

定价：148.00 元

（如有印装质量问题，我社负责调换）

前　言

尾矿库作为选矿厂生产设施的重要组成部分，其安全生产与运营关系到下游居民生命、财产安全及周边环境。尾矿坝的稳定是尾矿库安全运行的关键，尾矿库工程设计和生产管理的核心问题即是掌握规划或运行中尾矿库的稳定性。尾矿坝的破坏失稳是坝体结构承受荷载、孔隙水、地震等各种营力作用而产生的变形破坏，决定其变形量大小的主要因素之一是堆坝尾矿的结构强度，而尾矿的结构强度受其细微观结构制约。可以说，尾矿坝体的宏观变形破坏是细微观结构变形发展的结果。

然而，尾矿的形成和所处环境不同于一般土体，其各种性质在宏观和细微观尺度上的表现也相对特殊。因此，全面和系统地认识尾矿的物理力学性质，从材料的宏细观尺度出发，探讨尾矿宏细观多因素联合作用力学机制，研究尾矿细观结构变化的宏观力学响应，并分析其宏细观等效力学性能，从细观力学角度揭示尾矿宏观力学的时效机制，能够从本质上认识尾矿库灾变演化机理，有助于科学地开展尾矿库设计与管理、稳定性评价与病危害治理。

本书结合丰富的室内物理、力学试验，对尾矿的分类、化学物理性质及宏观力学特性与细观力学机理进行系统而全面的介绍。第 1 章，阐述本书的意义与价值，介绍结构性材料力学性质的研究层次，并概述尾矿物理力学性质方面当前已取得的研究进展与开展尾矿细观力学性质研究的相关方法，包括描述尾矿细观结构特征的分形理论、分析尾矿细观力学的颗粒物质理论、细观力学试验与数值模拟方法。第 2 章，归纳总结尾矿的分类和化学物理性质，包括尾矿的分类标准与分类，常见尾矿的化学成分与矿物成分，常见尾矿与细粒尾矿的物理性质。第 3 章，分析尾矿静动力学性质，静力学性质方面包括尾矿压缩特性、渗透特性、抗剪强度特性，动力学性质方面包括尾矿的动孔隙水压力、动抗剪强度、动变形特征等，并介绍冻结尾矿力学特性，以及磷尾矿电阻率与力学性质的关系。第 4 章，结合尾矿静力学性质试验成果，根据尾矿细观剪切滑移特征，基于 Mohr-Coulomb 强度准则、弹塑性力学和损伤力学理论，介绍一种尾矿弹塑性损伤本构模型。第 5 章，分析尾矿颗粒统计分形特征，并探讨尾矿颗粒质量分形维数与其颗粒分布特征及宏观力学性质的关系。第 6 章，介绍一种自行研制的尾矿细微观力学与形变观测试验装置，探讨尾矿细观结构特征与分形特性、尾矿局部应力与结构变形特征，以及尾矿受载细观结构变形的分形维数定量表征，并依据颗粒物质理论解释其细观力学行为机制，揭示尾矿宏细观力学等效力学机理。第 7 章，针对采用上游法堆筑的尾矿坝内部常出现细粒尾矿透镜体结构，结合开展的相应尾矿分层结构体宏细观力学试验，介绍粗、细粒尾矿分层结构体（透镜体）的宏观力学性质，以及细观尺度下的颗粒位移、局部应力及细观结构变形等力学特征，并探讨尾矿坝内分层结构体的宏细观等效力学特性。第 8 章，针对采用上游法堆筑的尾矿坝随着坝高增加上覆坝体重力荷载将逐渐增大而引起坝体内部细观结构变形的特点，以及尾矿坝纵向颗粒粒径由上至下逐渐减小的特征，结合开展的相应不同粒径尾矿受载细观力学试验，并利用分形理论对不同粒径尾矿细观结构开展定量描述，探讨受荷载作用尾矿细观颗粒结构的承载特性和微观结构变形特征。第 9 章，针对尾矿坝地下水位线以上非饱和尾矿含水率变化特征，结合开展的相应非饱和尾矿宏细观力学试验，介绍非饱和尾矿宏观力学特性与含水率的相关关系，分析荷载作用下非饱和尾矿孔隙水的运移特征及其对尾矿细观结构的作用机理。第 10 章，以尾矿坝水位线以下饱和尾矿为研究对象，介绍结合物理模型试验和数值模拟的地下水位线受洪水影响变化规律、地下水渗流力学特征，结合饱和尾矿孔隙水运移细观力学试验，从细观尺度介绍尾矿孔隙水运移对其细观颗粒结构的影响，并基于颗粒物质理论解释孔隙水运移对尾矿细观结构的作用机理。第 11 章，以新建四川省盐源县平川铁矿黄草坪尾矿库为工程背景，介绍演绎尾矿库建设与运营过程的堆坝物理模型试验，并结合室内土力学试验，在获得尾矿库颗粒分布几何特征及力学特性后，介绍基于 PFC 2D 颗粒流模拟的尾矿库颗粒位移与接触力分布特征，揭示尾矿坝体颗粒位移与结构变形特征。

本书所述研究工作与书稿撰写得到重庆大学魏作安教授、张东明教授、蒋长宝教授和王维忠高级工程师，以及重庆科技学院敬小非副教授的支持与帮助。部分内容参考了研究团队谭钦文、余果、杨作亚、李愿、耿伟乐和王文松等的研究成果。尾矿动力学部分参考了中国科学院武汉岩土力学研究所张超研究员的研究成果。同时，书中参考和引用了许多学者的学术论著，相关参考论著在书中做了明显标记。此外，本书所介绍的研究工作得到了昆明有色冶金设计研究院股份公司、云南铜业股份有限公司、四川省盐源县平川铁矿、云南玉溪矿业有限公司、云南迪庆矿业开发有限责任公司等企业的支持。在此，对给予相关研究工作和书稿撰写支持帮助的专家与企业，以及成果参考的相关领域学者，表示衷心的感谢。本书得到国家自然科学基金青年科学基金项目（项目编号：51304170）、国家自然科学基金面上项目（项目编号：51074199）、高等学校博士学科点专项科研基金博导类资助课题（项目编号：20110191110001）的资助。

尾矿属于一种特殊的岩土颗粒材料，其不同于一般土体，但二者也存在诸多相似之处，随着岩土材料研究的不断深入，尾矿宏细观力学性质及工程应用的相关研究技术与成果仍在不断发展和更新。本书仅介绍作者在该领域的一些发现与认识，由于水平有限，书中不妥之处在所难免，恳请专家与广大读者给予批评和指正。

目　录

第1章 绪　论

1.1 引　言

矿产资源是人类赖以生存的物质基础。在矿产资源的开发过程中，人们获得有价值矿产品的同时，也产生了大量的废弃物，其中大部分为选矿厂排出的尾矿。目前，国内外对尾矿的处理多是将其堆放于尾矿库中，形成尾矿堆积体。尾矿库是指筑坝拦截谷口或围地构成的用以堆存金属、非金属矿山排出尾矿的场所，是维持矿山正常生产的必要设施，也是金属、非金属矿山的重大危险源，是矿山三大控制性工程之一[1]。尾矿坝是尾矿库的主要构筑物，是用以拦截尾矿以形成库区而修筑的人工坝体。所以，确保尾矿坝的稳定是矿山安全生产、运营的头等大事。

我国已发展成为世界第二大经济体，各项经济建设带动了原材料工业的飞速发展，矿产资源开发发展尤其迅猛。随着矿业生产的快速增长，尾矿库作为选矿厂生产设施的重要组成部分，其数量和规模也不断增加。我国尾矿库数量之多、库容之大和坝体之高在世界上是比较少见的。据国家安全生产监督管理总局统计显示，截至2012年底，全国共有尾矿库12273座，其中在用库6633座、在建库1234座、已闭库2193座、停用库2213座（其中废弃库和强制取缔关闭库1304座）。尾矿库分布较集中的地区有河北（2470座）、山西（1760座）、辽宁（1213座）、河南（1047座）、湖南（658座）、云南（643座）、广西（602座）、内蒙古（591座）、山东（525座）等9个省（自治区），约占全国尾矿库总数的77.5%。按安全状况划分，有危库54座、险库100座、病库1069座、正常库11050座；按等级划分，有二等库143座、三等库718座、四等库2287座、五等库9125座。根据2007～2015年的《国家安全生产监督管理总局国家煤矿安全监察局公告》，截至2014年底，全国共有尾矿库11359座，仅2014年投入的整治经费就已达到109.1亿元。尽管如此，截至2015年底，全国仍有131座病危库、险库，以及1425座“头顶库”和466座“三边库”，这些尾矿库安全风险程度高，且大多位于人口稠密的城镇与村庄上游，极大地威胁着库区下游的城镇和村庄居民生命与财产安全。据初步估计，全国有近900座尾矿库采用上游法高速率筑坝工艺（每年上升高度超过8m的称为高速率筑坝），坝高的急剧增加，将显著加大矿山尾矿坝的溃坝风险[2, 3]。

随着尾矿库数量急剧增加，以及堆坝高度的加大，我国尾矿库的安全形势逐渐严峻。在尾矿库安全事故中，已造成了严重的生命、财产及环境损失。据国家安全生产监督管理总局统计，2005年尾矿库共发生事故（或环境安全事件，下同）9起，死亡13人；2006年12起，死亡30人；2007年14起，死亡和失踪18人；2008年18起，死亡和失踪282人；2009年4起，死亡3人；2010年6起，死亡6人；2011年7起，死亡1人。特别是2008年9月8日，山西省襄汾县新塔矿业有限公司（铁矿）发生了特别重大尾矿库溃坝事故，造成281人死亡、33人受伤，直接经济损失达9619.2万元。2012年发生的广西壮族自治区华银铝业有限公司“5·26”龙山排泥库泥浆泄漏事件和贵州省铜仁市万泰锰业有限公司

“11·7”锰渣库泄漏环境污染事件，造成了极为严重的环境污染和恶劣的社会影响，尾矿库安全环保形势依然严峻，隐患及问题依然十分突出。

针对尾矿库带来的危害，国内外学者做过大量深入研究，这些研究主要包括环境污染[4-11]、稳定性分析[12-15]、坝体抗震及液化[16, 17]等方面。国家相关法规规定：尾矿坝稳定性是尾矿库安全运行的关键，掌握规划或运行中尾矿库的稳定性是尾矿库工程设计和生产管理中的重中之重[18]。尾矿坝稳定性相关技术研究起步较晚，至今未形成独立体系，多是使用土质边坡稳定性的分析方法。目前，用于尾矿坝稳定性分析的方法主要有三种：①极限平衡法[19]，如瑞典法、毕肖普法、余推力法、Sarma 法等；②数值分析法[20]，也叫应力-应变法，如有限元法、拉格朗日元法（FLAC 法）、边界元法等；③模型试验方法[21, 22]。一般情况下，对于某尾矿坝的稳定性分析，多是综合使用三种方法，以达到更为有效和科学的评价。

根据《尾矿设施设计规范》（GB 50863—2013）第 4.4.1 条规定：尾矿库初期坝与堆积坝的抗滑稳定性应根据坝体材料及坝基的物理力学性质经计算确定。计算方法应采用简化毕肖普法或瑞典圆弧法，地震荷载应按拟静力法计算。数值分析法是通过建立数学模型，选择材料的本构模型，以堆坝材料的物理力学性质为计算依据，来模拟求解坝体的应力应变值，然后再按照一定的准则，判断并给出坝体的破坏区域、安全系数等指标。模型试验方法是通过建立与现场相似或相近的物理模型进行室内试验研究，以此演绎设计中的尾矿库堆筑过程，获得尾矿库结构特征、地下水位线情况及堆筑材料的物理力学性质等，并结合极限平衡法或者数值分析法进行稳定性评价。选择的模型试验材料应与现场堆坝尾矿具有相同或一定相似比的物理力学性质，才能准确地预测尾矿坝的稳定性。无论是采用何种方法分析尾矿坝的稳定性，堆坝材料的物理力学性质均作为基础依据而显得尤为重要。尾矿的形成以及所处环境非常复杂，构成了其特有的物理力学性质。因此，探讨尾矿的基本物理力学性质，对于研究尾矿库的稳定性、进一步完善尾矿库设计与治理技术具有重要的实际意义。

对于土力学的研究，早在 20 世纪初，Terzaghi 和 Asagrande 就指出土的结构对其力学强度的重要作用，并提出土细观结构的概念。因此，从细观尺度探索尾矿的结构特征及其变形破坏机理具有更为重要的学术意义。并且，随着材料科学、试验手段及计算机技术的不断发展，人们对材料细观特性的认识日益深入，发展了相应的细观力学理论，使得从尾矿坝破坏细观机理的层面上对其宏观力学现象进行理解成为可能。

近年来，学者们在土体细观结构特性和细观力学模型等领域已取得了丰硕的成果。鉴于尾矿与土存在诸多相似，利用这些研究方法，对用于堆筑尾矿堆积体（尾矿坝）的尾矿宏观力学特性及细观力学机理展开广泛的研究，包括尾矿宏观力学特性及其影响因素分析，以及基于细观尺度，研究尾矿结构特性，实现材料宏观等效力学性能的预测，分析尾矿细观结构诸多元素的作用机理，对于深入剖析尾矿的物理力学特性、拓展和改进已有的土体细观力学模型及方法等具有极其重要的学术意义，同时也有助于完善尾矿库设计理念，优化尾矿坝稳定性评价方法，促进病危害尾矿库治理技术的发展。

1.2　研究现状及评述

尾矿在长期荷载作用下，变形随荷载与时间的增长而增大，决定其变形量大小的主要因素之一是尾矿的结构强度，而尾矿的结构强度受细微观结构制约。可以说，尾矿的宏观变形破坏是细微观结构变形发展的结果，细微观结构的变形性能对其工程力学性质起着非常重要的作用。因此，要探讨尾矿的变形与强度时效本质，需从细微观层次去研究尾矿结构，分析其受载变形演化特征。目前，国内外关于尾矿宏观力学行为特征的研究已取得一定的成果，但是探索尾矿宏观力学特性的细观力学机理方面的研究仍然很少。因此，本章将从尾矿宏观力学特性、土体细观结构分形特征、颗粒物质力学理论、土体结构物宏细观模型试验以及数值分析方法等方面出发，系统分析相关领域的研究现状，为研究尾矿宏观力学特性、细观变形破坏特征、宏细观等效力学特性以及基于细观力学的尾矿坝变形分析等研究提供参考与借鉴。

1.2.1 结构性材料力学性质研究层次

岩土工程中，研究结构性岩土材料的尺度可分为宏观、细观和微观三个层次[23]，各尺度下研究的主要方法与内容如下。

1. 宏观层次

宏观层次是以准连续介质假设为基础，研究材料的物理与力学性质受各种自然营力作用的响应特征。任何具有内部结构的材料不可避免地受尺度效应的影响。如果宏观考察的代表单元尺寸取得足够大，尺度效应基本消失，则相应的研究对象可以以这样的单元为基础按连续介质力学原理进行分析，这就是准连续介质的基本含义。具体来说，准连续介质代表单元内包含的结构体应在 10^2～10^3 数量级，而传统的连续介质则应包含 10^4 以上的分子或晶体个数。

2. 细观层次

细观层次上结构单元尺度变化范围在 10^{-4}cm 至几厘米，主要研究结构材料的排列方式，材料细观结构对荷载及环境因素的响应、演化和时效机理，以及材料细观结构与宏观力学性能的定量关系，在这一层次研究结构性材料的力学性质称为细观力学，它是固体力学与材料科学紧密结合的新兴学科。细观力学将连续介质力学的概念与方法直接应用到细观的材料构件上，利用多尺度的连续介质力学的方法，引入新的内变量，来表征经过某种统计平均处理的细观特征、微观量的概率分布及其演化[24]。数字高程模型（digital elevation model，DEM）方法和非连续变形分析（discontinous deformation analysis，DDA）方法是这一层次结构性材料力学性质研究的有力手段。

3. 微观层次

微观层次是进一步研究块体内部的应力和应变，材料的结构单元尺度在原子、分子量级，即从 10^{-7}～10^{-4}cm 着眼于结构材料单颗粒的微观结构分析，由晶体结构及分子结构组成，可用电子显微镜观察分析，该层次的结构是材料科学基础研究对象。

1.2.2　尾矿宏观物理力学性质

尾矿坝稳定性分析与评估以尾矿物理力学特性为基础。目前，用于尾矿坝稳定性分析的尾矿物理力学性质研究内容主要是从宏观层次出发，将尾矿视为连续多孔介质，分析其物理性质指标与力学行为特征。以此获得的尾矿各项物理力学性质指标均是以连续假设为基础，在此基础上建立的尾矿坝结构变形特征与稳定性评价也均为对材料性质的科学测定与统计意义上的。因此，尾矿物理力学参数准确性与其所具有的代表性决定了尾矿坝变形特征与稳定性评价成果的可靠性。

尾矿的物理性质一般以饱和度、孔隙比、比重、天然密度、天然含水率、干密度、塑性指数、渗透系数、固结系数等指标来进行分析，而比重、天然密度、天然含水率为三项重要基本指标。尾矿的力学特性主要包括静力学与动力学性质，由于尾矿压缩性质涉及力学理论，也有一些学者将其归纳为尾矿力学特性。由于尾矿的成因与所处环境的复杂性，国内外学者针对各种尾矿颗粒组分、复杂应力以及不同环境等条件下尾矿物理力学行为特征展开了大量的研究工作，其试验手段主要包括静力学试验、动力学试验以及特殊试验条件的室内或现场测试等。

1. *尾矿静力学性质*

殷家瑜等[25]探讨了尾矿砂在高应力三轴剪切试验过程中的变形与强度特性，认为颗粒破坏的数量随着剪切变形和侧限压力的增大而增多；实测数据获得的高压力下的切线泊松比与丹尼尔建议的方法进行计算的结果相符，但与轴向应变和侧向应变为双曲线关系的假设进行计算的值相差较大。王余庆等[24]通过静力不排水剪切试验，初步探讨了尾矿孔隙比、固结应力和固结应力比对土样应力-应变特性的影响。保华富等[26]基于大量尾矿的物理力学性质试验结果，获得尾矿自然堆积稳定的干密度、含水率大小与其所处排水条件、放矿浓度、颗粒级配等因素关系密切；尾矿颗粒越细，孔隙比越小，其渗透系数越小，破坏比降越大；尾矿的 e-log$K$ 具有良好的线性关系；尾矿的压缩性随矿粒由粗变细，逐渐由低压缩性过渡到中、高压缩性，其固结速率亦明显降低。陈存礼等[27]在饱和 Q_2、Q_3 黄土，饱和粉质黏土及饱和尾矿砂固结排水三轴试验的基础上，研究了材料的应力比与应变增量比的关系。王凤江等[28-30]从坝体尾矿砂堆存的物理特征出发，探讨了尾矿砂沿尾矿库纵、横方向的颗粒变化规律，尾矿砂的粒径、含水率、孔隙比以及相对密度与尾矿砂的内摩擦角的关系。并基于室内三轴剪切试验，以聚丙烯土工织物为筋材，对不同加筋层数下尾矿砂的变形、破坏特征进行了研究。王业田等[31]研究了马家田尾矿砂的颗粒分布规律、物理力学性质变化规律。余君等[32]通过尾矿的物理力学性质试验，得出了尾粉砂内摩擦角和孔隙比的关系，同时对尾矿的压缩性、抗剪强度等进行了详细的分析讨论。尹光志等[33]按照尾矿堆坝工艺（中线法）的颗粒组成，通过人工配料对全尾矿砂、粗尾矿砂、细尾矿砂的物理力学性质进行了全面测试与研究。宁掌玄等[34]通过多层加筋尾矿砂三轴压缩试验得到，2 层以下加筋时，土工织物对尾矿砂的横向变形约束作用较小，尾中细砂均表现为剪切破坏特征；在 2～4 层增强时，尾中细砂均表现为拉应力破坏特征；拉破坏条件下和剪切滑移破坏条件下，均发现加筋后的尾矿，内聚力随加筋层数呈非线性增大，而内摩擦角基本不变。上述研究主要从材料的宏观尺度，基于室内土工试验，获得了丰富的尾矿静力学性质，对于尾矿基础力学性质的认识和尾矿坝稳定评价等具有重要的意义。

2. *尾矿动力学性质*

地震是引起尾矿坝失稳最为重要的因素之一。我国许多尾矿坝位于地震高烈度区，地震时易产生坝体液化，实测勘察表明地震引起尾矿库的液化、裂缝以及沉降等问题时有发生，其中以上游法尾矿坝的震害事故较多[35]。因此，在进行新建尾矿坝和现有尾矿坝加高的设计时，皆需要对其动力稳定性进行分析，国内外学者对此也开展了广泛的研究工作，并取得丰硕的成果。

辛鸿博等[36, 37]探讨了尾矿的动强度修正系数 K_a 和 K_q，尾矿黏性土震后应力-应变关系和残余强度特征，不同应力状态下尾矿黏性土的动力变形、动孔隙水压力的发展和强度的变化。张建隆[38]通过动扭剪和动三轴试验，初步探讨了尾矿砂在周期荷载下的动力特性。李万升等[39]就大石河尾矿砂的力学特性进行了研究，确定了该尾矿砂在固结不排水剪时的剪胀特性和在动三轴以及动单剪试验中影响变形发展的因素。Wehr 等[40]探讨了尾矿液化特性及其对尾矿坝稳定性的影响。阮元成等[41]对饱和尾矿动力变形特性进行了研究，指出饱和疏松的尾矿具有敏感的不稳定结构，在往返加荷条件下，同一种尾矿对于不同的固结比，其压力效应的试验结果可以近似地用同一条直线来表示；在固结应力条件和振动次数一定时，饱和尾矿的残余轴应变随动剪应力比的增大而增加，其变化规律不仅在双对数坐标中呈线性关系，而且在较小的动剪应力比变化范围内，试样会因残余轴应变的迅速增大而进入破坏状态。徐宏达[42]对不同固结度尾矿泥动强度进行了试验研究，并推导出不同固结度各种固结比下的动应力 σ_{d} 和动力抗剪强度指标 c_{d} 、ϕ_{d} 。阮元成等[43]对两种饱和尾矿（尾矿砂和尾矿泥）的静、动强度特性进行了一系列试验研究，得到：尾矿颗粒较细，比重较大，石英含量较多，亲水性弱，饱和的、疏松的尾矿具有非常敏感的不稳定结构；不仅在往返加荷条件下动强度低，动剪应力比变化范围小，容易发生液化和破坏，而且当尾矿的密度小于某一临界值时，静力条件下也会发生流滑而进入破坏状态。张超与杨春和等[44, 45]分析了细颗粒含量对尾矿的动力液化特性的影响规律，指出对于铜矿类尾矿坝的尾矿，当细颗粒含量占到总量的 35% 时，其抗液化性能最佳，并提出了适用于尾矿的细粒含量对标准贯入击数的修正式；通过对某铜矿的尾矿进行动三轴和共振柱试验，研究了尾矿动力变形特性，提出了简单实用的孔隙水压力模型，给出了能更加准确地预测尾矿的动孔隙水压力的公式。陈存礼等[46]在不同固结状态下对饱和尾矿砂进行动三轴试验，探讨饱和尾矿砂的动孔压和动残余应变发展特性，研究发现，动应力、固结围压变化对饱和尾矿砂的孔压增长曲线基本上没有影响，固结应力比变化对其有较明显的影响。均压固结和偏压固结时孔压增长曲线形态不同。均压固结时，可用修正后的 Seed 应力孔压模型表达式来描述；偏压固结时，可用指数函数来模拟。在均压固结和偏压固结条件下，饱和尾矿砂均产生较大的残余应变。固结围压、动应力变化对残余应变增长曲线基本上没有影响，固结应力比对其有明显的影响。残余应变增长曲线在均压固结和偏压固结时具有明显不同的形态。陈存礼等[46]还通过对某钼矿尾矿砂在不同固结应力状态下进行的动三轴试验，研究了该尾矿砂的动力变形和动强度特性，研究表明该尾矿砂的动应力-应变关系可用 Hardin 等效黏弹性模型描述。谭钦文等[47]研究了中线法堆坝工艺的不同粗粒含量尾矿砂的动力液化特性，认为粗粒含量对尾矿砂的动力特性具有重要影响，粒径组成粗细兼顾，级配良好的尾矿砂通常比粒径单一的粗尾砂具有更好的抗液化性能。这些尾矿动力学性质一般是通过三轴试验获得，丰富和发展了尾矿抗震液化破坏的理论基础，对于地震引起尾矿坝破坏失稳研究具有重要的学术价值。

3. *尾矿其他力学性质*

由于尾矿坝所处环境的多样化，且坝体加固技术的发展，尾矿坝灾害与防治的科研工作者开展了各种状态的坝体尾矿渗透力学、固结力学等物理力学性质以及各种增强材料的加固力学性能等研究工作。

周健等[48]根据试验资料整理出可用于三维应力状态的振动孔隙水压力增长的公式，并提出了一个计算饱和尾矿地震反应的三维动力分析方法。刘俊生等[49]研究了尾矿颗粒组成对其渗透性的影响，提出以常规颗粒级配曲线特征为基础资料的更合理且适用的经验公式。Tibana 等[50]探讨了三维应力下尾矿砂的应力松弛效应。欧孝夺等[51]建立了尾矿的孔隙比、上覆土压力及渗透系数三者的数学关系，并提出了适用于尾矿堆积坝和土石坝渗透系数取值的尾矿渗透系数与其埋深的数学模型。谭菊香等[52]分别对取自尾矿坝区的 4 种尾矿进行颗粒分析试验、原状土与重塑土渗透试验、尾矿浆水渗透试验，分析了颗粒级配、孔隙比及时间对尾矿渗透系数的影响。尹光志等[53, 54]、魏作安等[55]利用拉拔试验，研究了土工合成材料（加筋带和土工格栅）在填料尾矿不同密实度、含水率及垂直荷载作用下，土工合成材料与填料土的界面作用特性，以及细粒尾矿加筋的作用机理。王崇淦等[56]通过尾矿的物理力学性质试验，得出了 *e-P* 曲线拟合幂函数方程以及尾粉砂内摩擦角和孔隙比的关系，并指出各种尾矿都具有一定的内聚力。吴小刚等[57]对饱和细粒尾矿进行了一系列固结试验，分析了饱和细粒尾矿固结度在自重应力下与时间因素的演化过程，细粒尾矿固结度与颗粒组成、分层厚度等因素的变化关系；论证了大变形固结理论在细粒尾矿固结变形研究方面的适用性。吴文[58]研究了絮凝药剂对尾矿砂浆充填材料的单轴抗压强度的影响。徐林荣等[59]对石棉尾矿的压碎值、含泥量、密度、坚固性、磨光值、磨耗值、碱集料反应等进行了一系列试验。张亚先等[60]分析了堆积坝体尾矿砂土性状、堆积特性及其变化规律，研究了尾矿砂土分布规律、物理力学性质随时间的变化规律，初步揭示了高堆尾矿坝深部抗剪指标要显著高于浅部，堆积坝体同一空间位置，同样埋深下干容重指标具有随时间明显增长、随渗透系数明显降低的规律。上述研究主要针对尾矿孔隙水渗流力学、尾矿固结力学及改性尾矿力学开展探讨，这些性质也是尾矿坝稳定评价与综合治理的重要依据。

1.2.3 分形理论及其在岩土工程中的应用

1. *分形理论的发展历史*

土力学中，土体结构一般是通过测定其颗粒组成、三相比指标等宏观参数进行定性或定量的描述，而这些方法较难准确地表述土体复杂的细观结构特征。大量的研究表明，岩土介质的孔隙、颗粒几何分布从原子尺度到晶粒尺寸均表现出分形特征[61-68]。目前，分形几何已被广泛应用于研究岩土的孔隙率、输运特性和渗透性等，为定量描述土体复杂结构提供了一个有效的理论方法。

分形理论始创于20世纪70年代中期，创立伊始就引起人们极大的兴趣，与耗散结构、混沌并称为70年代科学史上的三大发现[69]。“分形”学科的诞生通常以Mandelbrot于1967年在《科学》杂志上发表的一篇题为“英国的海岸线有多长？统计自相似性与分数维数”的论文作为标志[70]，但最早的工作可追溯到1875年，德国数学家Weierestras构造的处处连续但处处不可微的函数，集合论创始人Canter构造了许多奇异性质的三分Canter集，后经许多数学家的努力逐渐发展起来[71]。英文词“fractal”最早出现在1977年Mandelbrot出版的《分形：形状、机遇与维数》[72]，并提出了分形的三要素，即形状、机遇和维数，其后，1982年又发表《自然界的分形几何》[73]，标志了分形理论的正式诞生。该理论认为分形研究的对象是具有自相似性的无序系统，其维数的变化是连续的，即其维数可以不是整数，对分形的定义可以理解为：分形是由组成部分以某种方式与整体相似的形。

在Mandelbrot最初的论述中，定义分形是其豪斯多夫维数（Hausdorff dimension）D_f严格大于其拓扑维数的集，即$D_f > D_t$。这个定义不合理，因为它把一些明显是分形的集排除了。英国数学家Kenneth J. Falconer给出的定义被多数学家所接受，他认为，称集F为分形，即认定它具有下述性质[74]：①F具有精细的结构；②F具有高度的不规则性；③F具有某种程度上的自相似性；④F的某种意义下的维数大于它的拓扑维数；⑤F的生成方法很简单，比如可以由迭代的方式产生。

分形理论由于是描述突变性、粗糙性、颗粒性非常好的工具[75]，而广泛运用于土壤分析。Perfect和Kay[76]对分形理论在土壤学中的应用做了较为详细的分析，并将其归为三类；①描述土壤物理特征；②建立土壤物理过程模型；③定量分析土壤空间变异性。基于分形理论理念，提出了许多定量描述土体颗粒分布、结构特征的数学模型，如颗粒数量-粒径分布分形模型[77]、颗粒质量-粒径分布分形模型[78]、颗粒体积-粒径分布分形模型[79]、颗粒原状面积（体积）分布分形模型[80]、孔隙分形模型[81]。

2. 分形理论在土力学研究中的应用现状

在分形维数（分维）的应用方面，目前多集中在岩土体孔隙特性、水分保持与水分特征曲线、土质类型与生态环境、渗透性、土体强度等方面，而且孔隙体积-孔径分布分形维数、颗粒（孔隙）原状面积分布分形维数在研究岩土体原状特性时的潜力比较明显。

Katz和Thompson[82]使用扫描电子显微镜（scanning electron microscope，SEM）和光学显微镜获得了砂岩的孔隙率与孔隙原状面积分布分形维数的关系。Rieu等[83]得到了不完全破碎体的孔隙率与分形维数的表达式。Oleschko等[84]研究了沉降土物理性质与孔隙分形特性的关系。Perret等[85]采用CT试验获得了土壤大孔隙的分形维数。Bird等[86]的研究发现，从二维图像中也可以获得分形维数与多重分形频谱特征。Millán等[87]探讨了变质土微孔隙的分形特征。Atzeni等[88]研究了地基土孔隙结构分形模型。Luo等[89]使用X射线断层摄影技术对土的微观孔隙结构进行了分形研究。Tao等[90]对比分析了岩土材料孔隙体积分形模型与颗粒体积分形模型。尹小涛等[91]分析了K_2SiO_3溶液对黏性土孔隙分形特性的影响。

利用土壤分形特征对水分保持与水分特征曲线的研究发现，土的分形结构可确定土的水分特征曲线，孔隙分布的分维能准确地拟合土的水分特征曲线[92]。基于土壤分形特征已提出了许多不同非饱和土的水分特征曲线模型，例如，基于颗粒质量-粒径分布分形维数建立的模型[93, 94]，利用孔隙表面分布分形维数建立的模型[95]，利用孔隙体积-孔径分布分形维数求得的模型[96, 97]。非饱和土的水分特征曲线模型应该直接和孔隙的分布有关，故采用孔隙体积-孔径分布分形维数建立的非饱和土的水分特征曲线模型最为准确，这类分形模型主要有：Perrier 等[98, 99]在 Pfeifer 和 Avnir 的研究基础之上建立的水分特征曲线模型；徐永福等[100]以孔隙数量-孔径分布分形维数为基础建立的水分特征曲线模型；Millán 等[101]利用根据分段方法确定的经典分形维数建立了水分特征曲线模型；王康等[102]提出了基于不完全分形理论的土壤水分特征曲线模型。

由分形理论在土质类型与生态环境方面的研究得到，土壤的耕作[103, 104]、利用类型[105, 106]、动植物的活动[107-109]、土壤沙化[110]、土壤干湿程度[111]等与其分形维数有着密切的联系。其原因在于土壤的分形维数是其固有属性，与自身的土质含量以及组成土壤细微观结构息息相关。土壤分形维数的变化较好地反映了不同深度处沉积物的层化现象[112, 113]；土壤颗粒体积分形维数与土壤颗粒体积百分含量具有显著的对数相关关系，土壤黏粒体积百分含量和土壤体积分形维数也表现出基本保持一致的变化规律，土壤体积分形维数随着种植年限的增加而出现下降趋势[114]；土粒表面分形维数与土壤的容重、孔隙度及难效水（水吸力＞60kPa）均具有显著相关性[115]；土壤粒径分布的分形维数、粉粒域维数、砂粒域维数、信息维数、信息维数/容量维数与土壤细颗粒含量和有机质含量呈显著的正相关关系[116]；土壤粒径分布分形维数与沙土含量线性负相关，而与粉粒、黏粒含量负相关[117]；土壤颗粒粒径分布维数与黏粒、粉粒以及砂粒含量存在显著的 S 形关系，且不同植被土壤的分形维数存在显著差异[118]。

土壤渗透性的分形研究方面，郁伯铭[119]基于一种表征毛细管曲度的分维，并根据 Hagen-Poiseulle 方程和 Darcy 定律得到多孔介质的渗透率。Mualem[120]给出了一种统计孔隙大小分布模型，它把多孔介质看成一系列相互连接、随机分布的孔隙。基于 Mualem 的研究成果，Xu 等[121]基于孔径分布分形模型给出了一种非饱和土的相对渗透系数的表达式。杨靖等[122]探讨了级配分形维数与渗透系数之间的相关关系，得出：级配越好，不均匀系数越大，分维越小，渗透系数也越小。

分形特征在土体强度中的应用方面，徐永福等[123]结合 Bishop 和 Blight 的非饱和土的有效应力公式与非饱和土有效饱和度的定义，给出了非饱和土由基质吸力引起的强度表达式。Bonala 等[124]用分形理论解释了黏土内聚力随着土样尺寸的增大而减小的现象。舒志乐等[125]的研究表明，不同粒度分维的土石混合体强度包线总体呈线性，粒度分形维数对强度影响很大，其与抗剪强度的关系近似一抛物线。

近年来，尾矿基础理论相关的科研工作者也逐渐引入分形理论，Alam 等[126]探讨了尾矿脱水处理过程絮凝物的分形特征。Kotylar 等[127]研究了可溶盐对石油砂细粒尾矿中纳米尺度颗粒的絮凝物的分形特征的影响。蒋卫东等[128, 129]对尾矿坝主剖面的透镜体进行盒维数分析，表明透镜体分布存在分形特性，其分形维数与筑坝方式有着显著的关系。Yin 等[130]分析了尾矿颗粒质量分形维数与颗粒分布特征及力学性质的关系。刘志祥等[131]研究了尾砂的分形级配与其胶结强度的关系，得出尾砂胶结强度与其分形级配相关；随着尾砂颗粒间孔隙分形维数减小，充填体强度增高；尾砂分形维数相关率越大，充填体强度越大。冯松等[132]、谭凯旋等[133]研究了尾矿粒度分形分布对氡析出率的影响，指出尾矿中氡的析出率呈现振荡性变化；分形维数增大，小颗粒尾矿含量增高，孔隙度减小，导致了氡析出率随分形维数增大而减小；随着分形维数的增大，小颗粒增多，由反冲作用引起的氡释放进入孔隙的概率增大，又导致氡析出率随分形维数增大而轻微增高。

上述研究成果说明，利用分形理论进行岩土材料结构性特性表征是可行的，并且与岩土材料的物理力学性质具有较好的相关关系。因此，结合分形理论的岩土材料结构性特性表征，为岩土材料的结构特征定量分析提供了一种有效手段。

3. 分形理论在岩土工程中有待解决的问题

虽然分形理论在岩土工程的应用取得了一定的成果，但应该说还处于研究的初期阶段，还有很多问题以待解决，如：

（1）在测量方法或手段上，如何提高颗粒或孔隙特性的测量准确性。

（2）在数据处理上，还需进一步完善分形分维数学模型，以期求得真实反映岩土体特性的分形维数。

（3）分形维数应用范围比较窄，一些应用成果仍然期待更多试验来验证，如何将分形维数与岩土体宏观特性准确联系起来还有很多工作要做。

（4）实际上，现有研究仅是探讨岩土体中存在的近似分形，是否存在严格意义上的分形还有待进一步研究。

所以，分形理论在岩土工程中应用的研究工作任务仍将十分艰巨。

1.2.4 颗粒物质理论研究现状

自 1991 年法国科学家德热纳（Pierre Gilles deGennes）在其诺贝尔奖获奖演讲中提出软物质（soft matter）的概念[134]后，颗粒物质作为软物质领域一部分的概念也相应提出。颗粒物质是大量离散固体粒子的聚集，颗粒流指的就是颗粒物质在外力作用和内部应力状况变化时发生的类似于流体的运动状态[135, 136]。一般地讲，颗粒的间隙充满气体或液体物质，因此，严格说，颗粒流是多相流[137]。颗粒物质力学是研究大量固体颗粒相互作用而组成的复杂体系的平衡和运动规律及其应用的科学，其相邻学科为统计力学和两相流体力学。

颗粒态在自然界广泛存在[138, 139]，颗粒粒径在 1μm～10^4m 范围的物质都可称为颗粒物质。所以，颗粒流物质已包含了微观、细观和宏观多种尺度的众多物质，例如，沙石、浮冰、矿石、粮食以及药品都是颗粒物质[140]。在工农业生产领域中，颗粒材料具有广泛的应用。制药、陶瓷、水泥、煤炭、冶金、食品、能源、化工等领域都会遇到颗粒流动问题。由于人们至今对颗粒流动机理认识不深，据估计，在相关工业部门，单由输送颗粒材料遭遇的问题所带来的工业设备利用能力的浪费要达到 40%，远达不到优化设计和节省能源的要求[141]。

虽然颗粒流是一种流动现象，但它具有区别于液态和气态流动的特点，在不同边界条件和外力作用下会呈现出不同的流态，不同流态的颗粒流在其内部结构和应力上存在很大的差别，并由此引发出各种特殊的流动现象。当紧密堆积的颗粒受到剪切时，颗粒间应力主要通过力链来传递[142-144]。力链并不是完全分布在整个颗粒集合内部的，而是随机地分布在颗粒系统中。颗粒在受到剪切的过程中，在某个范围内簇集在一起形成力链，力链上颗粒的应力很强，旁边的颗粒受力可很弱，甚至不受力。力链形成后在外力的作用下会发生轻微旋转，很快会变得不稳定并最终崩塌，但又会在很短的时间内形成新的力链。这种密度流中力链结构的存在，决定了颗粒弹性与颗粒内部应力的密切关系[145]。

由于颗粒数量大、运动规律复杂，对颗粒物质的研究大量地采用了计算机模拟技术。如对沙堆崩塌现象的研究，Bak、Tang 和 Wiesenfeld[146]提出了著名的 BTW 元胞自动机模型，认为沙堆崩塌是一个自组织临界（self-organized criticality，SOC）现象。对于沙堆底部压力凹陷的研究也提出了多种模型[147-149]。虽然从宏观尺度探讨颗粒物质的力学特性与行为特性表现出极其复杂的形态，但基于细微观尺度下，颗粒物质的力学模型仍建立在经典力学基础上。颗粒物质的研究可以追溯到 1773 年，法国物理学家 Coulomb 研究土力学时，把颗粒物质的屈服视为摩擦过程，提出了固体摩擦定律[150]：固体颗粒摩擦力正比于彼此间的法向压力，而且静摩擦系数大于滑动摩擦系数，该定律可以合理地解释沙堆形成的休止角现象。粮仓内颗粒间接触力形成力链，颗粒重力的传播具有方向性，一部分通过力链传递到粮仓壁上，一般而言，粮仓越深，重力传递到边壁的力越大，从而底部压强不再随着颗粒增高而变化。土体有效应力采用颗粒物质力学原理来解释也更切合实际，即将作用在饱和土体上的总应力由孔隙水中的水压力和土颗粒的骨架上的有效应力承担。

颗粒间的接触力可分为无黏结颗粒接触力与黏结颗粒接触力。不考虑颗粒表面黏结时，法向力一般采用 Hertz 接触理论计算[151-153]，即相互接触的颗粒表面光滑且均质，与颗粒表面相比接触很小，在接触表面上仅发生弹性变形，且接触力垂直于该接触面；两颗粒发生切向接触时，颗粒沿着接触表面滑动，即产生了切向力，其方向与切向方向一致，一般采用 Mindlin-Deresiewicz 接触理论计算[154-156]。考虑颗粒表面黏结时，法向力理论主要有：Bradley 接触理论和 DMT 接触理论[157, 158]、JKR 接触理论[159-161]以及 Maugis-Dugdale 接触理论[162-164]。Bradley 接触理论视颗粒为刚性物质，不考虑颗粒由吸引力引起的表面变形，DMT 接触理论考虑了接触面外颗粒表面间的范德瓦耳斯力，当颗粒表面分离时则简化为 Bradley 接触理论；JKR 接触理论是 Hertz 接触理论的延伸，认为黏结作用仅存在于接触面上；Maugis-Dugdale 接触理论则是将接触面划分为两个部分。从表面物理机理上看，JKR 接触理论只考虑了接触面内黏附力的影响，DMT 接触理论只考虑了接触面以外区域黏附力的影响，Maugis-Dugdale 接触理论则用方阱势来描述附能的影响。这些接触理论的假设与局限性见表 1.1。Savkoor-Briggs 理论[165]把 JKR 接触理论扩展到考虑颗粒黏结作用时切向应力的计算，把 Savkoor-Briggs 理论和 Mindlin-Deresiewicz 理论结合起来形成了黏结颗粒的切向力理论，即 Thornton 理论[166]，其综合考虑了颗粒塑性变形以及加载历史等因素的影响。

表 1.1 法向接触理论的比较

接触理论	基本假设	局限性
Hertz	不考虑表面力	在有表面力且荷载较低时不适用
JKR	接触面上有短程力	适用于较大 λ，低估了外载大小
DMT	接触面外有长程力	适用于较小 λ，低估了接触面积
Maugis-Dugdale	方阱势描述接触面表面能	适用于各种情况下的 λ，方程有若干个参数，可得分析解

颗粒接触理论严密，求解过程却相当烦琐，在不产生显著误差的前提下，可以简化为软球模型和硬球模型。软球模型把颗粒间法向力简化为弹簧和阻尼器，切向力简化为弹簧、滑动器和阻尼器，引入弹性系数和阻尼系数等参量。硬球模型则完全不考虑颗粒接触力大小与颗粒表面变形的细节，接触过程简化为碰撞瞬时完成，碰撞后速度直接得出，为接触过程中力对时间的积分，能量耗散采用恢复系数表达。颗粒接触理论与两种简化模型的比较见表 1.2。

表 1.2 颗粒接触理论与两种简化模型的比较

物理量	颗粒接触理论	软球模型	硬球模型
时间步长	瑞利波沿颗粒面传播所需时间	颗粒碰撞时间	颗粒间最短自由运动时间
位置	由位置增量叠加得到	直接计算位置	直接计算位置
速度	基于接触力改变速度	基于接触力改变速度	碰后直接改变
接触力	由接触力增量叠加得到	直接计算接触力	
加载历史	考虑加载历史	不考虑加载历史	不考虑加载历史
精细程度	理论严密	简化	过分简化
计算强度	极大	大	小
输入参数	材料模量参数、摩擦系数	刚度和阻尼系数，需标定	恢复系数等，需标定
适用范围	机理研究与应用；密集流易添加其他力	工程应用；密集流易添加其他力	有限度的应用；稀疏流

由于客观物质世界的离散本质特性，连续介质力学理论对于物质力学研究的深入发展已逐渐显现出它的局限性。虽然颗粒物质力学理论的研究起步较晚，但众多的科研工作者对颗粒物质的力学性质等方面已开展了广泛的研究，并已取得了丰硕的成果。吴清松等[167]讨论了颗粒流的动力学模型和试验研究进展。周英等[168]探讨了边界条件对二维斜面颗粒流颗粒分布的影响。Zhu 等[169]对颗粒流的离散连续模型进行了一些探讨。Takahashi 等[170]和 Lube 等[171]分别对火山熔岩的颗粒流力学模型进行了研究。Massoudi 等[172]利用非牛顿流体模型对颗粒物质的力传递等性能进行了研究。边琳等[173]、刘传平等[174]根据非牛顿流体理论研究了颗粒流黏性的本构关系，并建立颗粒斜槽流的数学模型，流层的速度为指数分布，流量为斜槽倾角和流层厚度的函数。夏建新等[175]采用特殊的内外筒均可单独旋转的同心圆筒颗粒剪切实验装置，测量了非均匀离散颗粒在旋转剪切流动下的切应力变化，分析了颗粒浓度、粒径与边界条件等因素对颗粒流动应力的影响。Kamrin[176]建立了高浓度颗粒流的非线性弹塑性本构模型。

1.2.5　土体细观力学研究方法

1. 土体细观力学试验

随着自动控制系统和电液伺服加载系统在材料试验中的广泛应用，从根本上改变了试验加载的技术，由过去的重力加载逐步改进为液压加载，进而过渡到低周反复加载、拟动力加载以及地震模拟随机振动台加载等。CT 扫描、微波内部成像、声发射以及光纤应变传感器等已应用于解决应力、位移、裂缝、内部缺陷、损伤及振动的量测问题。在试验数据的采集和处理方面，实现了量测数据的快速采集、自动化记录和数据自动处理分析等。与计算机联机的拟动力伺服加载系统可以在静力状态下量测结构的动力反应。由计算机完成的各种数据采集和自动处理系统可以准确、及时、完整地收集并表达荷载与试件材料行为的各种信息。

进行细观力学数值模拟试验要以基本试验数据为基础，数值模拟的结果最终还要得到宏观试验结果的验证，促进了在细观层次上研究土体的试验研究。因此，关于土体细观力学试验研究的成果相对丰富。

张信贵等[177]、易念平等[178]将土的结构划分为微观、细观与宏观结构三层次，并定义了细观结构的物理含义。通过细观结构变异试验以及运用 SEM、X 射线衍射、CT、扫描隧道显微镜（scanning tunnel microscope，STM）等四种测试方法，表明在城市常温、常压、缓慢的地下水变异环境下，细观结构是水土相互作用发生、发展的“平台”及主要场所。张嘎等[179]建立了包括设备、算法及软件的细观测量系统以用于测量土与结构接触面试验中土颗粒的运动；基于图像相关分析理论提出了一种新的补零相关分析算法以确定不同数字图像上的相关标记点，其测量精度可达亚像素量级；建立了跟踪并测量土颗粒运动的细观测量算法，编制了相应软件，实现了分析过程的程序化和自动化。周翠英和牟春梅[180]从土体剪切破裂面的微观结构研究入手，探讨了土体达到峰值强度破坏时，剪切破裂面上的微观结构参数与土体强度参数之间的关系，认为软土的抗剪强度与微观结构参数变化之间有着良好的一致性。胡昕等[181]通过微细结构观测试验，获取黏性土在受力条件下微细结构特征量的变化情况，分析了黏性土在连续受力过程中结构参数变化规律，并将其与土体宏观物理力学性质相结合，从而解释了基于细观结构层次上的工程土体特性。王庶懋和高玉峰[182]利用医用 CT 机从定性和定量两个层面研究了砂土与 EPS 颗粒混合的轻质土（LSES）这种新型土工材料的细观结构。方祥位等[183]利用和 CT 机配套的多功能土工三轴仪，对原状 Q_2 黄土在三轴剪切过程中内部结构的变化进行了动态、定量和无损的量测，得到了软化破坏土样内部结构演化的 CT 图像和相应的 CT 数据，从细观上解释了软化破坏过程。周健等[184, 185]采用室内振动台模型试验对液化过程中饱和砂土颗粒的细观组构进行了研究，指出在循环荷载的作用下，砂土颗粒不断重新排列定向以适应新的应力状态，导致累积配位数丧失、孔隙率增大，继而导致液化的发生；利用数码可视化跟踪技术和土体变形无标点量测技术，通过室内模型试验，从细观层面对密砂中粗糙土钉拉拔时，钉土接触面的位移场、砂颗粒运动轨迹及剪应变规律进行了研究，发现接触面颗粒先竖向运动，而后水平运动，且发生剪胀作用；土钉周围土体剪应变逐渐以径向为主，作用区域上下对称。贾敏才等[186]通过自行设计的可视室内强夯模型试验仪，借助于图像跟踪拍摄和数字处理技术，对夯击作用下砂性土密实的宏细观机理进行了试验研究，得到不同夯击次数下砂土位移等值线图和动接触应力时程曲线等宏观力学响应；分析了夯击后砂土颗粒的定向性和平均配位数等细观特征变化；该研究结果对强夯法的设计与施工具有一定指导意义，也为研究冲击荷载作用下土体宏细观力学响应特性提供了一条新的思路。郑剑锋等[187]总结了 CT 检测技术在土样初始损伤研究中的应用。

2. 土体细观力学数值仿真

随着计算机技术的高速发展，数值模拟技术在土体破损过程研究中得到了广泛的应用。为了探究土体的破损机理，发展了基于细观结构考虑的数值模拟方法，主要包括有限元法、有限差分法、离散元法等，并且考虑到土体的细观非均匀性。由于土体本身的性质，采用离散元法的颗粒流程序分析土体细观应力情况以及材料破损机理应用较为广泛，而其他两种数值分析方法相对较少。岳中琦[188]介绍和总结了研究实际岩土细观介质空间分布的方法，以及基于实际细观介质空间分布数学表述而建立的力学数值计算网格自动生成的方法和应用。庄守兵等[189]把均匀化理论与有限元法相结合，应用于多孔材料的弹性本构数值模拟，对多孔材料细观力学特性进行了数值模拟研究，并建立了均匀化有限元列式。刘恩龙和沈珠江[190]采用有限元法，通过受荷过程中胶结元破损并逐渐向摩擦元转化来模拟岩土材料的破损过程，指出基于岩土二元介质概念的细观有限元方法可较好地模拟岩土材料的破损过程和变形特性。陈沙等[191]以香港花岗岩为例，采用有限差分法软件 FLAC 3D，分析岩石在单轴受压情况下的三维应力分布及裂纹的产生和扩展过程。计算结果显示真实细观结构能显著影响材料的力学性能及破裂模式。

目前，最为流行的离散元法分析软件是 PFC（Particle Flow Code）软件，即颗粒流程序，通过离散单元方法来模拟颗粒介质的运动及其相互作用[192, 193]。最初，这种方法是研究颗粒介质特性的一种工具，它采用数值方法将物体分为有代表性的数百个颗粒单元，期望利用这种局部的模拟结果来研究边值问题连续计算的本构模型。以下两种因素促使 PFC 方法产生变革与发展：①通过现场实验来得到颗粒介质本构模型相当困难；②随着计算机功能的逐步增强，用颗粒模型模拟整个问题成为可能，一些本构特性可以在模型中自动形成。因此，PFC 便成为用来模拟固体力学和颗粒流问题的一种有效手段。

2000 年后是 PFC 软件逐渐成熟并在土体工程细观模拟方面飞速发展的时期。Powrie 等[194]采用 PFC 3D 软件研究了砂土的平面应变试验。Bock 等[195]基于 PFC 软件探讨了黏性土细观力学行为特性。Jenck 等[196]采用 PFC 软件分析了软土基础的力学性质，并与有限差分法软件 FLAC 进行了对比。周健等[197-210]、贾敏才等[211-213]归纳总结了颗粒流模拟方法产生的背景，比较了与其他模拟方法的异同之处，并且采用颗粒流方法（PFC 数值模拟）对土的平面应变、工程力学性质、承载桩与地基土力学作用机理、挡土墙与土体边坡力学关系、基坑开挖、土体孔隙水渗流力学、边坡稳定性等土工方面进行了广泛而深入的研究，具有较高的学术与工程实用价值。徐文杰等[214]提出了一种基于数字图像处理的非均质岩土材料细观结构 PFC 2D 数值计算模型自动生成方法，并采用 VC++ .NET 编写了相应的接口程序。朱伟等[215]对盾构隧道垂直土压力的松动效应进行了颗粒流模拟，分析了不同盾尾空隙、不同埋深、不同直径和不同围岩时作用在管片上的土压力、土体位移和土体颗粒接触力的变化情况。吴剑和冯夏庭[216]以高速环剪仪试验为原型，利用 PFC 数值模拟软件建立了无黏性土的环剪模型，进行了高速剪切条件下的环剪试验。刘君等[217]利用二维颗粒流计算机仿真技术对堆石料在一定围压下的颗粒破碎情况进行了数值模拟。李兴尚等[218]利用 PFC 数值模拟软件建立了垮落矸石充填体的颗粒流模型，通过颗粒流数值模拟试验，再现了煤层采出、顶板垮落、注浆充填、充填体压实整个动态发展过程。郑刚等[219]采用二维颗粒流分析程序 PFC 2D 对荷载试验中同一扩径桩先受压后抗拔进行了数值模拟分析。刘海涛和程晓辉[220]采用 PFC 2D/PFC 3D 软件探讨了粗粒土的尺寸效应。杨庆华等[221]基于离散单元法理论的二维颗粒流数值模拟程序，探讨了松散堆积体在地震诱发作用下的崩塌过程与规律。张翀等[222]研究了颗粒形状对双轴数值模拟试验的影响以及不同颗粒试样宏观特性随颗粒细观参数的变化关系。刘汉龙等[223]开展了颗粒流细观数值模拟研究，克服了传统连续介质力学的宏观连续性假设，形象而直观地表现出坝体在动力荷载作用下的破坏特征。杨冰等[224]在三维颗粒流程序中对特定的土石混合体试样的侧限压缩试验进行数值模拟，比较了不同级配条件下土石混合体模型的微观结构及基本力学物理性能。曾锃等[225]讨论了颗粒分析方法的发展现状和力学理论基础，尝试了一种用传统渗流理论确定工程体渗透稳定的薄弱部位，用颗粒分析方法研究其渗透稳定性的新方法。张晓平等[226]基于颗粒流理论，引入接触连接模型和滑动模型，建立了含软弱夹层试样的颗粒流模型；并通过 PFC 程序数值模型试验，对含软弱夹层试样的强度和破坏发展进行了数值模拟，分别对比了不同围压以及不同夹层参数条件下的应力-应变关系曲线，通过位移矢量场分析了破坏发展趋势。张孟喜等[227]结合加筋土三轴试验，采用基于离散元理论的颗粒流软件 PFC 2D 对试验进行了仿真模拟，较好地拟合了 H-V 加筋砂土三轴试验的应力-应变曲线，并通过观测颗粒的受力情况分析了 H-V 加筋砂土的受力机理。

综上所述，尾矿是一种特殊的人工土壤，其研究方法还未形成一套系统的理论，且多为宏观层次的。目前，土体细观力学研究的试验手段与理论方法相对成熟，虽然一些学者对尾矿细观力学进行了探索性研究，限于缺乏精确的试验测试设备与系统的理论体系，对尾矿坝体细观结构特征及其变形演化机理至今认识尚浅。本书将结合尾矿物理力学性质宏观力学试验，自行研制尾矿细观力学测试设备，开展尾矿细观结构特征、受载变形演化、孔隙水流动等系列试验，同时基于分形理论与颗粒物质力学理论，定量分析尾矿细观孔隙结构与骨架颗粒结构特征，探讨尾矿细观结构受载变形演化非线性特征，从细观力学角度揭示尾矿坝变形破坏机理，实现材料宏观等效力学性能的预测。本书对于深入剖析尾矿的物理力学特性、丰富尾矿工程力学性质研究方法、拓展土力学理论知识等均具有重要的理论与实际意义。

1.3 本书主要工作

尾矿坝的破坏失稳是坝体结构承受荷载、渗流水、自然环境各种营力作用而产生的变形破坏，决定其变形量大小的主要因素之一是堆坝尾矿的结构强度，而尾矿的结构强度受细微观结构制约。因此，尾矿坝体的宏观变形破坏是细微观结构变形发展的结果。为探讨尾矿坝体的变形与强度时效本质，本书首先论述尾矿物理、化学及静动力学特性，而后以云南铜业（集团）有限公司下属铜厂及四川省盐源县平川铁矿排放的不同矿质尾矿为研究对象，研制尾矿细微观力学与形变观测试验装置，通过室内土工试验、尾矿细观力学试验以及堆坝模型试验，基于损伤力学、分形理论以及颗粒物质力学理论方法，探讨影响尾矿强度的各种因素、尾矿损伤破坏机理与本构关系、尾矿颗粒质量与细观结构分形特性，以及尾矿细观结构变性破坏特征及影响因素等，并结合堆坝模型试验实测数据，采用颗粒物质模拟软件 PFC 2D 分析尾矿坝的变形破坏特征。

本书主要内容如下：

（1）归纳总结尾矿的分类和化学物理性质，包括尾矿的分类标准与分类，常见尾矿的化学成分与矿物成分，常见尾矿的物理性质，如尾矿密度、孔隙度、比重等性质指标，以及细粒尾矿的物理性质。

（2）分析尾矿静动力学特性，静力学特性方面包括尾矿压缩特性、渗透特性、抗剪强度特性，动力学特性方面包括尾矿的动孔隙水压力、动抗剪强度、动变性特征等。

（3）结合尾矿静力学特性试验成果，根据尾矿细观剪切滑移特征，并基于 Mohr-Coulomb 强度准则、弹塑性力学和损伤力学原理，构建一种尾矿弹塑性损伤本构模型。

（4）测定尾矿的颗粒级配，探讨尾矿颗粒统计分形特征，计算其颗粒质量分形维数；并研究尾矿颗粒质量分形维数与其颗粒分布特征及宏观力学性质的关系。

（5）自行研制尾矿细微观力学与形变观测试验装置，并利用该装置进行堆坝尾矿细观结构受载非线性变形演化特性研究，依据颗粒物质理论解释其细观力学行为特征，揭示尾矿宏细观力学等效力学机理。

（6）针对上游法堆筑的尾矿坝内部常出现细粒尾矿透镜体结构的特点，采用土工试验的方法对粗、细粒尾矿分层结构体和透镜体工程力学性质进行试验研究；并开展细粒尾矿透镜体的细观力学试验研究，探讨尾矿坝内分层结构体的宏细观等效力学特性。

（7）针对上游法堆筑的尾矿坝随着坝高的逐渐增加，上覆坝体重力荷载将逐渐增大而引起坝体内部细观结构变形的特点，采用自行研制的尾矿细观力学与变形试验装置，进行不同粒径尾矿受载细观力学试验；并基于分形理论对其细观结构开展定量描述，探讨受荷载作用尾矿细观颗粒结构的承载特性和微观结构变形特征。

（8）针对尾矿坝地下水位线以上非饱和尾矿含水率变化特征，利用自行研制的尾矿细微观力学与形变观测试验装置，研究非饱和尾矿受载力学特性与含水率的相关关系，并分析荷载作用下孔隙水的运移特征及其对尾矿细观结构的作用，孔隙水运移对其细观颗粒结构的影响等，从而揭示孔隙水对尾矿细观结构的作用机理。

（9）以尾矿坝体地下水位线以下饱和尾矿为研究对象，结合物理模型试验和数值模拟分析地下水位线受洪水影响变化规律、地下水渗流力学特征；并利用尾矿细微观力学与形变观测试验装置，研究尾矿中渗透水对其细观颗粒结构的影响，并基于颗粒物质理论解释渗透水对尾矿细观结构的作用机理。

（10）以新建四川省盐源县平川铁矿黄草坪尾矿库为工程背景，进行堆坝模型试验与土力学试验，演绎尾矿库堆坝过程，获得尾矿分层几何特征及力学特性。采用 PFC 2D 颗粒流模拟软件从细观角度分析尾矿库颗粒位移与应力特征，揭示尾矿坝细观颗粒结构变形规律。

参 考 文 献

[1] 魏作安，尹光志，沈楼燕，等. 探讨尾矿库设计领域中存在的问题 [J]. 有色金属（矿山部分），2002，54（4）：44，45.

[2] 国家安全生产监管总局等七部门关于印发全国尾矿库综合治理行动 2014 年工作总结和 2015 年重点工作安排的通知 [OL]. 国家安全生产监督管理总局国家煤矿安全监察局公告，2015.

[3] 国家安全生产监管总局等七部门关于印发全国尾矿库综合治理行动 2015 年工作总结和 2016 年重点工作安排的通知 [OL]. 国家安全生产监督管理总局国家煤矿安全监察局公告，2016.

[4] Mayoral J M，Romo M P. Geo-seismic environmental aspects affecting tailings dams failures [J]. American Journal of Environmental Sciences，2008，4（3）：212-222.

[5] Halden N M，Friedrich L A. Trace-element distributions in fish otoliths：natural markers of life histories，environmental conditions and exposure to tailings effluence [J]. Mineralogical Magazine，2008，72（2）：593-605.

[6] Romero F M，Armienta M A，Gutierrez M E，et al. Geological and climatic factors determining hazard and environmental impact of mine tailings [J]. Revista Internacional De Contaminacion Ambiental，2008，24（2）：43-54.

[7] Neuman C M，Boulton J W，Sanderson S. Wind tunnel simulation of environmental controls on fugitive dust emissions from mine tailings [J]. Atmospheric Environment，2009，43（3）：520-529.

[8] Bea S A，Ayora C，Carrera J，et al. Geochemical and environmental controls on the genesis of soluble efflorescent salts in coastal mine tailings deposits：a discussion based on reactive transport modeling [J]. Journal of Contam Hydrol，2010，111（1-4）：65-82.

[9] Majer V，Kribek B，Pasava J，et al. Environmental-geochemical surveying and atmospheric modeling of dust fallout from tailings dam in the Rosh Pinah Area，Namibia [J]. Smart Science for Exploration and Mining，2010，1（2）：771-773.

[10] Sousa R N，Veiga M M，Klein B，et al. Strategies for reducing the environmental impact of reprocessing mercury-contaminated tailings in the artisanal and small-scale gold mining sector：insights from Tapajos River Basin，Brazil [J]. Journal of Cleaner Production，2010，18（16-17）：1757-1766.

[11] Velasquez-Lopez P C，Veiga M M，Klein B，et al. Cyanidation of mercury-rich tailings in artisanal and small-scale gold mining：identifying strategies to manage environmental risks in Southern Ecuador [J]. Journal of Cleaner Production，2011，19（9-10）：1125-1133.

[12] 张超，杨春和，孔令伟. 某铜矿尾矿砂力学特性研究和稳定性分析 [J]. 岩土力学，2003，24（5）：858-862.

[13] 尹光志，魏作安，许江. 细粒尾矿及其堆坝稳定性分析 [M]. 重庆：重庆大学出版社，2004.

[14] Yin G Z，Li G Z，Wei Z A，et al. Stability analysis of a copper tailings dam via laboratory model tests：a Chinese case study [J]. Minerals Engineering，2011，24（2）：122-130.

[15] 陈建宏，张涛，曾向农，等. 尾矿坝边坡稳定性仿真建模与安全分析[J]. 中南大学学报（自然科学版），2008，29（4）：635-640.

[16] Chakraborty D，Choudhury D. Investigation of the behavior of tailings earthen dam under seismic conditions [J]. American Journal of Engineering and Applied Sciences，2009，2（3）：559-564.

[17] Harper T G，Mcleod H N，Davies M P. Seismic assessment of tailings dams [J]. Civil Engineering，1992，62（12）：64-66.

[18] 《尾矿库安全监督管理规定与尾矿库安全管理技术、工程设计实施手册》编委会. 尾矿库安全监督管理规定与尾矿库安全管理技术、工程设计实施手册 [M]. 北京：中国知识出版社，2006.

[19] 尹光志，李愿，魏作安，等. 洪水工况下尾矿库浸润线变化规律及稳定性分析 [J]. 重庆大学学报，2010，33（3）：72-75.

[20] 敬小非，尹光志，魏作安，等. 模型试验与数值模拟对尾矿坝稳定性综合预测 [J]. 重庆大学学报，2009，32（3）：308-313.

[21] 尹光志，余果，张东明，等. 细粒尾矿堆积坝物理模型试验研究 [J]. 矿业安全与环保，2005，32（5）：4，5.

[22] 尹光志，魏作安，万玲，等. 细粒尾矿堆坝加筋加固模型试验研究 [J]. 岩石力学与工程学报，2005，24（6）：1030-1034.

[23] 沈珠江，陈铁林. 岩土力学分析新理论：岩土破损力学 [C]//中国土木工程学会第九届土力学及岩土工程学术会议论文集. 北京：清华大学出版社，2003：406-411.

[24] 王余庆，辛鸿博，李志林. 中国尾矿坝地震安全度（11）——大石河尾矿砂的稳态变形特性 [J]. 工业建筑，1995，25（4）：35-39，53.

[25] 殷家瑜，赖安宁，姜朴. 高压力下尾矿砂的强度与变形特性 [J]. 岩土工程学报，1980，2（2）：1-10.
[26] 保华富，张光科，龚涛. 尾矿料的物理力学性试验研究 [J]. 四川联合大学学报（工程科学版），1999，3（5）：115-121.
[27] 陈存礼，谢定义. 饱和土及尾矿砂的应力比与应变增量比关系研究 [J]. 西安理工大学学报，1999，15（1）：150-154.
[28] 王凤江，张作维. 尾矿砂的堆存特征及其抗剪强度特性 [J]. 岩土工程技术，2003，17（4）：209-212.
[29] 王凤江. 加筋尾矿砂的三轴试验研究 [J]. 辽宁工程技术大学学报，2003，22（5）：608-620.
[30] 王凤江，王来贵. 加筋尾矿砂的连续增强区 [J]. 岩土工程技术，2004，18（3）：138-143.
[31] 王业田，曹净，吴万红. 攀钢马家田尾矿特性研究 [J]. 广西大学学报（自然科学版），2003，28（3）：261-264.
[32] 余君，王崇淦. 尾矿的物理力学性质 [J]. 企业技术开发，2005，24（4）：3-4，49.
[33] 尹光志，杨作亚，魏作安，等. 羊拉铜矿尾矿的物理力学性质 [J]. 重庆大学学报（自然科学版），2007，30（9）：117-122.
[34] 宁掌玄，冯美生，王凤江，等. 多层加筋尾矿砂三轴压缩试验 [J]. 岩土力学，2010，31（12）：3784-3788.
[35] 陈存礼，何军芳，胡再强，等. 尾矿砂的动力变形及动强度特性研究 [J]. 水利学报，2007，38（3）：365-370.
[36] 辛鸿博，王余庆. 大石河尾矿粘性土的动力变形和强度特征 [J]. 水利学报，1995，26（11）：56-62.
[37] 辛鸿博，王余庆. 中国尾矿坝地震安全度（9）——大石河尾矿粘性土的动力变形和强度特征 [J]. 工业建筑，1995，25（2）：38-42.
[38] 张建隆. 周期荷载下尾矿砂动力特性初探 [J]. 西北水资源与水工程，1995，6（1）：66-72.
[39] 李万升，高建生，王治平. 中国尾矿坝地震安全度（8）——大石河尾矿砂的力学特性试验研究 [J]. 工业建筑，1995，25（1）：43-47，57.
[40] Wehr W，Herle I，Kudella P，et al. Case study of a liquefiable mine tailing sand deposit [C]//Yagi N，Yamagami T，Jiang J C. International Symposium on Slope Stability Engineering（IS-SHIKOKU 99）. Matsuyama，Japan：Slope Stability Engineering，1999，1-2：847-852.
[41] 阮元成，郭新. 饱和尾矿动力变形特性的试验研究 [J]. 水利学报，2003，34（4）：24-29.
[42] 徐宏达. 不同固结度尾矿泥动强度的试验和推求 [J]. 中国矿山工程，2004，33（5）：26-29.
[43] 阮元成，郭新. 饱和尾矿静、动强度特性的试验研究 [J]. 水利学报，2004，35（1）：67-73.
[44] 张超，杨春和. 细粒含量对尾矿材料液化特性的影响 [J]. 岩土力学，2006，27（7）：1133-1137，1142.
[45] 张超，杨春和，白世伟. 尾矿的动力特性试验研究 [J]. 岩土力学，2006，27（1）：35-40.
[46] 陈存礼，何军芳，胡再强，等. 动荷作用下饱和尾矿砂的孔压和残余应变演化特性 [J]. 岩石力学与工程学报，2006，25（增 2）：4034-4039.
[47] 谭钦文，李军林，徐涛. 中线法堆坝尾矿的动力特性实验研究 [J]. 自然灾害学报，2010，19（4）：60-65.
[48] 周健，徐志英. 土（尾矿）坝的三维有效应力动力反应分析 [J]. 地震工程与工程振动，1984，4（3）：60-70.
[49] 刘俊生，王勇升. 尾矿级配特征和渗透性关系研究 [J]. 江西有色金属，1995，9（3）：42-46.
[50] Tibana S，de Campos T M P，Bernardes G P. Behaviour of a loose iron tailing material under triaxial monotonic loading [C]//Pinto P S S. 3rd International Congress on Environmental Geotechnics. Lisbon，Portugal：Environmental Geotechnics，1998，1-4：259-264.
[51] 欧孝夺，易念平，陆增建，等. 尾矿砂土渗透系数与其埋深之间的关系分析 [J]. 广西大学学报（自然科学版），2001，26（3）：219-221.
[52] 谭菊香，罗金生，魏丽敏. 尾矿料的渗透性试验 [J]. 中南林学院学报，2004，24（4）：104-105，112.
[53] 尹光志，张东明，魏作安，等. 土工合成材料与细粒尾矿界面作用特性的试验研究 [J]. 岩石力学与工程学报，2004，23（3）：426-429.
[54] Yin G Z，Wei Z A，Wang J G，et al. Interaction characteristics of geosynthetics with fine tailings in pullout test [J]. Geosynthetics International，2008，15（6）：428-436.
[55] Wei Z A，Yin G Z，Li G Z，et al. Reinforced terraced fields method for fine tailings disposal [J]. Minerals Engineering，2009，22（12）：1053-1059.
[56] 王崇淦，张家生. 某尾矿的物理力学性质试验研究 [J]. 矿冶工程，2005，25（2）：19-22.
[57] 吴小刚，汪斌，项宏海. 饱和细粒尾矿大变形固结试验在尾矿库的研究及应用 [J]. 金属矿山，2009，（2）：53-56.

[58] 吴文. 添加絮凝药剂的尾矿砂浆充填材料的单轴抗压强度试验研究 [J]. 岩土力学，2010，31（11）：3367-3372.

[59] 徐林荣，周尧，蒋建国，等. 石棉尾矿用于筑路混凝土粗集料性能试验研究 [J]. 铁道科学与工程学报，2010，7（5）：47-49.

[60] 张亚先，贺金刚，郭振世. 高堆尾矿坝尾矿特性研究 [J]. 中国钼业，2010，34（5）：8-12.

[61] 谢和平. 岩土介质的分形孔隙和分形粒子 [J]. 力学进展，1993，23（2）：145-164.

[62] Turcotte D L. Fractals and Chaos in Geology and Geophysics [M]. Cambridge：Cambridge Univ. Press.，1992.

[63] Tyler S W，Wheatcraft S W. Application of fractal mathematics to soil water retention estimation [J]. Soil Science Society of America Journal，1989，53（4）：987-996.

[64] Tyler S W，Wheatcraft S W. Fractal scaling of soil particle size distribution：analysis and limitations [J]. Soil Science Society of America Journal，1992，56（2）：362-369.

[65] Millan H，Gonzalez-Posada M，Aguilar M，et al. On the fractal scaling of soil data. Particle-size distributions [J]. Geoderma，2003，117（1-2）：117-128.

[66] Filgueira R R，Fournier L L，Cerisola C I，et al. Particle-size distribution in soils：a critical study of the fractal model validation [J]. Geoderma，2006，134（3-4）：327-334.

[67] Prosperini N，Perugini D. Particle size distributions of some soils from the Umbria Region（Italy）：fractal analysis and numerical modeling [J]. Geoderma，2008，145（3-4）：185-195.

[68] Fu H，Pei S F，Wan C G，et al. Fractal dimension of soil particle size distribution along an altitudinal gradient in the Alxa Rangeland，Western Inner Mongolia [J]. Arid Land Research and Management，2009，23（2）：137-151.

[69] 屈朝霞，张汉谦. 材料科学中的分形理论应用进展 [J]. 宇航材料工艺，1999，（5）：5-9.

[70] Mandelbrot B B. How long is the coast of Britain？Statistical self-imility and fractional dimension [J]. Science，1967，150（3775）：636-638.

[71] 王桥，毋河海. 地图信息的分形描述与自动综合研究 [M]. 武汉：武汉测绘科技大学出版社，1998.

[72] Mandelbrot B B. Fractal：Form，Chance and Dimension [M]. San Francisco：Freeman，1977.

[73] Mandelbrot B B. The Fractal Geometry of Nature [M]. New York：WH Freeman，1982：361-366.

[74] Falconer K J. Fractal Geometry：Mathematical Foundation and Applications [M]. Chichester：John Wiley &Sons Ltd，1990.

[75] 刘熙媛，窦远明，闫澍旺. 基于分形理论的土体微观结构研究 [J]. 建筑科学，2005，21（5）：21-25.

[76] Perfect E，Kay B D. Application of fractal in soil and tillage re-search：a review [J]. Soil and Tillage Research，1995，36（1-2）：1-20.

[77] Turcotte D L. Fractals and fragmentation [J]. Journal of Geophysical Research-Solid Earth and Planets，1986，91（B2）：1921-1926.

[78] 陶高梁，张季如. 表征孔隙及颗粒体积与尺度分布的两类岩土体分形模型 [J]. 科学通报，2009，54（6）：497-846.

[79] Martín M A，Montero E. Laser diffraction and mutifractal analysis for the characterization of dry soil volume-size distributions [J]. Soil and Tillage Research，2002，64（1-2）：113-123.

[80] 陶高梁，张季如. 表征孔隙及颗粒体积与尺度分布的两类岩土体分形模型 [J]. 科学通报，2009，54（6）：497-846.

[81] 刘松玉，张继文. 土中孔隙分布的分形特征研究 [J]. 东南大学学报，1997，27（3）：127-130.

[82] Katz A J，Thompson A H. Fractal sandstone pores：implications for conductivity and pore formation [J]. Physical Review Letters，1985，54（12）：1325-1328.

[83] Rieu M，Sposito G. Fractal fragmentation，soil porosity，and soil water properties：Ⅰtheory [J]. Soil Science Society of America Journal，1991，55（5）：1231-1238.

[84] Oleschko K，Figueroa S B，Miranda M E，et al. Mass fractal dimensions and some selected physical properties of contrasting soils and sediments of Mexico [J]. Soil & Tillage Research，2000，55（1-2）：43-61.

[85] Perret J S，Prasher S O，Kacimov A R. Mass fractal dimension of soil macropores using computed tomography：from the box-counting to the cube-counting algorithm [J]. European Journal of Soil Science，2003，54（3）：569-579.

[86] Bird N，Diaz M C，Saa A，et al. Fractal and multifractal analysis of pore-scale images of soil [J]. Journal of Hydrology，2006，322（1-4）：211-219.

[87] Millán H，González-Posada M，Morilla A A，et al. Self-similar organization of vertisol microstructure：a pore-solid fractal

interpretation [J]. Geoderma，2007，138（3-4）：185-190.

[88] Atzeni C，Pia G，Sanna U，et al. A fractal model of the porous microstructure of earth-based materials [J]. Construction and Building Materials，2008，22（8）：1607-1613.

[89] Luo L F，Lin H. Preferential transport using micro-X-ray computed tomography [J]. Vadose Zone Journal，2009，8（1）：233-241.

[90] Tao G L，Zhang J R. Two categories of fractal models of rock and soil expressing volume and size-distribution of pores and grains [J]. Chinese Science Bulletin，2009，54（23）：4458-4467.

[91] 尹小涛，赵海英，李最雄，等. K_2SiO_3溶液对黏性土孔隙分形特性的影响分析 [J]. 岩土力学，2008，29（10）：2847-2852.

[92] 徐永福，史春乐. 用土的分形结构确定土的水分特征曲线 [J]. 岩土力学，1997，18（2）：40-43.

[93] Sławiński C，Sokołowska Z，Walczak R，et al. Fractal dimension of peat soils from adsorption and from water retention experiments [J]. Colloids and Surfaces A：Physicochemical and Engineering Aspects，2002，208（1-3）：289-301.

[94] Huang G H，Zhang R D，Huang Q Z. Modeling soil water retention curve with a fractal method [J]. Pedosphere，2006，16（2）：137-146.

[95] Ghanbarian-Alavijeh B，Millán H. The relationship between surface fractal dimension and soil water content at permanent wilting point [J]. Geoderma，2009，151（3-4）：224-232.

[96] Huang G H，Zhang R D. Evaluation of soil water retention curve with the pore-solid fractal model [J]. Geoderma，2005，127（1-2）：52-61.

[97] Ghanbarian-Alavijeh B，Millan H，Huang G H. A review of fractal，prefractal and pore-solid-fractal models for parameterizing the soil water retention curve [J]. Canadian Journal of Soil Science，2011，9（1）：1-14.

[98] Perrier E，Mullon C，Rieu M，et al. Computer construction of fractal soil structures：simulation of their hydraulic and shrinkage properties [J]. Water Resources Research，1995，31（12）：2927-2943.

[99] Perrier E，Rieu M，Sposito G. Models of the water retention curve for soils with a fractal pore size distribution [J].Water Resources Res，1996，32（10）：3025-3031.

[100] 徐永福，董平. 非饱和土的水分特征曲线的分形模型 [J]. 岩土力学，2002，23（4）：400-405.

[101] Millán H，González-Posada M. Modelling soil water retention scaling. Comparison of a classical fractal model with a piecewise approach [J]. Geoderma，2005，125（1-2）：25-38.

[102] 王康，张仁铎，王富庆. 基于不完全分形理论的土壤水分特征曲线模型 [J]. 水利学报，2004，35（5）：1-6，13.

[103] Millán H，Orellana R. Mass fractal dimensions of soil aggregates from different depths of a compacted Vertisol [J]. Geoderma，2001，101（3-4）：65-76.

[104] Pirmoradian N，Sepaskhah A R，Hajabbasi M A. Application of fractal theory to quantify soil aggregate stability as influenced by tillage treatments [J]. Biosystems Engineering，2005，90（2）：227-234.

[105] Wang X D，Li M H，Liu S Z，et al. Fractal characteristics of soils under different land-use patterns in the arid and semiarid regions of the Tibetan Plateau，China [J]. Geoderma，2006，134（1-2）：56-61.

[106] Oleschko K，Korvin G，Munoz A，et al. Mapping soil fractal dimension in agricultural fields with GPR [J]. Nonlinear Processes in Geophysics，2008，15（5）：711-725.

[107] Duhour A，Costa C，Momoa F，et al. Response of earthworm communities to soil disturbance：fractal dimension of soil and species' rank-abundance curves [J]. Applied Soil Ecology，2009，43（1）：83-88.

[108] Liu X，Zhang G C，Gary C，et al. Fractal features of soil particle-size distribution as affected by plant communities in the forested region of Mountain Yimeng，China [J]. Geoderma，2009，154（1-2）：123-130.

[109] Zhang J，Chang Q R，Qi Y B. Fractal characteristics of soil under ecological restoration in the agro-pastoral transition zone of Northern China [J]. New Zealand Journal of Agricultural Research，2009，52（4）：471-476.

[110] Yong Z S，Ha L Z，Wen Z Z，et al. Fractal features of soil particle size distribution and the implication for indicating desertification [J]. Geoderma，2004，122（1）：43-49.

[111] Guber A K，Pachepsky Y A，Levkovsky E V. Fractal mass-size scaling of wetting soil aggregates [J]. Ecological Modelling，2005，182（3-4）：317-322.

[112] Xu X M，He Y R. Fractal characteristics of stagnic anthrosols and the relationship with soil micro-structure [J]. Agricultural Sciences in China，2009，8（5）：605-612.

[113] 王俊超，贾永刚，史文君，等. 差异水动力导致黄河口粉质土微结构分形特征变化实例研究 [J]. 海洋科学进展，2004，22（2）：177-183.

[114] 王国梁，周生路，赵其国. 土壤颗粒的体积分形维数及其在土地利用中的应用 [J]. 土壤学报，2005，42（4）：545-550.

[115] 陈丽梅，于海业，于立娟，等. 白浆土型人参栽培床土的分形维数特征 [J]. 农业工程学报，2007，23（1）：95-98.

[116] 王德，傅伯杰，陈利顶，等. 不同土地利用类型下土壤粒径分形分析——以黄土丘陵沟壑区为例 [J]. 生态学报，2007，27（7）：3082-3089.

[117] Jia X H，Li X R，Zhang J G，et al. Analysis of spatial variability of the fractal dimension of soil particle size in ammopiptanthus mongolicus' desert habitat [J]. Environmental Geology，2009，58（5）：953-962.

[118] Wang Y Q，Shao M G，Gao，L. Spatial variability of soil particle size distribution and fractal features in water-wind erosion crisscross region on the Loess Plateau of China [J]. Soil Science，2010，175（12）：579-585.

[119] 郁伯铭. 多孔介质运输性质的分形分析研究进展 [J]. 力学进展，2003，33（3）：333-346.

[120] Mualem Y. A new model for predicting the hydraulic conductivity of unsaturated porous media [J]. Water Resources Research，1976，12（3）：513-522.

[121] Xu Y F，Sun D A. A fractal model for soil pores and its application to determination of water permeability [J]. Physica A—Statistical Mechanics and Its Applications，2002，316（1-4）：56-64.

[122] 杨靖，汪吉林. 砂性土渗流的分形特征研究 [J]. 煤田地质与勘探，2010，38（2）：42-45.

[123] 徐永福，黄寅春. 分形理论在研究非饱和土力学性质中的应用 [J]. 岩土工程学报，2006，28（5）：635-638.

[124] Bonala M V S，Reddi P E L N. Fractal representation of soil cohesion [J]. Journal of Geotechnical and Geoenvironmental Engineering，1999，125（10）：901-904.

[125] 舒志乐，刘新荣，刘保县，等. 基于分形理论的土石混合体强度特征研究 [J]. 岩石力学与工程学报，2009，28（1）：2651-2656.

[126] Alam N，Ozdemir O，Hampton M A，et al. Dewatering of coal plant tailings：flocculation followed by filtration [J]. Fuel，2011，90（1）：26-35.

[127] Kotylar L S，Sparks B D，Schutte R. Effect of salt on the flocculation behavior of nano particles in oil sands fine tailings [J]. Clays and Clay Minerals，1996，44（1）：121-131.

[128] Jiang W D. Fractal character of lenticles and its influence on sediment state in tailings dam [J]. Journal of Central South University of Technology，2005，12（6）：753-756.

[129] 周子龙，李夕兵，蒋卫东. 德兴铜矿尾矿坝透镜体的分形特性研究 [J]. 江西有色金属，2003，17（1）：25，26.

[130] Yin G Z，Zhang Q G，Wei Z A，et al. Study of particle distribution characteristics and mechanical properties for tailings based on fractal theory [J]. Disaster Advances，2010，3（4）：586-591.

[131] 刘志祥，李夕兵. 尾砂级配的混沌优化 [J]. 中南大学学报，2005，36（4）：683-687.

[132] 冯松，谭凯旋，刘栋，等. 某铀尾矿不同粒度分形分布对氡析出的影响 [J]. 现代矿业，2009，(487)：46-48.

[133] 谭凯旋，周媛，邢中华，等. 铀尾矿粒度分形分布对氡析出影响的初步研究 [J]. 南华大学学报，2010，24（1）：8-16.

[134] 谢封超，张青岭，刘结平，等. 高分子的软物质特性 [J]. 高分子通报，2001，(2)：50-55.

[135] Campbell C S. Rapid granular flows [J]. Annual Review of Fluid Mechanics，1990，22：57-92.

[136] Jaeger H M，Nagel S R. The physics of the granular state [J]. Science，1992，255（5051）：1523-1531.

[137] Herrmann H. Grains of understanding [J]. Physics World，1997，10（11）：31-34.

[138] Bridgewater J. Particle technology [J]. Chemical Engineering Science，1995，50（24）：4081-4089.

[139] Borderies N，Goldreich P，Tremaine S. A granular flow model for dense planetary rings [J]. Icarvs，1985，63（3）：406-420.

[140] 鲍德松，张训生. 颗粒物质与颗粒流 [J]. 浙江大学学报（理学版），2003，30（5）：514-517.

[141] Jaeger H M，Nagel S R，Behringer R P. The physics of granular materials [J]. Physics Today，1996，49（2）：32-38.

[142] Campbell C S. Granular material flows—an overview [J]. Powder Technology，2006，162（3）：208-229.

[143] Howell D W，Behringer R P，Veje C T. Fluctuations in granular media [J]. Chaos，1999，9（3）：559-572.

[144] Howell D, Behringer R P, Veje C. Stress fluctuations in a 2D granular Couette experiment: a continuous transition [J]. Physical Review Letters，1999，82（26）：5241-5244.

[145] 叶坚，毛旭锋，夏建新. 颗粒流研究最新进展与挑战 [J]. 中央民族大学学报（自然科学版），2009，18（4）：26-35.

[146] Bak P, Tang C, Wiesenfeld K. Self-organized criticality: an explanation of 1/*f* noise [J]. Physical Review Letters, 1987, 59（4）：381-389.

[147] Edwards S F，Mounfield C C. A theoretical model for the stress distribution in granular matter：force in sandpiles [J]. Physica A，1996，226（1-2）：25-33.

[148] Bouchaud J P，Cares M，Prakash J R，et al. Hystersis and metastability in a continuum sandpile model [J]. Physical Review Letters，1995，74（11）：1982-1986.

[149] Wittmer J P，Claudin P，Cates M E，et al. An explanation for the central stress minimum in sand piles [J]. Nature，1996，382（6589）：336-338.

[150] 孙其诚，王光谦. 颗粒物质力学导论 [M]. 北京：科学出版社，2009.

[151] Norris A N，Johnson D L. Nonlinear elasticity of granular media [J]. Journal of Applied Mechanics-Transactions of the Asme，1997，64（1）：39-49.

[152] Di Renzo A，Di Maio F P. Comparison of contact-force models for the simulation of collisions in DEM-based granular flow codes [J]. Chemical Engineering Science，2004，59（3）：525-541.

[153] Di Renzo A，Di Maio F P. An improved integral non-linear model for the contact of particles in distinct element simulations [J]. Chemical Engineering Science，2005，60（5）：1303-1312.

[154] Jager J. Elastic contact of equal spheres under oblique forces [J]. Archive of Applied mechanics，1993，63（6）：402-412.

[155] Vu-Quoc L，Lesburg L，Zhang X. An accurate tangential force-displacement model for granular-flow simulations：contacting spheres with plastic deformation，force-driven formulation [J]. Journal of Computational Physics，2004，196（1）：298-326.

[156] Li Y J, Xu Y, Thornton C. A comparison of discrete element simulations and experiments for'sandpiles'composed of spherical particles [J]. Powder Technology，2005，160（3）：219-228.

[157] Schwarz U D. A generalized analytical model for the elastic deformation of an adhesive contact between a sphere and a flat surface [J]. Journal of Colloid and Interface Science，2003，261（1）：99-106.

[158] Greenwood J A. On the DMT theory [J]. Tribology Letters，2007，26（3）：203-211.

[159] Briscoe B J，Liu K K，Williams D R. Adhesive contact deformation of a single microelastomeric sphere [J]. Journal of Colloid and Interface Science，1998，200（2）：256-264.

[160] Hong C W. From long-range interaction to solid-body contact between colloidal surfaces during forming [J]. Journal of the European Ceramic Society，1998，18（14）：2159-2167.

[161] Ebenstein D M，Wahl K J. A comparison of JKR-based methods to analyze quasi-static and dynamic indentation force curves [J]. Journal of Colloid and Interface Science，2006，298（2）：652-662.

[162] Greenwood J A，Johnson K L. An alternative to the Maugis model of adhesion between elastic spheres [J]. Journal of Physics D—Applied Physics，1998，31（22）：3279-3290.

[163] Lantz M A, O'Shea S J, Welland M E, et al. Atomic-force-microscope study of contact area and friction on $NbSe_2$ [J]. Physical Review B，1997，55（16）：10776-10785.

[164] Pietrement O，Troyon M. General equations describing elastic indentation depth and normal contact stiffness versus load [J]. Journal of Colloid and Interface Science，2000，226（1）：166-171.

[165] Mazeran P E，Beyaoui M. Initiation of sliding of an elastic contact at a nanometer scale under a scanning force microscope probe [J]. Tribology Letters，2008，30（1）：1-11.

[166] Zuo S C，Xu Y，Yang Q W，et al. Discrete element simulation of the behavior of bulk granular material during truck braking [J]. Engineering Comptations，2006，23（1-2）：4-15.

[167] 吴清松，胡茂彬. 颗粒流的动力学模型和实验研究进展 [J]. 力学进展，2002，32（2）：250-258.

[168] 周英，鲍德松，张训生，等. 边界条件对二维斜面颗粒流颗粒分布的影响 [J]. 物理学报，2004，53（10）：3389-3393.
[169] Zhu H P，Wu Y H，Yu A B. Discrete and continuum modeling of granular flow [J]. China Particuology，2005，3（6）：354-363.
[170] Takahashi T，Tsujimoto H. A mechanical model for Merapi-type pyroclastic flow [J]. Journal of Volcanology and Geothermal Research，2000，98（1-4）：91-115.
[171] Lube G，Cronin S J，Platz T，et al. Flow and deposition of pyroclastic granular flows：a type example from the 1975 Ngauruhoe eruption，New Zealand [J]. Journal of Volcanology and Geothermal Research，2007，161（3）：165-186.
[172] Massoudi M，Phuoc T X. Conduction and dissipation in the shearing flow of granular materials modeled as non-Newtonian fluids [J]. Powder Technology，2007，175（3）：146-162.
[173] 边琳，王立，刘传平. 颗粒流拟流体的本构关系 [J]. 过程工程学报，2007，7（3）：467-471.
[174] 刘传平，王立，岳献芳，等. 颗粒流本构关系的实验研究 [J]. 北京科技大学学报，2009，31（2）：256-260.
[175] 夏建新，毛旭锋. 非均匀颗粒流应力关系实验研究 [J]. 岩土力学，2009，30（增刊）：79-82.
[176] Kamrin K. Nonlinear elasto-plastic model for dense granular flow [J]. International Journal of Plasticity，2010，26（2）：167-188.
[177] 张信贵，吴恒，易念平. 城市区域水土作用与土细观结构变异的试验研究 [J]. 广西大学学报（自然科学版），2004，29（1）：39-43.
[178] 易念平，张信贵，李芒原，等. 地下水变异环境下土细观结构演化的 SEM 测试分析 [J]. 桂林理工大学学报，2008，28（1）：43-47.
[179] 张嘎，张建民，梁东方. 土与结构接触面试验中的土颗粒细观运动测量 [J]. 岩土工程学报，2005，27（8）：903-907.
[180] 周翠英，牟春梅. 软土破裂面的微观结构特征与强度的关系 [J]. 岩土工程学报，2005，27（10）：1136-1141.
[181] 胡昕，周宇泉，洪宝宁，等. 三轴压缩条件下黏性土微细结构变化的试验研究 [J]. 岩土力学，2006，26（增刊）：505-510.
[182] 王庶懋，高玉峰. 砂土与 EPS 颗粒混合的轻质土（LSES）细观结构的 CT 研究 [J]. 岩土力学，2006，27（12）：2137-2142.
[183] 方祥位，陈正汉，申春妮，等. 原状 Q_2 黄土结构损伤演化的细观试验研究 [J]. 水利学报，2008，39（8）：940-946.
[184] 周健，杨永香，刘洋. 饱和砂土液化过程中细观组构的模型试验研究 [J]. 同济大学学报（自然科学版），2009，37（4）：466-470.
[185] 周健，郭建军，崔积弘，等. 土钉拉拔接触面的细观模型试验研究与数值模拟 [J]. 岩石力学与工程学报，2009，28（9）：1936-1944.
[186] 贾敏才，王磊，周健. 砂性土宏细观强夯加固机制的试验研究 [J]. 岩石力学与工程学报，2009，28（增 1）：3282-3290.
[187] 郑剑锋，赵淑萍，马巍，等. CT 检测技术在土样初始损伤研究中的应用 [J]. 兰州大学学报（自然科学版），2009，45（2）：20-25.
[188] 岳中琦. 岩土细观介质空间分布数字表述和相关力学数值分析的方法、应用和进展 [J]. 岩石力学与工程学报，2006，25（5）：875-888.
[189] 庄守兵，吴长春，冯淼林，等. 基于均匀化方法的多孔材料细观力学特性数值研究 [J]. 材料科学与工程，2001，19（4）：9-13.
[190] 刘恩龙，沈珠江. 岩土材料破损过程的细观数值模拟 [J]. 岩石力学与工程学报，2006，25（9）：1790-1794.
[191] 陈沙，岳中琦，谭国焕. 基于真实细观结构的岩土工程材料三维数值分析方法 [J]. 岩石力学与工程学报，2006，25（10）：1951-1959.
[192] Cundall P A，Strack O D L. Particle flow code in 2 dimensions [A]. Itasca Consulting Group，Inc.，1999.
[193] Cundall P A，Strack O D L. A discrete numerical model for graunlar assemblies [J]. Geotechnique，1979，29（1）：47-65.
[194] Powrie W，Ni Q，Harkness R M，et al. Numerical modelling of plane strain tests on sands using a particulate approach [J]. Geotechnique，2005，55（4）：297-306.
[195] Bock H，Blumling P，Konietzky H. Study of the micro-mechanical behaviour of the Opalinus Clay：an example of co-operation across the ground engineering disciplines [J]. Bulletin of Engineering Geology and the Environment，2006，65（2）：195-207.
[196] Jenck O，Dias D，Kastner R. Discrete element modelling of a granular platform supported by piles in soft soil—validation on a small scale model test and comparison to a numerical analysis in a continuum [J]. Computers and Geotechnics，2009，36（3）：917-927.
[197] 周健，池永，池毓蔚，等. 颗粒流方法及 PFC2D 程序 [J]. 岩土力学，2000，21（3）：271-274.

[198] 周健，廖雄华，池永，等. 土的室内平面应变试验的颗粒流模拟 [J]. 同济大学学报，2002，30（9）：1044-1050.
[199] 周健，池永. 土的工程力学性质的颗粒流模拟 [J]. 固体力学学报，2004，25（4）：377-382.
[200] Zhou J，Su Y，Chi Y. Simulation of soil properties by particle flow code [J]. Chinese Journal of Geotechnical Engineering，2006，28（3）：390-396.
[201] 周健，张刚，孔戈. 渗流的颗粒流细观模拟 [J]. 水利学报，2006，37（1）：28-32.
[202] 周健，史旦达，贾敏才. 砂土单调剪切力学性状的颗粒流模拟 [J]. 同济大学学报（自然科学版），2007，35（10）：1299-1304.
[203] 周健，张刚，曾庆有. 主动侧向受荷桩模型试验与颗粒流数值模拟研究 [J]. 岩土工程学报，2007，29（5）：650-656.
[204] 周健，彭述权，樊玲. 刚性挡土墙主动土压力颗粒流模拟 [J]. 岩土力学，2008，29（3）：629-632.
[205] 周健，亓宾，曾庆有. 被动桩土拱效应与影响因素细观研究 [J]. 建筑结构，2009，39（9）：100-102，77.
[206] 周健，王家全，曾远，等. 颗粒流强度折减法和重力增加法的边坡安全系数研究 [J]. 岩土力学，2009，30（6）：1549-1554.
[207] 周健，邓益兵，叶建忠，等. 砂土中静压桩沉桩过程试验研究与颗粒流模拟 [J]. 岩土工程学报，2009，31（4）：501-507.
[208] 周健，白彦峰，张昭，等. 砂土中群桩室内模型试验及颗粒流模拟研究 [J]. 岩土工程学报，2009，31（8）：1275-1280.
[209] 周健，王家全，曾远，等. 土坡稳定分析的颗粒流模拟 [J]. 岩土力学，2009，30（1）：86-90.
[210] 周健，杨永香，刘洋，等. 循环荷载下砂土液化特性颗粒流数值模拟 [J]. 岩土力学，2009，30（4）：1083-1088.
[211] 贾敏才，王磊，周健. 砂土振冲密实的细观颗粒流模拟 [J]. 水利学报，2009，40（4）：421-429.
[212] 贾敏才，王磊，周健. 干砂强夯动力特性的细观颗粒流分析 [J]. 岩土力学，2009，30（4）：871-878.
[213] 贾敏才，王磊，周健. 基坑开挖变形的颗粒流数值模拟 [J]. 同济大学学报（自然科学版），2009，37（5）：612-617.
[214] 徐文杰，胡瑞林，王艳萍. 基于数字图像的非均质岩土材料细观结构 PFC 2D 模型 [J]. 煤炭学报，2007，32（4）：358-362.
[215] 朱伟，钟小春，加瑞. 盾构隧道垂直土压力松动效应的颗粒流模拟 [J]. 岩土工程学报，2008，30（5）：750-754.
[216] 吴剑，冯夏庭. 高速剪切条件下土的颗粒流模拟 [J]. 岩石力学与工程学报，2008，27（增 1）：3064-3069.
[217] 刘君，刘福海，孔宪京. 考虑破碎的堆石料颗粒流数值模拟 [J]. 岩土力学，2008，29（增刊）：107-112.
[218] 李兴尚，许家林，朱卫兵. 垮落矸石注浆充填体压实特性的颗粒流模拟 [J]. 煤炭学报，2008，23（4）：373-377.
[219] 郑刚，焦莹，柴浩. 扩径桩抗压抗拔性能的颗粒流数值模拟 [J]. 天津大学学报，2008，41（1）：78-84.
[220] 刘海涛，程晓辉. 粗粒土尺寸效应的离散元分析 [J]. 岩土力学，2009，30（增刊）：287-292.
[221] 杨庆华，姚令侃，杨明. 地震作用下松散堆积体崩塌的颗粒流数值模拟 [J]. 西南交通大学学报，2009，44（4）：580-584.
[222] 张翀，舒赣平. 颗粒形状对颗粒流模拟双轴压缩试验的影响研究 [J]. 岩土工程学报，2009，31（8）：1281-1286.
[223] 刘汉龙，杨贵. 土石坝振动台模型试验颗粒流数值模拟分析 [J]. 防灾减灾工程学报，2009，29（5）：479-483.
[224] 杨冰，杨军，常在，等. 土石混合体压缩性的三维颗粒力学研究 [J]. 岩土力学，2010，31（5）：1645-1650.
[225] 曾锃，党发宁，沈贵华，等. 基于细观力学的土体渗透稳定分析方法研究 [J]. 西安理工大学学报，2010，26（1）：48-54.
[226] 张晓平，吴顺川，张志增，等. 含软弱夹层土样变形破坏过程细观数值模拟及分析 [J]. 岩土力学，2008，29（5）：1200-1209.
[227] 张孟喜，张石磊. H-V 加筋土性状的颗粒流细观模拟 [J]. 岩土工程学报，2008，30（5）：625-631.

第2章　尾矿分类和化学物理性质

2.1　尾 矿 分 类

矿山开采出来的矿石，经过选矿破碎，从中选出有用矿物后，剩下的矿渣叫尾矿，它一般以矿浆状态排出，以堆存方式进行处理。为了更好地了解尾矿工程属性，有必要搞清尾矿的分类。由于尾矿来自矿石，而不同矿石的各种性能差异很大，所以到目前为止，尾矿还没有一个通用明确的分类标准。例如，《尾矿库工程分析与管理》按照矿石类别来分类，见表2.1[1]；而《上游法尾矿堆积坝工程地质勘察规程》按照尾矿的粒度组成来分类，见表2.2[2]；《尾矿设施设计规范》（GB 50863—2013）根据尾矿的粒度组成又给出了另外一种分类标准，见表2.3[3]。《中国有色金属尾矿库概论》则按照尾矿堆坝过程中的沉积情况，即能否用来堆积尾矿坝进行分类，把其中满足一定条件的细尾矿称为细粒尾矿，具体介绍见2.4节[4]。

表2.1　按矿石类别的尾矿分类表

类别	尾矿	一般特性
软岩尾矿	细煤废渣 天然碱不溶物 钾	包含砂和粉砂质矿泥，因粉砂质矿泥中黏土的存在，可能控制总体性质
硬岩尾矿	铅-锌 铜 金-银 钼 镍（硫化物）	可包含砂和粉砂质矿泥，但粉砂质矿泥常为低塑性或无塑性，砂通常控制总体性质
细尾矿	磷酸盐黏土 铝土矿红泥 铁细尾矿 沥青矿尾矿泥	一般很少或无砂粒级，尾矿的性态，特别是沉淀-固结特性受粉砂级或黏土级颗粒控制，可能造成排放容积问题
粗尾矿	沥青砂尾矿 铀尾矿 铁粗尾矿 磷酸盐矿 石膏尾矿	主要为砂或无塑性粉砂级颗粒，显示出似砂性态及有利于工程的特性

表2.2　按粒度组成的尾矿分类表

类别	判定标准	尾矿名称
尾矿砂	＞2.00mm，占10%～50% ＞0.50mm，占＞50% ＞0.25mm，占＞50% ＞0.10mm，占＞75%	尾砾砂 尾粗砂 尾中砂 尾细砂

续表

类别	判定标准	尾矿名称
尾矿土	＜0.005mm，占＜5%	尾粉砂
	＜0.005mm，占 5%～10%	尾亚砂
	＜0.005mm，占 10%～15%	尾轻亚黏
	＜0.005mm，占 15%～30%	尾重亚黏
	＜0.005mm，占＞30%	尾矿泥

表 2.3　《尾矿设施设计规范》按粒度组成的分类标准

类别	名称	判别标准	备注
砂性尾矿	尾砾砂	粒径大于 2mm 的颗粒占全重的 25%~50%	定名时应根据粒组含量由大到小，以最先符合者确定
	尾粗砂	粒径大于 0.5mm 的颗粒超过全重的 50%	
	尾中砂	粒径大于 0.25mm 的颗粒超过全重的 50%	
	尾细砂	粒径大于 0.074mm 的颗粒超过全重的 85%	
	尾粉砂	粒径大于 0.074mm 的颗粒超过全重的 50%	
	尾粉土	粒径大于 0.074mm 的颗粒不超过全重的 50%，塑性指数小于等于 10	
黏性尾矿	尾粉质黏土	塑性指数为 10~17	
	尾黏土	塑性指数大于 17	

从上述分类来看，按照尾矿的粒度来分类比较科学，也符合一般砂土的分类原则，有助于对尾矿物理力学性质的理论研究与对比。

2.2　尾矿化学与矿物成分

尾矿的成分包括化学成分和矿物成分，尾矿的性质既包括尾矿自身的物理性质，也包括与其有关的化学物理性质[5]。

尾矿是由矿体的部分围岩和夹石，以及矿石中的脉石矿物构成的，因此，其化学成分和矿物成分一方面受矿体主岩岩性的控制，另一方面受矿化类型与围岩蚀变的制约。一般来说，岩浆堆积型、火山喷滋型、同生沉积型、区域变质型矿床的尾矿，其化学成分与主岩成分基本近似；而接触交代型、热液型、风化型矿床的尾矿，则主要取决于矿化和围岩蚀变类型。

无论何种类型的尾矿，其主要组成元素，不外乎 O、Si、Ti、Al、Fe、Mn、Mg、Ca、Na、K、P、H 等，但它们在不同类型的尾矿中的含量差别很大，且具有不同的结晶化学行为。尾矿的化学成分可用全分析结果表示，但一般常以 SiO_2、TiO_2、Al_2O_3、Fe_2O_3、FeO、MgO、CaO、Na_2O、K_2O、H_2O、CO_2、SO_3 等主要造岩分子的含量来标度。

在镁铁硅酸盐型尾矿中，Si 以[SiO_4]四面体形式组成岛状、链状、层状硅酸盐骨干，形成橄榄石、辉石、蛇纹石、水镁石、蒙脱石、海泡石、凹凸棒石等镁、铁硅酸盐矿物；Ti 除一部分以类质同象形式进入辉石晶格外，主要形成铁矿；少量的 Al 此时主要以[AlO_6]六面体形式取代 Fe、Mg，共同组成硅酸盐矿物，Mn 有时也可取代部分 Fe；Ca 主要组成石灰岩；Na、K 含量很低；P 一般以磷灰石形式存在；H 在蚀变矿物中以$[OH]^-$及$[H_3O]^+$进入矿物晶格。

在钙铝硅酸盐型尾矿中，Ca 一方面与 Fe、Mg 一道组成辉石、角闪石、石榴石等硅酸盐矿物，另一方面与 Na、Al 一起形成斜长石等铝硅酸盐矿物。当这些矿物遭受蚀变时，上述 12 种元素均可进入矿物晶格，并有 CO_2、H_2S 等组分加入，形成绿帘石、绿泥石、绢云母等含水矿物。

在长英岩型尾矿中，Si 不仅与 Ca、Na、K、Al 组成碱性长石，与 Fe、Mn、Mg 组成云母等层状硅酸盐矿物，还常形成独立的 SiO_2。在未遭受蚀变和风化的尾矿中，独立的 SiO_2 多为结晶态的石英，在沉积型矿床中，有时以无定型的蛋白石、缝石、硅藻土等形式存在。蚀变严重的这类尾矿，主要具有绿泥石 + 绢云母 + 石英或高岭石 + 石英蚀变组合。外生条件下，常以石英 + 长石、石英 + 黏土组合出现。在某些酸性火山岩型矿床中，还常见到沸石类矿物，Ca、Na、K 以不稳定的吸附状态赋存于 Si-A1-O 骨架的空穴中。

在碱性硅酸盐型尾矿中，Na、K 含量比长英岩型尾矿高得多，它们既可以与 Fe、Mg、Si 组成碱性辉石、碱性角闪石、霓石等暗色矿物，也常与 Si、Al 一起形成霞石、白榴石等似长石矿物，此时，无独立的 SiO_2 矿物出现。由于建材中主要是利用其第三亚类——碱性酸性硅酸盐型尾矿，霞石、白榴石、钾长石、碱性斜长石等是其主要组成矿物。当矿床受到蚀变时，碱性似长石类矿物常形成方钠石、方沸石、钾沸石等，碱性长石蚀变为绢云母、高岭石等。

在高铝硅酸盐型尾矿中，Si、Al 往往结合成无水或含水的硅酸铝，赋存于黏土矿物或红柱石族矿物中，Si 呈四面体配位，Al 多呈六面体配位。Fe、Mg、Na、K 进入八面体孔穴，以黑云母、白云母、水云母、伊利石等形式存在。Ca 一般很少进入硅酸盐晶格，而以独立的碳酸盐形式存在。

在高钙硅酸盐型尾矿中，Ca 一方面与 Si 结合成透辉石、透闪石、硅灰石、钙铝榴石等，另一方面以方解石形式残留于碳酸盐中。Fe、Mg、Na、K 等主要赋存于绿帘石、绿泥石、阳起石等含水硅酸盐中。其中，有些 Fe 以氧化物或硫化物形式存在。

硅质岩型尾矿中，Si 的主要赋存方式为结晶状态的氧化物——石英，有些以健石、蛋白石等微晶或不定型氧化物形式存在。Al、Fe、Ca、Mg、Na、K 等以杂质矿物形式赋存于胶结物中。

碳酸盐型尾矿中，Ca 可进入方解石、白云石晶格，Mg 可形成白云石、菱镁矿。但在一些成分不纯或遭遇蚀变的碳酸盐型尾矿中，也不免有 Si、Al、Fe、Mn 元素的混入。

尾矿的矿物成分，一般以各种矿物的质量分数表示，但由于岩矿鉴定多在显微镜下进行，不便于称量，因此，有时也采用镜下统计矿物颗粒数目的办法，间接地推算各矿物的大致含量。

根据我国一些典型金属和非金属矿山的资料统计，各类型尾矿的化学成分和矿物组成范围列于表 2.4。

表 2.4　各类型尾矿的化学成分和矿物组成范围一览表

尾矿类型	矿物组成	质量分数/%	主要化学成分/%							
			SiO_2	Al_2O_3	Fe_2O_3	FeO	MgO	CaO	Na_2O	K_2O
镁铁硅酸盐型	镁铁橄榄石（蛇纹石） 辉石（绿泥石） 斜长石（绢云母）	25～75 25～75 ≤15	30.0～45.0	0.5～4.0	0.5～5.0	0.5～8.0	25.0～45.0	0.3～4.5	0.02～0.5	0.01～0.3
钙铝硅酸盐型	橄榄石（蛇纹石） 辉石（绿泥石） 斜长石（绢云母） 角闪石（绿帘石）	0～10 25～50 40～70 15～30	45.0～65.0	12.0～18.0	2.5～5.0	2.0～9.0	4.0～8.0	8.0～15.0	1.50～3.50	1.0～2.5
长英岩型	石英 钾长石（绢云母） 碱斜长石（绢云母） 铁镁矿物（绿泥石）	15～35 15～30 25～40 5～15	65.0～80.0	12.0～18.0	0.5～2.5	1.5～2.5	0.5～1.5	0.5～4.5	3.5～5.0	2.5～5.5
碱性硅酸盐型	霞石（沸石） 钾长石（绢云母） 钠长石（方沸石） 碱性暗色矿物	15～25 30～60 15～30 5～10	50.0～60.0	12.0～23.0	1.5～6.0	0.5～5.0	0.1～3.5	0.5～4.0	5.0～12.0	5.0～10.0
高铝硅酸盐型	高岭土石类黏土矿物 石英或方解石等非黏土矿物 少量有机质、硫化物	≥75 ≤25	45.0～65.0	30.0～40.0	2.0～8.0	0.1～1.0	0.05～0.5	2.0～5.0	0.2～1.5	5.0～2.0
高钙硅酸盐型	大理石（硅灰石） 透辉石（绿帘石） 石榴子石（绿帘石、绿泥石等）	10～30 20～45 30～45	35.0～55.0	5.0～12.0	3.0～5.0	2.0～15.0	5.0～8.5	20.0～30.0	0.5～1.5	0.5～2.5
硅质岩型	石英 非石英矿物	≥75 ≤25	80.0～90.0	2.0～3.0	1.0～4.0	0.2～0.5	0.02～0.2	2.0～5.0	0.01～0.1	0.0～0.5
钙质碳酸盐型	方解石 石英及黏土矿物 白云石	≥75 5～25 ≤5	3.0～8.0	2.0～6.0	0.2～2.0	0.1～0.5	1.0～3.5	45.0～52.0	0.01～0.2	0.0～0.5
镁质碳酸盐型	白云石 方解石 黏土矿物	≥75 10～25 3～5	1.0～5.0	0.5～2.0	0.1～3.0	0～0.5	17.0～24.0	26.0～35.0	微量	微量

另据中国地质科学院尾矿利用技术中心李章大介绍，我国几种典型金属矿床尾矿的化学成分见表 2.5。

表 2.5　几种典型金属矿床尾矿的化学成分

尾矿类型	化学成分/%											
	SiO_2	Al_2O_3	Fe_2O_3	TiO_2	MgO	CaO	Na_2O	K_2O	SO_3	P_2O_5	MnO	烧铁
鞍山式铁矿	73.27	4.07	11.60	0.16	4.22	3.04	0.41	0.95	0.25	0.19	0.14	2.18
岩浆型铁矿	37.17	10.35	19.16	7.94	8.50	11.11	1.60	0.10	0.56	0.03	0.24	2.71
火山型铁矿	34.86	7.42	29.51	0.64	3.68	8.51	2.15	0.37	12.46	4.58	0.13	5.52
矽卡岩型铁矿	33.07	4.67	12.22	0.16	7.39	23.04	1.44	0.40	1.88	0.09	0.08	13.47
矽卡岩型钼矿	47.51	8.04	8.57	0.55	4.71	19.77	0.55	2.10	1.55	0.10	0.65	6.46

续表

尾矿类型	化学成分/%											
	SiO_2	Al_2O_3	Fe_2O_3	TiO_2	MgO	CaO	Na_2O	K_2O	SO_3	P_2O_5	MnO	烧铁
矽卡岩型金矿	47.94	5.78	5.74	0.24	7.97	20.22	0.90	1.78	—	0.17	6.42	—
斑岩型铜钼矿	65.29	12.13	5.98	0.84	2.34	3.35	0.60	4.62	1.10	0.28	0.17	2.83
斑岩型铜矿	61.99	17.89	4.48	0.74	1.71	1.48	0.13	4.88	—	—	—	5.94
岩浆型镍矿	36.79	3.64	13.83	—	26.91	4.30	—	—	1.65	—	—	11.30
细脉型钨锡矿	61.15	8.50	4.38	0.34	2.01	7.85	0.02	1.98	2.88	0.14	0.26	6.87
石英脉型稀有矿	81.13	8.79	1.73	0.12	0.01	0.12	0.21	3.62	0.16	0.02	0.02	—
长石石英矿	85.86	6.40	0.80	—	0.34	1.38	1.01	2.26	—	—	—	—
碱性岩型稀土矿	41.39	15.25	13.22	0.94	6.70	13.44	2.58	2.98	—	—	—	1.73

由表 2.4 和表 2.5 可以看出，不同成因类型的矿床，其尾矿成分变化范围是相当大的，这就要求若是将尾矿用作建筑材料的原料或开展尾矿库流出地下水对周边环境影响评估时，必须先对尾矿的化学成分作详细分析研究。应当注意，上述表中所列不同类型尾矿的化学成分，仅可作为选择尾矿建筑材料与尾矿库周边环境影响评估时的参考，具体情况还需比照有关的建筑材料所用原材料标准与环境污染评估标准，详细分析哪些成分超标、哪些成分不足、哪些是有害的、哪些是有益的，以便取舍或掺配，获得优化的建筑材料，提高环境污染评价结果的准确性。

2.3　尾矿物理性质

通过对国内外尾矿物理性质指标的研究发现，尾矿的物理性质指标可分为基础物理性质指标、粒级与级配指标。基础物理性质指标包括干密度、天然密度、饱和密度、孔隙比、孔隙率、比重、含水量（率）、饱和度、塑限、液限、塑性指数、液性指数、渗透系数、压实度、固结系数、压缩系数和压缩模量共 17 个。部分指标具有关联性，如孔隙比和孔隙率可进行相互换算。而常用的基础物理性质指标包括比重、含水率、干密度、饱和度、塑限、液限、孔隙比等。粒级与级配指标包括中值粒径（d_{50}）、有效粒径（d_{10}）、限制粒径（d_{60}）、不均匀系数和曲率系数共 5 个（不均匀系数与曲率系数定义见 5.3.2 节）。曹作忠等[6]对以上各项指标进行相关性的计算和检验，从检验结果得知：含水量与干密度、孔隙比、限制粒径、不均匀系数中度相关，而与土粒比重低度相关；不均匀系数与限制粒径高度相关，而与含水量中度相关等，按照相关系数的显著性，整个尾矿的物理性质指标可以分为三个相关类别：第一类，孔隙比、含水量；第二类，土粒比重、干密度、湿密度；第三类，不均匀系数、曲率系数、有效粒径、限制粒径。

2.3.1　平川铁矿尾矿物理性质

根据《土工试验方法标准》（GB/T 50123—1999）、《土工试验规程》（SL 237—1999）、

《尾矿设施设计规范》(GB 50863—2013)，对四川省盐源县平川铁矿尾矿物理性质进行了测试，试验尾矿样品取自排放到 58#沟尾矿库的尾矿（图 2.1）。获得物理性质指标如下。

图 2.1　铁矿选矿厂排放的尾矿样

1. 尾矿粒级与级配指标

为了全面准确地反映尾矿颗粒组成结果，试验人员在送来的尾矿样中随机选取了 10 袋尾矿样，把结块的尾矿进行人工分散，将它们混合均匀，共计测试 10 组试样。

颗粒试验测试使用的仪器为美国 Microtrac 公司的 S3500 系列激光粒度分析仪（图 2.2），该仪器采用经典静态光散射技术和全程米氏理论处理，利用现代模块式设计理念，使用三激光光源技术，配备超大角度双镜头检测系统，系统自动识别，方便快捷。仪器测量范围：0.02～2000μm；测量精度：量程的±0.6%。全尾矿试样的测试结果见表 2.6。

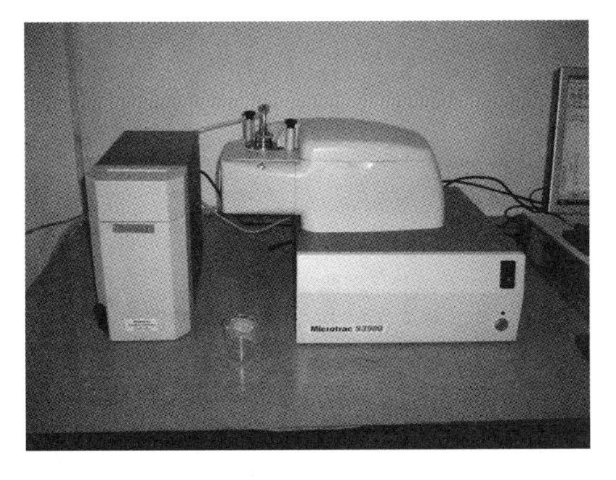

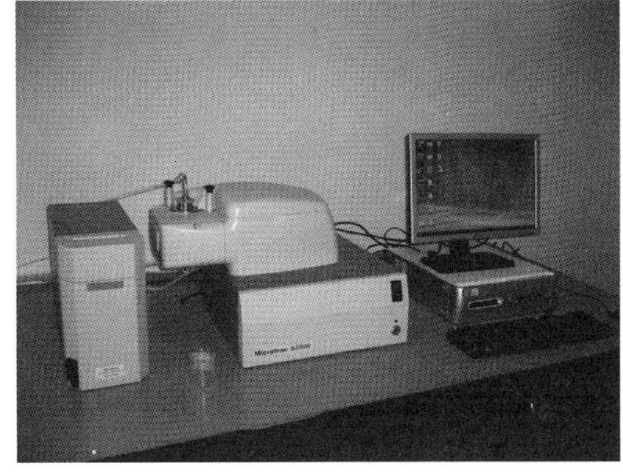

图 2.2　Microtrac S3500 系列激光粒度分析仪

表 2.6　全尾矿粒级与级配指标测试结果

样品编号	d_{10}/mm	d_{30}/mm	d_{50}/mm	d_{60}/mm	C_u	C_c	土样名称
①	0.00344	0.01085	0.03168	0.06016	17.488	0.569	尾粉土
②	0.00228	0.01181	0.03447	0.06108	26.789	1.002	尾粉土
③	0.00343	0.01254	0.04962	0.09552	27.848	0.480	尾粉土
④	0.00097	0.00945	0.03207	0.05965	61.495	1.543	尾粉土
⑤	0.00232	0.00779	0.02226	0.04213	18.159	0.621	尾粉土
⑥	0.00238	0.00783	0.02158	0.03925	16.492	0.656	尾粉土
⑦	0.00355	0.01544	0.04699	0.08060	22.704	0.833	尾粉土
⑧	0.00171	0.00971	0.02843	0.05256	30.737	1.049	尾粉土
⑨	0.00232	0.01009	0.02445	0.03931	16.944	1.116	尾粉土
⑩	0.00313	0.01080	0.03659	0.06765	21.613	0.551	尾粉土
平均值	0.00255	0.01063	0.03281	0.05979	26.027	0.842	尾粉土

从颗粒分析试验结果可知：全尾矿颗粒的中值粒径 d_{50} = 0.02158～0.04962mm，平均值为 0.03281mm；≥0.074mm 的颗粒含量为 27.37%～43.93%；不均匀系数 C_u = 16.492～61.495，平均值为 26.027，曲率系数 C_c = 0.480～1.543，平均值为 0.842。10 组全尾矿样不均匀系数均大于 10，有 6 组曲率系数小于 1.0，另外 4 组曲率系数大于 1.0。结果显示：10 组全尾矿样均为尾粉土，均属于非均匀土，4 组试样级配良好，6 组级配不良。

2. *尾矿常用的基础物理性质指标*

按照试验规范，取 3 组尾矿样，分别进行比重、密度、塑限和液限等常用的基础物理性质指标测定，部分指标通过换算求得。测试结果见表 2.7。

表 2.7　尾矿常用的基础物理性质指标测试结果

试样编号	比重 G_s	密度 ρ /(g·cm^{-3})	含水率 W/%	干密度 ρ_d /(g·cm^{-3})	饱和密度 ρ_{sat} /(g·cm^{-3})	饱和度 S_r/%	塑限 W_p/%	液限 W_L/%	塑性指数 I_p	孔隙比 e	孔隙率 n/%
1#	2.98	2.07	13.78	1.82	2.15	83.75	10.8	17.2	6.4	0.64	39.01
2#	2.90	2.04	13.70	1.80	2.15	92.05	10.5	16.7	6.2	0.61	38.02
3#	2.97	2.06	13.87	1.81	2.14	84.61	10.7	17.0	6.3	0.64	39.00
平均值	2.95	2.06	13.78	1.81	2.15	86.80	10.67	16.97	6.3	0.63	38.68

注：密度是将按照 12%～16%的含水率制备好的尾矿样根据《土工试验规程》测定。

3. *尾矿渗透性指标*

尾矿的渗透性关系到尾矿坝的渗透稳定问题。许多尾矿坝就是因为发生渗透变形而使尾矿坝稳定性条件变坏，甚至造成溃坝事故，因此了解尾矿的渗透性具有重要的意义。采用 TST-55A 型变水头渗透仪（图 2.3），按照变水头法进行 3 组尾矿样的渗透性试验。渗透试验取样采用的环刀规格均为ϕ61.8mm×40mm。

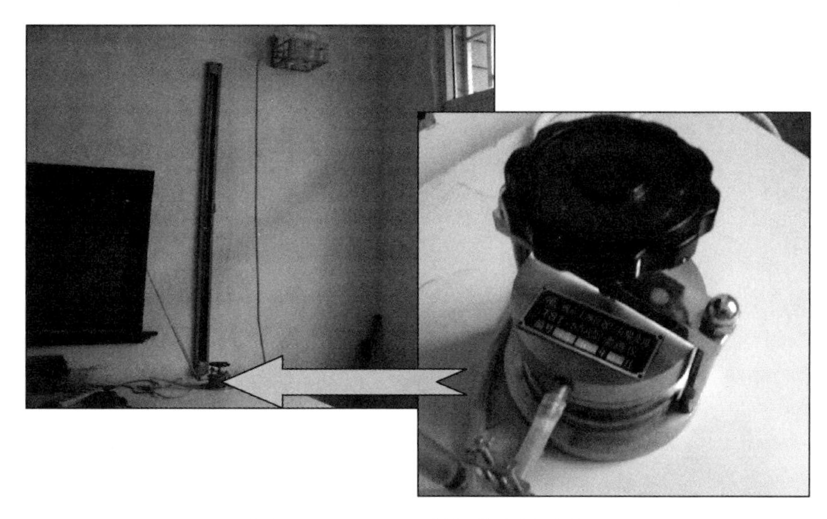

图 2.3　TST-55A 型变水头渗透仪

试验要求：试样密度和含水率配制要求见表 2.7；采用变水头渗透试验方法进行试验。尾矿渗透性指标试验测试结果见表 2.8。

表 2.8　尾矿渗透与压缩性质指标试验测试结果

试样编号	压缩性指标		渗透性指标
	压缩系数 α_{1-2}/MPa^{-1}	压缩模量 $E_{s(1-2)}$/MPa	渗透系数 K_v/(cm·s^{-1})
1#	0.155	12.658	2.90×10^{-4}
2#	0.162	12.121	2.86×10^{-4}
3#	0.160	12.270	2.85×10^{-4}
平均值	0.159	12.350	2.87×10^{-4}

4. *尾矿压缩性指标*

压缩性是尾矿的一个非常重要的物理性质，但该性质涉及尾矿受载压缩变形，也有学者将其归为尾矿的力学性质，固结和压缩与尾矿孔隙水渗流、结构稳定和沉降等问题有密切的关系。尾矿固结与压缩的规律不仅取决于土的类别和状态，也随土的边界条件、排水条件和受荷方式而异。为此，对平川铁矿尾矿的压缩性进行测试，采用 WG-IB 型单杠杆低压固结仪（图 2.4），按照标准固结法进行 3 组尾矿压缩试验。

取样环刀规格为ϕ61.8mm×20mm。

试验要求：按照表 2.7 的密度和含水率指标要求制备试验样；采用标准固结法，固结时间 24h，试验时施加的竖向压力分别为 50kPa、100kPa、200kPa、400kPa 和 800kPa。

图 2.4　WG-IB 型单杠杆低压固结仪

尾矿压缩性指标的试验测试结果见表 2.8。

2.3.2　秧田箐铜尾矿物理性质

利用 2.3.1 节所述测试方法，分析了云南达亚有色金属股份有限公司下属秧田箐尾矿库铜尾矿的物理性质。测试尾矿样如图 2.5 所示，原矿石样品为块状氧化矿，品位控制在 0.3%左右、氧化率为 64%。测试各项物理性质指标如下。

图 2.5　秧田箐尾矿库铜尾矿

1. *尾矿粒级与级配指标*

为了全面准确地反映尾矿颗粒组成结果，试验人员在送来的尾矿样中随机选取了 5

袋尾矿样，将它们混合均匀，把结块的尾矿进行人工分散。最后，取10组试样进行颗粒分析。10个全尾矿试样的测试结果分别见表2.9。

从颗粒分析试验结果可知：全尾矿颗粒粒径的中值粒径 $d_{50}=0.016\sim0.088$mm，平均值为0.044mm；粒径≥0.074mm的颗粒含量≤34.47%（在20.50%～38.21%范围）；不均匀系数 $C_u=5.00\sim9.20$，平均值为6.67，曲率系数 $C_c=0.76\sim1.17$，平均值为0.99，在10组全尾矿样中，有5组曲率系数 C_c 小于1.0，另外5组曲率系数 C_c 大于1.0。结果显示：10组全尾矿样均为尾粉土，5组试样级配良好，5组试样级配不良。

表2.9　尾矿粒级与级配指标测试结果

样品编号	d_{10}/mm	d_{30}/mm	d_{50}/mm	d_{60}/mm	C_u	C_c	土样名称
①	0.010	0.024	0.053	0.076	7.60	0.76	尾粉土
②	0.006	0.014	0.025	0.034	5.67	0.96	尾粉土
③	0.010	0.025	0.045	0.065	6.50	0.96	尾粉土
④	0.004	0.009	0.016	0.020	5.00	1.01	尾粉土
⑤	0.011	0.025	0.046	0.062	5.64	0.92	尾粉土
⑥	0.011	0.026	0.049	0.067	6.09	0.92	尾粉土
⑦	0.005	0.016	0.033	0.046	9.20	1.11	尾粉土
⑧	0.007	0.021	0.040	0.054	7.71	1.17	尾粉土
⑨	0.008	0.023	0.045	0.062	7.75	1.07	尾粉土
⑩	0.020	0.048	0.088	0.111	5.55	1.04	尾粉土
平均值	0.009	0.023	0.044	0.060	6.67	0.99	尾粉土

2. *尾矿常用的基础物理性质指标*

按照试验规范要求，取3组尾矿样，分别对它们进行比重、密度、含水率、塑限和液限等物理性质指标的试验测定，其他指标通过换算求得。获得测试结果见表2.10。

表2.10　尾矿常用的基础物理性质指标测试结果

试样编号	比重 G_s	密度 $\rho/(g\cdot cm^{-3})$	含水率 W/%	干密度 $\rho_d/(g\cdot cm^{-3})$	饱和密度 $\rho_{sat}/(g\cdot cm^{-3})$	饱和度 S_r/%	塑限 W_p/%	液限 W_L/%	塑性指数 I_p	孔隙比 e	孔隙率 n/%
1#	2.83	1.94	14.81	1.69	2.20	65.9	13.2	20.7	7.6	0.68	40.3
2#	2.84	2.01	14.68	1.73	2.24	69.2	12.8	21.0	7.2	0.65	39.5
3#	2.81	1.96	14.97	1.67	2.14	68.3	13.5	19.7	6.2	0.69	40.8
平均值	2.83	1.97	14.82	1.70	2.19	67.8	13.2	20.5	7.0	0.67	40.2

注：密度是将制备好的尾矿样按照15%含水率配制，然后根据《土工试验规程》测定。

3. *尾矿渗透性试验*

采用TST-55A型变水头渗透仪，按照变水头法进行3组尾矿样的渗透性试验。渗透性试验取样采用的环刀规格为ϕ61.8mm×40mm。试验要求：试样密度和含水率指标要求见表 2.8；采用变水头渗透试验方法进行试验；渗透性质指标的试验结果见表 2.11。

表 2.11　尾矿渗透与压缩性质指标试验测试结果

试样编号	压缩系数 α_{1-2}/MPa^{-1}	压缩模量 $E_{s(1-2)}$/MPa	渗透系数 K_v/(cm·s^{-1})
1#	0.142	13.87	1.46×10^{-4}
2#	0.135	14.38	1.53×10^{-4}
3#	0.137	14.29	1.51×10^{-4}
平均值	0.138	14.18	1.50×10^{-4}

4. *尾矿压缩性指标*

采用 WG-IB 型单杠杆低压固结仪，按照标准固结法进行 3 组尾矿压缩试验。试验要求：按照表 2.10 的密度和含水率指标要求制备试验样，采用标准固结试验方法，取样环刀规格为ϕ61.8mm×20mm，试验时施加的竖向压力分别为 100kPa、200kPa、300kPa 和 400kPa。尾矿压缩性指标的试验结果见表 2.11。

2.3.3　大宝山槽对坑尾矿物理性质*

王崇淦和张家生测试了广东省大宝山槽对坑尾矿库尾矿的物理性质[7]。试验所用尾矿样品为从尾矿坝纵向自上而下所取原状土，根据粒度组成的尾矿分类标准，尾矿坝纵向自上而下所取尾矿样品分别为中砂、细砂、粉砂、粉土、粉黏和黏土。根据测试结果，总结这些不同尾矿的性质指标，归纳如下。

1. *尾矿粒级与级配指标*

广东省大宝山槽对坑尾矿库尾矿的颗粒分析测试结果见表 2.12。从表中可以看出：该尾矿主要由细砂、粉砂、粉土和粉黏 4 类尾矿组成。其中中砂的 C_u 小于 5，其他几组尾矿的 C_u 均大于 5，粉黏和黏土的 C_c 小于 1，其他几组的 C_c 均大于 1。从分析结果可以看出，细砂和粉土属于良好级配土，其他几种属于级配不良土。

表 2.12　尾矿粒级与级配指标测试结果

土样名称	砂粒/%	粉粒/%	黏粒/%	粒径参数/mm				级配参数	
	2～0.05mm	0.05～0.005mm	＜0.005mm	中值粒径 d_{50}	有效粒径 d_{10}	等效粒径 d_{30}	界限粒径 d_{60}	不均匀系数 C_u	曲率系数 C_c
中砂（4）	95.3	2.9	1.8	0.2998	0.0893	0.1788	0.3700	4.1	1.0
细砂（16）	91.8	5.9	2.3	0.1798	0.0554	0.1170	0.2247	6.4	1.9
粉砂（33）	76.7	15.3	8.0	0.1239	0.0167	0.0691	0.1788	45.3	3.5

* 本节部分内容参考文献[7]。

续表

土样名称	砂粒/%	粉粒/%	黏粒/%	粒径参数/mm				级配参数	
	2～0.05mm	0.05～0.005mm	<0.005mm	中值粒径 d_{50}	有效粒径 d_{10}	等效粒径 d_{30}	界限粒径 d_{60}	不均匀系数 C_u	曲率系数 C_c
粉土（15）	37.4	48.4	14.2	0.0379	0.0042	0.1177	0.0494	17.4	2.1
粉黏（15）	7.2	53.4	39.4	0.0087	0.0010	0.0033	0.0127	13.2	0.9
黏土（7）	10.3	45.5	44.2	0.0080	0.0008	0.0022	0.0149	18.2	0.6

注：括号内为试验试样组数。

2. 尾矿常用的基础物理性质指标

广东省大宝山槽对坑尾矿常用的基础物理性质指标测试结果统计见表 2.13。由表可知：①随土层深度的增加，含水率增大；随黏粒含量的增加，含水率增大。②同一类尾矿天然密度随土层深度的增加而增大。因为深度增加，固结时间增长，干密度逐渐增大。③颗粒的比重与尾矿中所含的矿物质有关，从中砂到黏土，比重数值逐渐减小。④对于同一类土，随土层深度的增加，孔隙比逐渐减小，饱和度逐渐增大，理论上地下水位以下的饱和度为 100%，但由于在取样和试验过程中，水分有不同程度的损失，另外粉黏和黏土能起到隔水作用，因此尾矿砂形成悬挂水，有一些饱和度小于 100%的情况。槽对坑尾矿库中的黏土、粉黏和粉土的饱和度都接近 100%。⑤粉土 $I_p = 8.0$，粉黏 $I_p = 14.2$，黏土 $I_p = 18.5$。粉土和黏土 I_L 平均值大于 1，属于流塑状态，粉黏 I_L 平均值为 0.8，属于软塑状态。

按《岩土工程勘察规范》（GB 50021—2001）的规定，粉土作为一类特殊土，既不同于砂土，也不同于黏土，它的性质介于二者之间，其密实度根据孔隙比分为稍密、中密和密实。根据试验统计结果：粉土的孔隙比平均值为 1.05，属于稍密土。

表 2.13　尾矿常用的基础物理性质指标测试结果

土样名称	含水率 W/%	天然密度 ρ/(g·cm^{-3})	干密度 ρ_d/(g·cm^{-3})	孔隙比 e	饱和度 S_r/%	孔隙率 n/%	比重 G_s	液限 W_L/%	塑限 W_p/%	塑性指数 I_p	液性指数 I_L
中砂（4）	24.4	2.10	1.69	1.217	75.6	54.9	3.75				
细砂（16）	26.0	2.05	1.63	1.165	80.0	53.4	3.51				
粉砂（33）	27.2	2.09	1.65	1.145	85.3	53.0	3.52				
粉土（15）	30.4	2.16	1.66	1.050	98.3	50.7	3.39	28.0	19.8	8.0	1.1
粉黏（15）	36.0	2.04	1.50	1.206	98.6	54.3	3.30	37.3	23.1	14.2	0.8
黏土（7）	46.6	1.88	1.29	1.527	98.3	60.1	3.22	37.5	19.0	18.5	1.3

注：括号内为试验试样组数。

3. 尾矿渗透性指标

尾矿的渗透性与其他的物理性质参数相比，其变化范围大得多。且由于它的分选性很强，层位复杂，所以竖直方向上的渗透系数与水平方向上的渗透系数有时相差十几倍，甚至几十倍。结果表明：尾矿的渗透性与其孔隙比及颗粒的粒度关系密切。尾矿的渗透系数统计值见表 2.14。图 2.6 和图 2.7 分别为粉砂渗透系数与孔隙比和中值粒径 d_{50} 的关系。

由图可以看出：渗透系数与孔隙比 e 的关系可用对数曲线进行拟合，其相关性达到 0.5624，拟合方程为

$$K_{20}=3\times10^{-6}\,\mathrm{e}^{4.0437e} \tag{2-1}$$

渗透系数与中值粒径 d_{50} 的关系可用对数曲线进行拟合，其相关性达到 0.6328，拟合方程为

$$K_{20}=3\times10^{-6}\,\mathrm{e}^{3.0082d_{50}} \tag{2-2}$$

表 2.14　尾矿渗透性指标测试结果

土样名称	中砂（4）	细砂（16）	粉砂（33）	粉土（15）	粉黏（15）	黏土（7）
渗透系数/(cm·s^{-1})	1.4×10^{-3}	1.7×10^{-3}	6.9×10^{-4}	1.9×10^{-5}	8.5×10^{-6}	4.1×10^{-6}

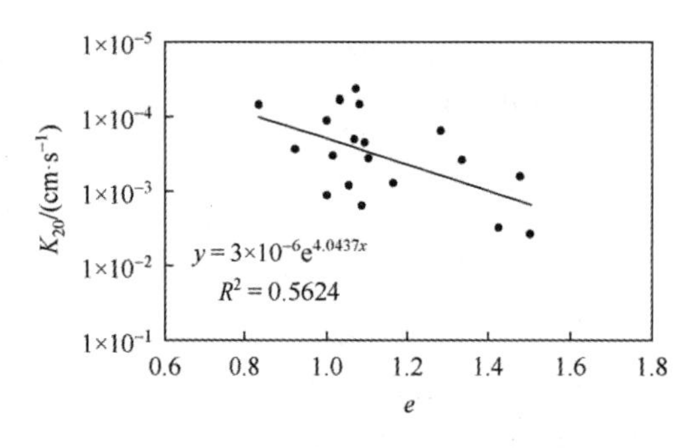

图 2.6　尾矿渗透系数与孔隙比的关系

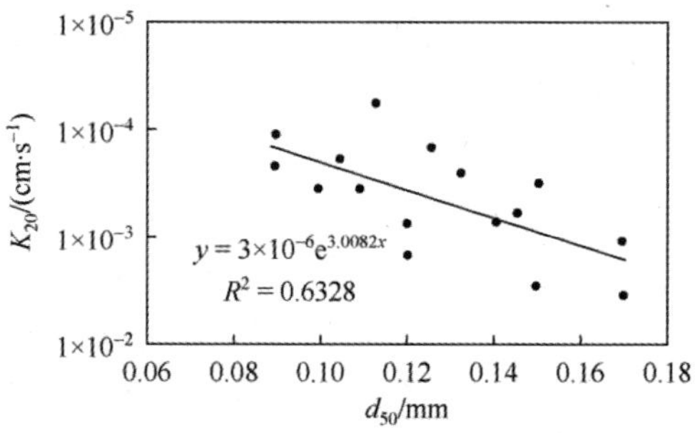

图 2.7　尾矿渗透系数与中值粒径的关系

4. *尾矿压缩性指标*

固结试验是在中压固结仪上进行的，施加垂直压强分别为 50kPa、100kPa、200kPa、300kPa、400kPa 和 800kPa，每级荷载稳定后才能施加下级荷载。稳定标准为每小时的变形量小于 0.01mm。

饱和尾矿砂的固结表现为：加压后几乎是瞬时下沉，说明尾矿砂的固结速率很快，压缩量达到 95%时只需要几分钟，因此可以认为尾矿砂的沉降在施加上部荷载后已经基本稳定，其后期沉降很小。

固结变形试验测试成果见表 2.15。

表 2.15　尾矿固结变形试验测试成果

土样名称	各级荷载下的孔隙比							压缩系数/MPa^{-1}			压缩模量/MPa		
	$0e_0$	$50e_{0.5}$	$100e_1$	$200e_2$	$300e_3$	$400e_4$	$800e_8$	α_{1-2}	α_{3-4}	α_{4-8}	$E_{s(1-2)}$	$E_{s(3-4)}$	$E_{s(4-8)}$
中砂（4）	1.217	1.186	1.174	1.154	1.139	1.127	1.092	0.20	0.12	0.09	12.3	22.0	32.0
细砂（16）	1.165	1.128	1.112	1.092	1.078	1.065	1.041	0.20	0.12	0.06	12.9	21.4	43.3
粉砂（33）	1.145	1.115	1.101	1.080	1.065	1.054	1.014	0.21	0.11	0.08	14.0	24.8	39.5

续表

土样名称	各级荷载下的孔隙比							压缩系数/MPa^{-1}			压缩模量/MPa		
	$0e_0$	$50e_{0.5}$	$100e_1$	$200e_2$	$300e_3$	$400e_4$	$800e_8$	α_{1-2}	α_{3-4}	α_{4-8}	$E_{s(1-2)}$	$E_{s(3-4)}$	$E_{s(4-8)}$
粉土（15）	1.050	1.002	0.989	0.968	0.952	0.940	0.921	0.21	0.12	0.05	21.8	33.5	57.5
粉黏（15）	1.206	1.119	1.091	1.050	1.023	1.003	0.944	0.41	0.20	0.12	6.1	12.4	28.3
黏土（7）	1.527	1.364	1.295	1.194	1.129	1.084	1.007	10.1	0.45	0.19	2.7	6.5	15.7

注：括号内为试验试样组数。

从表 2.15 可以看出：砂性土和粉土的压缩系数 α_{1-2} 基本相同，压缩模量 $E_{s(1-2)}$ 由小到大。按照《建筑地基基础设计规范》（GB 50007—2011）规定的 α_{1-2} 来评价土的压缩性，中砂、细砂、粉砂、粉土和粉黏都属于中压缩性土；黏土属于高压缩性土。

2.3.4　羊拉铜尾矿物理性质

尹光志等对取自云南迪庆矿业开发有限公司羊拉铜矿的尾矿进行了物理性质测试[8]，获得结果如下。

1. *尾矿粒级与级配指标*

试验使用的样品是从羊拉铜矿选矿厂车间排出的尾矿储存处采取的，取样时考虑了样品的代表性，分别在 6 个不同地点采取了 6 组试样，对这些试样进行颗粒分析。6 组试样的颗粒级配曲线如图 2.8 所示。该选矿厂排出的全尾矿粒级与级配指标为：中值粒径 $d_{50}=0.1\sim0.113$mm，粒径≥0.074mm 的颗粒含量≥62%；尾矿的不均匀系数 $C_u=3.691\sim20.969$，曲率系数 $C_c=1.794\sim7.478$。6 组试样中只有一组试样级配良好，其余 5 组级配不良。由此可见，羊拉铜矿的尾矿属于级配不良的尾细砂和尾粉砂土。

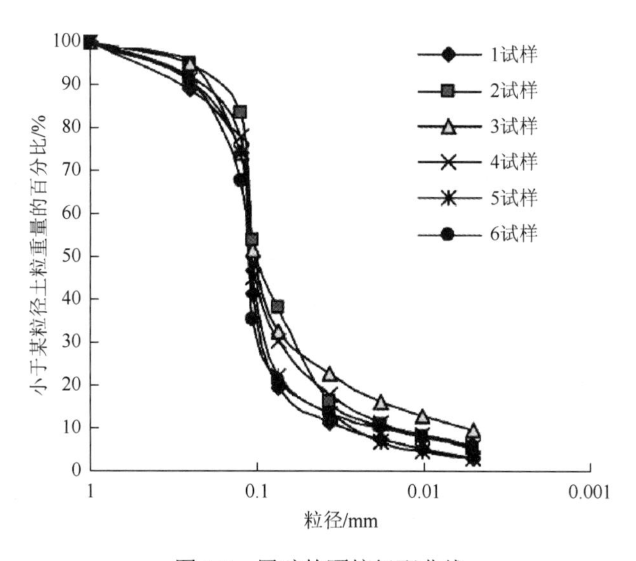

图 2.8　尾矿的颗粒级配曲线

2. *尾矿常用的基础物理性质指标*

由于羊拉铜矿尾矿库是采用中线法筑坝，即通过旋流分级，将全尾矿中的粗尾矿用于筑坝，细的就排放到尾矿库内。为此，人工配制成全尾矿、堆坝尾矿（粗尾矿）、细尾矿三种试样，分别对全尾砂、粗尾砂和细尾砂进行常用的基础物理性质测试，获得测试结果见表 2.16。

表 2.16　三种尾矿砂常用的基础物理性质指标测试结果

土样名称	颗粒级配	比重	密度/($g·cm^{-3}$)	含水率/%	干密度/($g·cm^{-3}$)	饱和密度/($g·cm^{-3}$)	孔隙比	孔隙率/%	饱和度/%
全尾矿	+0.074mm，>25%	3.01	1.93	19.3	1.63	2.09	0.845	48.5	65.2
粗尾矿	+0.074mm，=75% −0.074mm，=25%	3.04	1.95	20.3	1.64	2.10	0.854	46.1	67.3
细尾矿	+0.074mm，=8.3% −0.074mm，=91.7%	2.92	1.95	19.4	1.58	2.04	0.846	45.8	67.3

3. *尾矿渗透性指标*

按照国家相关岩土规范要求，采用变水头渗透率测试方法，对取自云南省羊拉铜矿尾矿库的全尾砂、粗尾砂和细尾砂进行渗透性试验。

测试结果（表 2.17）表明：3 种尾矿试样渗透系数在 3.86×10^{-5}～8.14×10^{-4}cm·s^{-1} 变化。对照规范，3 种试样均为中等透水土层。

表 2.17　三种尾矿的渗透性指标测试结果

土样名称	全尾砂	粗尾砂	细尾砂
渗透系数 K_V/($cm·s^{-1}$)	3.86×10^{-5}	8.14×10^{-4}	6.61×10^{-4}

尾矿属于多孔介质土体，而多孔介质的渗透性与其物理性质常数相比变化范围要大得多，同时尾矿堆坝后其分选性很强，层位复杂，垂直方向的渗透系数与水平方向的渗透系数有时相差十几倍，甚至几十倍。对于垂直方向的渗透系数，从试验结果可知：粗尾砂的渗透系数大，而细尾砂的小，渗透系数随着尾矿粒径的变小也逐渐减小。但由于尾矿砂的各向异性和非均匀性对尾矿的渗透性有很大的影响，若不对尾矿砂进行分选，如全尾砂，则尾矿砂中含有大量的尾矿泥等，会使渗透系数更小。此次试验结果也表明全尾砂的渗透系数要比粗尾砂和细尾砂的渗透系数小。

4. *尾矿压缩性指标*

按照国家相关岩土规范要求，采用低压固结仪进行压缩试验测试，用规格为 ϕ61.8mm×20mm 的环刀取样，每种尾矿样品共进行 3 组试验。

尾矿的压缩特性试验结果见表 2.18 和图 2.9。分析得到：

（1）三种尾矿在 100～200kPa 压强下，压缩系数 α_{1-2} 会随着粒径的变小而明显增大，对应的压缩模量则明显减小。

（2）三种尾矿砂的压缩系数均介于 0.1～0.5MPa^{-1}，按照国家相关规范中对土层压缩性分类可知，试样属于中压缩性土。

（3）尾矿砂的颗粒越粗，其孔隙比越大。

（4）对于粗尾砂，随着压力的增大，压缩曲线变化比较平缓；对于全尾砂，随着压力的增大，压缩曲线较粗尾砂陡；而细尾砂随着压力的增大，其压缩曲线变化最陡，说明细粒尾矿的压缩性比较大。

表 2.18　三种尾矿的压缩性指标测试结果

土样名称	压缩系数 α_{1-2}/MPa^{-1}	压缩模量 $E_{s(1-2)}$/MPa
全尾砂	0.281	6.689
粗尾砂	0.161	11.696
细尾砂	0.298	6.192

2.3.5　东乡铜尾矿物理性质*

试验所用尾矿取自江西省东乡铜尾矿坝，将尾矿砂通过孔径为 0.074mm 的孔筛，将材料分为粗细两组，以研究沉积分选对材料特性的影响，将筛上和筛下的材料分别称为粗粒尾矿和细粒尾矿，未分选的称为全尾矿。

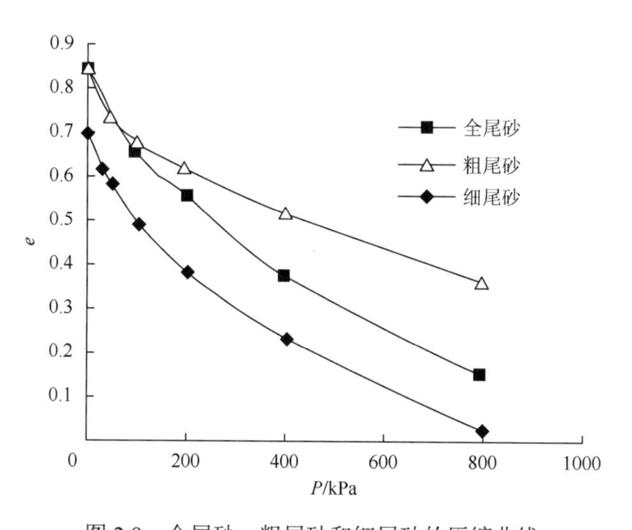

图 2.9　全尾砂、粗尾砂和细尾砂的压缩曲线

* 本节部分内容主要参考文献[9]。

1. 尾矿粒级与级配指标

为了了解所用的筛分以后的两种尾矿的颗粒分布情况，对这两种尾矿和全尾矿都进行了颗粒分析试验，试验结果如图 2.10 所示。从图 2.10 中可知，粗粒尾矿的颗粒直径主要分布在 0.1～0.3mm，这个范围内的颗粒含量占到总量的 80%以上。细粒尾矿的颗粒基本都分布在直径 0.01～0.074mm 这个范围，比例为 96.2%。根据筛分时得到的两种材料的重量，可以知道筛分以前的材料，即全尾矿的颗粒级配曲线。两种材料的级配常数见表 2.19。从表中可以看出，不论是全尾矿还是经过筛分以后的粗粒尾矿和细粒尾矿，它们的不均匀系数 C_u 均小于 5，曲率系数 C_c 在 0.9～1.1 变化，都属于级配较差的土样。

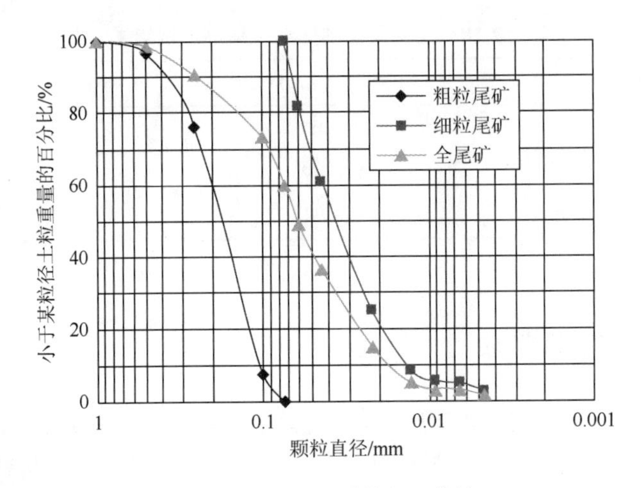

图 2.10　尾矿的颗粒级配曲线

表 2.19　尾矿粒级与级配指标测试结果

土样名称	d_{60}/mm	d_{50}/mm	d_{30}/mm	d_{10}/mm	C_u	C_c
粗粒尾矿	0.215	0.193	0.149	0.105	2.05	0.98
细粒尾矿	0.043	0.037	0.025	0.014	3.07	1.04
全尾矿	0.074	0.063	0.036	0.018	4.11	0.97

2. 尾矿常用的基础物理性质指标

对三种尾矿进行烘干，进行比重试验和相对密度试验，得出的尾矿常用的基础物理力学性质指标见表 2.20。从表中可以看出，细粒尾矿的比重略大于粗粒的值，其原因可能是无论粗粒尾矿还是细粒尾矿均来源于相同的矿石，在选矿后由磨碎程度的不同就得到颗粒粗细不同的尾矿，尾矿颗粒越细，则矿石的内孔隙释放越多，故比重越大。而细粒尾矿的最大干容重、最小干容重均小于粗粒材料的干容重，这些指标为进一步制备不同密度的试样提供数据基础。

表 2.20　尾矿常用的基础物理性质指标测试结果

土样名称	比重	最大干容重/($kN\cdot m^{-3}$)	最小干容重/($kN\cdot m^{-3}$)	最大孔隙比	最小孔隙比
粗粒尾矿	3.02	17.8	13.4	1.254	0.697
细粒尾矿	3.04	17.5	10.7	1.841	0.737
全尾矿	3.03	18.6	14.8	1.047	0.629

3. 尾矿渗透性指标

对粗粒尾矿、细粒尾矿和全尾矿用南 55 型渗透仪在常水头下进行了渗透试验，以求得实验室条件下的尾矿的渗透系数。渗透试验结果表明：尾矿的渗透性与其相对密度密切相关，也随颗粒的粗细不同而异。对于相对密度为 60% 的粗颗粒尾矿、全尾矿和细颗粒尾矿，其渗透系数分别为 $1.16\times10^{-4}cm\cdot s^{-1}$、$5.32\times10^{-5}cm\cdot s^{-1}$ 和 $9.43\times10^{-6}cm\cdot s^{-1}$，粗细尾矿渗透系数相差 10 倍多。

对东乡尾矿库原状尾矿样的渗透系数的试验结果见表 2.21，从表 2.21 可以看出，从尾细砂、尾粉砂、尾亚砂、尾轻亚黏到尾矿泥，渗透系数都有依次减小的趋势，且水平渗透系数约为垂直渗透系数的 4 倍。

表 2.21　尾矿渗透性指标测试结果

土样名称	水平渗透系数/($\times10^{-5}cm\cdot s^{-1}$)	垂直渗透系数/($\times10^{-5}cm\cdot s^{-1}$)
尾细砂	16.34	4.34
尾粉砂	7.26	1.86
尾亚砂	5.32	1.54
尾轻亚黏	3.46	0.86
尾矿泥	0.64	0.15

4. 尾矿压缩性指标

对饱和的粗、细颗粒尾矿和全尾矿进行了固结试验，参考原状尾矿样的干密度的统计资料，本次试验取三种尾矿的起始干密度为 $1.45g\cdot cm^{-3}$，试验加荷最高至 2MPa，固结稳定标准为试样变形量表读数每小时不大于 0.005mm。试验结果见图 2.11 和表 2.22，从表 2.22 可以看出，三种尾矿的压缩系数 α_{v1-2} 在 0.246～$0.273MPa^{-1}$，均属于中等压缩性。

饱和尾矿的固结表现为加压后几乎瞬间下沉，这说明尾矿的固结速度较快，压缩量达到 95%时仅需几分钟。因此可以认为尾矿的沉降在施加上部荷载后即可基本稳定，其后期的沉降量很小。根据测出的全尾矿、粗粒尾矿和细粒尾矿这三种尾矿的渗透系数可以求得各尾矿的固结系数，详细情况列于表 2.22。

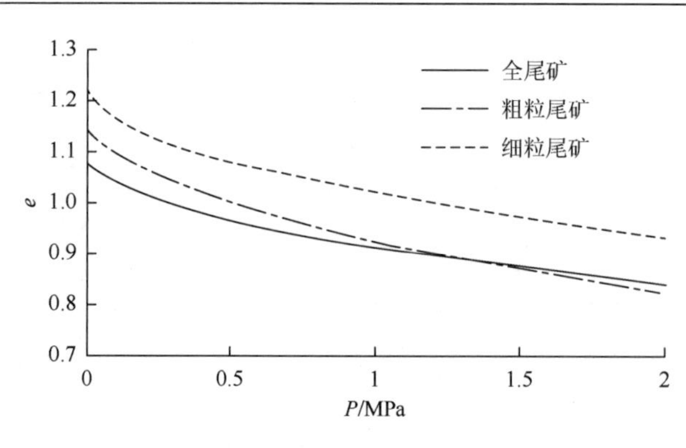

图 2.11　尾矿的 e-P 压缩曲线

表 2.22　尾矿压缩性指标测试结果

尾矿名称	压缩系数/MPa^{-1}		固结系数/($cm^2 \cdot s^{-1}$)
	α_{v1-2}	$\alpha_{v平均}$	$c_{c平均}$
粗粒尾矿	0.273	0.259	1.183
细粒尾矿	0.265	0.253	0.168
全尾矿	0.246	0.224	0.364

2.4　细粒尾矿物理性质

根据《中国有色金属尾矿库概论》《尾矿设施设计参考资料》中的定义，细粒尾矿是指平均粒径 $d_{cp} \leqslant 0.03$mm，–0.019mm 含量一般＞50%、+ 0.074mm 含量＜10%和 + 0.037mm 含量≤30%的尾矿。对细粒尾矿的定义来自于生产实践，主要体现在尾矿的工程应用上，即细粒尾矿堆坝与非细粒尾矿堆坝存在很大的差别。

细粒尾矿的产生主要有两种情况，一种是选矿厂排出的全尾矿本身就属于细粒尾矿，如云南锡业集团（控股）有限责任公司的大部分矿山的细粒尾矿就属这一类；另一种是选矿厂排出的全尾矿不是细粒尾矿，但经过综合利用，如井下尾矿充填等，全尾矿经分级处理，粗尾矿被利用，余下的细粒尾矿被排放到尾矿库堆积尾矿坝，大红山铜矿的细粒尾矿就属于这一种[10]。

按照土工试验对各细粒尾矿土层的尾矿进行测试，并对各类细粒尾矿土层的物理指标测试数据进行综合整理，其结果分别见表 2.23～表 2.25。

表 2.23　钻孔部分各尾矿的物理性质试验指标

指标名称	尾轻亚黏	尾亚砂	尾亚砂	尾轻亚黏
	$\frac{界限值}{平均值}$频数			
孔隙比 e	$\frac{0.81}{}1$	$\frac{0.61-0.97}{0.74}6$	$\frac{0.61-0.97}{0.66}10$	$\frac{0.74}{}1$
土的重度 γ/($kN \cdot m^{-3}$)	$\frac{20.7}{}1$	$\frac{19.4-21.3}{20.4}6$	$\frac{20.0-21.9}{21.0}10$	$\frac{20.5}{}1$

续表

指标名称	尾轻亚黏	尾亚砂	尾亚砂	尾轻亚黏
	$\frac{\text{界限值}}{\text{平均值}}$频数			
天然含水率 W/%	$\frac{24.0}{\ }1$	$\frac{12.0-24.0}{17.2}6$	$\frac{13.0-20.0}{15.9}10$	$\frac{14.0}{\ }1$
液限 W_L/%	$\frac{27.0}{\ }1$	$\frac{25.0-28.0}{26.8}4$	$\frac{25.0-28.0}{26.7}4$	—
塑限 W_p/%	$\frac{20.0}{\ }1$	$\frac{20.0-21.0}{20.5}4$	$\frac{19.0-20.0}{19.3}4$	—
塑性指数 I_p	$\frac{7.0}{\ }1$	$\frac{5.0-7.0}{6.3}4$	$\frac{5.0-8.0}{7.0}5$	$\frac{5.0}{\ }1$
干密度 ρ_d/(g·m^{-3})	$\frac{1.67}{\ }1$	$\frac{1.57-1.86}{1.74}6$	$\frac{1.71-1.92}{1.82}10$	$\frac{1.80}{\ }1$

表 2.24　干滩面各尾矿的物理性质试验值

指标名称	尾粉砂	尾亚砂	尾轻亚黏	尾重亚黏
	$\frac{\text{界限值}}{\text{平均值}}$频数			
孔隙比 e	$\frac{0.74-1.13}{0.94}17$	$\frac{0.61-1.09}{0.88}22$	$\frac{0.57-1.12}{0.82}19$	$\frac{0.60-1.08}{0.93}7$
土的重度 γ/(kN·m^{-3})	$\frac{16.0-19.4}{18.1}17$	$\frac{17.1-21.8}{18.7}22$	$\frac{16.9-21.9}{19.7}19$	$\frac{17.1-20.8}{18.4}7$
天然含水率 W/%	$\frac{6-32}{16}17$	$\frac{10-24}{16}22$	$\frac{14-27}{18}19$	$\frac{12-27}{19}7$
液限 W_L/%	—	—	$\frac{24-28}{26}35$	$\frac{12-27}{29}52$
塑限 W_p/%	—	—	$\frac{18-21}{19}35$	$\frac{19-26}{21}52$
塑性指数 I_p	—	—	$\frac{4-8}{6}35$	$\frac{6-12}{9}52$
干密度 ρ_d/(g·m^{-3})	$\frac{1.4-1.75}{1.57}17$	$\frac{1.46-1.88}{1.62}22$	$\frac{1.43-1.92}{1.67}19$	$\frac{1.43-1.86}{1.55}7$

表 2.25　各尾矿土层物理指标的综合值

指标名称	尾轻亚黏	尾亚砂	尾亚砂	尾轻亚黏
孔隙比 e	0.81	0.74	0.66	0.67
土的重度 γ/(kN·m^{-3})	20.0	20.4	21.0	20.5
天然含水率 W/%	24.0	17.0	16.0	14.0

国内其他矿山细粒尾矿的主要基础物理性质指标值见表 2.26。

表 2.26　国内其他矿山细粒尾矿的主要基础物理性质指标值

尾矿库名	尾矿沉积土名称	比重	含水率/%	天然容重/(g·m^{-3})	孔隙比	中粒直径/mm
火都谷	粉砂	3.12	30	2.04	1.04	0.140
	轻亚黏土	3.06	35	1.98	1.09	0.036
黄选厂	粉砂	3.68	34	1.89	1.64	0.105
	轻亚黏土	3.54	44	1.84	1.77	0.054
牛坝荒	粉砂	3.51	36	1.87	1.56	0.147
	轻亚黏土	3.43	42	1.68	1.61	0.072
古山广街	粉砂	3.07	25	1.95	1.10	0.213
	轻亚黏土	3.05	33	1.93	1.08	0.085

从上述表中结果可以看出，尽管都是细粒尾矿，但其物理指标还是有差异的，有的相差还很大，这主要与细粒尾矿的沉积条件、沉积时间等有关。

参 考 文 献

[1]　祝玉学，戚国庆，鲁兆明，等. 尾矿库工程分析与管理 [M]. 北京：冶金工业出版社，1999.

[2]　冶金工业部基本建设局，中国有色金属工业总公司基本建设部. 上游法尾矿堆积坝工程地质勘察规程（YBJ11—86）[S]. 1986.

[3]　中华人民共和国住房和城乡建设部. 尾矿设施设计规范（GB 50863—2013）[S]. 北京：中国计划出版社，2013.

[4]　《中国有色金属尾矿库概论》委员会. 中国有色金属尾矿库概论 [M]. 北京：中国有色金属工业出版社，1992.

[5]　http：//www. mining120. com/tech/show-htm-itemid-16050. html[OL].

[6]　曹作忠，张默，朱君星，等. 尾矿物理性质代表参数的研究 [J]. 金属矿山，2014，32（10）：152-156.

[7]　王崇淦，张家生. 某尾矿料的物理力学性质试验研究 [J]. 矿冶工程，2005，25（2）：19-22.

[8]　尹光志，杨作亚，魏作安，等. 羊拉铜矿尾矿料的物理力学性质 [J]. 重庆大学学报（自然科学版），2007，30（9）：117-122.

[9]　张超. 尾矿动力特性及坝体稳定性分析 [D]. 武汉：中国科学院武汉岩土力学研究所，2005.

[10]　尹光志，魏作安，许江. 细粒尾矿及其堆坝稳定性分析 [M]. 重庆：重庆大学出版社，2004.

第3章　尾矿宏观力学性质

3.1　尾矿静力学性质受粒径与密度影响研究

尾矿的静力学性质主要与尾矿结构体静力学稳定性密切相关，其特征值是尾矿坝静力稳定性分析与评估的基础依据，尾矿静力学参数准确性与其所具有的代表性决定了尾矿坝静力学变形特征与稳定性评价成果的可靠性。本节采用室内土工试验的方法，进行了尾矿静力学性质受粒径与密度影响的研究，获得规律对于尾矿坝稳定性评价具有重要的工程指导价值。

3.1.1　尾矿静力学性质受粒径影响规律

尾矿坝稳定性分析的可靠程度主要取决于各种土质强度指标的精确程度，因而获得精确的力学性质指标是非常关键的[1]。为了取得这些力学参数，主要进行了直接固结快剪试验和三轴剪切试验。试验所用尾矿取自云南迪庆矿业有限责任公司羊拉铜矿的尾矿，物理性质见2.3.4节。

1. 尾矿直接固结快剪试验的强度特征

直接固结快剪试验是指在法向压力下土样完全固结，然后以很快的速度施加水平剪力，在剪切过程中不允许排水。试验采用二速电动EDJ-1型应变控制式直剪仪（图3.1），分别取了4个样，试验时设定的法向压强分别为100kPa、200kPa、300kPa和400kPa，剪切速率设定为0.8mm·min^{-1}。通过试验得到的全尾矿、粗尾矿和细尾矿三种尾矿的抗剪强度曲线如图3.2所示，三种尾矿的抗剪强度c、φ值见表3.1。从图3.2和表3.1可以看出，在低法向应力条件下，粗尾矿的抗剪强度较细尾矿的低，而高法向应力条件下，

图3.1　EDJ-1型应变控制式直剪仪（二速电动）

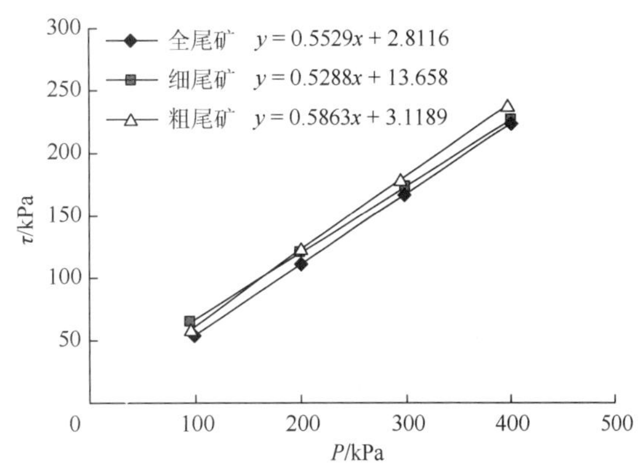

图3.2　三种尾矿的抗剪强度曲线

粗尾矿的抗剪强度明显高于细尾矿，而全尾矿的抗剪强度均略低于粗尾矿和细尾矿；细尾矿的黏聚力最大，其次是粗尾矿，全尾矿最小；内摩擦角最高的为粗尾矿，其次为全尾矿，最小的为细尾矿。比较三种尾矿的力学参数，考虑到粗尾矿的渗透性明显高于细尾矿和全尾矿（表 2.17），因此，采用粗尾矿做堆坝材料将明显有利于坝体稳定。

2. 尾矿固结不排水三轴剪切试验强度特征

固结不排水三轴剪切试验，即先使试样在某一围压下固结排水，然后保持在不排水情况，增加轴向压力直到试样剪坏，测出总的抗剪强度参数 c_{cu}、φ_{cu} 和有效抗剪参数值 c'、φ'。

试验采用南京土壤仪器厂有限公司生产的TSZ30-2.0型应变控制式三轴剪力仪，见图3.3，详细说明见 9.1.2 节中未改装的装置介绍。同样按照设计规划进行了 3 组样的试验。每组取了 3～4 个圆柱形试样，施加的围压分别为 50kPa、100kPa、200kPa 和 300kPa，剪切速率采用 0.276mm·min^{-1}，采用轴向应变为 15% 作为破坏标准。图 3.4～图 3.6 分别为这次试验测试的尾矿样的主应力差-应变关系曲线，图 3.7 为尾矿样的 Mohr-Coulomb 强度包络线。

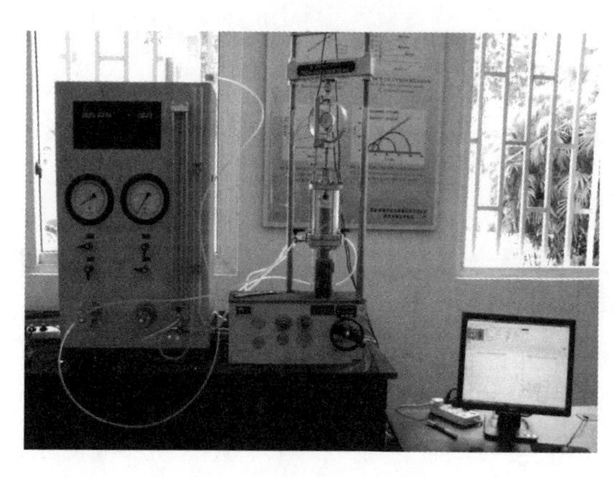

图 3.3　TSZ30-2.0 型应变控制式三轴剪力仪（中压台式）

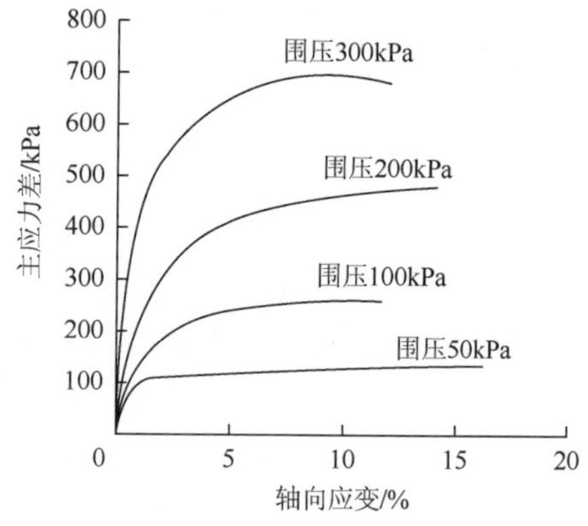

图 3.4　全尾矿主应力差与轴向应变关系曲线图

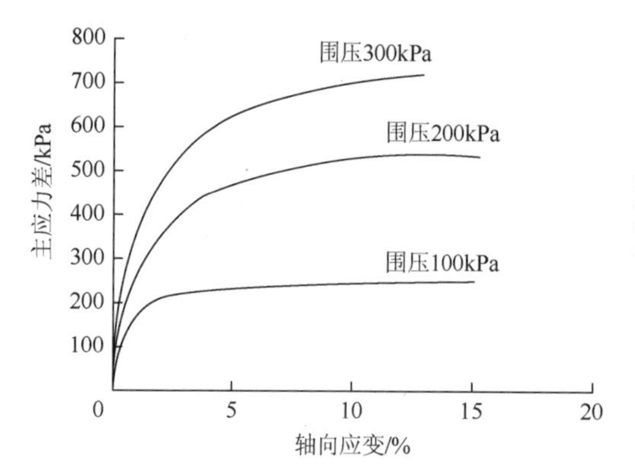

图 3.5　粗尾矿主应力差与轴向应变关系曲线图

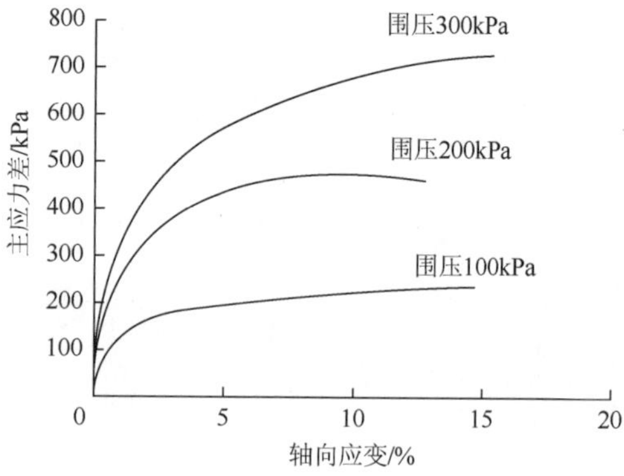

图 3.6　细尾矿主应力差与轴向应变关系曲线图

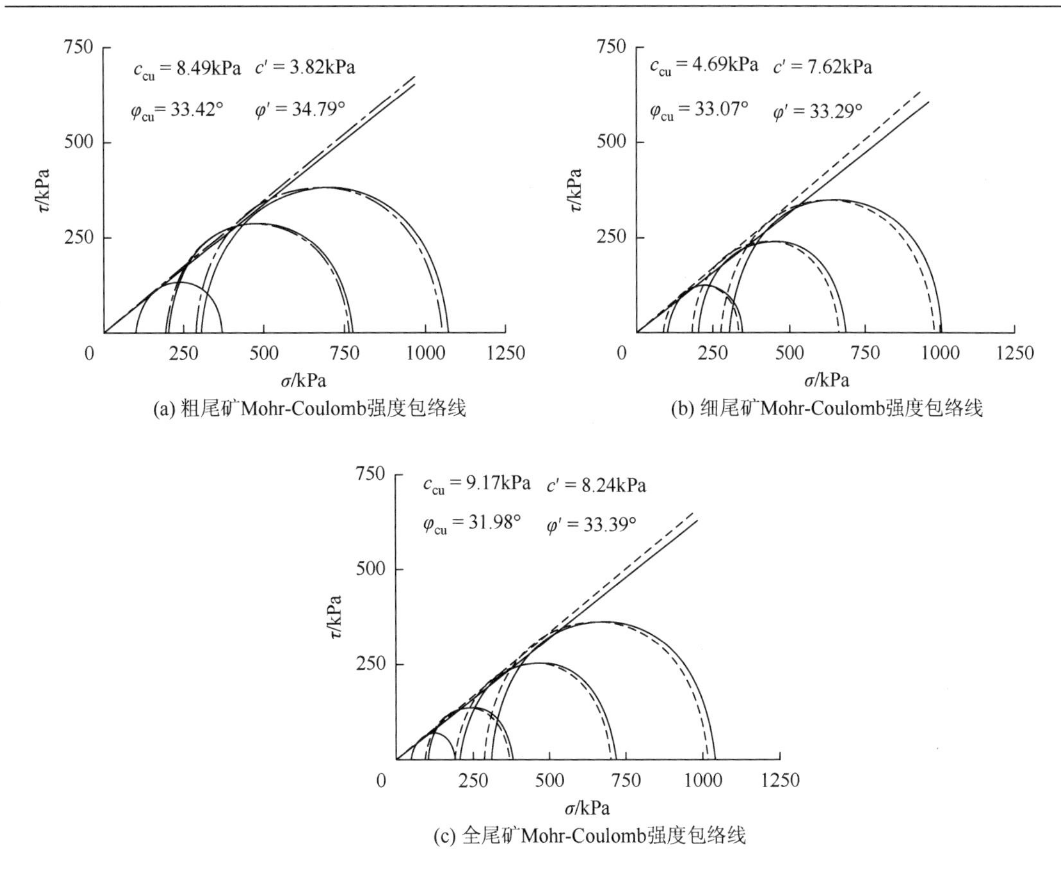

(a) 粗尾矿Mohr-Coulomb强度包络线

(b) 细尾矿Mohr-Coulomb强度包络线

(c) 全尾矿Mohr-Coulomb强度包络线

图 3.7 尾矿样的 Mohr-Coulomb 强度包络线（虚线表示有效应力）

由图 3.4 可知，全尾矿在轴向应变小于 5% 时，在开始阶段曲线呈近似线性，主应力差值随轴向应变的增长较快。但随着剪切过程中尾矿颗粒的不断调整、重新排列，当轴向应变达到一定值后，主应力差值不再上升，说明尾矿颗粒的抗剪强度是有限的。另外，在整个试验过程中，全尾矿的剪胀性十分微弱，以剪缩性为主。

从图 3.5 的试验结果可知，粗尾矿基本上处于正常压密状态，以剪缩性为主。从图 3.6 可以得知，在应变较小时，细尾矿的主应力差值随着剪应变的增长较全尾矿和粗尾矿的缓。当压强达到 200kPa 时，细尾矿表现为剪胀性，但随着围压的增加，当围压达到 300kPa 时，细尾矿又表现为剪缩性。说明尾矿在剪切过程中颗粒逐渐被压碎，细颗粒增多，主应力差-应变关系曲线的软化特性逐渐消失。随着压力的增加，剪切使尾矿的结构变得更加紧密，因而抗剪强度提高，硬化特性逐渐呈现出来，使细尾矿表现为剪缩性。

如图 3.7 所示，通过 Mohr-Coulomb 强度包络线可以求出三种试样的 c_{cu}、φ_{cu}、c'和 φ'值，见表 3.1。从表中可以看出，两种剪切试验获得粗尾矿的内摩擦角最大，而内聚力规律性不太明显，这可能是由加工试件的均匀性所致，因为尾矿的内聚力均较低，尾矿试件细微的差异将引起内聚力的较大变化。

表 3.1　三种尾矿强度指标

尾矿	直接固结快剪试验		三轴试验（CU 试验）			
	c_{cq}/kPa	φ_{cq}/(°)	c_{cu}/kPa	φ_{cu}/(°)	c'/kPa	φ'/(°)
全尾矿	2.8	32.2	9.17	31.98	8.24	33.39
粗尾矿	3.1	33.8	8.49	33.42	3.82	34.79
细尾矿	13.7	31.0	4.69	33.07	7.62	33.29

3.1.2　尾矿静力学特性受密度影响规律

1. 试验材料与试件制备

试验所使用的尾矿取自云南达亚有色金属股份有限公司下属秧田箐尾矿库全尾矿（其物理性质见 2.3.2 节），根据现场取样并测试，随着坝体埋深的增加，尾矿密度逐渐增大，干密度变化范围为 1.5～1.64g·cm^{-3}。因此，制样干密度分别取为 1.5g·cm^{-3}、1.54g·cm^{-3}、1.59g·cm^{-3} 和 1.64g·cm^{-3}。配样含水率取 18%，制作不同干密度尾矿试件 4 组，各组 3 个，共 12 个试件。

2. 试验结果与分析

采用非饱和尾矿进行固结不排水三轴剪切力学试验，所用的试验仪器为改装的 TSZ30-2.0 型应变控制式三轴剪力仪，以适用于非饱和尾矿三轴剪切力学试验，该仪器的改装详细介绍见 9.1.2 节非饱和尾矿强度理论见 9.1.1 节，非饱和尾矿三轴试验方法见 9.1.3 节。试验获得不同围压下主应力差、孔隙水压力、内聚力及内摩擦角，见表 3.2，主应力差与轴向应变关系见图 3.8，Mohr-Coulomb 强度包络线见图 3.9。

表 3.2　不同密度尾矿试件试验结果

干密度/(g·cm^{-3})	围压 σ_3/kPa	主应力差$(\sigma_1-\sigma_3)$/kPa	孔隙水压力 u_w/kPa	内聚力 c/kPa	内摩擦角 φ/(°)
1.5	100	262.3	20.5	0.56	33.92
	200	519.32	32.5		
	300	775.82	43.1		
1.54	100	296.6	23.9	3.12	34.41
	200	549.89	31.1		
	300	820.89	47.6		
1.59	100	322.7	25.8	8.96	34.62
	200	593.71	33.8		
	300	866.78	43.9		
1.64	100	341.3	27.6	13.8	34.95
	200	617.91	39.1		
	300	891.24	46.1		

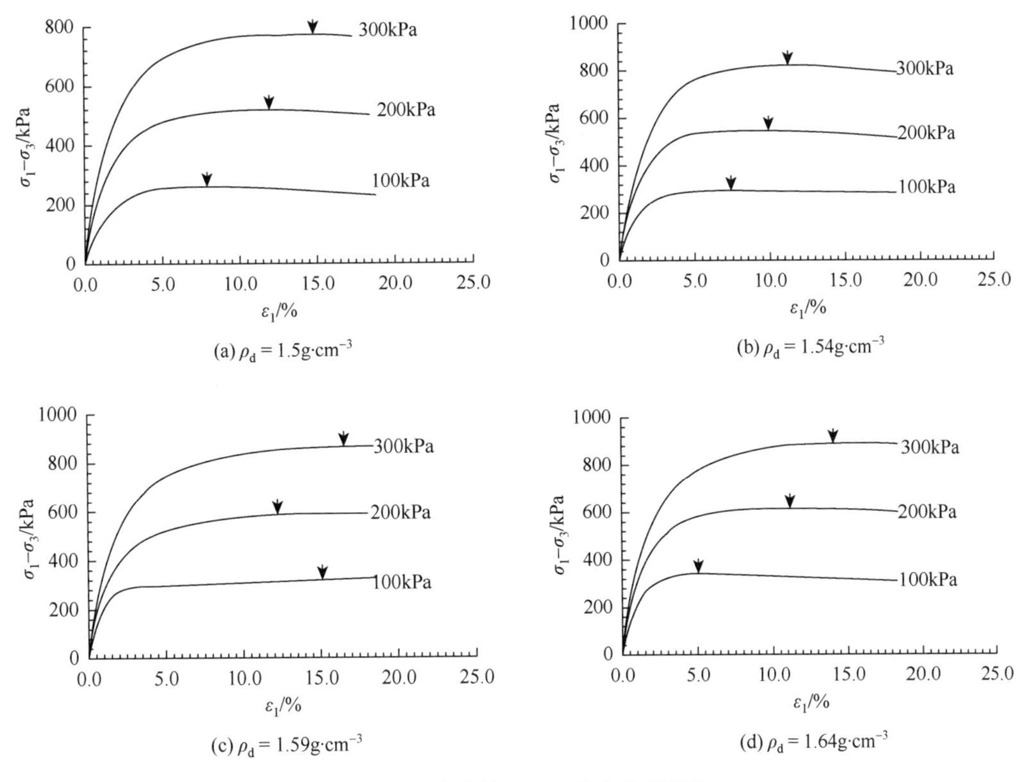

图 3.8　主应力差与轴向应变关系曲线

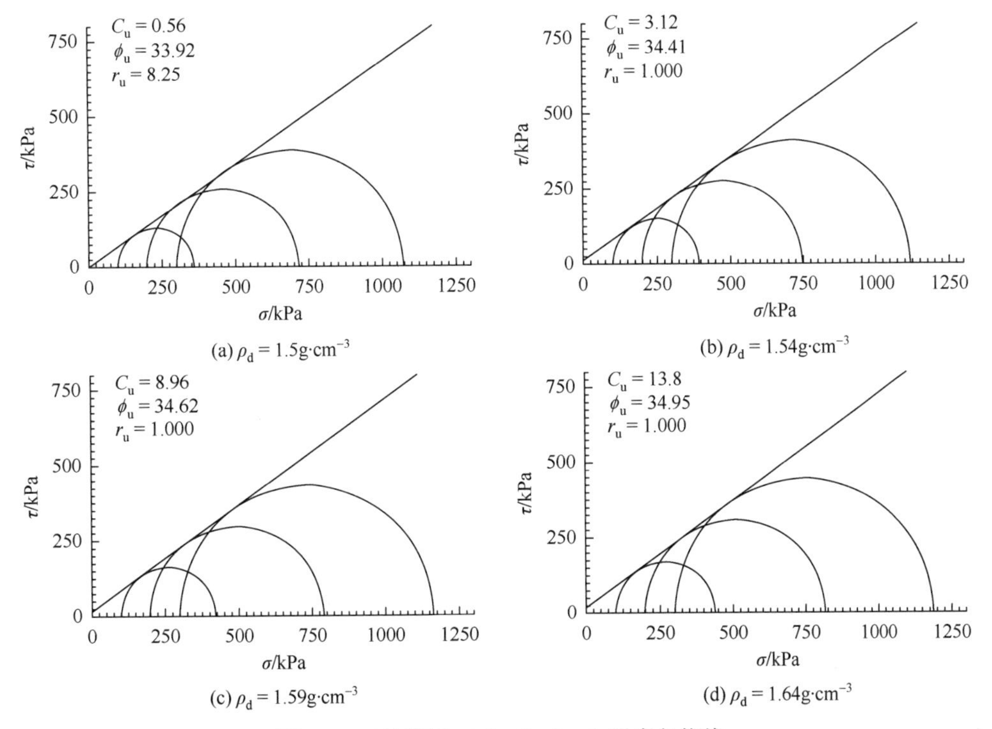

图 3.9　三轴剪切 Mohr-Coulomb 强度包络线

以尾矿干密度为横坐标，抗剪强度参数为纵坐标绘制得到的非饱和尾矿干密度与抗剪强度参数的关系曲线见图 3.10。

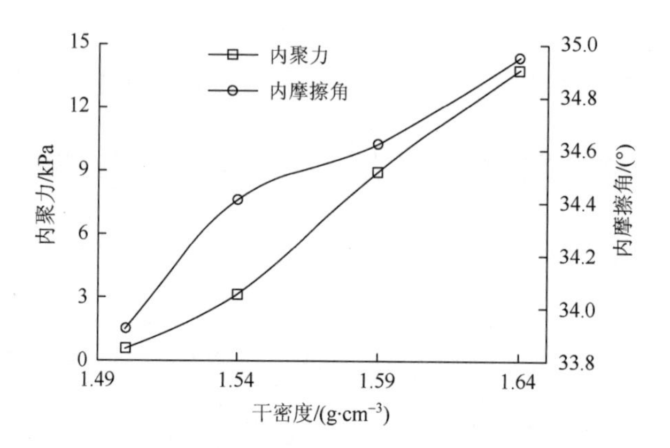

图 3.10 非饱和尾矿干密度与抗剪强度参数的关系曲线

尾矿抗剪强度参数受干密度影响变化规律相对单一。随着干密度的增加，内聚力和内摩擦角均增大，且近似线性增长。内聚力随干密度的增长增加非常显著，干密度为 $1.64g·cm^{-3}$ 的试件内聚力是干密度为 $1.5g·cm^{-3}$ 的 24.6 倍；内摩擦角略有增大，增幅为 3.04%。这可能是因为非饱和尾矿越密实，孔隙率越小，颗粒间的距离越小，颗粒间水膜受到相邻颗粒之间的电分子引力越大，原始内聚力越大，故内聚力也就越大。而随着非饱和尾矿干密度的增加，颗粒间接触面积增大，以致表面摩擦力增大，而非饱和尾矿颗粒间咬合力也随之增加，故内摩擦角增大。

3.2 尾矿动力学性质*

3.2.1 试验仪器、试样制备与试验方法

1. 试验仪器

尾矿的动力特性试验采用的仪器是日本生产的 S-3-D 中型液压振动三轴仪，该液压振动三轴仪可以采用 ϕ50mm×110mm 和 ϕ100mm×230mm 两种试样尺寸。该仪器的最大侧向应力为 1.5MPa，最大轴向应力为 7.6MPa，液压振动三轴仪的循环荷载激振频率选用 1Hz，试验的激振波形采用正弦波。尾矿的动剪模量和阻尼比试验是在 DTC-158-1 型共振柱仪上进行的。该仪器为底端固定、上端附有质量块的弹簧阻尼系统。仪器的最大侧向应力为 1MPa，最大轴向应力为 25MPa，可测量的剪应变幅范围为 10^{-6}～2×10^{-3}，试样尺寸为 ϕ50mm×100mm，有关参数和波形可通过仪器系统显示、记录并进行处理。液压振动三轴仪和共振柱仪如图 3.11 与图 3.12 所示。

---

* 本节部分内容参考文献[2]。

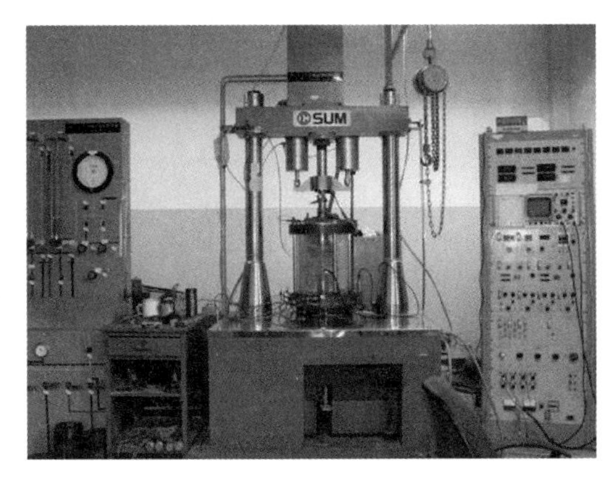

图 3.11　S-3-D 中型液压振动三轴仪

图 3.12　DTC-158-1 型共振柱仪

2. 试样制备

动力试验所用尾矿取自江西省东乡铜尾矿库（物理性质见 2.3.5 节），将尾矿经过洗盐后烘干。由烘干后尾矿的颗粒分析可知，粗粒尾矿中不含粒径大于 1mm 的颗粒，细粒尾矿中粒径小于 0.005mm 的颗粒含量为 3.8%。通过改变粗细两种尾矿的含量可以配制出不同颗粒组成的试验用尾矿，然后在各种尾矿中按照不同的密度进行动力特性试验。配置的一系列尾矿虽然在颗粒分布上有所不同，但是都属于尾粉砂和尾亚砂的范围，而尾粉砂和尾亚砂则是尾矿坝筑坝材料的主要组成成分，所以研究该系列尾矿的动力特性就具有一定的代表性。试验结果可以作为分析其他尾矿的动力特性和进行尾矿库动力稳定性分析的参考。

3. 试验方法

尾矿动三轴试验的原理和方法及共振柱试验的方法和资料整理按《土工试验规程》（SL 237—1999）的规定进行。动力试验装样均采用干装法，按照预定的干密度控制装样，装完样后开始抽真空，再由底部通脱气水循环饱和，所有试样保证孔隙水压力系数 B 值达到 0.98 以上。试样饱和后，在规定固结压力状态下固结。固结稳定后，进行规定的动力试验。

3.2.2　动三轴试验基本特性

对饱和尾矿进行动三轴试验，其中 $\sigma_1' = \sigma_3' = 100\text{kPa}$，400kPa，采用孔隙水达到围压作为破坏控制标准。本次试验采用的数据采集程序为北京波谱世纪科技发展有限公司提供的 Vib'SYS 振动信号采集、处理和分析程序，本次试验得到的振次-动应力曲线如图 3.13 所示。

在固结比为 1，有效围压为 100kPa，动剪应力比为 0.302 的条件下，得到的试验结果如图 3.14～图 3.16 所示。其他尾矿试样的试验曲线以此类推，不再赘述。

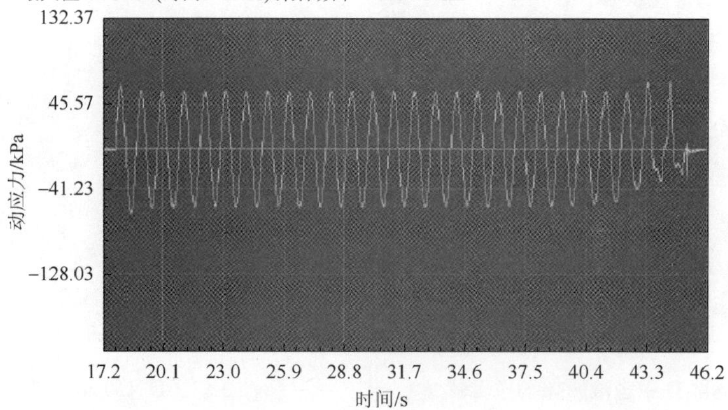

图 3.13　振次-动应力曲线

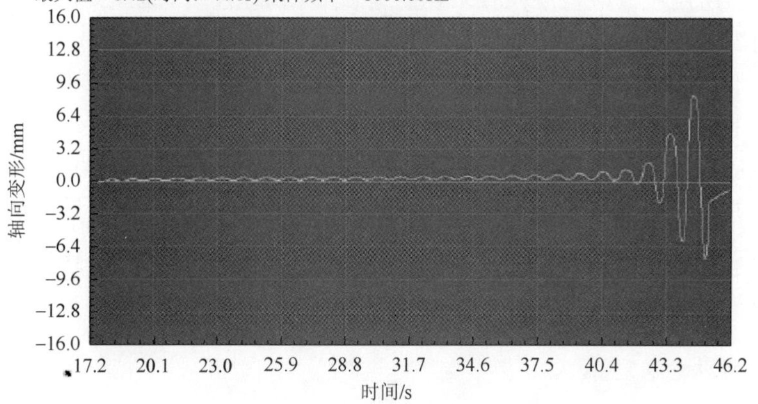

图 3.14　振次-轴向变形曲线

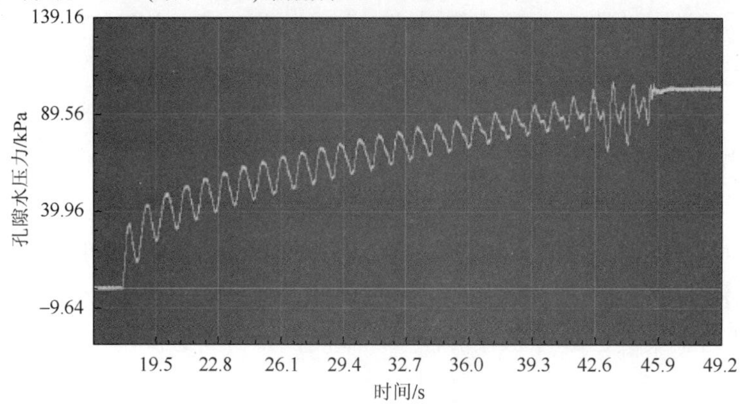

图 3.15　振次-孔隙水压力曲线

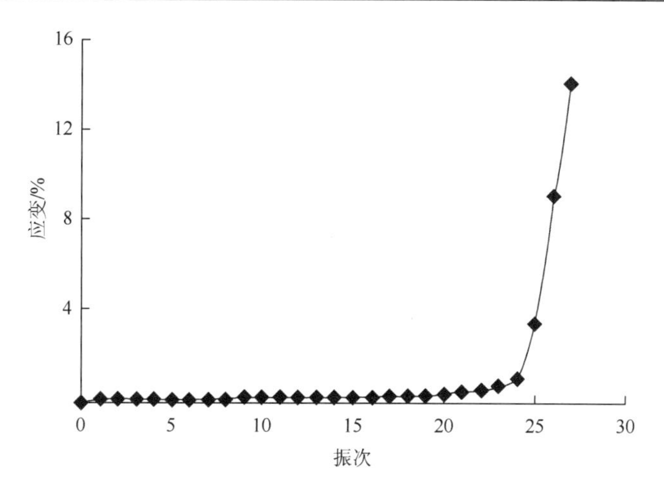

图3.16　振次-应变曲线

由图3.16可知，在应变小于1%的范围内，应变基本上是随着振次的增加而缓慢地线性增长，当应变接近或是达到1%后，试样的应变将会随着振次的增加而迅速地增长，这个阶段和钢材在受拉进入屈服阶段的曲线有类似之处，其实引起这种现象的本质原因就是试样的应变导致孔隙水压力的上升，在应变很小的开始阶段孔压较小，当孔压值接近围压的时候，材料的强度大大降低，这就导致了在同样振次历时内材料应变的快速增长。

由图3.17可知，尾矿的动孔隙水压力（孔压）在振动开始阶段增长速率较快，随着振次的增加，孔压的增长速率逐渐放缓，但是在这个过程中，孔压是一直上升的，只要提供的动应力合适或是足够大，试样的动孔压就会一直增长到接近和等于试样的围压，并发生液化。

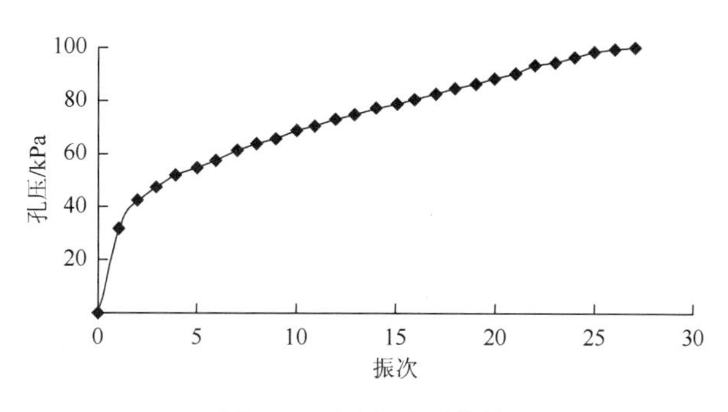

图3.17　振次-孔压曲线

由图3.18可知，在振动过程中，应变小于1%的阶段是孔压快速上升阶段，这个过程使尾矿进入液化阶段，在液化发生以后，孔压将会基本维持在接近围压值处，而应变则会不断地增大。

从本次所得到的动力特性试验结果可知，无论尾矿的密度还是围压和动应力幅值怎么变化，该类尾矿的应变、动孔压和振次之间的关系基本上都有这种发展趋势，因此可以将

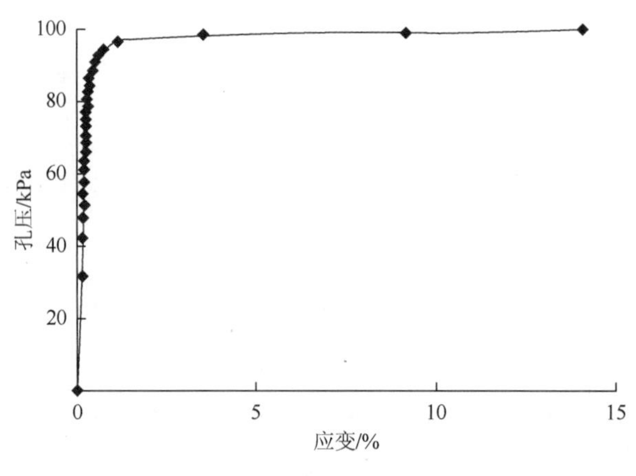

图 3.18　应变-孔压关系曲线

尾矿在振动荷载作用下的变形过程分为两个阶段，第一阶段是应变小于 1%时，应变随着振次的增加而基本上缓慢地呈线性增长，而孔隙水压力则增长很明显，这个阶段称为小变形孔压快速增长阶段；在动应变为 1%时，孔压也基本上接近围压，此时进入第二阶段，也就是动应变大于 1%时，在这个阶段，孔隙水压力基本上是缓慢接近围压直到等于围压而完全液化，此过程中，应变开始进入明显增长阶段，这个阶段称为大变形孔压基本不变阶段。

3.2.3　尾矿动强度特征

动强度是在一定应力往返作用次数 N 下产生一定破坏应变 ε_f 所需的动应力。显然，如果这个破坏应变的数值不同，相应的动强度也就不同，故动强度与破坏标准密切相关。合理地指定破坏应变是讨论动强度问题的基础。本次试验研究以尾矿样发生液化作为破坏标准。

动强度试验结果以动剪应力比 $\Delta\tau/\sigma_0'$ 与破坏振次 N_f 的关系曲线表示，如图 3.19 和图 3.20 所示。其中 $\Delta\tau=\Delta\sigma/2$ 为试样 45°面上的动剪应力，σ_0' 为 45°面上的初始法向应力 $\sigma_0'=(\sigma_1'+\sigma_3')/2$；$\Delta\sigma$ 为轴向动应力幅值；N_f 为破坏振次。

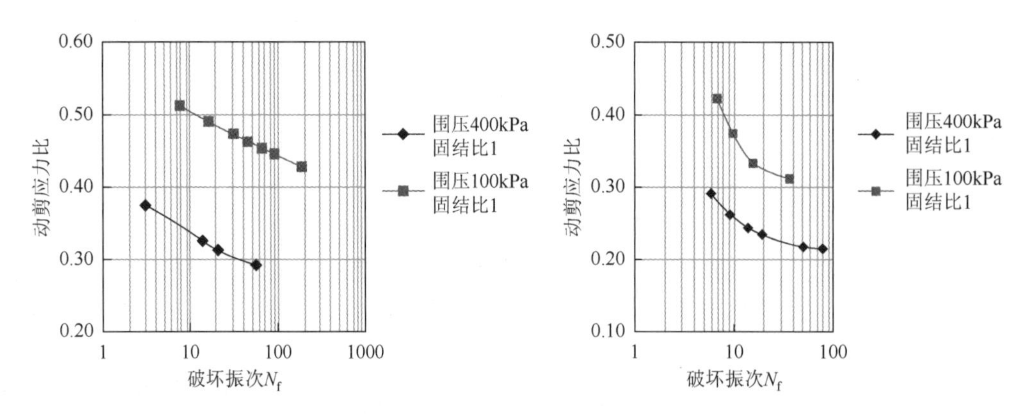

图 3.19　粗粒尾矿动剪应力比-破坏振次曲线　　图 3.20　细粒尾矿动剪应力比-破坏振次曲线

在抗震稳定分析中，根据初始应力状态下的 $\Delta\tau/\sigma_0'$-N_f 的关系，以破坏面上的初始剪应力比 $\tau_{\mathrm{f}0}/\sigma_{\mathrm{f}0}'$ 为参数，整理出破坏面上的总抗剪强度 $\tau_{\mathrm{f}0}$ 与破坏面初始有效应力 $\sigma_{\mathrm{f}0}'$ 的关系，其转换关系如下：

$$\sigma_{\mathrm{f}0}' = \sigma_0' \pm \tau_0 \sin\varphi' \tag{3-1}$$

$$\tau_{\mathrm{f}0} = \tau_0 \cos\varphi' \tag{3-2}$$

$$\alpha = \tau_{\mathrm{f}0}/\sigma_{\mathrm{f}0}' \tag{3-3}$$

$$(\Delta\tau_\mathrm{f})_\mathrm{n} = C_\mathrm{r}\cdot(\Delta\tau/\sigma_0')_\mathrm{n}\cdot\sigma_0',\quad \tau_{\mathrm{f}0}/\sigma_{\mathrm{f}0}' < 0.15 \tag{3-4}$$

$$(\Delta\tau_\mathrm{f})_\mathrm{n} = (\Delta\tau/\sigma_0')_\mathrm{n}\cdot\sigma_0'\cdot\cos\varphi',\quad \tau_{\mathrm{f}0}/\sigma_{\mathrm{f}0}' \geqslant 0.15 \tag{3-5}$$

$$\tau_{\mathrm{fs}} = (\Delta\tau_\mathrm{f})_\mathrm{n} \mp \tau_{\mathrm{f}0} \tag{3-6}$$

式中，$\tau_0 = (\sigma_1' - \sigma_3')/2$ 为 45°剪切面上的初始剪切应力；α 为试验潜在破坏面上的初始剪切应力比；$(\Delta\tau/\sigma_0')_\mathrm{n}$ 为相应于某等效循环周数 N 时试验 45°剪切面上的动剪应力比；φ' 为试样的有效应力内摩擦角，可取静力试验的相应值；C_r 为考虑动三轴试验条件与现场水平剪切条件的试验条件修正系数；$(\Delta\tau_\mathrm{f})_\mathrm{n}$ 为相应于等效循环周数 N 时试样潜在破坏面上的动力抗剪强度；$\tau_{\mathrm{f}0}$ 为试样潜在破坏面上的初始抗剪应力。根据图 3.19 和图 3.20 整理出破坏振次 N_f 时潜在破坏面上的地震总应力抗剪强度 τ_{fs} 与初始有效法向应力 $\sigma_{\mathrm{f}0}'$ 的关系。在实际使用时，由于实际地震动荷载为幅值和频率都不规则的波形，为了使用试验结果，可采用等效的方法将地震不规则荷载换算为等效的破坏周期振动荷载。按 Seed 等[3]的研究成果，在等效均匀剪应力取 $0.65\tau_{\max}$ 时，等效振次 N 与地震震级 M 有如表 3.3 所示的大致关系。

表 3.3　等效振次与地震震级关系

M/级	等效振次 N	持续时间/s
5.5～6.0	5	8
6.5	8	14
7.0	12	20
7.5	20	40
8.0	30	60

表 3.4 给出了粗细两组尾矿在等效振次 12 次和 20 次时动剪应力比试验整理结果，等效振次 12 次和 20 次相应的地震震级分别为 7 级和 7.5 级。对于其他地震震级情况，可以根据图 3.19、图 3.20 和表 3.3 对应的等效振次确定相应的尾矿的动强度。

表 3.4　不同振次下动剪应力比试验结果

材料	σ_3'/kPa	$\Delta\tau/\sigma_0'$	
		12 次	20 次
粗粒尾矿	100	0.501	0.482
	400	0.327	0.312
细粒尾矿	100	0.352	0.323
	400	0.256	0.232

表 3.5 列出了相对密度为 60% 时粗细两组尾矿在 7 级和 7.5 级地震条件即等效振次在 12 次和 20 次条件下的地震总应力抗剪强度参数值，由表 3.5 可知，随着潜在破坏面上的初始有效正应力 σ'_{f0} 的增大，尾矿的地震总应力抗剪强度指标内摩擦角 φ_d （$\tan\varphi_d = \tau_{fs} / \sigma'_{f0}$）将会变小。

表 3.5　尾矿地震总应力抗剪强度参数值

尾矿细粒含量	N	σ'_{f0} / kPa	c_d/kPa	φ_d/(°)
粗粒尾矿	12	0～100	0	26.6
		100～400	0	18.1
	20	0～100	0	25.7
		100～400	0	17.3
细粒尾矿	12	0～100	0	19.4
		100～400	0	14.3
	20	0～100	0	17.9
		100～400	0	13.1

3.2.4　尾矿动孔隙水压力

动荷载作用下孔隙水压力的发展是土变形强度变化的根本因素。对动孔压发生发展与消散的研究已经成为人们十分关注的问题。对于孔隙水压力的研究，目前已经提出的多种理论和方法，按其与孔压相联系的主要特征可分为应变模型、应力模型、内时模型、有效应力路径模型和瞬变模型[4]。对于尾矿的动孔隙水压力的研究，本小节着重介绍应变模型和应力模型。

1. 孔压的应变模型

这类模型的共同特点是将孔压与某种应变联系起来。以往常采用排水时的体应变，最近不少学者主张采用剪应变。属于前者的有 Martin-Finn-Seed 孔压模型和汪闻韶的孔压模型。该曲线跟双曲线较吻合，可以用双曲线方程来表示：

$$u = \frac{\varepsilon}{a + b\varepsilon} \tag{3-7}$$

式中，u 为动孔压；ε 为应变；a，b 为双曲线参数。式（3-7）可以改写为如下形式：

$$\frac{\varepsilon}{u} = a + b\varepsilon \tag{3-8}$$

将图 3.21 的纵坐标变为 ε/u，横坐标仍为 ε 不变，则图 3.21 的曲线将变成图 3.22 所示的直线形式。

参数 a 在图 3.22 中即为直线的截距，因为 $a = \lim\limits_{\varepsilon \to 0} \frac{\varepsilon}{u}$，故 a 的物理意义便是应变-孔压

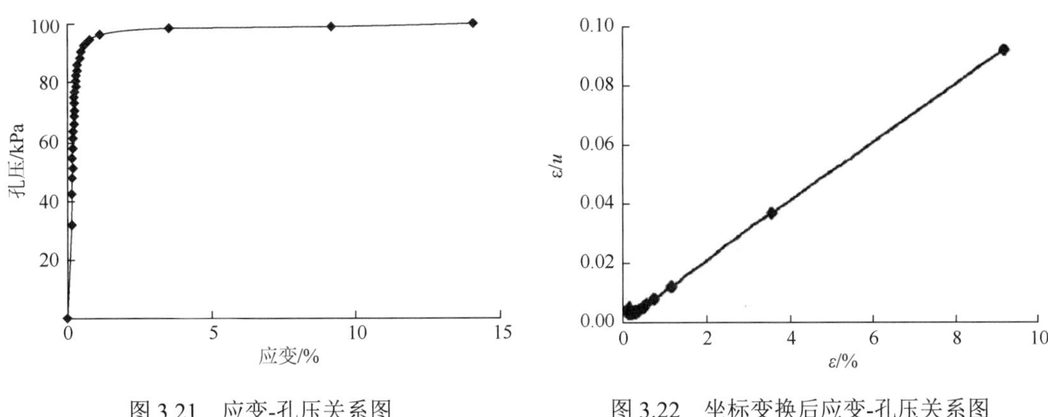

图 3.21　应变-孔压关系图　　　　图 3.22　坐标变换后应变-孔压关系图

曲线的初始切线斜率，即 $a = G_i$。参数 b 为图 3.22 中直线的斜率，因为 $b = \lim\limits_{\varepsilon \to \infty} \frac{1}{u}$，故 b 的物理意义为应变-孔压曲线上孔压渐近线的倒数。用 u_{ult} 来表示应变-孔压曲线孔压渐近线的值，则可将式（3-7）改写为

$$u = \frac{\varepsilon}{G_i + \varepsilon / u_{ult}} \tag{3-9}$$

式中，G_i 为应变-孔压曲线的初始切线斜率；u_{ult} 为应变-孔压曲线孔压渐近线的值。经过计算分析得到 $a = G_i = 0.003538$，$b = u_{ult} = 0.01$，将 a、b 值代入式（3-9）就可以得到该尾矿在固结比为 1，围压为 100kPa 的条件下的应变-孔压模型：

$$u = \frac{\varepsilon}{0.003538 + 0.01\varepsilon} = \frac{100\varepsilon}{0.3538 + \varepsilon} \tag{3-10}$$

试验结果表明，对于该类尾矿，都可以用式（3-10）描述其应变-孔压模型。该应变-孔压模型是一个较为简单实用的孔压模型，可以很好地描述饱和尾矿的动孔压和应变的变化关系。

2. 孔压的应力模型

对振次-孔压试验结果（图 3.17）做进一步处理，得出图 3.23 所示曲线。孔压模型的特点就是将孔压和施加的应力联系起来，由于动应力的大小应该从应力幅值和持续时间两个方面来反映，因此这类模型中常出现动应力和振次，或者将动应力的大小用引起液化的振次 N_L 来隐现，寻求孔压比 u/σ_0 和振次比 N/N_L 的关系[5]。根据 Seed 等在等压固结不排水动三轴试验基础上提出来的关系式为[6]

$$\frac{u}{\sigma_0} = \frac{2}{\pi} \arcsin\left(\frac{N}{N_L}\right)^{\frac{1}{2}\theta} \tag{3-11}$$

式中，θ 为试验常数；u 为孔隙水压力；$\sigma_0 = (\sigma_1 + \sigma_3)/2$；$N$ 为振次；N_L 为液化破坏时的振次。在大多数情况下可取 $\theta = 0.7$[7]。但对于尾矿，取 $\theta = 0.7$ 显然不合适，根据试验结果拟合得出 $\theta = 3.0$ 时和实测结果较为接近。如果对式（3-11）进行修正，采用式（3-12）预测动孔隙水压力可以使预测值和实测值更加吻合。

$$\frac{u}{\sigma_0}=\frac{4}{\pi}\arctan\left(\frac{N}{N_L}\right)^{\frac{1}{2}\theta} \tag{3-12}$$

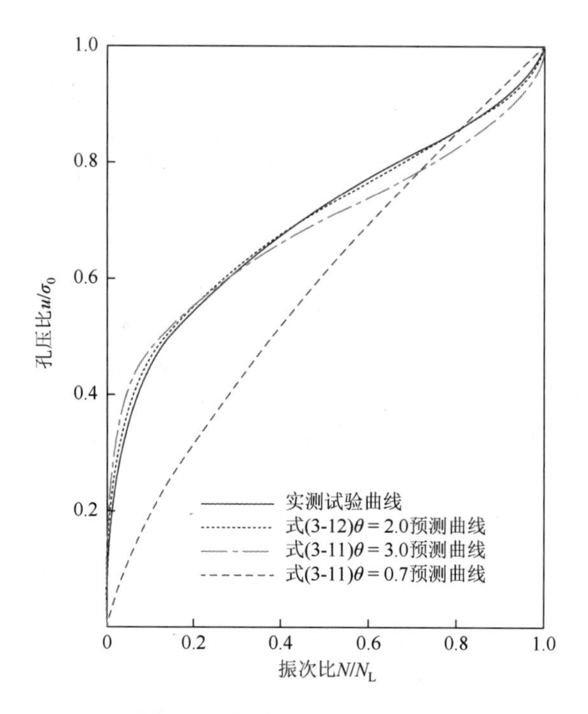

图 3.23　振次比-孔压比关系图

从图 3.23 可知，取与实测试验曲线相近的预测曲线，即式（3-12）$\theta=2.0$ 和式（3-11）$\theta=3.0$，当振次比 $N/N_L>0.3$ 时，式（3-11）$\theta=3.0$ 比式（3-12）$\theta=2.0$ 的预测值要大，而当振次比 $N/N_L>0.3$ 时，式（3-11）$\theta=3.0$ 的预测值又比式（3-12）$\theta=2.0$ 的预测值要小。振次比在[0, 1]的整个区间上，式（3-12）$\theta=2.0$ 误差都要明显小于式（3-11）$\theta=3.0$。由此可见，上文中提出的孔压预测公式比 Seed 等提出的公式更加适合于尾矿砂，所以建议对于预测尾矿的振动过程的孔隙水压力采用式（3-12）。

3.2.5　尾矿动力变形特性

动力变形特性试验参数是动力反应的基本依据之一，本项试验结果给出了尾矿的最大动剪模量 G_{max} 与平均有效主应力 σ_0 的关系；动剪模量 G 或动剪模量比 G/G_{max} 与动剪应变 γ 的关系。这些关系反映了在动荷载作用下的应力-应变关系的非线性和黏滞特征。在进行动力变形特性试验时，对粗细两组尾矿有效围压均采用 100kPa、400kPa，固结比均采用 1.0。粗细两种尾矿的相对密度均为 60%。

动剪模量与阻尼比特性试验是动力反应分析的基本依据之一，这些关系反映了在动荷载作用下土的应力-应变关系的非线性与黏滞性特征。本项研究采用共振柱仪微小应变测试系统进行动力变形特性试验，分别测定了尾矿砂和尾矿泥的动剪模量与阻尼比，试验中动剪应变的测试范围为 10^{-6}～2×10^{-3}。

1. 最大动剪模量

通过共振柱的压力效应试验，得出尾矿的最大动剪模量 G_{max} 与平均有效主应力 $\sigma_0' = (\sigma_1' + \sigma_3')/2$ 的关系曲线，如图 3.24 和图 3.25 所示。在双对数坐标中，最大动剪模量 G_{max} 与平均有效主应力 σ_0' 之间为直线关系，可以用如下的幂函数形式表示：

$$G_{max} / P_a = K \cdot (\sigma_0' / P_a)^n \tag{3-13}$$

式中，P_a 为大气压；G_{max}、σ_0'、P_a 采用同一量纲，动剪模型系数 K 与指数 n 由试验确定。根据文献[8]可知固结比对最大动剪模量 G_{max} 与平均有效主应力 $\sigma_0' = (\sigma_1' + \sigma_3')/2$ 的关系影响不大，可用同一条线表示，故本次试验没有进行不同的固结比情况下的试验。

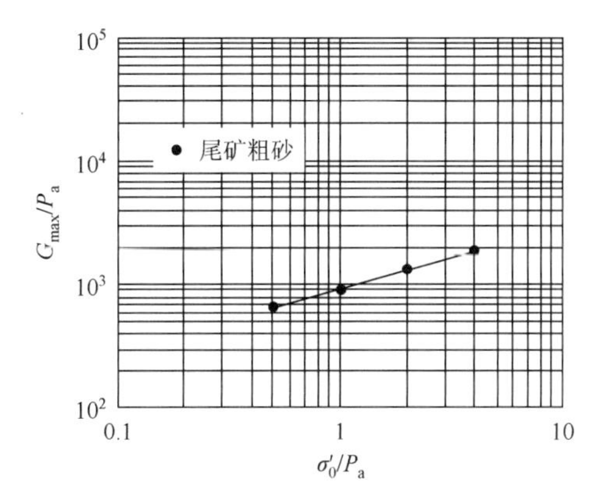

图 3.24 尾矿粗砂 G_{max} / P_a-σ_0' / P_a 关系曲线

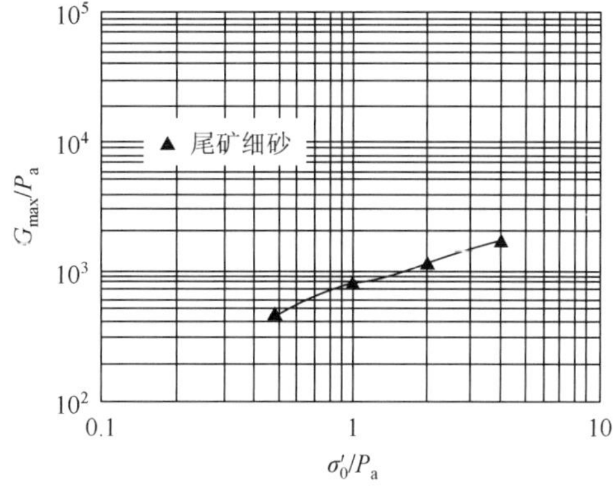

图 3.25 尾矿细砂 G_{max} / P_a-σ_0' / P_a 关系曲线

2. 动剪模量比与阻尼比、动剪应变的关系

通过共振柱的应变效应试验，给出了尾矿在等压固结、围压 σ_3' 分别为 100kPa 和 400kPa 时的动剪模量比 G/G_{max} 与动剪应变 γ、阻尼比 D 与动剪应变幅 γ 的关系曲线。将两种尾矿的 G/G_{max}-γ 关系的数值结果列于表 3.6。粗粒尾矿的动剪模量比、阻尼比 D 与动剪应变 γ 的变化关系如图 3.26 所示，细粒尾矿的动剪模量比、阻尼比 D 与动剪应变 γ 的变化关系如图 3.27 所示。由图 3.26 和图 3.27 可知，初始应力高的试样阻尼比 D 要小，随着动剪应变 γ 的增大，阻尼比 D 的差值将增大，但是增加幅值不太明显，在整个动剪应变 γ 的区域内，对于同一个动剪应变 γ，阻尼比 D 随 σ_3' 的增大而减小。

表 3.6 动剪模量比 G/G_{max}、阻尼比 D 与动剪应变 γ 关系数值

编号	粗粒尾矿-1	粗粒尾矿-2	细粒尾矿-1	细粒尾矿-2
σ_3' /kPa	100	400	100	400
ρ_d/(g·cm^{-3})	1.65	1.65	1.60	1.60
相对密度	60%	60%	60%	60%

续表

编号	粗粒尾矿-1	粗粒尾矿-2	细粒尾矿-1	细粒尾矿-2
γ		G/G_{max}/%		
0.000002	99.68	99.72	99.38	99.6
0.000003	99.35	99.44	98.77	99.21
0.000005	98.72	98.88	97.56	98.44
σ_3' /kPa	100	400	100	400
ρ_d/(g·cm^{-3})	1.65	1.65	1.60	1.60
相对密度	60%	60%	60%	60%
γ		G/G_{max}/%		
0.000010	97.17	97.53	94.69	96.56
0.000030	91.49	92.54	84.8	89.73
0.000050	86.53	88.17	76.91	83.85
0.000100	76.51	79.26	62.73	72.19
0.000300	54.44	59.71	37.85	47.25
0.000500	44.51	51.72	28.69	35.91
0.001000	36.45	42.49	21.26	23.92
γ		D/%		
0.000002	2.17	1.57	2.3	2.01
0.000003	2.19	1.58	2.34	2.03
0.000005	2.23	1.6	2.41	20.7
0.000010	2.33	1.65	2.58	2.18
0.000030	2.73	1.85	3.27	2.61
0.000050	3.14	2.05	3.95	3.05
0.000100	4.15	2.77	5.56	4.16
0.000300	6.2	3.96	10.1	8.05
0.000500	7.67	5.27	12.59	10.87
0.001000	9.75	6.9	15.05	13.44

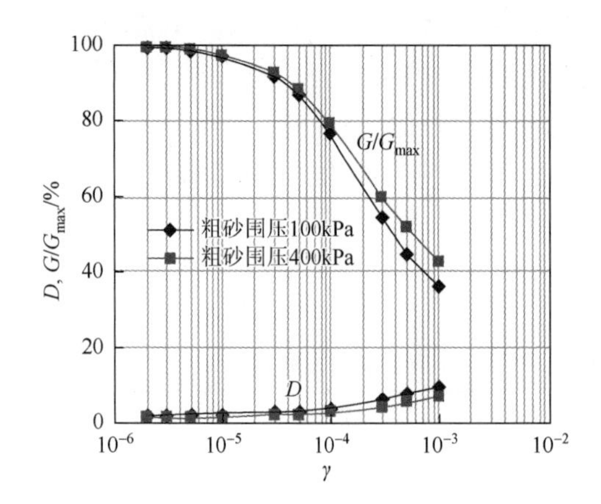

图 3.26 粗粒尾矿动剪模量比 G/G_{max}、阻尼比 D 与动剪应变 γ 关系

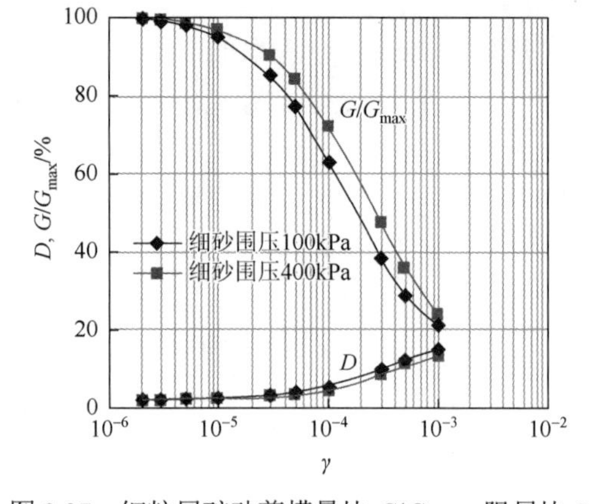

图 3.27 细粒尾矿动剪模量比 G/G_{max}、阻尼比 D 与动剪应变 γ 关系

当动剪应变 $\gamma < 10^{-5}$ 时，由于试样基本上处于弹性状态，不同初始应力条件下试样的动剪模量比 G/G_{max} 与动剪应变 γ 的关系曲线差别不大，当 $\gamma \geqslant 10^{-5}$ 之后，试样的动剪模量比 G/G_{max} 与动剪应变 γ 的关系曲线出现一个带形区域，在这个区域内，对于同一个动剪应变 γ，动剪模量比 G/G_{max} 随围压 σ_3' 的增大而增大，也就是说，$\gamma = 10^{-5}$ 是不同初始应变条件下试样的动剪模量比 G/G_{max} 与动剪应变 γ 关系曲线是否出现差别的分界点；从总的试验结果来看，动剪模量比随着动剪应变的增大而减小，阻尼比则随着动剪应变的增大而增大。动剪模量比和阻尼比与动剪应变 γ 的关系受围压影响不太敏感，试验曲线较为接近。

3.2.6　尾矿动力特性影响因素分析

1. 相对密度对材料液化特性的影响

以永平铜矿尾矿和东乡铜矿尾矿为统计样本，得到的尾矿坝筑坝材料的相对密度的结果见表 3.7，从表 3.7 可知，在自然状态下，这两个铜矿尾矿坝的尾矿相对密度基本上分布在 0.37～0.83 范围内。将尾粉砂的相对密度的分布情况列于图 3.28，由图 3.28 可知，在自然状态下，相对密度主要集中分布在 0.5～0.7 范围之内。其他名称的尾矿的分布情况也可以画出类似的相对密度柱状图，在此不重复给出。结合其他集中尾矿的相对密度分布来看，尾亚黏和尾矿泥的相对密度的均值稍大一些，这与主要分布层较深有关。本节的动力试验目的是要了解主要相对密度分布范围内的动力特性，且主要考虑加密后的影响，所以在相对密度为 0.4 和 0.5 等较小值时，不进行动力试验。

表 3.7　相对密度统计表

土样名称	D_r 范围值	平均值 x	平均差 σ_f	异变系数 δ	统计组数
尾细砂	0.43～0.75	0.61	0.085	0.14108	18
尾粉砂	0.37～0.83	0.63	0.140	0.22222	20
尾亚砂	0.44～0.79	0.64	0.076	0.11208	19
尾亚黏	0.41～0.77	0.66	0.113	0.17086	20
尾矿泥	0.58～0.78	0.66	0.085	0.12806	4

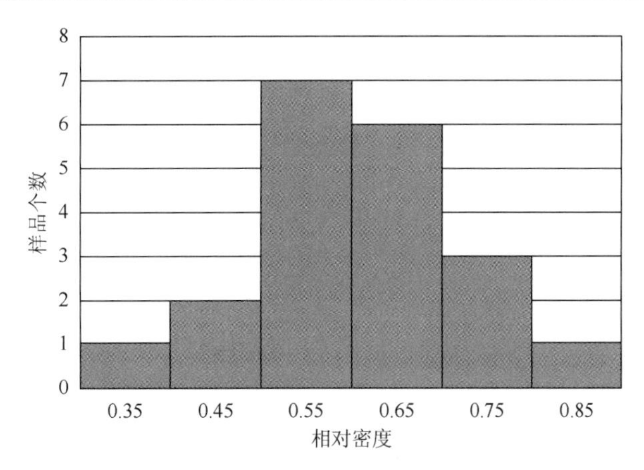

图 3.28　尾粉砂相对密度分布柱状图

在固结比为 1 的条件下，改变围压和相对密度条件下进行动三轴试验，研究围压和相对密度对动力液化特性的影响。由于该尾矿在天然状态的相对密度为 0.6 左右，为了研究密实后的尾矿的动力特征，在试验过程中对尾矿配置了相对密度分别为 0.6、0.7 和 0.8 的三种不同的尾矿，分别在 100kPa 和 400kPa 围压以及不同的动剪应力比条件下进行试验，对于这 3 种不同密度尾矿的试验结果如图 3.29 所示。

由图 3.29 可知，在相对密度大于 0.6 时，增大相对密度可以提高其抗液化能力，但是相对密度的增加和抗液化能力并不是线性增长的，相对密度大于 0.7 后，其抗液化能力的提高很不明显。所以对于尾矿坝来说，要增加其抗震性能，加密尾矿是一个可行的办法，但是其相对密度超过一定的值后，经济效益就会明显降低，对于铜矿尾矿及与其相近的尾矿，相对密度推荐的最优值为 0.7 左右。对于自然状态下的浅层尾矿，其主要相对密度大部分在 0.4～0.5，其相对密度一般较低，处于松散状态，所以可以通过加密增强抗震性能，建议加密到相对密度为 0.7。

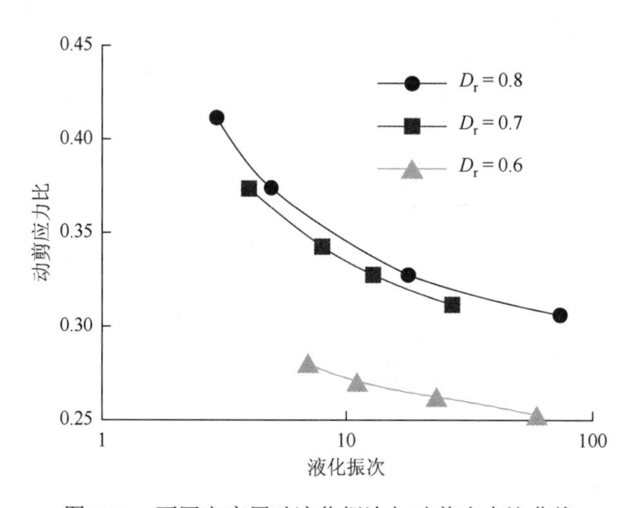

图 3.29　不同密度尾矿液化振次与动剪应力比曲线

2. 颗粒组成对尾矿动力特性的影响

由于尾矿浆的排放及尾矿的沉积分选，尾矿坝地层分布上有从上到下、从坝外到坝内由粗变细的分布趋势，而颗粒的粗细怎样影响尾矿的动力特性这方面的研究还没有见过相关的资料。尾矿的分类又主要是依据颗粒分析结果，不同的尾矿定义名的本质就是粗细颗粒的比例不同，那么用全尾矿通过筛分再重新进行配比后进行动力特性试验，研究颗粒含量对动力特性的影响，其意义是十分明显的。本节进行了不同比例的粗细尾矿配比下的混合尾矿的动力特性试验，目的是模拟沉积分选后的颗粒组成的变化，从而分析粗颗粒即粉粒含量对尾矿的动力特性的影响。

尾矿的颗粒分析结果见图 2.10。由颗粒级配曲线可知，粗颗粒中不含大于 1mm 粒径的颗粒，细颗粒中小于 0.005mm 的粒径含量为 3.8%，在显微镜下观察可知，细粒料中黏土矿物颗粒较少，矿物成分具有尾矿砂的特点，亲水性很弱。粗粒料的比重为 3.02，细粒料的比重为 3.04，粗细颗粒的比重很接近，可以认为基本相同。

各种不同颗粒组成的尾矿，在围压都为 100kPa 的条件下进行一组动三轴试验，其整理以后的液化振次-动剪应力比关系曲线如图 3.30 所示。

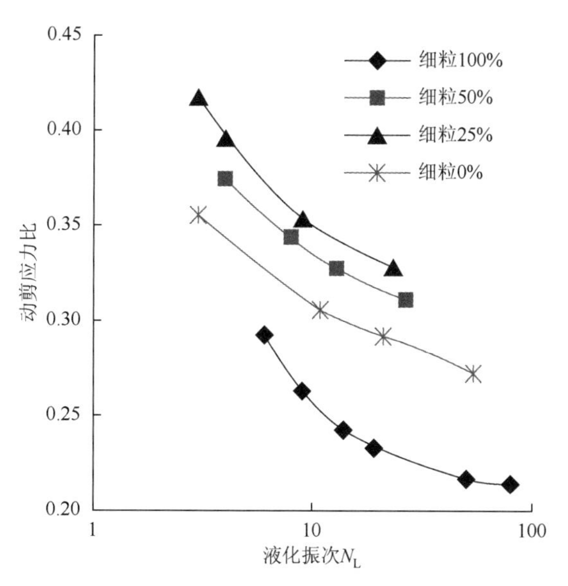

图 3.30　不同细粒含量尾矿液化振次-动剪应力比关系曲线

从图 3.30 可以看出，在细粒料占 25% 时，其动剪应力比最大，即抗液化能力最强。在液化振次为 10 处作一条直线，得到细粒含量对动剪应力比的影响曲线，如图 3.31 所示，从图中可以看出，在细粒含量为 35% 时其抗液化能力最强。

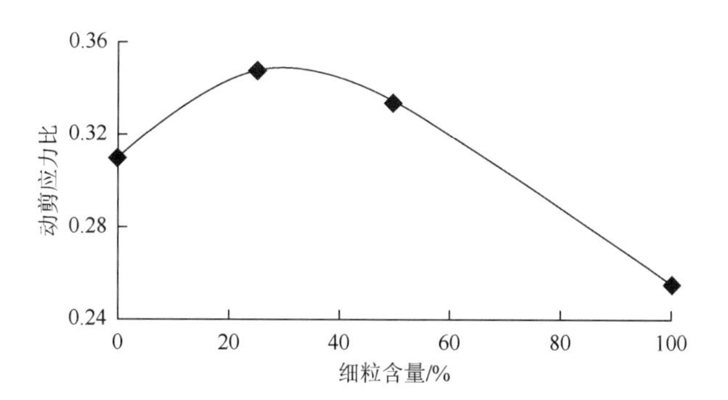

图 3.31　细粒含量对动剪应力比的影响曲线

这个试验结果和其他材料得到的试验结果[5, 9]不尽相同，究其原因则应该是材料差异。阮元成、郭新的研究[8]指出：在显微镜下观察，细颗粒含量高的尾矿泥颗粒中石英含量较多，黏土矿物颗粒较少，矿物组分具有尾矿砂的特点，试验中发现，它的亲水性很弱。刘艳华等的研究[10]指出，通常所说的土中黏粒由黏土矿物和非黏土矿物组成，其中黏土矿物是决定土体性质的主要因素。同样，在砂土液化过程中，也是由土中黏土矿物颗粒的相互作用使土体表现出抗液化能力。现行液化判别公式只考虑了黏粒含量影响，未考虑整个黏土的活动性，应该说这种做法具有一定的局限性。所以本节的试验结果也从一个侧面验证了刘艳华等观点的正确性，故可认为尾矿黏粒中的大部分应该是非黏土矿物。从试验结果可知，当黏粒含量随着细粒尾矿的含量增大而增大时，其抗液化性能在35%时最强，尾矿的这种特性是由于粗细尾矿在这个比例时其尾矿颗粒骨架最为稳定，抗液化能力最强。

3. 围压对材料动力特性的影响

不同围压下液化振次和动剪应力比关系曲线如图 3.32 所示，在相同的液化振次条件下，围压越高，动剪应力比越低。

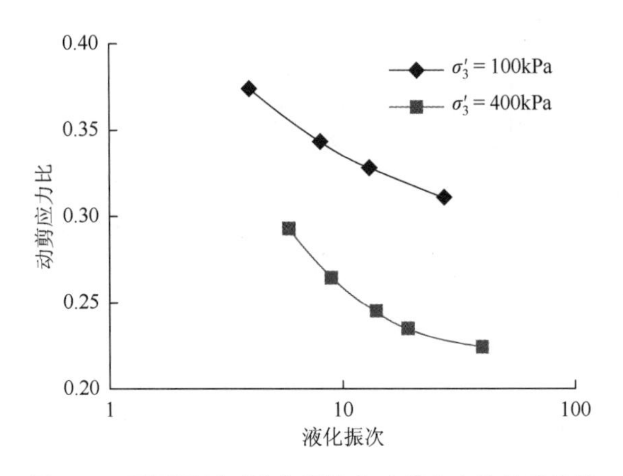

图 3.32 不同围压下液化振次和动剪应力比关系曲线

3.3 冻结尾矿力学特性*

在寒冷地区，当气温低于 0℃时，地表以下一定范围内的土层会形成冻土。在冻土中除了固体土颗粒外，还有固体状的冰和一定数量的未冻结水以及气体存在。由于固液气之间的相互作用，冻土表现出的力学性质更复杂，冻土的测试比常规土更难。国内外一些科研人员对冻土进行了专门研究，取得了许多成果。国外，早在 20 世纪 90 年代初，Wijeweera 等[12]通过试验研究了冻结黏土中细砂的含量对其强度的影响。Christ 等[13]研究发现温度和含水率对冻结粉土的抗压强度和抗拉强度有较大的影响。国内，文献[14]总结了我国冻土方面的研究现状及其发展前景。文献[15]研究了饱和冻结黏土的单轴抗压强度与温度、应变率、破坏时间和干密度之间的关系。刘增利等[16]对冻结黏土进行了单轴压缩试验，获得了冻结黏土的荷载-位移曲线，并对试样的破坏特征进行了分析。文献[17]通过压缩试验，研究了砂土在−6℃冻结后的力学行为特性等。

尾矿是矿石经过选矿甄别后排出的固体废弃物，属于人造砂土[18]。我国每年有数十亿吨尾矿被排放到尾矿库内堆存起来[19]。至 2009 年底，我国有 1.2 万余座尾矿库[20]。根据尾矿库的地域分布情况，有 91.4% 的尾矿库在冬季存在不同程度的冻结结冰现象。经现场勘察揭示[21]，冬季高寒地区尾矿坝除了表层会冻结外，还有深层的冰冻层存在，这些固体冻结层对尾矿坝的稳定性有较大的影响，轻则影响尾矿坝的渗流场，降低坝体的稳

* 本节部分内容主要参考文献[11]。

定性，重则导致尾矿坝变形破坏。然而，有关冻结尾矿的力学特性及影响因素方面的研究与成果，目前还较少见报道。

因此，针对冻结条件下尾矿的力学特性开展研究很有必要。研究成果不仅可以提高寒冷地区尾矿库的安全管理水平，而且可以丰富尾矿的力学基础知识。

3.3.1　冻结尾矿室内试验

1. 试验材料与试验方案

试验用尾矿样取自凉山矿业股份有限公司下属的拉拉铜厂选厂排放的尾矿。按照颗粒级配不同，尾矿分为：①砂性尾矿（尾砾砂、尾粗砂、尾中砂、尾细砂和尾粉砂）；②粉性尾矿（尾粉土）；③黏性尾矿（尾粉质黏土和尾黏土）。为了使试验成果有代表性，将现场采取的全尾矿进行人为分级处理，获得了颗粒级配不同的四组尾矿样，即尾中砂（4#）、尾细砂（3#）、尾粉砂（2#）和尾粉质黏土（1#）。四组配置样和全尾矿（5#）的主要基础物理性质指标见表 3.8，颗粒级配曲线如图 3.33 所示。

表 3.8　试验尾矿样的主要基础物理性质指标

试样编号	尾矿类别	d_{50}/μm	不均匀系数 C_u	曲率系数 C_c	塑限/%	液限/%	塑性指数
1#	尾粉质黏土	31.97	7.35	1.29	14.5	25.8	11.3
2#	尾粉砂	83.58	3.52	1.26	—	—	—
3#	尾细砂	168.92	3.65	1.14	—	—	—
4#	尾中砂	310.50	3.38	1.40	—	—	—
5#	全尾矿	107.9	8.99	1.22	—	—	—

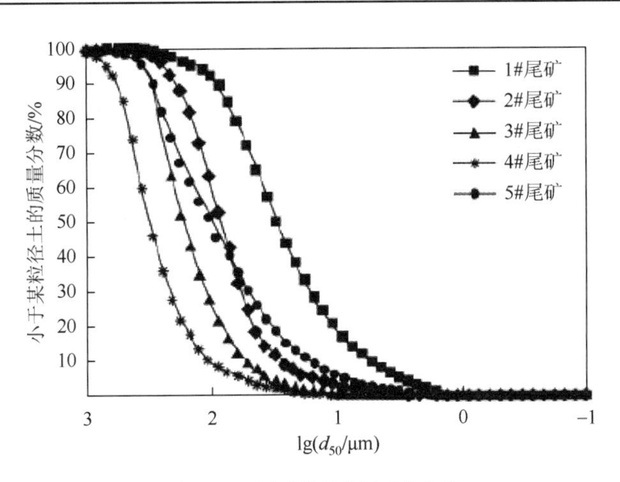

图 3.33　尾矿的颗粒级配曲线

在参考相关冻土力学特性研究方面的文献基础上，针对冻结尾矿力学特性及其影响因素的研究，本节采用单轴压缩试验，设置了四组试验方案，分别考虑了尾矿的平均粒径、干密度、含水率和加载速率等因素对其抗压强度和变形模量的影响。具体的试验方案见

表 3.9。在加载速率方面，将其换算成应变速率，则其范围为 0.8×10^{-3}～$3.3\times10^{-3}s^{-1}$。在研究干密度、含水率和加载速率的影响时，采用了全尾矿样（5#）进行试验；在考虑平均粒径的影响方面，分别采用了四种配置的尾矿样（1#、2#、3#和 4#）进行试验。

表 3.9　试验方案

试验方案	平均粒径 d_{50}/μm	干密度 ρ_d/(g·cm^{-3})	含水率 W/%	加载速率 v/(mm·min^{-1})
1 组	31.97，83.58，168.92，310.50（1#，2#，3#，4#）	1.58	15	20
2 组	102.25（5#）	1.48，1.58，1.64，1.71	15	20
3 组	102.25（5#）	1.58	5.10，15.20	20
4 组	102.25（5#）	1.58	15	5.10，15.20

2. 试样的制备与试验过程

由于尾矿冻结后呈固体状态，因此，这次冻结尾矿的力学特性试验基本按照岩石力学试验的要求进行。试样为圆柱形，直径为 50mm，高度为 100mm。试样制备时，先将尾矿样按照设定的含水率进行混合，为了尽可能保证尾矿样中含水比较均匀，将配置好的尾矿样装入塑料袋中进行密封，放置 24h；然后，分层装入圆筒状试样模具中，并进行压密，通过称试样的质量来控制其干密度。试样制成后再用保鲜膜包好（图 3.34），放入设定温度为−16℃（设备最低温度）的冷冻箱中冷冻 24h，然后取出进行相关试验。

图 3.34　人工冻结尾矿试样

冻结尾矿的单轴压缩试验是在重庆大学国家重点实验室内的岛津 AG-I25kN 电子精密材料机上进行的。设定加载参数后，安放好试样，整个压缩过程均由计算机自动控制，实时自动采集试验数据。由于试件端部与压力机接触部位存在温差，为了防止试验过程中试件端部接触面处融化，在两者接触面上放置了隔热的塑料薄片；另外，控制试验时间，使试验在尽可能短的时间内完成。

3.3.2　冻结尾矿单轴压缩下的破坏形式

通过试验观察到冻结尾矿试件单轴压缩下的破坏形式大致可分为三种，见图 3.35，详细介绍如下：

（1）斜面剪切破坏，如图 3.35（a）和（b）所示。在加载过程中，先是试样局部出现裂隙，之后裂隙不断扩展，相互贯通形成裂缝，最后形成一个贯穿整个试样的剪切斜面。有的是形成两个相互交叉的剪切面，当尾矿的平均粒径较大，或者试样含水率较高时，易发生此类形式的破坏。

（2）径向拉伸破坏，如图 3.35（c）和（d）所示。在轴向压应力作用下，在试样中产生径向拉应力，当拉应力超过冻结尾矿抗拉极限时，试件沿轴向产生贯穿型裂缝，发生劈裂破坏。试验发现，当尾矿的平均粒径较小，或者试样含水率较小，或者加载速率较小时，易发生此类破坏。

（3）复合式破坏，如图 3.35（e）和（f）所示。试样在中部出现局部鼓胀，且产生斜向交叉裂纹而破坏；有的试样侧面出现片状折断破坏，其余部分伴随有剪切破坏。当尾矿干密度较低或者加载速率较大时，易发生此类破坏。

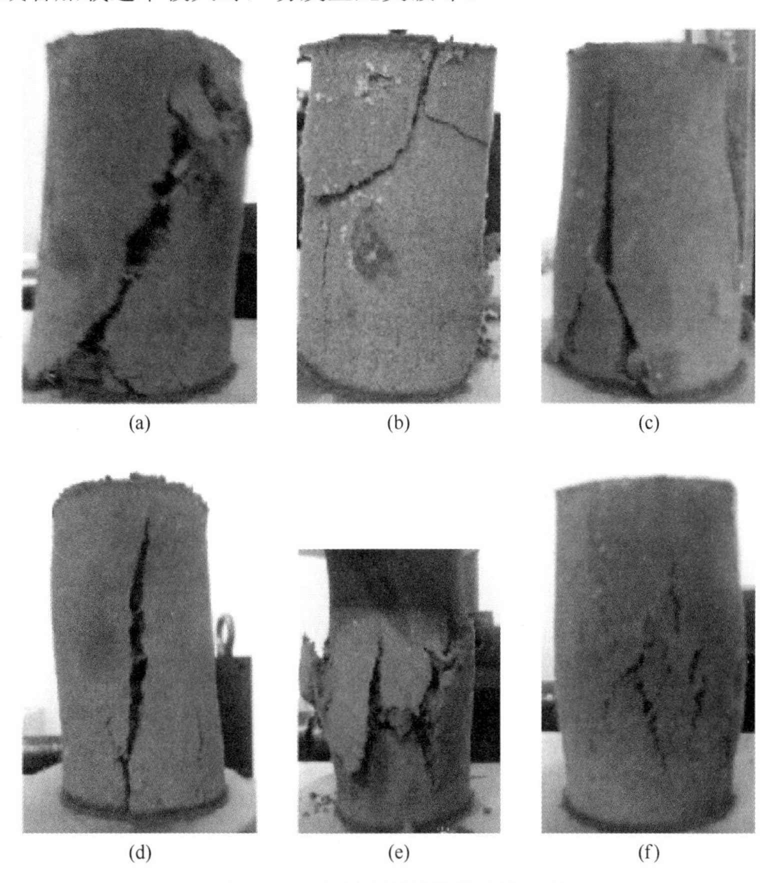

图 3.35　冻结尾矿试样的破坏类型

3.3.3　冻结尾矿单轴压缩变形特性

冻结尾矿试件在单轴压缩试验中的全应力-应变曲线如图 3.36 所示。由图中 σ-ε 曲线可看出，冻结尾矿的变形分为 4 个阶段：

（1）初始应变软化阶段（*OA*）：这个阶段很短，应力值很小，应变速率较大，*OA* 线段开始与横坐标轴夹角很小，几乎呈近似水平，类似蠕变。分析其原因，是试样与压力机的压力板及隔热薄片之间存在温差，造成试样端部出现微量的融化，在应力很小的情况下出现较大的变形。不过，随着压力的加大，σ-ε 曲线从 *A* 点开始向上弯曲。

（2）线性应变硬化阶段（*AB*）：在压力作用下，应力与应变呈线性增加关系，其 σ-ε 曲线近似直线。

（3）非线性应变硬化阶段（*BC*）：随着应力的增加，应变继续增加，σ-ε 曲线呈弯曲状，切线变形模量越来越小，最终应力达到极限值。此阶段试件开始出现斜向和纵向的微裂纹，随着应力的增加，裂纹也越来越多。

（4）非线性应变软化阶段（*C* 点以后）：应力超过试件的峰值强度后，试样进入应变软化阶段，随着应变的增加，应力逐渐减少。在此阶段，试件中的裂隙开始贯通与汇聚，形成大的裂纹，试样开始出现局部的破碎并伴有滑脱，最终达到破坏。

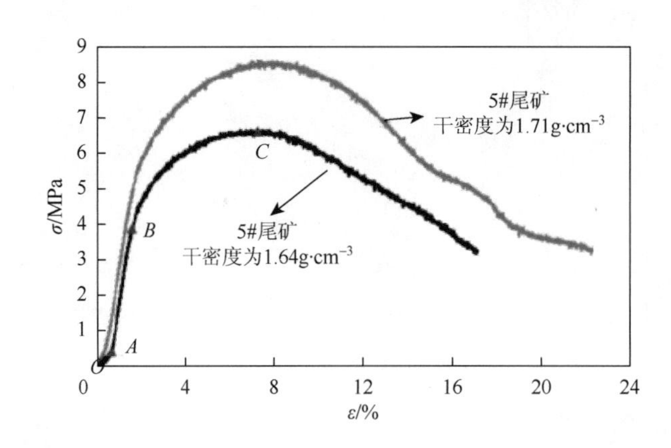

图 3.36　冻结尾矿试件在单轴压缩试验中的全应力-应变曲线

3.3.4　冻结尾矿抗压强度和变形模量变化规律

冻结尾矿的抗压强度主要由尾矿颗粒和冰的强度以及冰与尾矿颗粒胶结后形成的黏结力和内摩擦力决定。对试件的单轴压缩试验数据进行处理，得到不同因素下冻结尾矿的单轴抗压强度和变形模量的变化规律（图 3.37 和图 3.38）。下面就 4 个影响因素与单轴抗压强度和变形模量的关系进行分析（由于冻结尾矿是否存在弹性的问题，以及考虑与《土力学》中名词的一致性，所以本节选用了“变形模量”，而没有选“弹性模量”）。

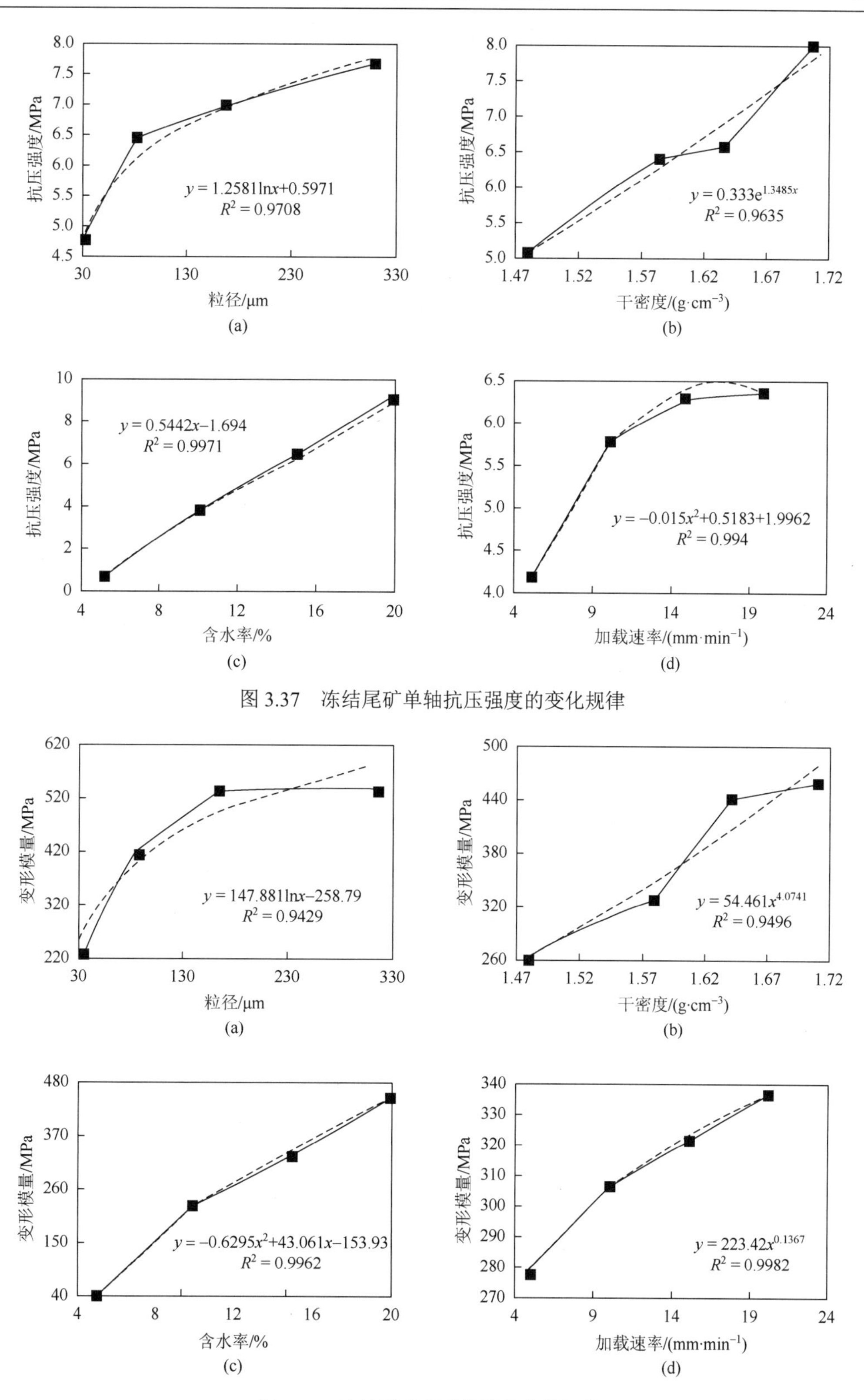

图 3.37　冻结尾矿单轴抗压强度的变化规律

图 3.38　冻结尾矿变形模量的变化规律

1. *尾矿粒径对抗压强度和变形模量的影响*

从图 3.37（a）和图 3.38（a）可以看出，冻结尾矿的单轴抗压强度与平均粒径呈自然对数的递增关系；而变形模量与平均粒径同样呈自然对数的递增关系。随着颗粒粒径的增大，其比表面积就会相应减小，颗粒之间的摩擦咬合力就会增加，从而提高尾矿的抗压强度和变形模量。

2. *尾矿干密度对抗压强度和变形模量的影响*

从图 3.37（b）和图 3.38（b）可以看出，随着尾矿样的干密度增加，冻结尾矿的单轴抗压强度和变形模量均逐渐增大，且呈指数关系。这是由于随着干密度的增加，孔隙率减小，尾矿颗粒之间的接触更加充分，颗粒之间的摩擦力和咬合力增强，提高了试样的抗压强度和变形模量。

3. *尾矿含水率对抗压强度和变形模量的影响*

从图 3.37（c）和图 3.38（c）可以看出，随着尾矿样的含水率增加，冻结尾矿的单轴抗压强度与含水率呈线性递增关系，而变形模量与含水率呈二次抛物线的递增关系。随着含水率的增加，孔隙中结冰量会越多，这些结冰体将尾矿颗粒胶结得更紧密，从而提高了颗粒之间的黏结力。

4. *加载速率对抗压强度和变形模量的影响*

从图 3.37（d）可以看出，冻结尾矿的单轴抗压强度与加载速率呈二次抛物线关系。开始，冻结尾矿的单轴抗压强度随加载速率的增加而呈线性增加，之后，随着加载速率的增大，冻结尾矿的单轴抗压强度则慢慢趋于平稳。冻结尾矿的变形模量与加载速率呈指数函数关系（图 3.38（d）），即冻结尾矿的变形模量随着加载速率的增加而增加。

3.4 磷尾矿电阻率与其力学性质关系*

电阻率是用来表示各种物质导电性的物理量。岩土的电阻率是工程物探方面的一个重要的物性参数。国内外一些学者就岩土的电阻率及其影响因素做了许多研究。在土体方面，Samouëlian 等[23]通过试验研究了土颗粒的排列方式、土的含水率、孔隙水的成分以及温度对土的电阻率的影响。Son 等[24]研究了土的含水率和电压频率对土电阻率测量值的影响，认为在低含水率条件下土的电阻率与土的风化程度之间存在一定的关系。周密等[25]研究了不同电压、频率和电流对土电阻率测量结果的影响，提出了比较实用的测量条件。郭秀军等[26]通过实验研究了土的成分、密实度及含水率对其电阻率的影响。于小军[27]通过室内试验，探讨了膨胀土的结构性变化对其电阻率影响的关系。付伟等[28]研究了冻土单轴抗压强度与电导率的关系。欧孝夺等[29]以广西北部湾多雷地区人造陆域充填土为研

* 本节部分内容主要参考文献[22]。

究对象，对其施加低压外电场，并通过改变电场强度、土体含水率、密实度以及淡化程度，探究了外电场与岩土体之间的电性响应。

在尾矿的电阻率研究方面，曾向农等[30]将高密度电阻法应用于尾矿坝稳定性分析中，提出了尾矿坝的电阻率物探法。马海涛等[31]提出了采用电阻率法来快速观测尾矿坝浸润线的设想。但针对尾矿的电阻率与其工程力学性质的研究及成果比较少。本节以磷尾矿为研究对象，通过室内试验，探讨了磷尾矿土电阻率的主要影响因素以及磷尾矿土电阻率与其工程力学性质之间的关系。

3.4.1　磷尾矿电阻率

1. 尾矿样的矿物组成及物理性质

试验用尾矿样取自云南磷化集团有限公司下属的磷矿选矿厂排放的尾矿，磷尾矿呈黄色、粉末状。制样前对原尾矿样进行了碾磨，然后通过2mm筛子筛分，保留粒径小于2mm以下的部分作为试验样。通过X射线荧光光谱（XRF）检测，获得了试验磷尾矿样的物质组成，如表3.10所示。磷尾矿的主要物理指标如表3.11所示，颗粒级配曲线如图3.39所示。根据规范[32]，试验用尾矿样属于尾粉质黏土。

表3.10　磷尾矿矿物成分XRF检测结果

成分	含量/%
O	46
Si	32
Al	11
Fe	6
K	3
其他	2

表3.11　磷尾矿的主要物理指标

测试参数	值
比重 G_s	2.65
液限 W_L/%	25.7
塑限 W_p/%	14.3
不均匀系数 C_u	8.7
曲率系数 C_c	1.2

2. 试验尾矿样的制备

按照土工试验方法，采用标准的圆柱体试样，试样直径$\phi=3.91$cm，高$h=8.0$cm。

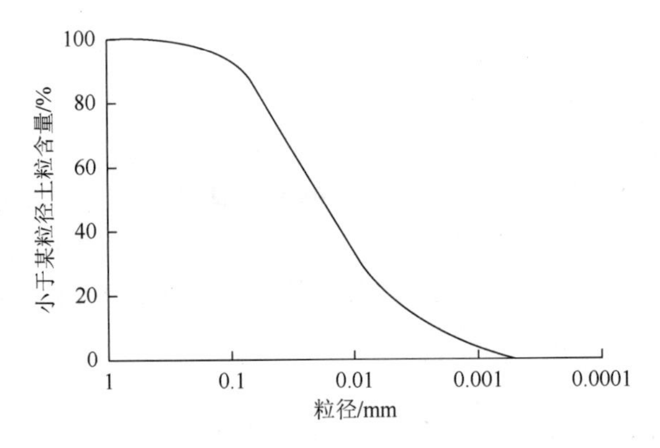

图 3.39　磷尾矿颗粒级配曲线

利用重锤击实法制备试样。在磷尾矿电阻率影响因素方面，试验考虑了含水率、干密度和温度 3 个因素，每组 3～4 个试件，试验结果取其平均值。通过改装的三轴剪切仪来研究磷尾矿电阻率与其工程力学性质之间的关系。

3. 电阻率测试原理

1）电阻率测量装置

现有土的电阻率室内测试方法主要有两相电极法和四相电极法。由于在后续的三轴剪切试验中，如采用四相电极法测量电阻率变化，安插的探针会扰动土样，而且压缩过程中电极间的距离难以确定。所以，本试验均采用两相电极法。电阻率测量使用 VICTOR86E 型数字万用表，测量装置示意图如图 3.40 所示。通过测得试件两端的电势差和通过试件的电流，利用欧姆定律求出试样的电阻率 ρ 为

$$\rho=\frac{RS}{L}=\frac{\Delta VS}{IL} \tag{3-14}$$

式中，R 为测量电极间的电阻（Ω）；ΔV 为测量电极间的电势差（V）；S 为试样的横截面积（m^2）；L 为试样的长度（m）；I 为通过电流的强度（A）。

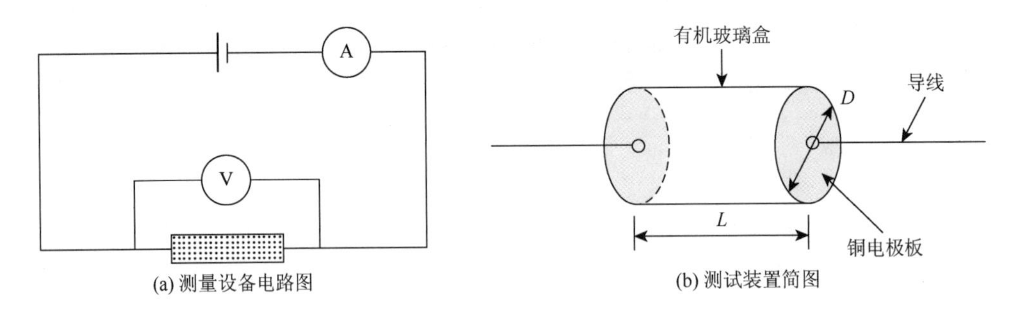

图 3.40　电阻率测试装置示意图

2）电阻率与力学性质试验测试装置

为了同步测试到试样的电阻率变化，对常规土力学三轴剪切仪进行了改装，改造后的三轴剪切仪如图 3.41 所示。为了保证试件两端良好的导电性，在试件两端抹上一层导电

石墨，再加上电极板，然后，通过导线连出压力腔外进行测试。本次试验采用的是不固结不排水试验。

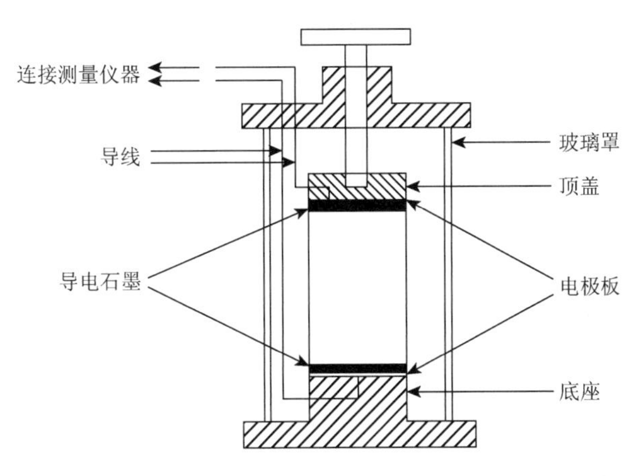

图 3.41　改装后三轴剪切仪示意图

3.4.2　磷尾矿电阻率的影响因素

在相同的试件温度（15℃）条件下 3 种不同干密度的磷尾矿试样电阻率随含水率的变化曲线如图 3.42 所示。3 种干密度分别为 1.5g·cm^{-3}、1.6g·cm^{-3} 和 1.7g·cm^{-3}。

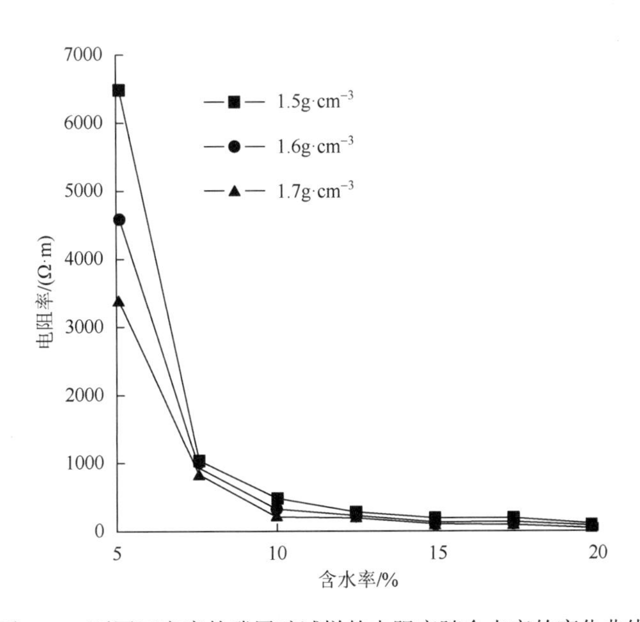

图 3.42　不同干密度的磷尾矿试样的电阻率随含水率的变化曲线

含水率的控制范围为 5%～20%。从图 3.42 中可以看出，在 3 种不同干密度条件下，磷尾矿的电阻率都是随着含水率的增加而减小。当含水率较小，即低于 10%时，电阻率随着含水率增加而递减且速度较快，曲线斜率较大。当含水率超过 10%后，电阻率递减速度逐渐变小，并逐渐趋于稳定，曲线变得逐渐平缓。并且在不同干密度条件下，该现象普遍存在。在含水率相同的条件下，干密度越大，电阻率越小，尤其在含水率较小的情况下差异更为明显。这是因为水的电阻率均小于尾矿土和孔隙中的空气的电阻率，所以磷尾矿的电阻率会随着含水率的增加而减小。在含水率相同的条件下，干密度越大，试件越密实，孔隙水的连通性越好，因而电阻率越小。在含水率相对较小的情况下，增加含水率能显著提高尾矿土中孔隙水的连通性，所以电阻率随着含水率的增加而呈现显著递减趋势。在含水率相对较高时，尾矿土内孔隙水的连通性已经很好，由于材料电阻率的限制作用，电阻率不会随着含水率的升高无限制地减小下去，含水率越大，电阻率的减小潜能就越小，导致含水率越大，相同含水率变化引起的电阻率变化越小。

图 3.43 为相同温度（15℃）条件下不同含水率（5%～20%）的磷尾矿试样的电阻率随干密度的变化曲线。从图中可以看出，在不同含水率条件下，电阻率均随着干密度的增加而减小，且递减速度逐渐变小，曲线逐渐趋于平缓。为进一步分析干密度对电阻率的影响规律，引入孔隙比和饱和度的概念。

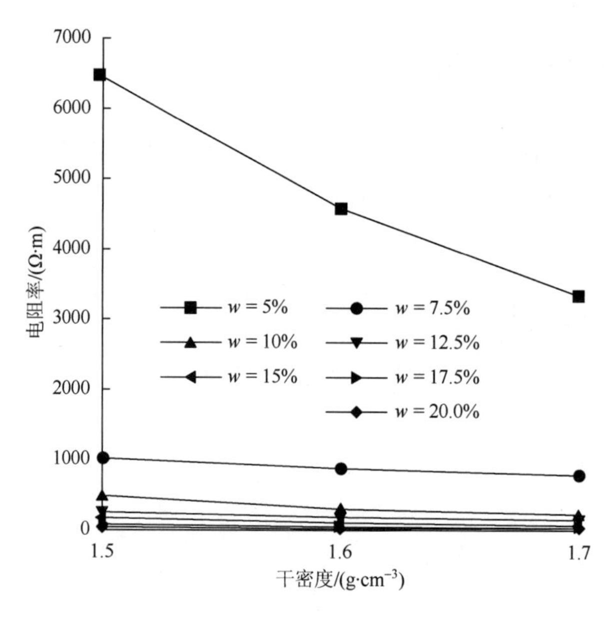

图 3.43　不同含水率的磷尾矿试样的电阻率随干密度的变化曲线

孔隙比 e 为尾矿孔隙体积与土颗粒体积之比：

$$e=\frac{V_{\mathrm{v}}}{V_{\mathrm{s}}}=\frac{V-m(1-w)\rho_{\mathrm{s}}-mw/\rho_{\mathrm{w}}}{m(1-w)/\rho_{\mathrm{s}}} \tag{3-15}$$

式中，V_{v} 为孔隙体积（cm^3）；V_{s} 为土颗粒体积（cm^3）；V 为土体的总体积，取 $V=96.06\mathrm{cm}^3$；m 为土体的总质量（g）；w 为含水率，取 $w=18\%$；ρ_{w} 为水的密度，取 $\rho_{\mathrm{w}}=1\mathrm{g\cdot cm^{-3}}$；$\rho_{\mathrm{s}}$ 为土颗粒的密度，取 $\rho_{\mathrm{s}}=2.65\mathrm{g\cdot cm^{-3}}$。

饱和度 S_r 为尾矿中孔隙水所占体积与孔隙体积之比：

$$S_r = \frac{V_w}{V_v} = \frac{mw / \rho_w}{V - m(1-w)\rho_s - mw / \rho_w} \times 100\% \qquad (3\text{-}16)$$

式中，V_w 为孔隙水体积（cm^3）。

图 3.44 为含水率 18% 时室温下（15℃）磷尾矿的电阻率随孔隙比和饱和度以及干密度的变化曲线。干密度越大，孔隙比越小，同时饱和度越高（在相同含水率条件下）。磷尾矿的电阻率随着孔隙比的减小而呈现减小的趋势。在含水率相同的情况下，尾矿土的孔隙比越小，土体越密实，土中孔隙水所占的三相比例越大，饱和度越大，孔隙水的连通性越好，尾矿土的电阻率也就越小。

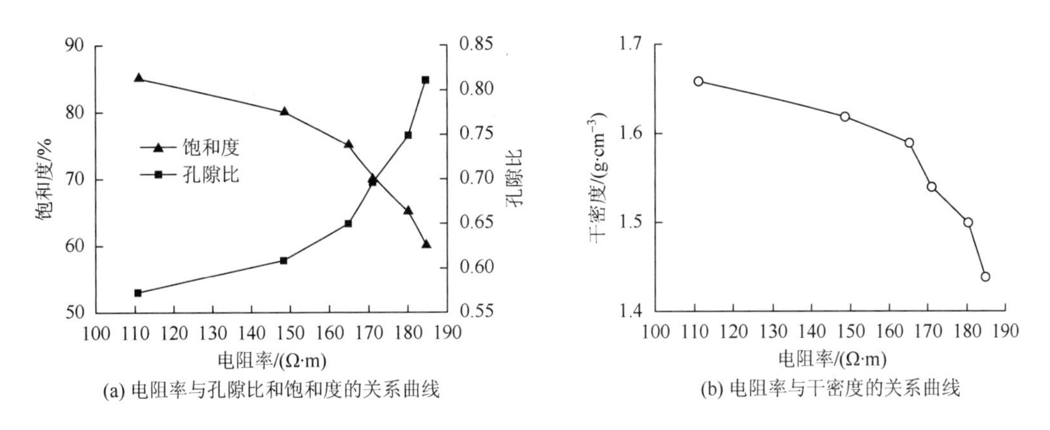

图 3.44　磷尾矿的电阻率随孔隙比和饱和度以及干密度的变化曲线

土体孔隙水中导电离子的活性与温度有关，而导电离子的活性影响着尾矿土的导电性。图 3.45 给出了干密度为 $1.5g \cdot cm^{-3}$ 时 3 种不同含水率条件下电阻率随着温度的变化曲线。由图 3.45 中可以看出，在 3 种不同含水率条件下，磷尾矿的电阻率均随着温度的升高而呈现递减的趋势。这是因为温度升高导致水体中离子活性增强，从而尾矿土的电阻率减小。

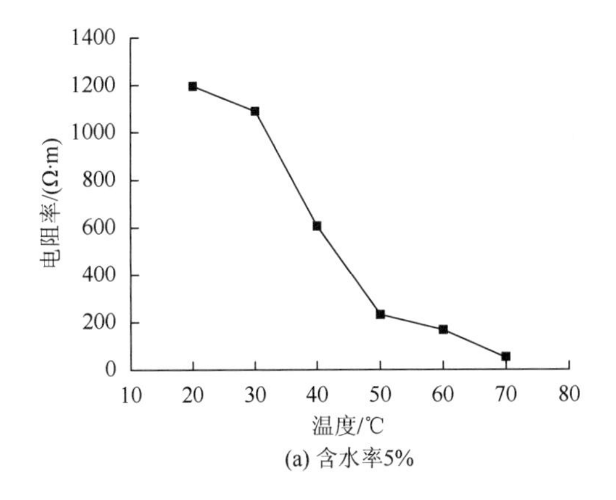

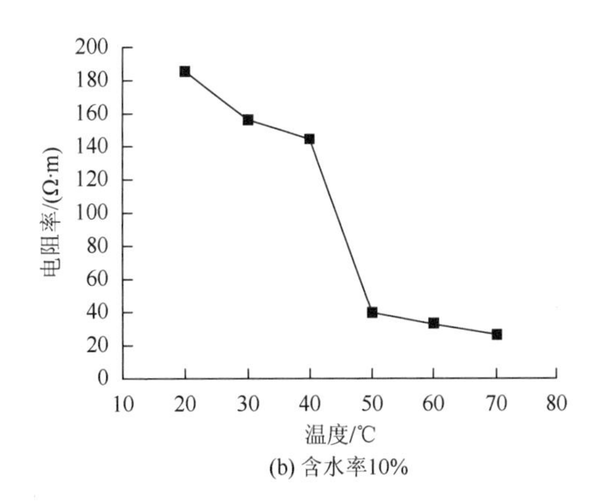

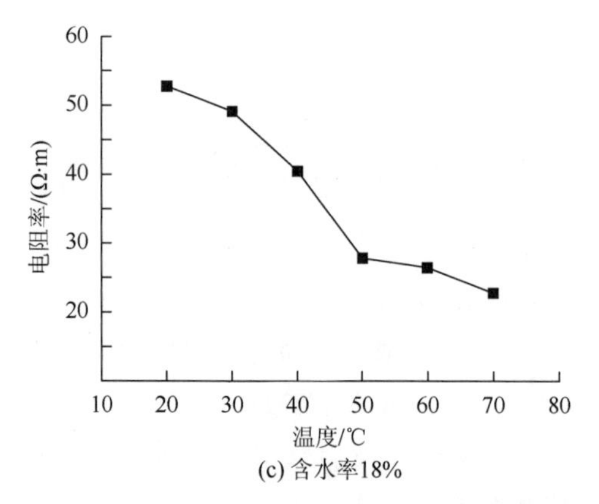

(c) 含水率18%

图 3.45　磷尾矿的电阻率随温度的变化曲线

分别对比分析不同含水率条件下的电阻率与温度的关系曲线，相同的温度时，随着含水率的增大，电阻率急剧减小。

3.4.3　磷尾矿初始电阻率与抗剪强度关系

抗剪强度是尾矿的一个重要的工程力学指标，是尾矿坝体稳定性分析的关键基础资料。尾矿的抗剪强度与尾矿的颗粒粒径、密度和含水率等相关。通过干密度控制初始电阻率的变化，含水率均为10%，试件温度为15℃。图 3.46 为 3 种围压条件下磷尾矿初始电阻率与抗剪强度的关系曲线。从图 3.46 中可以看出，磷尾矿的干密度越小，结构越松散，导致抗剪强度越小，其初始电阻率越大。

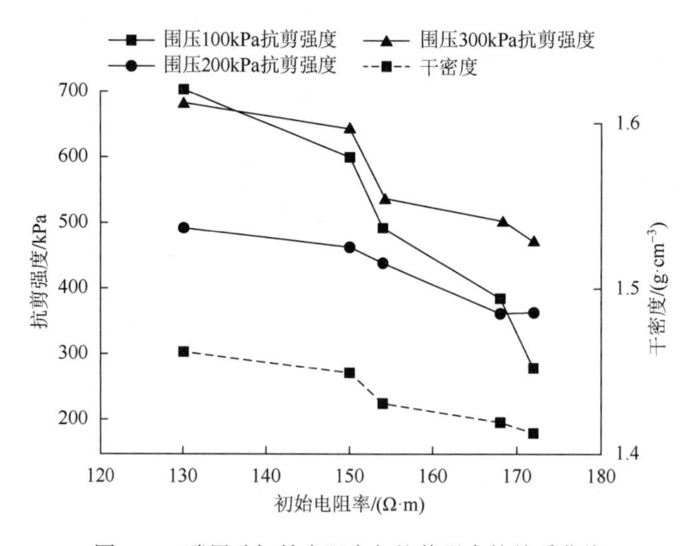

图 3.46　磷尾矿初始电阻率与抗剪强度的关系曲线

材料的剪切强度包括黏聚力和内摩擦角指标。尾矿土的黏聚力与内摩擦角作为重要的物理力学参数，可由三轴剪切试验获得的不同围压下尾矿的应力莫尔圆得到。在三轴剪切试验过程中，同时测量了尾矿土的电阻率。图 3.47 为初始电阻率与黏聚力和内摩擦角及干密度的关系曲线。从图 3.47 中可以看出，干密度越小，初始电阻率越大，其黏聚力和内摩擦角越小。

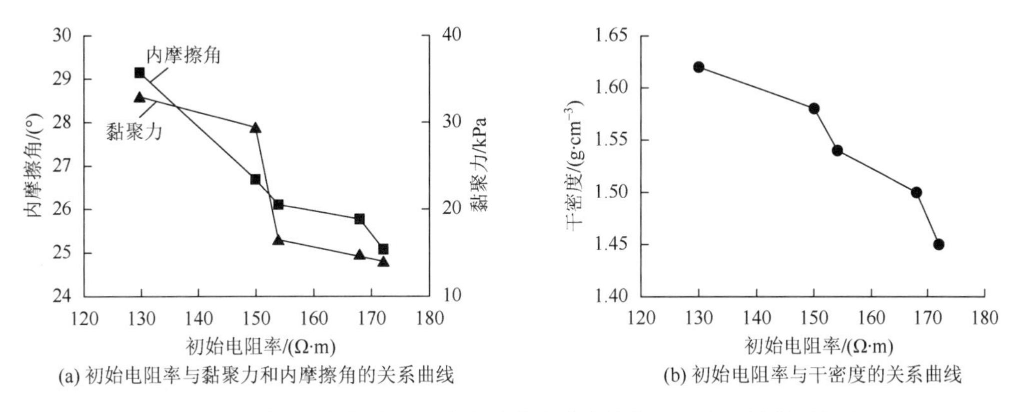

(a) 初始电阻率与黏聚力和内摩擦角的关系曲线　(b) 初始电阻率与干密度的关系曲线

图 3.47　磷尾矿初始电阻率与黏聚力和内摩擦角及干密度的关系曲线

干密度越大，单位体积内颗粒数量越多，尾矿颗粒相互接触越紧密，颗粒间距离越小，相同含水率下，水膜面积越大，厚度越薄，水膜受到相邻颗粒的电分子引力越大，初始黏聚力越大，初始黏聚力的增大造成黏聚力的增大。故随着干密度的增加，黏聚力越大。干密度越大，颗粒接触面越大，表面摩擦力越大，同时，颗粒的接触越紧密，也增大了颗粒间的咬合力，故随着干密度的增加，尾矿内摩擦角增大。干密度的增大导致水膜面积增大和厚度变薄，颗粒间水膜层逐渐扩散、贯通，提高了孔隙水的连通性，故随着干密度的增加，尾矿初始电阻率将减小。

3.4.4　磷尾矿应力-应变-电阻率关系

尾矿试件在围压 100kPa 时，三轴剪切条件下的应力-应变-电阻率关系曲线如图 3.48

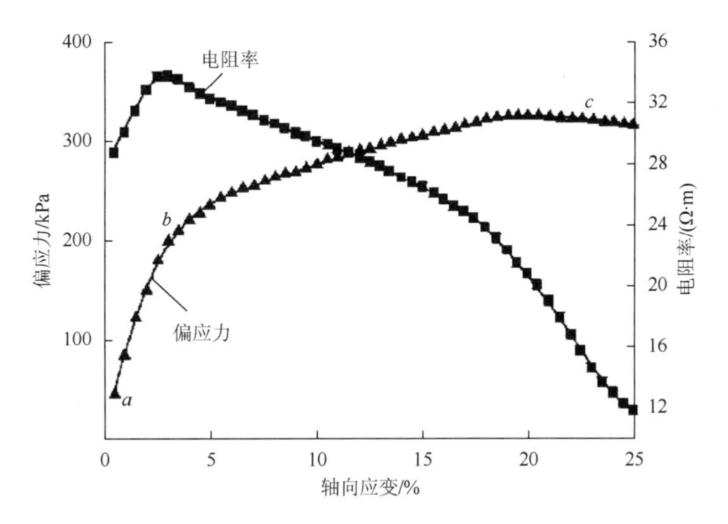

图 3.48　磷尾矿三轴剪切条件下的应力-应变-电阻率关系曲线

所示。尾矿土的导电性会随外加荷载的变化而变化。从图 3.48 中可以看出，试件在三轴压缩剪切过程中，经历了弹性变形阶段（*ab* 段）和应变硬化阶段（*bc* 段）。在弹性变形阶段，电阻率随应变的增加而增加；在应变硬化阶段，电阻率随应变的增加而减小。究其原因，可能是试样压缩到一定程度后，其横向变形不断加大，试件的长度减少，横断面面积加大，这样电阻率随之增大，后来随着试件的破坏，试件中出现纵横裂纹，电阻率的变化由裂纹中孔隙水来控制。

以磷尾矿为对象，采用二相电极法，研究含水率、干密度、温度等因素对磷尾矿电阻率的影响。利用改装的三轴剪切仪对磷尾矿试件进行三轴剪切试验的同时，测量电阻率的变化，获得磷尾矿的黏聚力和内摩擦角与初始电阻率的关系，以及磷尾矿应力-应变-电阻率关系曲线。获得的主要结果如下：

（1）磷尾矿的电阻率随着含水率、干密度和温度的增加而减小。在低含水率时，电阻率随着含水率增加呈快速递减的趋势；在高含水率时，电阻率随着含水率增加而呈缓慢下降的趋势。

（2）剪切强度、黏聚力和内摩擦角与电阻率有良好的相关性，均随着电阻率的增加而呈递减的特性。因此，可以通过现场测量尾矿的电阻率来间接地求出尾矿土的抗剪强度。

（3）在三轴压缩剪切过程中，尾矿土经历了弹性变形阶段和应变硬化阶段。在弹性变形阶段，电阻率随轴向应变的增加而增加；在应变硬化阶段，电阻率随轴向应变的增加而呈缓慢递减的趋势。

参 考 文 献

[1] 尹光志，杨作亚，魏作安，等. 羊拉铜矿尾矿料的物理力学性质 [J]. 重庆大学学报（自然科学版），2007，30（9）：117-122.

[2] 张超. 尾矿动力特性及坝体稳定性分析 [D]. 武汉：中国科学院武汉岩土力学研究所，2005.

[3] Seed H B，Idriss I M，Makdisi F I，et al. Representation of Irregular Stress Time Histories by Equivalent Uniform Stress in Liquefaction Analyses [R]. Report No.EERC 75-29，EERC，Univ of California，Berkeley，California，Oct，1975.

[4] 谢定义. 土动力学 [M]. 西安：西安交通大学出版社，1987.

[5] Ueng T S，Sun C W，Chen C W. Definition of fines and liquefaction resistance of Maoluo River soil [J]. Soil Dynamics and Earthquake Engineering，2004，(24)：745-750.

[6] Vick S G. Tailings dam safety—implications for the dam safety community [C]. Tailings Dams 2000，Association of State Dam Safety Officials，Las Vegas，NV，March 28-30，2000：1-20.

[7] Davies M，Martin T，Lighthall P. Mine tailings dams：when things go wrong [C]. Proceedings，Tailings Dams 2000，Association of State Dam Safety Officials，Las Vegas，NV，March28-30，2000：261-273.

[8] 阮元成，郭新. 饱和尾矿动力变形特性的试验研究 [J]. 水利学报，2003，(4)：24-29.

[9] 衡朝阳，何满潮，裘以惠. 含粘粒砂土抗液化性能的试验研究 [J]. 工程地质学报，2001，9（4）：339-344.

[10] 刘艳华，尹兴科，席满惠. 粘粒和粘土矿物对砂土液化影响的探讨 [J]. 勘察科学技术，2004，(3)：6-9.

[11] 魏作安，杨永浩，徐佳俊，等. 人工冻结尾矿力学特性单轴压缩试验研究 [J]. 东北大学学报（自然科学版），2016，37（1）：123-126，142.

[12] Wijeweera H，Joshi R C. Compressive strength behavior of fine grained frozen soils [J]. Canadian Geotechnical Journal，1990，27（3）：472-483.

[13] Christ M，Kim Y C. Experimental study on the physical-mechanical properties of frozen silt [J]. Geotechnical Engineering，2009，13（5）：317-324.

[14] Lai Y M，Xu X T，Dong Y H，et al. Present situation and prospect of mechanical research on frozen soils in China [J]. Cold

Regions Science and Technology，2013，87（3）：6-18.

[15] 李海鹏，林传年，张俊兵，等. 饱和冻结黏土在常应变率下的单轴抗压强度 [J]. 岩土工程学报，2004，26（1）：105-109.

[16] 刘增利，张小鹏，李洪升. 原位冻结黏土单轴压缩试验研究 [J]. 岩土力学，2007，28（12）：2657-2660.

[17] Yang Y G，Lai Y M，Chang X X. Laboratory and theoretical investigations on the deformation and strength behaviors of artificial frozen soil [J]. Cold Regions Science and Technology，2010，64（7）：39-45.

[18] Dixon-Hardy D W，Engels J M. Guidelines and recommendations for the safe operation of tailings management facilities [J]. Environmental Engineering Science，2007，24（5）：625-637.

[19] Yin G Z，Li G Z，Wei Z A，et al. Stability analysis of a copper tailings dam via laboratory model tests：a Chinese case study [J]. Minerals Engineering，2011，24（2）：122-130.

[20] Wei Z A，Yin G Z，Wang J G，et al. Design，construction and management of tailings storage facilities for surface disposal in China：case studies of failures [J]. Waste Management & Research，2013，31（1）：106-112.

[21] 刘石桥，陈章友，张曾. 冬季高寒地区冻土对尾矿库的危害及防治措施[J]. 工程建设，2008，40（1）：22-26.

[22] 徐佳俊，魏作安，陈宇龙，等. 磷尾矿电阻率与其力学性质关系的试验研究[J]. 岩石力学与工程学报，2014，33（10）：2132-2137.

[23] Samouëlian A，Cousin I，Tabbagh A，et al. Electrical resistivity survey in soil science：a review [J]. Soil and Tillage Research，2005，83（2）：173-193.

[24] Son Y，Oh M，Lee S. Estimation of soil weathering degree using electrical resistivity [J]. Environmental Earth Sciences，2010，59（6）：1319-1326.

[25] 周密，王建国，黄松波，等. 土壤电阻率测量影响因素的试验研究 [J]. 岩土力学，2011，32（11）：3269-3275.

[26] 郭秀军，刘涛，贾永刚，等. 土的工程力学性质与其电阻率关系实验研究 [J]. 地球物理学进展，2003，18（1）：151-155.

[27] 于小军. 电阻率结构模型理论的土力学应用研究 [D]. 南京：东南大学，2004.

[28] 付伟，汪稔，胡明鉴，等. 不同温度下冻土单轴抗压强度与电阻率关系研究 [J]. 岩土力学，2009，30（1）：73-78.

[29] 欧孝夺，黄展案，柳子炎，等. 附加电场条件下吹填土的电性响应 [J]. 土木建筑与环境工程，2014，36（1）：81-86.

[30] 曾向农，黎建华，石昌智. 高密度电阻法在矿山尾矿坝稳定性分析中的应用研究 [J]. 矿冶工程，2010，30（3）：20-26.

[31] 马海涛，吴永锋，王云海，等. 尾矿坝浸润的坝面快速观测方法研究 [J]. 中国安全生产技术，2010，6（1）：31-34.

[32] 中华人民共和国住房和城乡建设部，中华人民共和国国家质量监督检验检疫总局. 尾矿堆积坝岩土工程技术规范（GB 50547—2010）[S]. 北京：中国计划出版社，2010.

第4章 尾矿弹塑性损伤本构模型研究

损伤力学与断裂力学、疲劳分析理论等属于破坏力学，是研究物质不可逆破坏过程的科学[1]。自 Dougill 等[2]把损伤力学引入岩土工程中以来，岩土损伤本构理论发展已有40多年。经岩土工作者的不懈努力，已建立一大批基于不同条件，适合不同材料与不同环境影响下的各式各样的岩土损伤本构模型。其中最具代表性的有复合损伤本构模型、堆砌体损伤模型、统一体损伤模型等[3]。

近几年，随着岩土损伤力学理论的发展与工程运用，许多学者认为对于岩土材料，特别是土体应该采用复合体理论，即损伤后的岩土体虽然力学性质有所劣化，但仍具有一定的承载能力，岩土体由未受损的原状岩土与损伤部分构成，并逐渐由前者转化为后者，最终达到破坏。对于土体，沈珠江认为天然结构性土的逐渐破损是从原状土逐渐向扰动土的变化过程。Frantziskonis 和 Desai[4, 5]认为损伤土体由损伤和未损伤两部分组成，损伤由剪应力引起，损伤演化曲线的形状近似于能量耗散曲线。

基于上述复合体损伤原理，国内外学者对土体损伤本构模型开展了大量系统研究，获得了许多具有实际工程意义的损伤本构模型，但专门针对尾矿的损伤力学与损伤本构模型研究还相对较少。本章首先对云南铜业（集团）有限公司下属铜厂与四川省盐源县平川铁矿排放的不同矿质尾矿进行固结不排水试验。而后，根据其工程力学性质，基于弹塑性理论，结合前人在土体损伤力学本构模型的研究成果，建立了适合尾矿的弹塑性损伤本构模型。并结合试验结果，对建立的尾矿弹塑性损伤本构模型进行了验证。

4.1 塑性力学全量理论

4.1.1 等效应力与等效应变

土力学试验表明，在一定围压作用下，土体材料具有一定的弹塑性性质。因此，在塑性力学中引入偏应力张量和偏应变张量，设

$$\tau_m = \frac{1}{3}\tau_{kk} = \frac{1}{3}I_1 \tag{4-1}$$

$$\xi_{ij} = \tau_{ij} - \tau_m \delta_{ij} \tag{4-2}$$

式中，I_1 为 τ_{ij} 的第一不变量；δ_{ij} 由下式确定：

$$\delta_{ij} = \begin{cases} 1 & (i = j) \\ 0 & (i \neq j) \end{cases}$$

ξ_{ij} 称为张量 τ_{ij} 的偏量。当 τ_{ij} 为应变张量时，式（4-1）的 τ_m 表示平均正应变 ε_m，式（4-2）称为偏应变张量，用 e_{ij} 表示；当 τ_{ij} 为应力张量时，式（4-1）的 τ_m 表示平均正应力 σ_m，

式（4-2）称为偏应力张量，用 s_{ij} 表示。

可定义等效应变与等效应力[6]：

$$\bar{\varepsilon}=\sqrt{\frac{2}{3}e_{ij}e_{ij}} \tag{4-3}$$

$$\bar{\sigma}=\sqrt{\frac{3}{2}s_{ij}s_{ij}} \tag{4-4}$$

4.1.2　全量理论本构模型

全量理论是解决塑性本构关系中物质微元的应力和应变之间存在单一的对应关系，以及如何来确定这样的关系等问题的理论。与塑性力学中增量理论或流动理论求解本构模型相对，应力和应变存在单一对应关系，这样将塑性力学问题简化为相当于一个非线性弹性力学问题，而不必像增量理论那样来逐步进行求解。对于常规土力学试验，试件是处于围压恒定、轴向压力单调增加的受载条件，该应力条件被现有主要本构关系与强度准则研究所接受，并广泛应用于岩土材料性质与实际工程稳定性研究。因此，引入塑性力学中的全量理论来分析尾矿本构关系，获得的本构模型具有求解简单且能满足工程需求的特点。

对于应力-应变单一对应关系的微元受载，主应力方向是不变的，则有

$$\sigma_{ij}=t\sigma_{ij}^{0},\quad s_{ij}=ts_{ij}^{0}\quad (t>0,\mathrm{d}t>0) \tag{4-5}$$

而塑性应变增量 $\mathrm{d}\varepsilon_{ij}^{\mathrm{p}}$ 的方向可由 $\frac{\partial J_2}{\partial\sigma_{ij}}=s_{ij}$ 表示，则有

$$\mathrm{d}\varepsilon_{ij}^{\mathrm{p}}=\mathrm{d}\lambda s_{ij} \tag{4-6}$$

式中，λ 为 Lame 弹性系数。

考虑弹性应变增量后，得到

$$\begin{cases}\mathrm{d}e_{ij}=\dfrac{1}{2G}\mathrm{d}s_{ij}+\mathrm{d}\lambda s_{ij}\\ \mathrm{d}\varepsilon_{kk}=\dfrac{1-2\upsilon}{E}\mathrm{d}\sigma_{kk}\end{cases} \tag{4-7}$$

式中，G 为剪切模量；E 为弹性模量；υ 为泊松比。

将式（4-5）代入式（4-7）后积分，得到

$$\begin{cases}e_{ij}=\varLambda s_{ij}\\ \varepsilon_{kk}=\dfrac{1-2\upsilon}{E}\sigma_{kk}\end{cases} \tag{4-8}$$

式中，$\varLambda=\dfrac{1}{2G}+\dfrac{1}{t}\int_0^t t\mathrm{d}\lambda$。

由 $e_{ij}e_{ij}=\varLambda^2 s_{ij}s_{ij}$，并考虑式（4-3）、式（4-4），得到

$$\varLambda=\sqrt{\frac{e_{ij}e_{ij}}{s_{kl}s_{kl}}}=\frac{3\bar{\varepsilon}}{2\bar{\sigma}} \tag{4-9}$$

由此式（4-8）中的 s_{ij} 可写为

$$s_{ij}=\left(\frac{2}{3}\frac{\bar{\sigma}}{\bar{\varepsilon}}\right)e_{ij} \tag{4-10}$$

如果等效应力 $\bar{\sigma}$ 是等效应变 $\bar{\varepsilon}$ 的单值函数：$\bar{\sigma}=\bar{\sigma}(\bar{\varepsilon})$，则式（4-10）表明 s_{ij} 可唯一地由 e_{ij} 表示，如此得到全量理论的应力-应变关系：

$$\begin{cases} s_{ij}=\dfrac{2}{3}\dfrac{\bar{\sigma}(\bar{\varepsilon})}{\bar{\varepsilon}}e_{ij}=2G[1-\varpi(\bar{\varepsilon})]e_{ij} \\ \sigma_{kk}=\dfrac{E}{1-2\upsilon}\varepsilon_{kk} \end{cases} \tag{4-11}$$

式中，$\bar{\sigma}(\bar{\varepsilon})$ 可由下式表示：

$$\bar{\sigma}(\bar{\varepsilon})=3G\bar{\varepsilon}[1-\varpi(\bar{\varepsilon})] \tag{4-12}$$

其中，$\varpi(\bar{\varepsilon})$ 可通过试验确定，特别当 $\varpi(\bar{\varepsilon})=0$ 时，式（4-12）为弹性力学中的广义胡克定律。

4.2　连续介质损伤力学理论

4.2.1　连续介质损伤力学

连续介质损伤力学的研究是以热力学第一定律（能量守恒定律与能量方程）和热力学第二定律（熵不等式）为基础的。应用这两个定律于本构泛函，即可以导出损伤演化方程和本构模型[7]。

热力学第一定律可描述为：作用于物质系统上功的增量 δW 加上系统接受热量的增量 δQ 等于系统内能的增量 ΔE 加上动能的增量 ΔK，表达式如下：

$$\Delta E+\Delta K=\delta W+\delta Q \tag{4-13}$$

热力学第二定律（熵不等式）为

$$\rho\dot{s}-\left(\frac{h}{T}-\frac{1}{T}\mathrm{div}q-\frac{1}{T}g\cdot q\right)\geqslant 0 \tag{4-14}$$

式中，q 为热通量矢量（$\mathrm{W\cdot m^{-2}}$）；s 为熵；ρ 为物体的密度（$\mathrm{kg\cdot m^{-3}}$）；T 为热力学温度（K）；h 为由热源供给单位体积的热率；g 为 T 的函数，$g=-\dfrac{1}{T}\mathrm{grad}T$。

4.2.2　损伤变量

损伤变量是一种内部状态变量，它可以是标量、矢量或张量。根据研究对象的不同特点，常可以选择孔隙的数目、体积、长度、弹性模量、密度等作为定义损伤变量的基准，引入损伤因子，得到材料的损伤变量为一随应力或应变变化的函数：

$$S=(1-\varOmega)S_{\mathrm{i}}+\varOmega S_{\mathrm{d}} \tag{4-15}$$

式中，S 为土的某一种力学指标；S_{i}、S_{d} 为原状土和损伤土的统一力学指标；$\varOmega$ 为损伤因子。

常见的损伤变量定义方法有：弹性模量的变化、密度的改变、加载循环次数、声发射数、CT 数、孔隙的变化等。

如何科学有效地测量岩土材料的损伤是岩土损伤力学的重要研究课题。根据损伤变量定义的基准不同，损伤测量方法常分为直接方法与间接方法。直接方法一般有显微镜观察、扫描电镜观察、X 射线方法、CT 检测方法等。间接方法一般是通过岩土材料物理量来描述其损伤状态及演化。

岩土材料损伤检测方法常见的有：弹性模量变化检测法、质量密度变化检测法、电阻率变化检测法、塑性特征变化检测法、黏塑性特性变化检测法、光学技术检测法、扫描电镜检测法、射线检测法、声发射检测法、超声波检测法等。

4.2.3　损伤演化方程与本构关系

将式（4-13）与式（4-14）应用于本构函数，可得到以 Helmholtz 自由能描述的损伤本构方程一般形式。

应力-应变关系：

$$\sigma = \rho \frac{\partial \varphi}{\partial \varepsilon} \tag{4-16}$$

式中，φ 为 Helmholtz 自由能；ρ 为材料的密度。

熵的定义式：

$$\sigma = -\frac{\partial \varphi}{\partial T} \tag{4-17}$$

内变量演化规律：

$$f = \rho \frac{\partial \varphi}{\partial \upsilon} \tag{4-18}$$

式中，υ 为其他内变量张量；f 为与 υ 对应的热力学广义力。

损伤演化规律：

$$y = \rho \frac{\partial \varphi}{\partial D} \tag{4-19}$$

式中，y 为与损伤张量 D 对应的热力学广义力，称为损伤应变能释放率。

傅里叶传导方程：

$$q = -\frac{1}{T} C \cdot \mathrm{grad} T \tag{4-20}$$

式中，C 为二阶对称张量。

若只考虑弹性与损伤耦合，式（4-16）、式（4-19）可分别写成下列的弹性损伤本构模型：

$$\sigma = \frac{\partial \varphi^{\mathrm{e}}}{\partial \varepsilon^{\mathrm{e}}} \tag{4-21}$$

$$y = \rho \frac{\partial \varphi^{\mathrm{e}}}{\partial D} \tag{4-22}$$

式中，φ^{e} 为损伤弹性应变能；ε^{e} 为损伤弹性应变张量。

4.2.4　基于 Mohr-Coulomb 强度准则的损伤演化方程

土体损伤复合体理论认为，与传统材料不同，损伤后的土体虽然力学性质有所劣化，但仍然具有一定的承载能力。复合体两个组分的应力、应变合成模式与假设有关，即原状土体与损伤部分遵从不同的本构关系。

土体损伤的定义是衡量土体材料结构变化的基础，损伤模型的建立关键是确定损伤因子。目前，大多数土体损伤本构模型采用沈珠江提出的关于体积应变和剪切应变的指数函数或双曲线函数的经验表达式，并在工程运用中取得了较好的实用效果，但是以该种方法确定的损伤因子缺乏物理意义。在常规三轴试验条件下，基于 Mohr-Coulomb 强度准则，徐辉等给出了一种损伤因子确定方法[8]，避免了前述的不足。

1. 损伤因子

土力学常规三轴剪切试验是限定试件的围压，根据轴向位移的增加逐渐增大试件的轴向荷载，测定试件轴向应力-应变关系，并通过 Mohr-Coulomb 强度准则获得材料的剪切强度参数。对于同一组三轴剪切试验，试件所处不同围压下，其结构变形特征处于相同条件时，根据所处的不同剪切应力环境，可以得到不同的强度包络线，见图 4.1。假设在某应力环境下，试件开始进入损伤阶段，根据不同围压条件，可得到一条损伤起始包络线。试件未损伤时，应力圆与损伤起始包络线相离；试件损伤过程中，应力圆与损伤起始包络线相割，而与破坏包络线相离；试件破坏时，应力圆与破坏包络线相切。

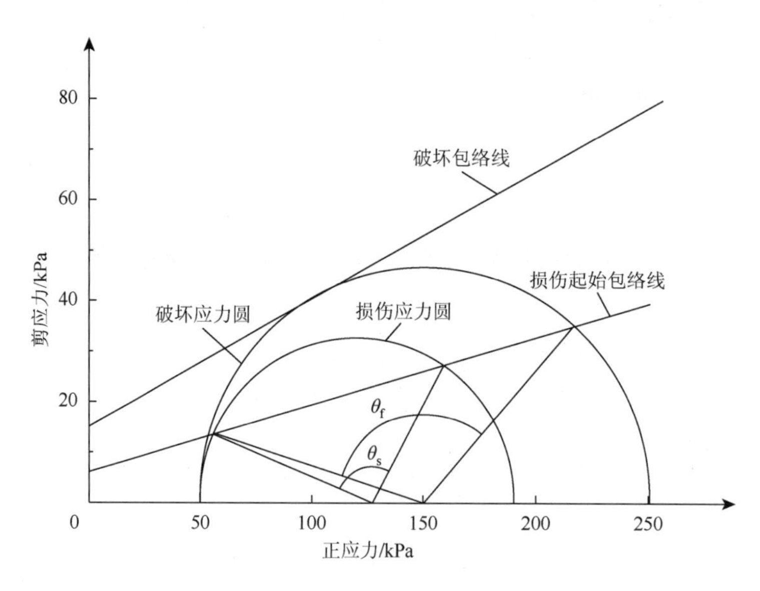

图 4.1　损伤因子定义示意图

试件损伤过程中，应力圆与损伤起始包络线相割，分别连接两个交点与圆心，设这两条连线的夹角为θ_s，θ_s的含义为试件受损时，与最小主应力σ_3方向成$\theta_1/2$～$\theta_2/2$的取向范围，在这一范围内，骨架结构出现了损伤变形，θ_s 代表该应力状态下已出现损伤的接触面的取向范围，见图 4.2。θ_s 的最大值由破坏时的应力圆得到，记为 θ_f。

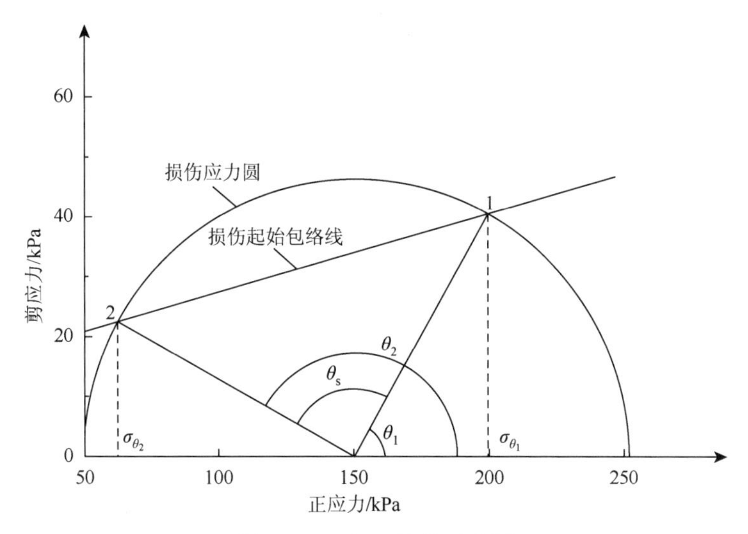

图 4.2　θ_s 和 θ_f 计算示意图

定义损伤因子 Ω 为 θ_s 与其所能达到的最大值 θ_f 之比，即

$$\Omega=\frac{\theta_s}{\theta_f} \tag{4-23}$$

由式（4-23）可知，试件无损伤时，应力圆与损伤起始包络线相离，$\theta_s=0$，损伤因子 $\Omega=0$；当试件整体破坏时，$\theta_s=\theta_f$，损伤因子 $\Omega=1$；损伤过程中，$0<\Omega<1$。

2. θ_s 和 θ_f 的确定

设土体破坏时的内摩擦角为 φ_f，内聚力为 c_f，类似地定义起始损伤时的内摩擦角为 φ_s，内聚力为 c_s。如图 4.2 所示，损伤应力圆与损伤起始包络线相割得到交点 1 和 2，两个交点与圆心所张的圆心角 θ_s 等于两交点的方位角之差，即

$$\theta_s=\theta_2-\theta_1 \tag{4-24}$$

设损伤时应力圆圆心的横坐标和半径分别为

$$\begin{cases}a=(\sigma_1+\sigma_3)/2\\ r=(\sigma_1-\sigma_3)/2\end{cases} \tag{4-25}$$

滑动内摩擦系数 $f_s=\tan\varphi_s$，则两交点的横坐标可表达为

$$\sigma_{\theta_1}=\frac{a-c_sf_s}{1+f_s^2}+\frac{\sqrt{(a-c_sf_s)^2-(1+f_s^2)(a^2+c_s^2-r^2)}}{1+f_s^2} \tag{4-26}$$

$$\sigma_{\theta_2}=\frac{a-c_sf_s}{1+f_s^2}-\frac{\sqrt{(a-c_sf_s)^2-(1+f_s^2)(a^2+c_s^2-r^2)}}{1+f_s^2} \tag{4-27}$$

两交点的方位角分别为

$$\begin{cases} \theta_1 = \arccos\dfrac{\sigma_{\theta_1} - a}{r} \\ \theta_2 = \arccos\dfrac{\sigma_{\theta_2} - a}{r} \end{cases} \tag{4-28}$$

由式（4-24）可得θ_s如下：

$$\theta_s = \arccos\frac{\sigma_{\theta_2} - a}{r} - \arccos\frac{\sigma_{\theta_1} - a}{r} \tag{4-29}$$

当应力圆与破坏包络线相切时，θ_s就成了θ_f，此时$r = a\sin\varphi_f + c_f\cos\varphi_f$，代入式(4-29)可得$\theta_f$。

4.3　尾矿弹塑性损伤本构模型

4.3.1　尾矿弹塑性力学特性

图 4.3 为某尾矿在 300kPa 围压下的应力-应变曲线。一般塑性材料随着应变的增加，受围压的影响，会产生塑性强化现象，即虽然材料进入塑性阶段，应力增量随着应变的增加逐渐减小，但不会降低至 0，应力随应变的增加呈单调增长，这也符合塑性力学中的稳定材料假设。尾矿的应力-应变曲线则表现为，当应变达到一定值后，如图中 *B* 点，应力增量逐渐减小，最终达到 0（*D* 点处），甚至低于 0。我们这里引入损伤原理解释这一现象，尾矿试件受剪切力的作用，应力随应变的增长分为 4 个阶段：第 1 阶段（*OA* 段），弹性变形阶段，该阶段尾矿试件应力随应变的增加呈线性增长，颗粒间作用力表现为颗粒接触力的增长，颗粒排列不发生变化。第 2 阶段（*AB* 段），塑性变形阶段，当试件达到屈服条件时，转入塑性变形阶段，该阶段应力增量随着应变的增加逐渐降低，尾矿颗粒接触力逐渐增长，颗粒排列发生变化，但颗粒间相互接触力并未发生断裂，呈现出塑性变形特征。第 3 阶段（*BD* 段），逐渐损伤阶段，当应力达到一定值后，颗粒间接触力发生断裂，颗粒相互发生滑动，并且随着剪切作用的加大，滑动颗粒逐渐增多，颗粒接触力逐渐转化为滑动力。将该阶段分为两种材料：一种是未破坏部分，呈塑性变形，具有塑性强化特征；另一种为损伤部分，产生滑动破坏。随着应变的增长，应力增量降低至 0，此时，达到完全损伤。第 4 阶段（*DE* 段），损伤后阶段，完全损伤后，试件形成剪切面，试件承受的荷载由颗粒相互滑动力承担，并且由于滑动摩擦作用，颗粒产生碎裂，降低颗粒粗糙率，造成颗粒间摩擦力减小，应力随应变的增长呈现出略微降低的现象。

4.3.2　弹塑性描述

尾矿弹塑性应力-应变关系采用全量理论来描述，相对于增量理论方面能有效解决工程实际问题，且具有方便快捷、较大程度缩减计算、降低计算硬件需求、节省运算时间等优点。尾矿的本构关系则可以采用式（4-11）表示。因此，只需确定式（4-12），即可获得尾矿本构模型。

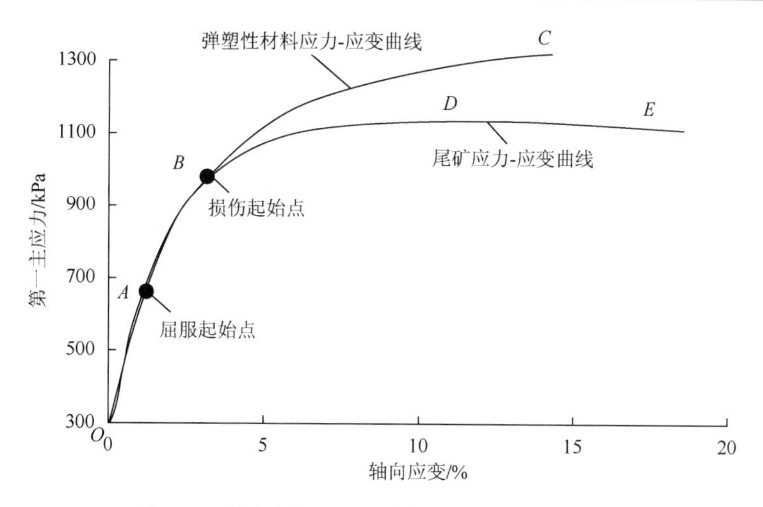

图 4.3　某尾矿在 300kPa 围压下的应力-应变曲线

这里采用指数函数拟合函数 $\varpi(\varepsilon)$，则式（4-12）可写成

$$\overline{\sigma}(\overline{\varepsilon}) = 3G\overline{\varepsilon}\{1-[A\exp(B\overline{\varepsilon})+C]\} \tag{4-30}$$

式中，A、B、C 为材料塑性参数。

将式（4-30）代入式（4-11），可得到尾矿本构模型：

$$\begin{cases} s_{ij} = 2G\{1-[A\exp(B\overline{\varepsilon})+C]\}e_{ij} \\ \sigma_{kk} = \dfrac{E}{1-2\upsilon}\varepsilon_{kk} \end{cases} \tag{4-31}$$

定义平均应力 p、广义剪应力 q、体积应变 ε_V、等效剪应变 ε_s，并考虑常规土力学三轴剪切试验条件，可以得到

$$\begin{cases} q = \sqrt{\dfrac{3}{2}s_{ij}\cdot s_{ij}} \\ \varepsilon_s = \overline{\varepsilon} = \sqrt{\dfrac{2}{3}e_{ij}\cdot e_{ij}} \end{cases} \tag{4-32}$$

由此，式（4-31）可写为

$$q = 3G\left\{1-\left[A\exp\left(\frac{2}{3}B\varepsilon_s\right)+C\right]\right\}\varepsilon_s \tag{4-33}$$

不同围压下剪切模量由下列公式计算获得[9]：

$$G = Kp_a\left(\frac{\sigma_3}{p_a}\right)^n \tag{4-34}$$

式中，p_a 为大气压（kPa）；K、n 为试验常数。

4.3.3　损伤描述

根据 4.3.1 节尾矿应力-应变曲线的分析，在塑性变形达到一定程度后，出现了软化现

象，这不符合塑性强化规律与材料稳定性假设。若在某时刻，部分颗粒产生了相互滑动，滑动摩擦力代替了颗粒间的接触力，试件承受应力能力会逐渐降低，我们引入损伤的概念，认为颗粒滑动部分为一种损伤。

根据式（4-15），可定义尾矿损伤过程的剪切模量：

$$G=(1-\Omega)G_{\mathrm{i}}+\Omega G_{\mathrm{f}} \tag{4-35}$$

式中，G_{i} 为损伤起始点的剪切模量（kPa），可通过弹塑性阶段本构模型确定；G_{f} 为滑动接触面的剪切模量（kPa）。

损伤因子可以由 4.2.4 节所述方法进行确定，问题的关键是确定损伤的起始点。从图 4.4 可以看出，尾矿主应力差-应变曲线中，应变达到一定值后，主应力差增量会逐渐减小，并且该应力值与围压具有较为显著的相关关系。根据上述分析，可判定该处试件塑性变形中出现了颗粒相互滑动的损伤软化现象，由此，可定义跟围压有关的损伤的起始点。采用线性拟合可得到损伤起始点主应力差与围压的关系曲线用下式表示：

$$\sigma_{\mathrm{s}}=l\sigma_3+m \tag{4-36}$$

式中，l、m 为试验参数。

损伤阶段采用式（4-35）得到的剪切模量，此时，获得的剪切模量为主应力差-应变曲线的切线斜率，损伤本构模型应采用增量形式：

$$\mathrm{d}q=3G\mathrm{d}\varepsilon_{\mathrm{s}} \tag{4-37}$$

根据式（4-33）可获得初始损伤的斜率，其值为式（4-35）未损伤情况下的剪切模量 G_{i}，滑动接触面的剪切模量 G_{f} 可通过拟合完全破坏后主应力差-应变曲线获得，代入式（4-35）可获得损伤剪切模量 G，代入式（4-37）即得到损伤本构模型。

弹塑性阶段利用式（4-33），损伤阶段利用式（4-37），即可获得尾矿弹塑性损伤本构模型。

4.4　尾矿弹塑性损伤本构模型验证

4.4.1　尾矿固结不排水试验

1. 试验材料与方法

1）试验材料

为探讨尾矿受荷载作用的力学行为机理，采集云南铜业（集团）有限公司下属铜厂与四川省盐源县平川铁矿排放的不同矿质尾矿各 3 组。采用美国麦奇克有限公司（Microtrac Inc）的 Microtrac S3500 激光粒度分析仪进行颗粒分析试验，得到 6 组尾矿粒级与级配指标测试结果，见表 4.1，常用的基本物理性质见表 4.2。

表 4.1　尾矿粒级与级配指标测试结果

样品编号	矿质	颗粒组成/mm									d_{10} /mm	d_{30} /mm	d_{60} /mm	d_{50} /mm	C_u	C_c	土样名称
		1.0～0.25	0.25～0.125	0.125～0.106	0.106～0.074	0.074～0.037	0.037～0.018	0.018～0.010	0.010～0.005	<0.005							
Cu-1	铜尾矿	5.98	20.65	4.93	9.1	17.98	19.79	10.58	7.38	1.52	0.010	0.024	0.076	0.053	7.60	0.76	尾粉土
Cu-2	铜尾矿	2.5	8.85	2.71	6.44	17.19	23.71	15.57	13.86	2.1	0.006	0.014	0.034	0.025	5.67	0.96	尾粉土
Cu-3	铜尾矿	1.51	16.99	4.02	12.55	19.62	23.34	9.86	7.17	0.73	0.010	0.025	0.065	0.045	6.50	0.96	尾粉土
Fe-1	铁尾矿	19.43	10.00	2.31	5.07	10.79	11.91	10.19	14.19	16.11	0.0034	0.011	0.032	0.060	17.47	0.55	尾粉土
Fe-2	铁尾矿	19.18	9.93	2.52	5.19	11.92	12.83	9.71	9.61	19.11	0.0023	0.012	0.034	0.061	26.79	1.00	尾粉土
Fe-3	铁尾矿	23.75	12.29	2.61	5.28	10.21	9.89	8.20	12.18	15.59	0.0034	0.013	0.050	0.096	27.85	0.48	尾粉土

表 4.2　尾矿常用的基本物理性质试验结果

样品编号	矿质	比重 G_s	密度 $\rho/(g\cdot cm^{-3})$	含水率 W/%	干密度 $\rho_d/(g\cdot cm^{-3})$	饱和密度 $\rho_{sat}/(g\cdot cm^{-3})$	饱和度 S_r/%	孔隙比 e	塑限 W_p/%	液限 W_L/%	塑性指数 I_p
Cu-1	铜尾矿	2.83	1.94	14.81	1.69	2.20	65.9	0.68	13.2	20.7	7.6
Cu-2	铜尾矿	2.84	2.01	14.68	1.73	2.24	69.2	0.65	12.8	21.0	7.2
Cu-3	铜尾矿	2.81	1.96	14.97	1.67	2.14	68.3	0.69	13.5	19.7	6.2
Fe-1	铁尾矿	2.98	2.07	13.78	1.82	2.15	83.75	0.64	10.8	17.2	6.4
Fe-2	铁尾矿	2.90	2.04	13.70	1.8	2.15	92.05	0.61	10.5	16.7	6.2
Fe-3	铁尾矿	2.97	2.06	13.87	1.81	2.14	84.61	0.64	10.7	17.0	6.3

注：密度与含水率根据现场测试，选取最大概率值。

2）试验方法

采用南京土壤仪器厂有限公司制造的 TSZ30-2.0 型应变控制式三轴剪力仪，选用固结不排水三轴剪切试验。尾矿试件为ϕ39.1mm×80mm 的标准试件，固结压力根据尾矿坝实测值分别取 50kPa、100kPa、200kPa 和 300kPa。试样在固结压力下 24h 后开始不排水剪切试验，剪切速率为 0.032mm·min^{-1}。

2. 主应力差-应变关系

按照《土工试验规程》及表 4.2 给出的物理指标制作 6 组尾矿试样，并进行固结不排水剪切试验，得到主应力差-应变关系曲线，见图 4.4。

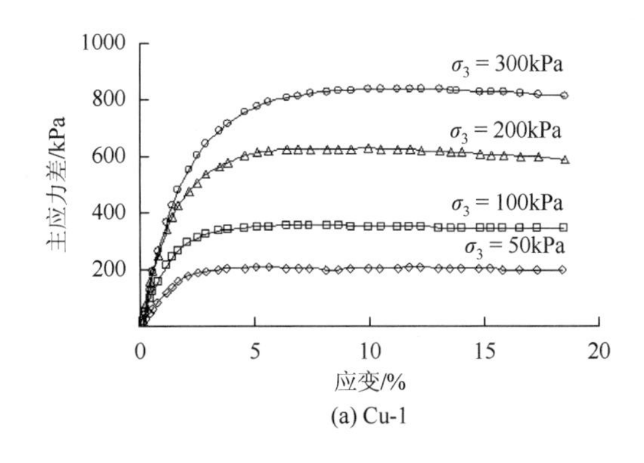

(a) Cu-1

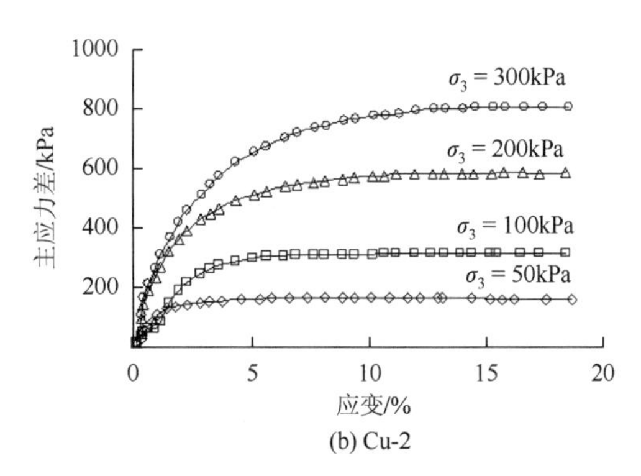

(b) Cu-2

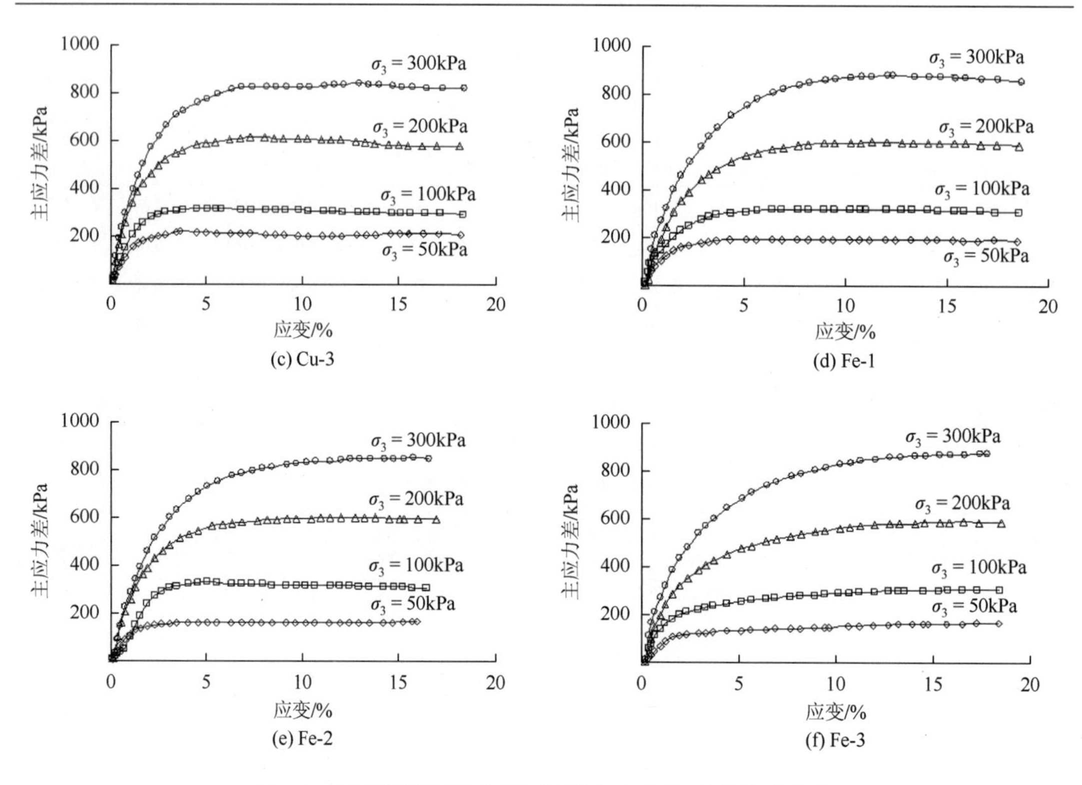

图 4.4　尾矿固结不排水剪切试验主应力差-应变关系曲线

从图 4.4 中可以看出，不同矿质尾矿主应力差-应变曲线大致相同：受载初期，主应力差随应变的增加呈线性增长，且增量较大，呈现弹性变形特征，其主应力差-应变曲线斜率随着围压的增加而增大。随着应变的增加，主应力差增量逐渐减小，试件逐渐产生塑性变形。主应力差具有较为明显的峰值，且达到峰值后，随着应变的增加，主应力差变化不大。围压较小时，主应力差达到峰值后随着应变的增加近似相等；围压较大时，主应力差有略微减小，说明受围压作用，尾矿破坏后仍然可以承受荷载。

3. 孔隙水压力特性

6 组尾矿固结不排水剪切试验孔隙水压力与应变关系曲线见图 4.5。各围压下，尾矿孔隙水压力具有较明显的峰值，且其峰值较小，并随着围压的增加而增大，其中 300kPa 围压下，孔隙水压力峰值最大为 Cu-2 号尾矿样，其值为 47.9kPa。不同围压下，孔隙水压力随着应变的增加逐渐增大，其增量随着应变的增加而逐渐降低，当围压较小时，降低速率较明显，且部分呈现孔隙水压力随着应变的增长有略微减小的现象，如 Fe-3 号尾矿样在 50kPa 围压下，应变为 2.28%时，孔隙水压力随着应变的增加变化不大，应变为 14.69%时，孔隙水压力随着应变的增加略微减小；而 300kPa 围压下，应变达到 10%后孔隙水压力也有显著增长。不同围压下，尾矿孔隙水压力随着应变的增加可分为 4 个阶段，如图 4.5（a）所示，第 1 阶段（*OA* 段），孔隙水压力随着应变的增加呈线性缓慢增长；第 2 阶段（*AB* 段），孔隙水压力随着应变的增加近似线性增长，且增量显著增大；第 3 阶段（*BC* 段），孔隙水压力随着应变的增加而增大，增量逐渐降低，且该阶段中，围压较小时，孔隙水压力呈现较为明显的峰值；第 4 阶段（*CD* 段），孔隙水压力随着应变的增加变化不大，当围压较小时，孔隙水压力有略微减小的现象。

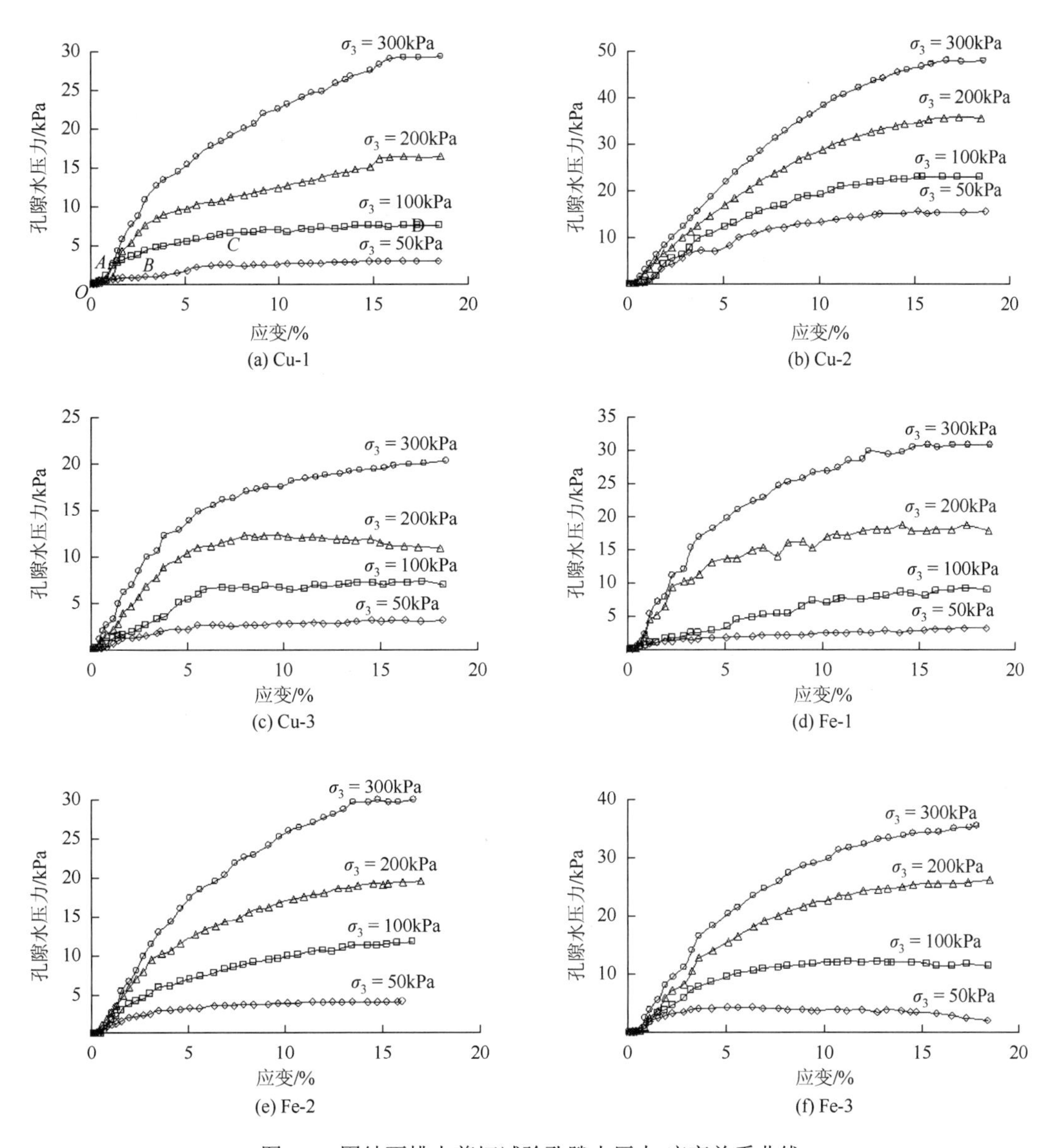

图 4.5　固结不排水剪切试验孔隙水压力-应变关系曲线

4. 破坏规律

图 4.6 为剪切试验后的尾矿试件。从图中可以看出，尾矿试件具有明显的剪切破坏面，破坏面法向与主应力方向夹角大致为 65°，呈现典型的剪切破坏特征。同时，受端部效应影响，剪切后试件中部直径较大，两端直径变化较小，呈现橄榄球形状。

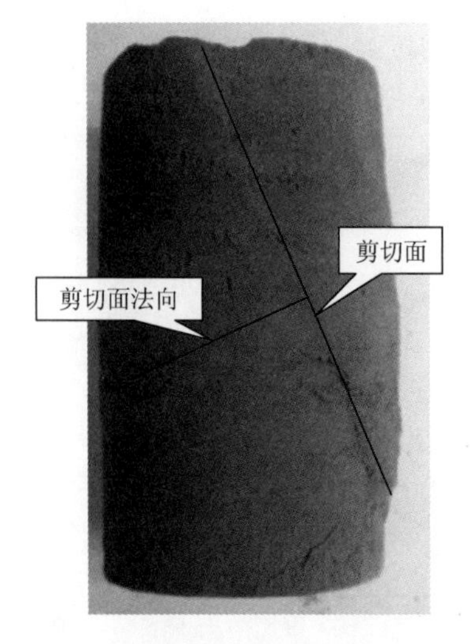

图 4.6　三轴剪切试验后的尾矿试件

5. 强度特性

根据不同围压下剪切峰值绘制 Mohr 圆，并拟合强度包络曲线，得到 6 组尾矿样的抗剪强度参数，见表 4.3。从表中可以看出，两种尾矿均具有一定的内聚力，铜尾矿内聚力为 12.84～25.35kPa，有效内聚力为 14.24～26.55kPa；铁尾矿的内聚力为 5.66～13.43kPa，有效内聚力为 3.1～6.59kPa。两种尾矿的内摩擦角较大，各组尾矿内摩擦角均在 33°以上，其中，Fe-2 号尾矿有效内摩擦角达到了 39.43°。对比分析两种尾矿抗剪强度参数发现，铜尾矿内聚力与有效内聚力较铁尾矿大，而内摩擦角与有效内摩擦角相对铁尾矿的值小，这可能是因为铁尾矿粒径≥0.125mm 的尾矿含量较大，虽根据尾矿分类标准均为尾粉土，但受粗粒尾矿影响，其内聚力较小，而内摩擦角相对较大。

表 4.3　尾矿样的抗剪强度参数

试样编号	内聚力 c/kPa	内摩擦角 φ/(°)	有效内聚力 c'/kPa	有效内摩擦角 φ'/(°)
Cu-1	25.35	33.99	19.35	35.55
Cu-2	12.84	34.20	26.55	36.74
Cu-3	21.92	34.16	14.24	35.84
Fe-1	13.43	35.36	6.59	37.47
Fe-2	11.89	35.21	3.10	39.43
Fe-3	5.66	35.92	3.41	38.79

尾矿是经选矿破碎的坚硬岩石碎粒，与其他自然形成土体相比，其颗粒呈不规则形状，粒径相对较大，颗粒硬度较高。因此，尾矿颗粒组成的骨架结构承受荷载时，颗粒间产生相互咬合力与摩擦力，并且颗粒间具有一定的水分子电子引力，因此，尾矿骨架颗粒结构具有较高的承载能力，即有效应力较高，而孔隙压力随应变增长较为缓慢，详细分析如下：当应变较小时，颗粒相互滑动较小，不规则颗粒间的咬合力作用显著，且大部分颗粒间摩擦力为静摩擦力，随着应变的增加，应力呈现线性增长，具有显著的弹性变形特征，该阶段颗粒骨架结构变形较小，尾矿间孔隙变化不大，孔隙水压力增长缓慢，故呈现图 4.5（a）所示的 *OA* 阶段。随着应变的增加，颗粒间出现滑动，并逐渐扩展，颗粒间静摩擦力逐渐转化为滑动摩擦力，随着应变的增加，应力增量显著降低，试件呈现出塑性变形特征。同时，颗粒相互滑动，小颗粒填充孔隙，孔隙水压力增长显著（图 4.5（a）中 *AB* 段）。随着应变持续增加，尾矿试件形成滑移带，即为试件的剪切面（图 4.6），应力出现峰值，试

件最终完全破坏，并随着应变的增加应力有略微降低的现象，孔隙水压力增长逐渐缓慢，达到峰值后，围压较低时，略微减小。

4.4.2　模型参数确定及验证

本节提出的尾矿弹塑性损伤本构模型各参数均可使用常规固结不排水三轴剪切试验获得。抗剪强度参数有损伤初始点内聚力 c_s、损伤初始点内摩擦角 φ_s；有效内聚力 c_f、有效内摩擦角 φ_f；弹性常数 K、n；塑性参数 A、B、C；损伤参数有 l、m、G_f。抗剪强度参数、弹性常数可通过试验获得；塑性参数可通过对弹塑性阶段的应力应变值进行指数函数拟合得到；损伤参数 l、m 可通过不同围压下损伤起始点的值拟合确定，G_f 可由试件完全损伤后的主应力差-应变曲线拟合得到。

根据上述方法，通过 4.4.1 节所述常规固结不排水三轴剪切试验，获得云南铜业（集团）有限公司下属铜厂与四川省盐源县平川铁矿排放的不同矿质尾矿的弹塑性损伤本构模型参数值，见表 4.4。拟合获得 6 组尾矿样试验结果与模型预测结果对比，见图 4.7，从图中可以看出，模型预测结果与试验结果非常吻合，这表明该模型能较好地反映尾矿的主应力差-应变关系。

表 4.4　模型参数取值

矿样	抗剪强度参数	弹性常数	塑性参数	损伤参数
Cu-1	$c_s = 18.74$kPa $\varphi_s = 31.36°$ $c_f = 19.35$kPa $\varphi_f = 35.55°$	$K = 194.7$ $n = 0.5622$	$A = -2.815$ $B = -1.773\times10^{-4}$ $C = 3.812$	$l = 2.154$ $m = 69.331$ $G_f = 1.195$kPa
Cu-2	$c_s = 3.71$kPa $\varphi_s = 32.45°$ $c_f = 26.55$kPa $\varphi_f = 36.74°$	$K = 184.7$ $n = 0.7339$	$A = -2.508$ $B = -3.216\times10^{-4}$ $C = 3.505$	$l = 2.3137$ $m = 13.744$ $G_f = 0.814$kPa
Cu-3	$c_s = 12.59$kPa $\varphi_s = 30.6°$ $c_f = 14.24$kPa $\varphi_f = 35.84°$	$K = 237.4$ $n = 0.6564$	$A = -2.303$ $B = -4.752\times10^{-4}$ $C = 3.299$	$l = 2.0719$ $m = 44.461$ $G_f = 0.8485$kPa
Fe-1	$c_s = 3.57$kPa $\varphi_s = 32.45°$ $c_f = 6.59$kPa $\varphi_f = 37.47°$	$K = 198.9$ $n = 0.5003$	$A = -2.65$ $B = -4.825\times10^{-4}$ $C = 3.646$	$l = 2.3143$ $m = 13.125$ $G_f = 0.5423$kPa
Fe-2	$c_s = 1.65$kPa $\varphi_s = 32.52°$ $c_f = 3.1$kPa $\varphi_f = 39.43°$	$K = 190.8$ $n = 0.473$	$A = -2.477$ $B = -3.796\times10^{-4}$ $C = 3.474$	$l = 2.3245$ $m = 6.2199$ $G_f = 1.0526$kPa
Fe-3	$c_s = 1.15$kPa $\varphi_s = 31.02°$ $c_f = 3.41$kPa $\varphi_f = 38.79°$	$K = 156.2$ $n = 0.7942$	$A = -2.485$ $B = -2.858\times10^{-4}$ $C = 3.482$	$l = 2.1238$ $m = 4.4831$ $G_f = 3.7004$kPa

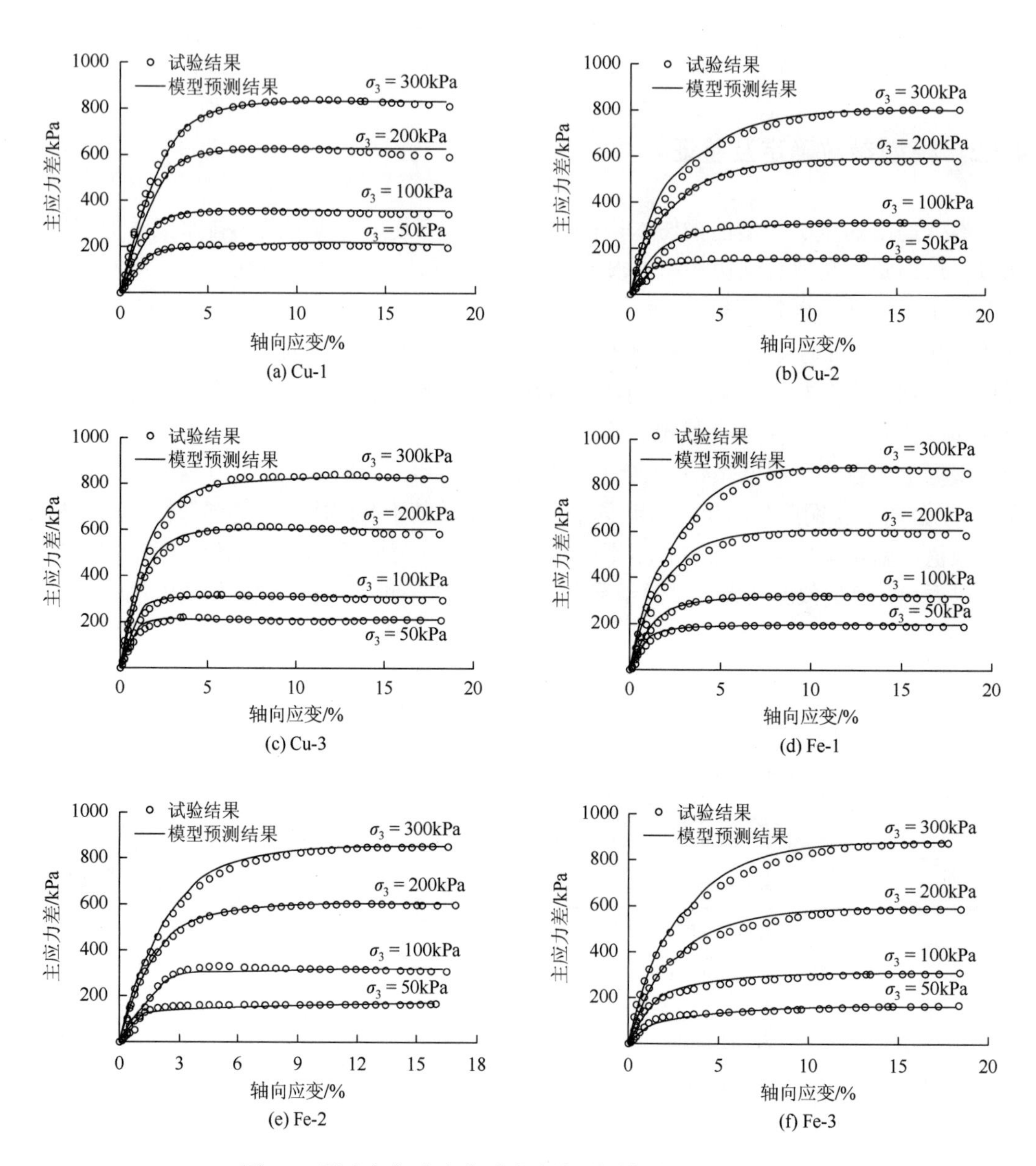

图 4.7　尾矿应力-应变关系试验结果与模型预测结果对比

参 考 文 献

[1] 周建廷，刘元雪. 岩土各向同性损伤本构模型 [J]. 岩土工程学报，2007，29（11）：1636-1641.

[2] Dougill J W，Lau J C，Burt N J. Toward a theoretical model for progressive failure and softening in rock concrete and similar materials [J]. Mech in Engng ASCE-EMD，1976：335-355.

[3] Zhang W H，Valliappan S. Analysis of random anisotropic damage mechanics problems of rock mass. Part 1—probabistic simulation [J]. Rock Mechanics and Rock Engineering，1990，23（2）：91-112.

[4] Frantziskonis G，Desai C S. Constitutive model with strain softening [J]. Int J Solids，1987，23（6）：133-150.

[5] Frantziskonis G，Desai C S. Analysis of a strain softening constitutive model [J]. Int J Solids，1987，23（6）：751-767.
[6] 王仁，黄文彬，黄筑平. 弹塑性力学引论 [M]. 北京：北京大学出版社，1992：79-83.
[7] 余天庆，钱济成. 损伤理论及其应用 [M]. 北京：国防工业出版社，1993：10-28.
[8] 徐辉，韩青锋，连晓伟，等. 黏性土固结不排水剪切的滑动损伤模型研究 [J]. 岩土力学，2008，29（9）：2383-2386.
[9] 廖红建，王铁行，傅鹤林，等. 岩土工程数值模拟 [M]. 北京：机械工业出版社，2005：29.

第5章　尾矿颗粒统计分形特征及与宏观物理力学特性的关系研究

由于分形理论是描述突变性、粗糙性、颗粒性非常好的工具[1]，近几年，被广泛运用于土壤研究[2, 3]。Perfect 和 Kay[4]将分形理论在土壤学中的应用归纳为三类：①描述土壤物理特征；②建立土壤物理过程模型；③定量分析土壤空间变异性。

根据分形理论描述土壤物理特征的研究对象，一般分为两类：第一类，以颗粒为对象，分析粒径与数量、质量及体积等的复杂分布特征，最早提出的是颗粒数量-粒径的分形模型[5]。随后，Tyler 和 Wheatcraft[6]建立了土的颗粒质量分形模型，以此为基础，一些学者提出了土的颗粒体积分维[7-9]。第二类，不破坏土的结构，通过显微设备获得土的细微观结构图像，以颗粒排列[10, 11]或孔隙分布[12]特征建立土体细微观结构分形模型。第一类方法可以定量地描述土壤颗粒的分布特征，能有效地表征土壤颗粒级配、颗粒变异性特征；第二类方法为定量研究土的细微观结构特征、结构强度以及水动力特性等方面提供了一个新的可靠的理论方法[13, 14]。

尾矿是经研磨破碎及选矿处理后剩下的矿渣，是一种特殊的人工土壤。尾矿与土体存在诸多相似之处，它们均是由颗粒构成的孔隙介质，但尾矿颗粒与土颗粒的成因存在较大的差异，二者颗粒尺寸、形状、物理化学性质等均有所不同。尾矿是否如土体也存在分形特征，用以表征土体颗粒质量分形模型、颗粒体积分维以及颗粒或孔隙结构分形模型是否能有效地定量反映尾矿颗粒分布、细观结构特征及其受载变形演化规律等方面的研究迄今未见报道。而引入分形理论作该方面的研究，将对定量地分析尾矿结构特征及坝体破坏规律等具有重要的实用价值，且其关键性技术难题，如尾矿是否存在分形特性、分维数的确定方法、分维数与颗粒分布及工程力学性质的内在联系等，亟待解决。

本章在假定尾矿具有自相似性或尺度不变性特征的基础上，首先，根据第一类土体分形特征的表述方法计算颗粒质量分形维数，研究尾矿颗粒质量分形特征，并探讨其分形维数与粒径分布特征、力学特性、渗透性能的关系。然后，利用尾矿细微观力学与形变观测试验装置，采用第二类土体分形特征表述方法研究了尾矿细观结构及其受载变形演化特性。研究成果将为定量分析尾矿颗粒分布、尾矿坝体细观结构特征及其力学特性等提供一个新的途径。

5.1　颗粒统计分形理论

5.1.1　分形理论概念

20 世纪 70 年代末，法国数学家 Mandelbrot 通过对许多形状复杂的不规则物体进行观察、综合分析后，提出了分形的概念，并首创了分形理论[15]。Mandelbrot 强调分形集的自相似性（甚至是放射性）特征，并且还认为分形是非线性变换的不变性。

1989 年，Falconer 指出，分形的定义虽然比较困难，但可以将分形集的一些特征罗列出来予以说明。他认为分形集 F 的 5 个特征如下[16]：

（1）F 具有精细结构。

（2）F 具有高度的不规则性。

（3）F 具有某种程度上的自相似性。

（4）F 的某种意义下的维数大于它的拓扑维数。

（5）F 的生成方式很简单，比如可以由迭代的方式生成。

F 的生成方式还具有“并行性”的特征，这是产生复杂性的一个重要原因。

分形的两个基本特性是自相似性和分形维数。自相似性是局部和整体具有相似的性质，体现了分形具有跨越不同尺度的对称性。分形维数简称为分维，其变化是连续的，它定量描述分形结构自相似的程度、不规则程度或破碎程度。大多数分形集的判别与刻画要借助于分形维数的概念，因此，分形维数的定义也是人们比较关心的问题。目前，刻画和度量分形集的复杂程度常用的分形维数有 Bouligand 维数（容度维数）、Hausdorff 维数、相似维数、信息维数、相关维数、Renyi 维数等。

5.1.2 分形维数测定方法

实际测定分维的方法，根据研究对象的不同，大致可分成以下五类[17]：改变观测尺度求维数、根据测度关系求维数、根据相关函数求维数、根据分布函数求维数、根据频谱求维数。分形在材料科学中应用时，常用的测定分维的方法有盒维数法、码尺法和小岛法。

1. 盒维数法

若令 F 集是 R^n 域中非空有界子集，$N_d(F)$ 是覆盖 F 集所需的数量最少的直径最大为 d 集合的个数。改变 $d, N_d(F)$ 就随之变化，作 $\ln N_d(F)$-$\ln d$ 曲线，若存在统计的线性关系，则其斜率的相反数即为分形维数。

由于盒维数是由相同形状集的覆盖确定的，计算起来比 Hausdorff 维数容易，因而被广泛应用。如海岸线的分维、任何函数图的维数、金相照片中成分和组织的分维都采用盒维数法。

2. 码尺法

码尺法的原理是改变观测尺度法。用单位长度 r 去近似分形复杂曲线，先把曲线一端作为起点，然后以此点为中心画一个半径为 r 的圆，与曲线相交于一点，把起点和此点用直线连接起来，再把此交点重新作为起点，以后反复进行，把测得线段总数记为 $N(r)$，改变单位长度 r，则 $N(r)$ 也变化，具体关系如下：

$$N(r)=\frac{L}{r}\propto r^{-D} \tag{5-1}$$

即

$$L \propto r^{1-D} \tag{5-2}$$

对式（5-2）两边取对数，作 $\ln L$-$\ln r$ 曲线，若存在统计的线性关系，$1-D$ 为直线斜率，则 D 即为该曲线的分形维数。

3. 小岛法

小岛法是根据周长-面积测度关系来求分维的。对于一般规则图形的周长 P 和面积 A，有如下关系：

$$P \propto A^{\frac{1}{2}} \tag{5-3}$$

对于不规则图形的周长和面积，有

$$P^{\frac{1}{D}} \propto A^{\frac{1}{2}} \tag{5-4}$$

式中，D 为不规则图形边界线的分维，对式（5-4）两边取对数：

$$\ln P = \frac{D}{2}\ln A + \text{const} \tag{5-5}$$

作 $\ln P$-$\ln A$ 曲线，若存在统计的线性关系，$\dfrac{D}{2}$ 为直线斜率，可获得分形维数 D。

对同一研究对象，采用不同方法，所测得的分维不同。因此，不能严格地说哪一种方法所测得分维能代表某一研究对象的分维。实际上，对某一研究对象，不论采用何种分维测定方法，其分维的变化规律和趋势是相同的。

5.1.3 岩土材料分形特征研究一般过程

分形常用于描述不规则、粗糙材料自相似性特征。由于岩土材料自身的复杂、不规则特性，分形理论在该领域已得到了长足发展。主要是用以描述岩土材料结构特性，以及结构受其他因素作用变化的定量分析。分形理论在岩土工程领域中的应用一般要经过三个阶段的研究：试验测定以获得不规则性或粗糙性结构、分形结构模型的建立和分形结构的重构应用。

1. 试验测定

对构成岩土材料的结构表现出不规则性和粗糙性，基于其具有的统计自相似性，利用计算机图像处理技术或其他方法测定出分维，或者根据试验获得的一些物理量的幂律关系得到其分维。

2. 分形结构模型的建立

将具有分形特征的结构简化并抽象为某一类数学分形模型，求其分维，并探寻分维与物理量的关联。目前，针对岩土材料结构，如结构断裂面，已建立起多种分形结构模型。在建立分形模型时，必须考虑分形结构形成的物理机理和环境因素，尽可能与实际情况相吻合。

3. 分形结构模型的重构应用

根据物体和结构的自然特性，人为地构造出分形边界和分形结构模型，按照一定的算法，进行计算机模拟和试验观察，这样可直接了解到具有分形边界和分形结构的物体所表征的物理力学特征，进而探讨事物发展的分形物理机理。

分形应用于不同领域时，都经历了分维的试验测定、分形模型的建立、分形结构的重构应用这样几个发展过程。每一阶段都是在前一阶段的基础上进行的，且始终贯穿着理论分析。

5.1.4 颗粒统计分形维数计算

1. 自相似维数[18]

对于 D 维规则图形，把图形的每一个界面分成 b 份，则图形被分成 $N = b^D$ 份，自相似维数为

$$D = \frac{\lg N}{\lg b} \tag{5-6}$$

2. Kolmogorov 容量维数或 Hausdorff 维数

假定要考虑的图形是 d 维欧氏空间 R^d 中的有界集合。用半径为 r 的 d 维小球包裹其集合时，若 $N(r)$ 是球的个数的最小值，则容量维数 D_c 可以用下式定义：

$$D_c = \lim_{\varepsilon \to 0} \frac{\lg N(r)}{\lg(1/r)} \tag{5-7}$$

对于每个集合，如果能够存在一个实数 D，当 $D_c > D$ 时，$N(r)r^{D_c}$ 趋近无穷大；当 $D_c < D$ 时，$N(r)r^{D_c}$ 趋近零；当 $D_c = D$ 时，$N(r)r^{D_c}$ 趋近有限数。这样 D 就称为该集合的容量维数，也叫 Hausdorff 维数，通称为分维。

维数的这些定义在数学上都是很严密的。但在实际问题及试验测定中，长度是有界限的。通常，如果 $N(r)$ 随 r 的变化存在以下关系：

$$N(r) \sim r^{-D} \tag{5-8}$$

则 D 就是该图形的分维。

3. 尾矿颗粒质量分形模型

尾矿是由不同尺寸颗粒组成的集合体，其结构概念主要包括粒度组成和颗粒与颗粒之间的排列关系。粒状集合体结构的复杂性表现在颗粒粒度的无统一尺度性，颗粒在空间的随机排列，以及由此造成的多孔结构和颗粒间接触关系的不规则性三个方面。

从尾矿颗粒组成角度来看，小于某一特征粒径 R 的颗粒所占的质量 M 为

$$M(r > R_i) = C_M[1 - (R_i / \lambda_M)^{3-D}] \tag{5-9}$$

式中，$M(r < R_i)$ 为大于某一特定粒径 R_i 的颗粒的总质量；C_M、λ_M 为描述颗粒形状和尺度的常量。

当颗粒粒径 $R_i = 0$ 时，$M_T = C_M$。

设 $R_{\max}$ 为最大颗粒粒径，当 $r < R_{\max}$ 时，$M(r > R_{\max}) = 0$，得出 $\lambda_M = R_{\max}$，则有

$$\frac{M(r > R_i)}{M_T} = 1 - \left(\frac{R_i}{R_{\max}}\right)^{3-D} \tag{5-10}$$

调整式（5-10）得到尾矿颗粒质量分形模型[6]：

$$\frac{M(r < R_i)}{M_T} = \left(\frac{R_i}{R_{\max}}\right)^{3-D} \tag{5-11}$$

对式（5-11）两边取对数可得

$$\lg\left[\frac{M(r < R_i)}{M_T}\right] = (3-D)\lg\left(\frac{R_i}{R_{\max}}\right) \tag{5-12}$$

分别以 $\lg[M(r < R_i)/M_T]$、$\lg(R_i/R_{\max})$ 为纵、横坐标，可以看出 $3-D$ 是 $\lg(R_i/R_{\max})$ 和 $\lg[M(r < R_i)/M_T]$ 的拟合直线的斜率。因此，用回归分析方法即可确定分形维数 D。

5.2　基于分形理论的尾矿颗粒分布特征

5.2.1　颗粒分析试验

采用 Microtrac S3500 激光粒度分析仪进行尾矿颗粒分析测试，获得不同粒径颗粒质量的百分含量。分析尾矿颗粒质量分形特征，计算其分形维数，并探讨尾矿颗粒质量分形维数与颗粒分布特征值的相关关系。

试验获得尾矿粒级与级配指标见表 5.1，颗粒级配曲线见图 5.1。根据《尾矿设施设计规范》(GB 50863—2013）所述的分类标准（见表 2.3），并结合试验结果可知，1#～9#、11#尾矿粒径大于 0.074mm 的含量均小于 50%，属于尾粉土；10#、12#～15#尾矿粒径大于 0.074mm 的含量大于 50%，且小于 85%，属于尾粉砂。不均匀系数在 2.84～8.63，其中 1#～10#尾矿的不均匀系数均大于 5，属于不均匀土；11#～15#尾矿的不均匀系数小于 5，属于均匀土。曲率系数为 0.76～1.36，其中 1#～3#、5#、6#尾矿的曲率系数小于 1，4#、7#～15#尾矿的曲率系数在 1～3；1#～3#、5#、6#、11#～15#尾矿级配不良，4#、7#～10#尾矿级配良好。

表 5.1　尾矿粒级与级配指标

样品编号	颗粒组成/mm								d_{10} /mm	d_{30} /mm	d_{60} /mm	d_{50} /mm	C_u	C_c	分形维数	R^2	土样名称
	1.0～0.25	0.25～0.125	0.125～0.074	0.074～0.037	0.037～0.018	0.018～0.010	0.010～0.005	<0.005									
1#	5.98%	20.65%	14.03%	17.98%	19.79%	10.58%	7.38%	1.52%	0.010	0.024	0.076	0.053	7.60	0.76	2.5400	0.8379	尾粉土
2#	2.5%	8.85%	9.15%	17.19%	23.71%	15.57%	13.86%	2.1%	0.006	0.014	0.034	0.025	5.67	0.96	2.6446	0.7071	尾粉土
3#	1.51%	16.99%	16.57%	19.62%	23.34%	9.86%	7.17%	0.73%	0.010	0.025	0.065	0.045	6.50	0.96	2.4883	0.8487	尾粉土
4#	2.71%	4.62%	5.34%	10.89%	19.28%	20.56%	20.43%	3.26%	0.004	0.009	0.020	0.016	5.00	1.01	2.7296	0.5899	尾粉土
5#	0	18.25%	13.51%	27.77%	20.85%	11.94%	5.76%	1.26%	0.011	0.025	0.062	0.046	5.64	0.92	2.3701	0.8688	尾粉土
6#	5.44%	15.94%	15.61%	21.86%	21.38%	10.43%	5.39%	0.66%	0.011	0.026	0.067	0.049	6.09	0.92	2.6346	0.6870	尾粉土

续表

样品编号	颗粒组成/mm								d_{10} /mm	d_{30} /mm	d_{60} /mm	d_{50} /mm	C_u	C_c	分形维数	R^2	土样名称
	1.0～0.25	0.25～0.125	0.125～0.074	0.074～0.037	0.037～0.018	0.018～0.010	0.010～0.005	<0.005									
7#	3.85%	10.34%	12.29%	19.86%	20.63%	12.86%	9.89%	1.44%	0.005	0.016	0.046	0.033	9.20	1.11	2.6647	0.7238	尾粉土
8#	4.36%	11.46%	14.11%	22.75%	21.07%	10.99%	7.48%	1.08%	0.007	0.021	0.054	0.040	7.71	1.17	2.6639	0.6904	尾粉土
9#	4.87%	13.85%	15.79%	21.76%	19.89%	10.45%	6.89%	0.97%	0.008	0.023	0.062	0.045	7.75	1.07	2.6496	0.7053	尾粉土
10#	7.62%	26.95%	21.61%	20.74%	14.58%	5.73%	2.61%	0.16%	0.020	0.048	0.111	0.088	5.55	1.04	2.5159	0.7596	尾粉土
11#	1.82%	4.85%	10.41%	31.96%	26.60%	11.00%	7.09%	6.27%	8.48	22.28	36.29	44.08	5.20	1.33	2.6151	0.6411	尾粉砂
12#	2.17%	20.18%	35.83%	30.03%	8.58%	2.44%	0.77%	0	33.73	61.04	83.22	95.64	2.84	1.15	2.4130	0.6290	尾粉土
13#	9.83%	44.03%	27.28%	13.63%	3.98%	1.25%	0	0	52.49	96.2	131.1	149.4	2.85	1.18	2.3748	0.6526	尾粉砂
14#	13.40%	45.95%	21.29%	13.01%	4.46%	1.55%	0.34%	0	49.28	99.15	146.9	171	3.47	1.36	2.3445	0.7249	尾粉砂
15#	17.09%	42.59%	21.06%	12.87%	4.48%	1.57%	0.34%	0	49.33	99.17	149.9	177.4	3.60	1.12	2.3314	0.7541	尾粉砂

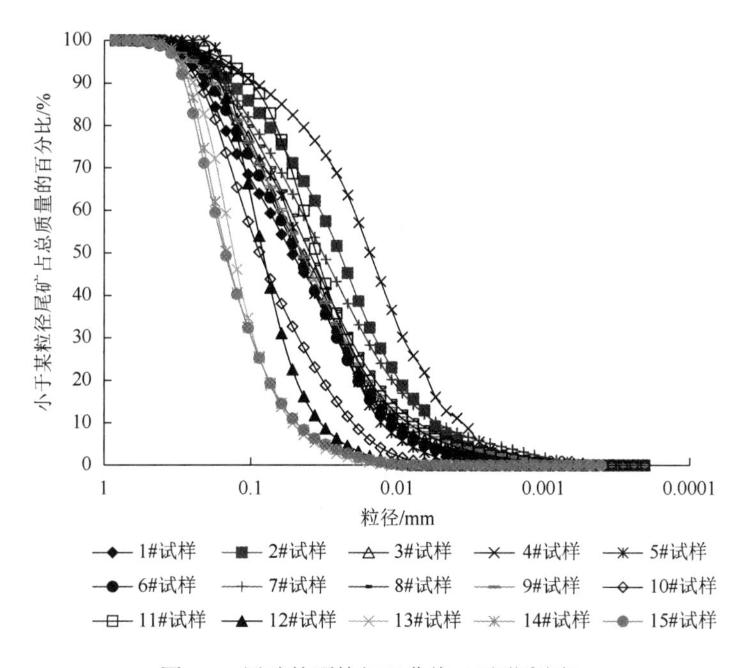

图 5.1　尾矿的颗粒级配曲线（后附彩图）

5.2.2　尾矿颗粒质量分形维数计算结果

根据颗粒分析测试结果，采用式（5-12）可计算得到尾矿颗粒质量分形维数，其 $\lg\left[\dfrac{M(r<R_i)}{M_T}\right]$ 与 $\lg\left(\dfrac{R_i}{R_{\max}}\right)$ 的关系曲线见图 5.2，计算得到的尾矿颗粒质量分形维数见表 5.1。尾矿的颗粒质量分形维数在 2.33～2.73，平均值为 2.532，相关系数 R^2 在 0.5899～0.8688，大多数在 0.7 以上，具有较好的拟合度，该尾矿具有较好的自相似特征或尺度不变特征。

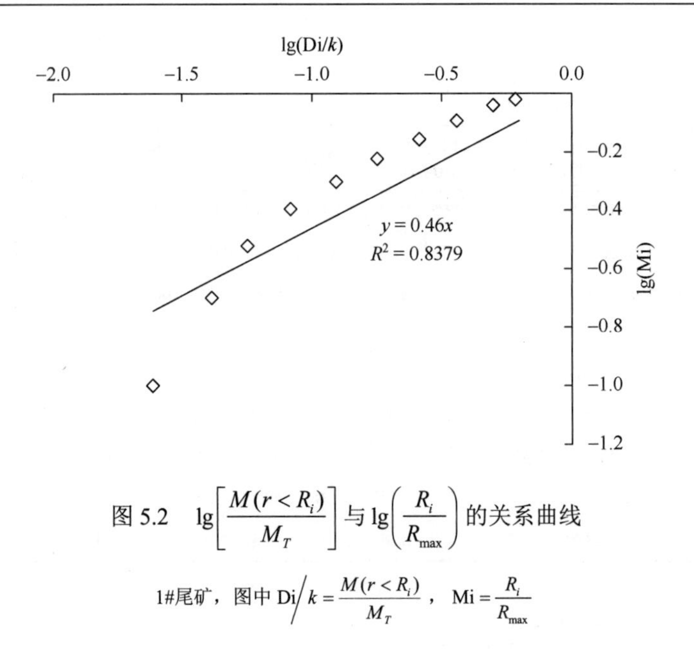

图 5.2 $\lg\left[\dfrac{M(r<R_i)}{M_T}\right]$ 与 $\lg\left(\dfrac{R_i}{R_{\max}}\right)$ 的关系曲线

1#尾矿，图中 $\mathrm{Di}/k=\dfrac{M(r<R_i)}{M_T}$， $\mathrm{Mi}=\dfrac{R_i}{R_{\max}}$

5.3 尾矿颗粒质量分形维数与颗粒分布特征的关系

5.3.1 尾矿颗粒质量分形维数与 $R_i/R_{\max}$ 的关系

令 $M(r<R_i)/M_T=m_i$， $R_i/R_{\max}=r_i$，则由式（5-12）可以得到

$$r_i=10^{\frac{\lg m_i}{3-D}} \tag{5-13}$$

比较由式（5-13）的计算值与实测值可以看出，如图 5.3 所示，计算得到的结果与实测值非常相近，它们与尾矿颗粒质量分形维数均具有较好的线性关系。

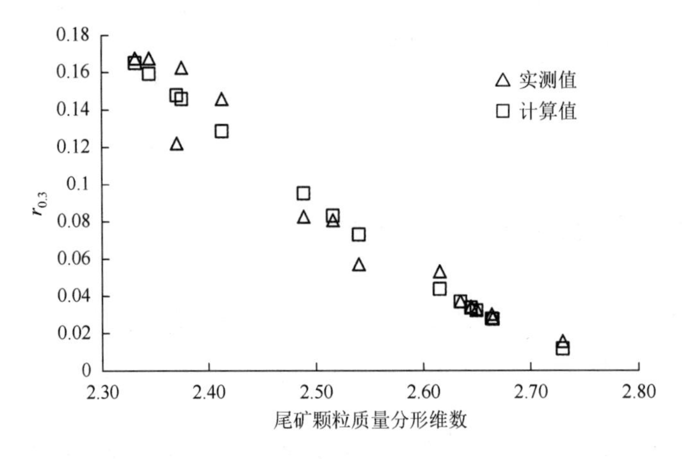

图 5.3 $r_{0.3}$ 实测值与计算值的比较

r_i 实测值与尾矿颗粒质量分形维数的关系曲线见图 5.4，通过线性回归可以得到分形维数与 r_i 的拟合方程，见表 5.2。

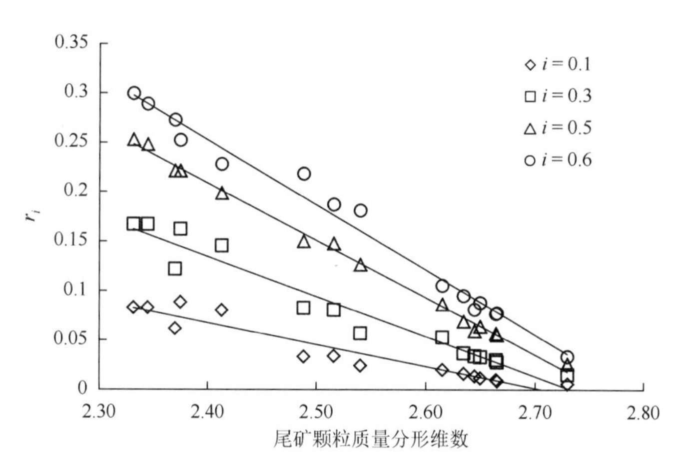

图 5.4　r_i 实测值与尾矿颗粒质量分形维数的关系曲线

表 5.2　尾矿颗粒质量分形维数与 r_i 的拟合方程

i	拟合方程	相关系数 R^2
0.1	$r_i = -0.2211D + 0.5982$	0.9128
0.3	$r_i = -0.4043D + 1.105$	0.9486
0.5	$r_i = -0.5792D + 1.599$	0.9961
0.6	$r_i = -0.657D + 1.8293$	0.9841

根据表 5.2，r_i 与尾矿颗粒质量分形维数的关系可以用如下形式表示：

$$r_i = aD + b \tag{5-14}$$

式中，a、b 为与 i 有关的参数。

通过回归分析，该尾矿 a、b 与 i 的关系可表示为 $a = -0.8753i - 0.1372$，$b = 2.4684i + 0.3572$。

由式（5-14）可获得分形维数的简便求解公式：

$$D = \frac{r_i - b}{a} \tag{5-15}$$

图 5.5 展示当 $i = 0.5$ 时按照式（5-12）和式（5-15）计算的尾矿颗粒质量分形维数对比，从图中可以看出，两种方法计算得到的结果非常接近。尾矿颗粒质量分形维数与 R_i/R_{max} 具有较好的线性相关关系，其关系可以使用式（5-14）表示。

5.3.2　尾矿颗粒质量分形维数与颗粒级配指标的关系

尾矿的颗粒级配指标包括不均匀系数（C_u）与曲率系数（C_c）。不均匀系数 C_u 为限制粒径 $R_{0.6}$ 与有效粒径 $R_{0.1}$ 的比值，即

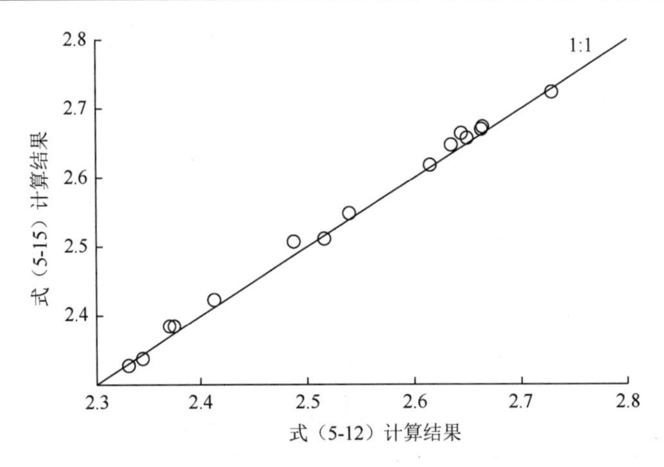

图 5.5　按照式（5-12）和式（5-15）计算的尾矿颗粒质量分形维数对比

$$C_u = \frac{R_{0.6}}{R_{0.1}} \tag{5-16}$$

它是反映组成土的颗粒均匀程度的一个指标。

曲率系数 C_c 是反映土的颗粒分析累计曲线形态的系数，其值由下式确定：

$$C_c = \frac{R_{0.3}^2}{R_{0.1}R_{0.6}} \tag{5-17}$$

根据式（5-14）可以得到

$$R_i = (aD + b)R_{max} \tag{5-18}$$

将式（5-18）分别代入式（5-16）、式（5-17），并考虑参数 a、b，可以计算得到 C_u、C_c 与尾矿颗粒质量分形维数的关系式：

$$C_u = \frac{-0.6624D + 1.8382}{-0.2247D + 0.604} \tag{5-19}$$

$$C_c = \frac{0.1598D^2 - 0.8779D + 1.205}{0.1489D^2 - 0.8132D + 1.111} \tag{5-20}$$

图 5.6 为按照式（5-19）、式（5-20）计算得到的 C_u、C_c 与实测值的比较。从图中可以看出，计算得到的 C_u、C_c 值和实测数据相差较大，式（5-19）、式（5-20）为齐次多项式分式，其中尾矿颗粒质量分形维数 D 在 2～3 范围内，式（5-19）不收敛，当 $D \to 2.688$ 时，$C_u \to \infty$；且随着 D 的增加，C_u 单调增长，最大值为 14.07；C_c 单调减小，最小值为 0.257。因此，尾矿颗粒质量分形维数与不均匀系数 C_u 和曲率系数 C_c 相关性不大。

5.3.3　尾矿颗粒质量分形维数与颗粒组成的关系

根据《土的工程分类标准》（CB/T 50145—2007），尾矿颗粒组成可以分为黏粒（粒径为 0～0.005mm）、粉粒（粒径为 0.005～0.075mm）、砂粒（粒径为 0.075～2mm），其各组分含量与尾矿颗粒质量分形维数的关系见图 5.7。按对数函数进行回归分析，获得尾矿颗粒质量分形维数与尾矿黏粒（y_n）、粉粒（y_f）、砂粒（y_s）质量百分含量的拟合方程见表 5.3。

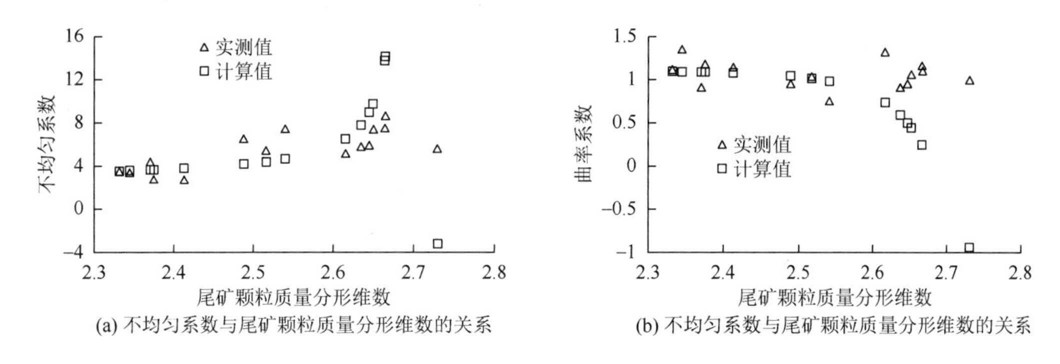

(a) 不均匀系数与尾矿颗粒质量分形维数的关系　(b) 不均匀系数与尾矿颗粒质量分形维数的关系

图 5.6　C_u、C_c 的实测值和计算值与尾矿颗粒质量分形维数的关系

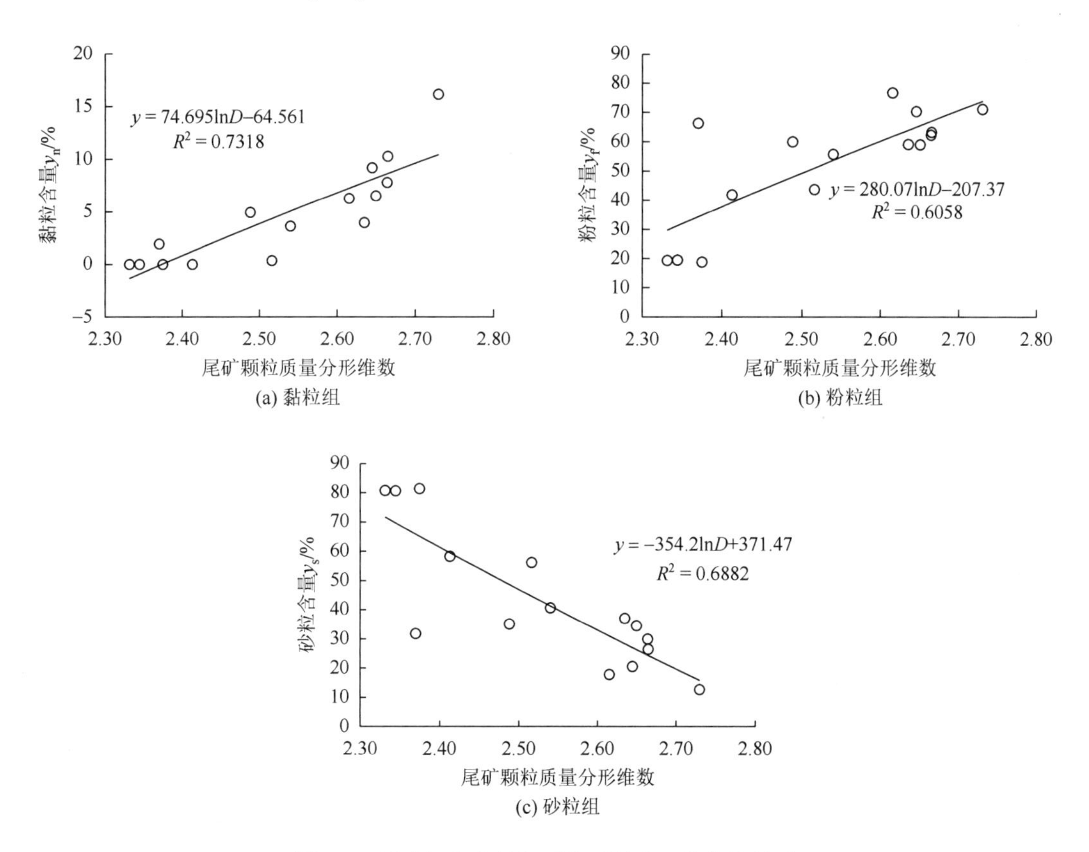

(a) 黏粒组　(b) 粉粒组　(c) 砂粒组

图 5.7　尾矿组分含量与颗粒质量分形维数的关系

表 5.3　尾矿颗粒质量分形维数与组分质量百分含量的拟合方程

尾矿组分	拟合方程	相关系数 R^2
黏粒（y_n）	$y_n = 74.6915\ln D - 64.561$	0.7318
粉粒（y_f）	$y_f = 280.07\ln D - 207.37$	0.6058
砂粒（y_s）	$y_s = -354.2\ln D + 371.47$	0.6882

从表 5.3 可以看出，尾矿颗粒质量分形维数与尾矿黏粒、粉粒、砂粒质量百分含量存在显著的对数相关关系，尾矿颗粒质量分形维数越大，黏粒和粉粒的含量越高，砂粒的含量越少。

5.4 尾矿颗粒质量分形维数与其宏观物理力学性质的关系

5.4.1 尾矿宏观物理力学性质试验

1. 试验材料

试验使用的 15 组尾矿样采集自云南铜业（集团）有限公司下属铜厂的尾矿库，运回实验室风干并编号。用作室内三轴试验测试的尾矿样为 11#～15#试样，这几组试样分别取自库尾至坝体坡面，主要基础物理性质指标见表 5.4。其他尾矿样为库区随机采取得到。

表 5.4 尾矿的主要基础物理性质指标

试样编号	比重 G_s	干密度 ρ_d(湿密度 ρ)/(g·cm^{-3})	含水率 ω/%	塑限 W_p/%	液限 W_L/%	塑性指数 I_p	孔隙比 e	孔隙率 n/%
11#	3.45			18.2	26.3	8.1	1.20	54.5
12#	3.49			17.6	25.5	7.9	1.22	55.0
13#	3.55	1.57（1.87）	19.2	17.5	24.6	7.1	1.26	55.7
14#	3.56			17.2	23.8	6.6	1.27	55.9
15#	3.57			16.9	23.3	6.4	1.27	55.9

2. 试验设备

试验所用三轴剪切试验仪与 3.1.1 节所述 TSZ30-2.0 型应变控制式三轴剪力仪（见图 3.3）。渗透试验采用南京土壤仪器厂有限公司制造的 TST-55A 型变水头渗透仪，见图 2.3。渗透试验采用的环刀规格为ϕ 61.8mm×40mm。

3. 研究方案

根据尾矿坝堆积过程，采用固结不排水（CU）三轴剪切试验方法测试尾矿的抗剪强度参数，探讨尾矿抗剪强度参数与颗粒质量分形维数的关系。试验测试围压分别取 50kPa、100kPa、200kPa 和 300kPa，试验剪切速率为 0.032mm·min^{-1}，试件采用ϕ 3.91mm×8.0mm 的圆柱体标准试件。

采用变水头渗透试验方法测试尾矿渗透系数，并建立渗透系数与尾矿颗粒质量分形维数的关系。渗透试验试件规格为ϕ 61.8mm×40mm 的圆柱体。

4. 试验结果

室内三轴剪切试验和渗透试验结果见表 5.5。根据取样位置以及尾矿库的堆积过程分析，11#～15#试样粒径由细到粗，其中 11#试样为尾粉土，其余 4 组试样为尾粉砂。

试验结果显示：从 11#试样至 15#试样，试件的内聚力逐渐减小，而内摩擦角逐渐增大。渗透试验得到，从 11#试样至 15#试样，渗透系数逐渐增大，变化范围为 1.48×10^{-4}～8.24×10^{-4} $cm \cdot s^{-1}$。

表 5.5　室内三轴剪切试验和渗透试验结果

试样编号	三轴剪切试验				渗透系数 $K/(cm \cdot s^{-1})$
	c/kPa	φ/(°)	c'/kPa	φ'/(°)	
11#	25.03	31.15	17.24	32.78	1.48×10^{-4}
12#	18.13	32.55	11.08	34.51	4.74×10^{-4}
13#	12.64	33.14	9.47	35.01	6.26×10^{-4}
14#	9.24	34.7	7.67	35.95	7.19×10^{-4}
15#	4.31	35.28	6.34	36.18	8.24×10^{-4}

5.4.2　尾矿颗粒质量分形维数与抗剪强度参数的关系

尾矿颗粒质量分形维数与抗剪强度参数的关系曲线见图 5.8（以有效应力分析）。从图中可以看出，尾矿颗粒质量分形维数与抗剪强度参数具有较好的线性关系，分形维数越大，内聚力越大，内摩擦角越小。对尾矿颗粒质量分形维数与抗剪强度参数作线性回归，获得二者的拟合公式，见表 5.6。

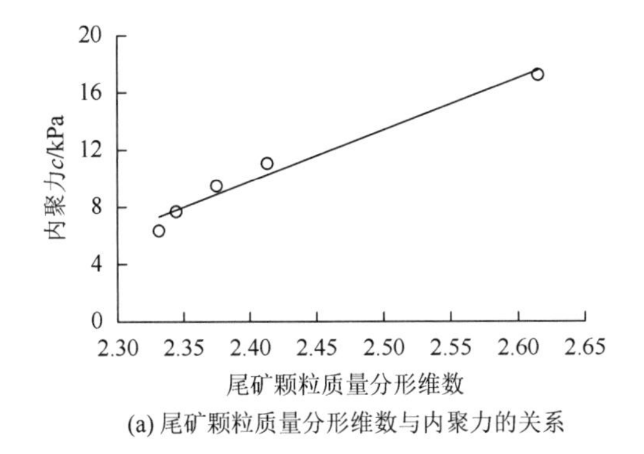

(a) 尾矿颗粒质量分形维数与内聚力的关系

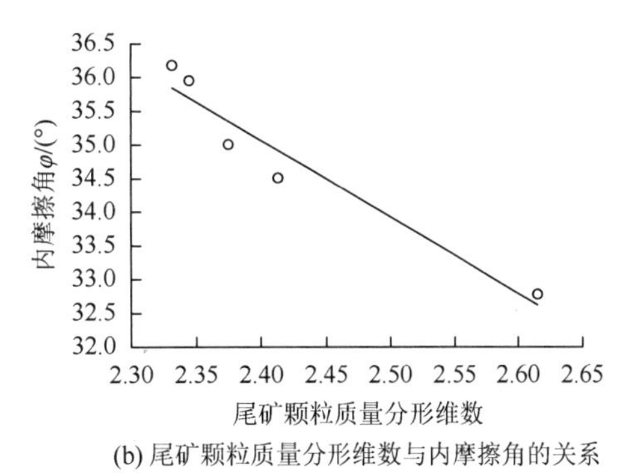

(b) 尾矿颗粒质量分形维数与内摩擦角的关系

图 5.8　尾矿颗粒质量分形维数与抗剪强度参数的关系曲线

表 5.6　尾矿抗剪强度参数及渗透系数与颗粒质量分形维数的拟合方程

试验	参数	拟合方程	相关系数 R^2
CU 三轴剪切试验	c'	$c' = 36.122D - 76.903$	0.9711
	φ'	$\varphi' = -11.355D + 62.318$	0.9433
渗透试验	K	$K = -0.0022D + 0.0059$	0.9425

5.4.3　尾矿颗粒质量分形维数与渗透系数的关系

尾矿颗粒质量分形维数与渗透系数的关系曲线见图 5.9。从图中可以看出，尾矿颗粒质量分形维数与渗透系数具有较好的线性关系，分形维数越大，渗透系数越小。对其进行线性回归，得到拟合方程，见表 5.6。

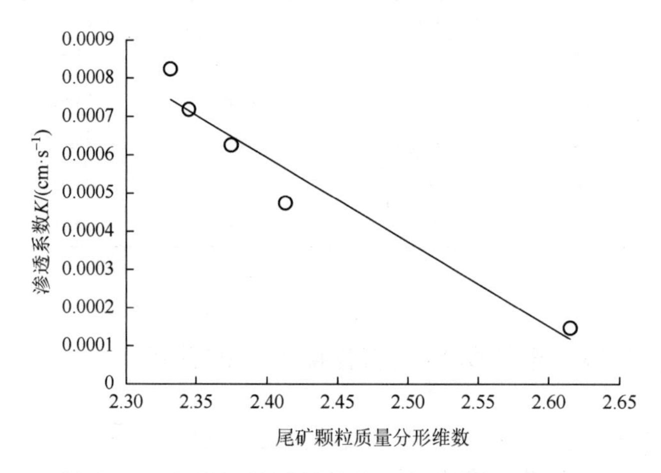

图 5.9　尾矿颗粒质量分形维数与渗透系数的关系曲线

尾矿颗粒质量分形维数与抗剪强度参数及渗透系数的拟合公式的相关系数 R^2 均大于 0.9，说明其具有较为显著的线性相关性。尾矿的物理力学性质由其固有属性（如颗粒形状、组成与排列、颗粒间黏结介质等）决定，而尾矿颗粒质量分形维数是描述其自相似性特征的很好的指标，能够有效表征尾矿的颗粒形状、组成与排列等固有特征。因此，尾矿颗粒质量分形维数与其力学特性密切相关。建立尾矿颗粒质量分形维数与抗剪强度参数及渗透系数的关系，可为尾矿坝稳定性评价与安全运营管理提供一个新的指标。

参 考 文 献

[1] Prosperini N，Perugini D. Particle size distributions of some soils from the Umbria Region（Italy）：fractal analysis and numerical modeling [J]. Geoderma，2008，145（3-4）：185-195.

[2] Ersahin S，Gunal H，Kutlu T，et al. Estimating specific surface area and cation exchange capacity in soils using fractal dimension of particle-size distribution [J]. Geoderma，2006，136（3-4）：588-597.

[3] Filgueira R R，Fournier L L，Cerisola C I，et al. Particle-size distribution in soils：a critical study of the fractal model validation [J]. Geoderma，2006，134（3-4）：327-334.

[4] Perfect E，Kay B D. Application of fractal in soil and tillage research：a review [J]. Soil and Tillage Research，1995，36（1-2）：1-20.

[5] Turcotte D L. Fractals and fragmentation [J]. Journal of Geophysical Research-Solid Earth and Planets，1986，91（B2）：1921-1926.

[6] Tyler S W，Wheatcraft S W. Fractal scaling of soil particle size distribution：analysis and limitations [J]. Soil Science Society of America Journal，1992，56（2）：362-369.

[7] Martín M Á，Montero E. Laser diffraction and multifractal analysis for the characterization of dry soil volume-size

distributions [J]. Soil and Tillage Research，2002，64（1-2）：113-123.

[8] Montero E，Martín M Á. Hölder spectrum of dry grain volume-size distributions in soil [J]. Geoderma，2003，112（3-4）：197-204.

[9] 王国梁，周生路，赵其国. 土壤颗粒的体积分形维数及其在土地利用中的应用 [J]. 土壤学报，2005，42（4）：545-550.

[10] Moore C A，Donaldson C F. Quantifying soil microstructure using fractals [J]. Geotechnique，1995，45（1）：105-116.

[11] 王宝军，施斌，唐朝生. 基于 GIS 实现黏性土颗粒形态的三维分形研究 [J]. 岩土工程学报，2007，29（2）：309-312.

[12] 李增华. 云南个旧期北山七段玄武岩中磁黄铁矿结构变化分形特征[J]. 地球科学：中国地质大学学报，2009，34（2）：275-280.

[13] Bonala M V S，Reddi P E L N. Fractal representation of soil cohesion [J]. Journal of Geotechnical and Geoenvironmental Engineering，1999，125（10）：901-904.

[14] Katz A J，Thompsion A H. Fractal sandstone pores：implications for conductivity and pore formation [J]. Physical Review Letters，1985，54（12）：1325-1328.

[15] Mandelbrot B B. The Fractal Geometry of Nature [M]. New York：WH Freeman，1982：361-366.

[16] 魏诺. 非线性科学基础与应用 [M]. 北京：科学出版社，2004：94.

[17] 屈朝霞，张汉谦. 材料科学中的分形理论应用进展 [J]. 宇航材料工艺，1999，(5)：5-9.

[18] 黄运飞，冯静. 计算工程地质学 [M]. 北京：兵器工业出版社，1992：131.

第 6 章　尾矿细观结构变形非线性特性试验研究

土体在长期定量荷载作用下，其结构强度是决定变形破坏的主要因素[1, 2]，而土体结构强度受细微观结构所制约。可以说，土体宏观变形破坏是细微观变形累积发展的结果。土体细微观结构的变形性能对其宏观力学性质起着非常重要的作用[3]。因此，对土体细微观结构的研究是探讨其变形与强度时效本质的基础[4]。土体细观层次上主要研究土体颗粒的排列方式，土体细观结构对荷载及环境因素的响应、演化和实效机理，以及土体细观结构与宏观力学性能的定量关系。微观层次是进一步研究颗粒块体内部的应力和应变[5]，着眼于土体单颗粒的微观结构力学分析。土体细微观结构变形特征通常采用孔隙的分布、定向性[6, 7]和分形维数[8-10]来表征。

目前，作为一种特殊的人工土壤，尾矿的物理力学性质[11, 12]、孔隙水动力学行为[13, 14]等方面的研究还仅停留在宏观试验上，而尾矿坝的破坏失稳主要是由坝体细微观结构变形破坏的演变累积所引起的。因此，探讨尾矿的细微观结构特征与受载变形破坏特性，对于研究尾矿库（坝）的变形失稳具有重要的实际意义。基于筑坝尾矿比重大、基础坝体埋深较大、水对坝体稳定性的影响显著等特点，依托于西南资源开发及环境灾害控制工程教育部重点实验室，自行研制了尾矿细微观力学与形变观测试验装置。为深入探索筑坝尾矿细微观结构特征及受荷载、孔隙水等影响的变形特性，进而研究上覆荷载、孔隙水、局部应力等条件对尾矿坝体破坏失稳的影响提供了一种新方法。

6.1　尾矿细微观力学与形变观测试验装置

6.1.1　土体细观力学主要试验方法存在的问题

目前，研究土体细微观结构特征的主要方法是利用电子显微镜观测土体断面[15-17]。已有的试验方法主要存在以下不足：

（1）观测对象大多是土体的细微观结构切片，不能在试验过程中进行土体细微观结构变形的动态观测。

（2）土体切片制作的取样样本多是ϕ39.1mm×80mm 标准试件，试件尺寸较小，对真实地反映土体变形过程存在一定局限性。

（3）试件承受的荷载较小，仅能反映浅层土细微观结构变形，不能表征埋深较大土体细微观结构的受载变形破坏。

（4）不能动态观测影响土体细微观结构变形破坏的孔隙水作用。

（5）不能反映土体局部应力与土体细微观结构变形破坏的关系。

6.1.2　装置组成与各部件关键技术

尾矿细微观力学与形变观测试验装置包括加载试验设备、压力室及附属部件、局部应力监测系统、细微观观测系统 4 个部分（结构图见图 6.1，实物图见图 6.2）。

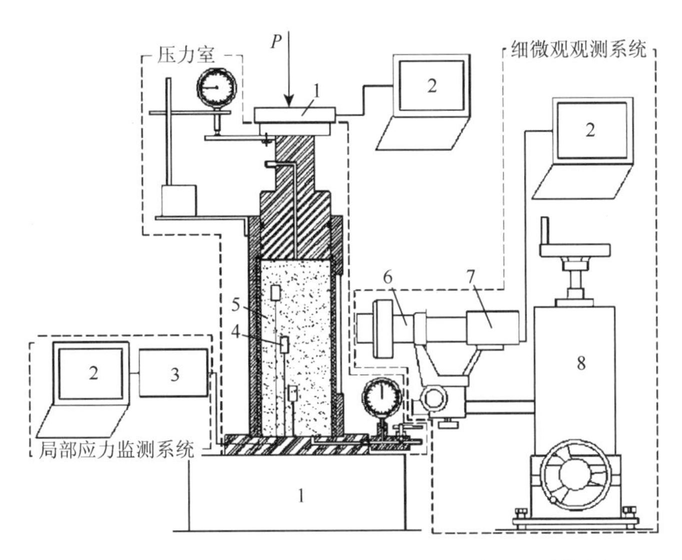

图 6.1　尾矿细微观力学与形变观测试验装置结构图

1-加载试验设备；2-计算机；3-动态应变仪；4-土压力传感器；5-试验尾矿；6-体视显微镜；7-CCD 摄像机；8-三维移动显微观测架

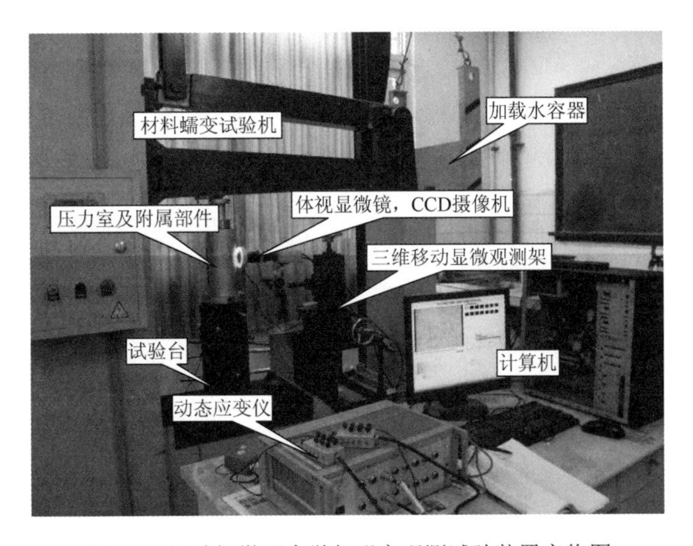

图 6.2　尾矿细微观力学与形变观测试验装置实物图

1. 加载试验设备

尾矿细微观力学与形变观测试验的加载条件主要有静态加载、静态加卸载、动态加载、动态循环加载等。根据加载需求，加载试验设备采用重庆大学自主研制的材料蠕变试验机（图 6.3）与日本岛津 AG-250kNI 电子精密材料试验机（图 6.4）两种。

进行静态加载、静态加卸载试验时，荷载由材料蠕变试验机提供，材料蠕变试验机杠杆比例为 1∶250，采用水作为加载砝码，加载级数可灵活调整，试验过程能提供稳定的荷载。

图 6.3　材料蠕变试验机

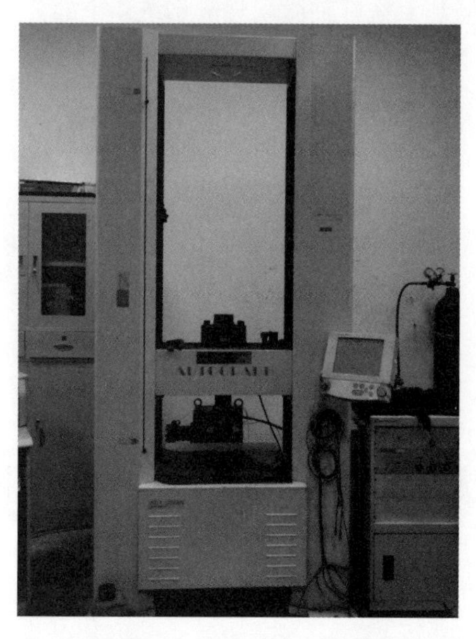

图 6.4　日本岛津 AG-250kNI 电子精密材料试验机

进行动态加载、动态循环加载试验时，荷载由 AG-250kNI 电子精密材料试验机提供。该材料试验机采用 1.25ms 超高采样功能、试验数据采集安全可靠且能与通用软件合作；荷载测量进度小于±0.5%；采用高刚度的框架，能长期稳定、准确检测材料变形；通过伺服马达实现广范围的速度控制，进行各种材料各种加载条件下的试验。

2. 压力室及附属部件

根据筑坝尾矿实际所处的应力及环境条件，自行设计了尾矿细微观力学与形变观测试验压力室（结构图见图 6.5，实物图见图 6.6）。压力室包括压力仓、加压活塞，附属部件有加压活塞位移测定机构、孔隙水压力监测及排水控制结构。

为满足较高应力试验条件要求，压力仓采用玻璃钢筒外套不锈钢套筒的结构设计。玻璃钢筒设计为ϕ100mm×200mm，厚度为 5mm，以避免圆形玻璃筒的弧度对观测效果的影响，并达到压力仓强度及试样尺寸要求。不锈钢套筒设计为ϕ100mm×280mm，厚度为 15mm，并在内壁底端设置厚度为 5mm、长度为 200mm 的槽，用于套入玻璃钢筒。经测试，该压力仓承受压强可达 2.5MPa。不锈钢套筒距底端 25mm 处对称开设 20mm×150mm 的观测窗，玻璃钢筒上刻制以底端为 0 点的标尺，为尾矿颗粒位移测定提供参照。套筒结构采用螺钉固定于底板上，中间隔有橡胶垫圈以达到密封效果。底板设定有传感器导线引出孔与排水孔，传感器导线引出孔装配带有导线的螺栓，排水孔与孔隙水压力监测及排水控制结构以螺纹形式连接。

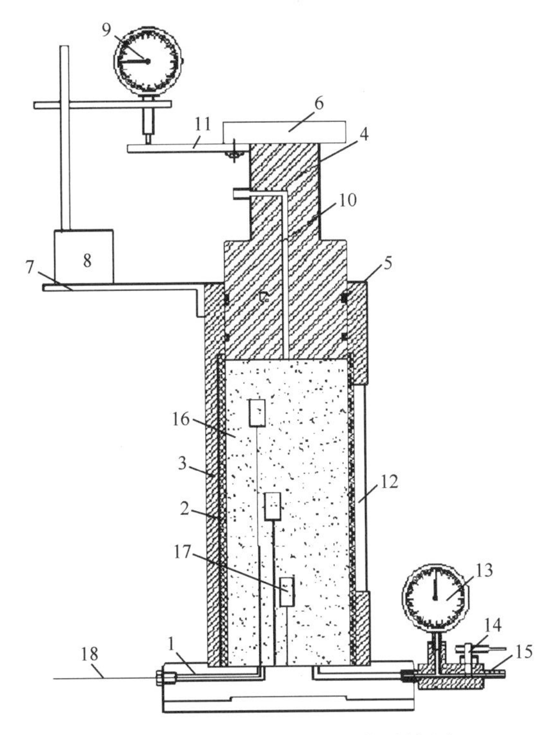

图 6.5　压力室及附属部件结构图

1-底板；2-玻璃钢筒；3-不锈钢套筒；4-加压活塞；5-O 形圈；6-活塞压头；7-支架托板；8-百分表支架；9-百分表；10-排气及进水控制孔；11-百分表限位板；12-观测窗；13-孔隙水压力表；14-排水控制阀；15-排水孔；16-试验尾矿；17-土压力传感器；18-传感器导线

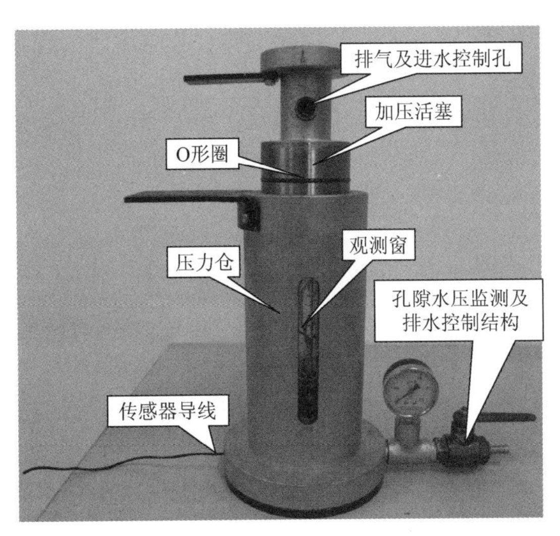

图 6.6　压力室及附属部件实物图

加压活塞也采用不锈钢制作。上端连接活塞压头，内部设计有排气及进水控制孔，孔口用螺栓连接控制排气，并配带有孔的螺栓以连接进水管。加压活塞周壁设置两方形凹槽，凹槽内安装 O 形密封圈，方形凹槽的设置满足密封圈在不锈钢套筒内壁滑动，加压活塞具有 50mm 的行程。下端螺栓连接一块分散进水的金属板，贴着加压活塞的一面开设径向和环向凹槽作为流水的通道，环向凹槽内均匀钻有小孔形成蜂窝状，以使进水分散。

加压活塞位移测定机构包括固定于压力仓外壁的支架托板、百分表支架、百分表以及固定于活塞压头的百分表限位板。由于 AG-250kNI 电子精密材料试验机自动监控试验过程中的加载压力及位移，且具有较高的精度，加压活塞位移测定机构仅在使用材料蠕变试验机进行加载试验时使用。

孔隙水压力监测及排水控制结构采用螺纹连接于压力室底板，使用水压力表监测孔隙水压力，量程为 2.5MPa，测量精度为量程的±1%。排水阀孔径为 0.5mm，旋转排水阀杆能改变排水孔大小，以控制排水能力。

3. 局部应力监测系统

尾矿内局部应力监测系统包括埋设于尾矿中的土压力传感器、动态应变仪以及用于数据采集的计算机。土压力传感器为丹东电子仪器厂生产的 BX-1 型压轴双膜土压力传感器（图 6.7），测量范围为 0.1～1.5MPa，测量精度为量程的±1%。动态应变仪为北京波谱世纪科技发展有限公司生产的 WS-3811/N16 型数字式应变数据采集仪（图 6.8），该应变仪可进行动应变测量及静应变测量，具有体积小、集成度高、应变放大和滤波全程控制等特点，能直接把应变量转化为数字量，通过网络线口把数据传输给计算机。

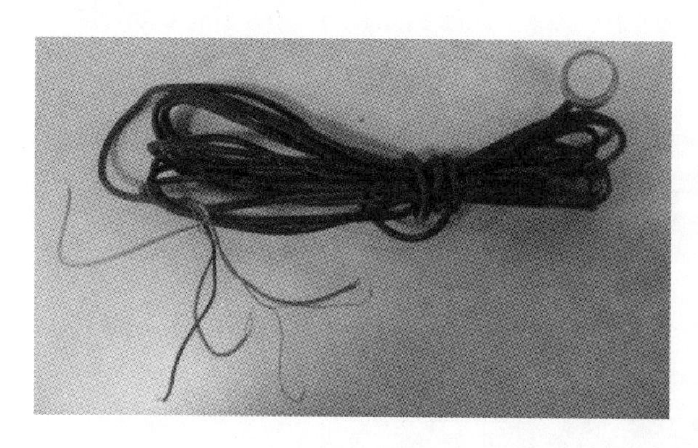

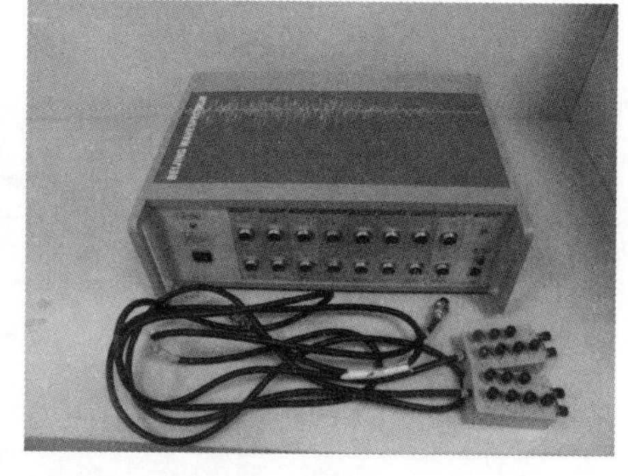

图 6.7　BX-1 型压轴双膜土压力传感器　　图 6.8　WS-3811/N16 型数字式应变数据采集仪

WS-3811/N16 型数字式应变数据采集仪主要参数如下：

（1）程控量程：1 挡±10000me；2 挡±100000me。

（2）输出灵敏度：1 挡±10000me/V；2 挡±10000me/V。

（3）测量准确度：≤0.1%FSR。

（4）滤波方式：8 阶椭圆低通滤波器。

（5）程控低通滤波频率：2Hz～50kHz（任意设定）。

（6）滤波器平坦度：当 $f<0.5f_0$ 时，频带波动小于 0.1dB。

（7）滤波器阻带衰减：–80dB/Oct。

（8）程控频带宽度：DC～50kHz。

（9）线性度：0.1%FSR。
（10）桥路电阻（标配）：120Ω。
（11）应变片电阻：350～1000Ω。
（12）应变桥电压：±1V、±2.5V、±5V、±7.5V，精度：0.1%FSR。
（13）时间零点漂移：≤2me/2h。
（14）外观尺寸：330mm×300mm×135mm。
（15）质量：4kg。

4. 细微观观测系统

细微观观测系统采用自行研制的动态细微观观测装置[18]，该装置包括体视显微镜、CCD 摄像机、三维移动显微观测架和计算机分析软件 4 个部分（结构图见图 6.9，实物图见图 6.10）。体视显微镜和 CCD 摄像机安装在三维移动显微观测架上，三维移动显微观测架放置在压力室观测窗前。

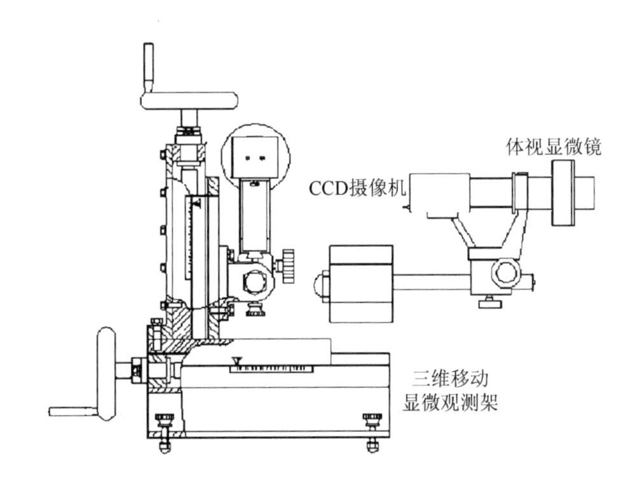

图 6.9　细微观观测装置结构图

三维移动显微观测架设置了水平移动平台和垂直移动平台，在垂直移动平台外侧固定呈前后方向水平安装的支撑轴，在支撑轴上套装一级显微镜支架，并配备显微镜粗调旋钮。在一级显微镜支架上安装二级显微镜支架和微调旋钮，体视显微镜（图 6.11）与支撑轴同向布置安装在二级显微镜支架上，体视显微镜镜头前方安装环形灯，后方接 CCD 数码摄像装置（图 6.11）和视频采集卡，终端为计算机图像分析软件。

采用该细微观观测装置，可以定量实时观测并拍摄图像，能完整记录尾矿细微观结构及其变形破坏全过程及单一颗粒的运移状态等特征。该装置具有测量试件细微观结构尺寸的功能。拍摄功能可以回放整个试验过程，更有利于深入研究尾矿细微观结构特征等。

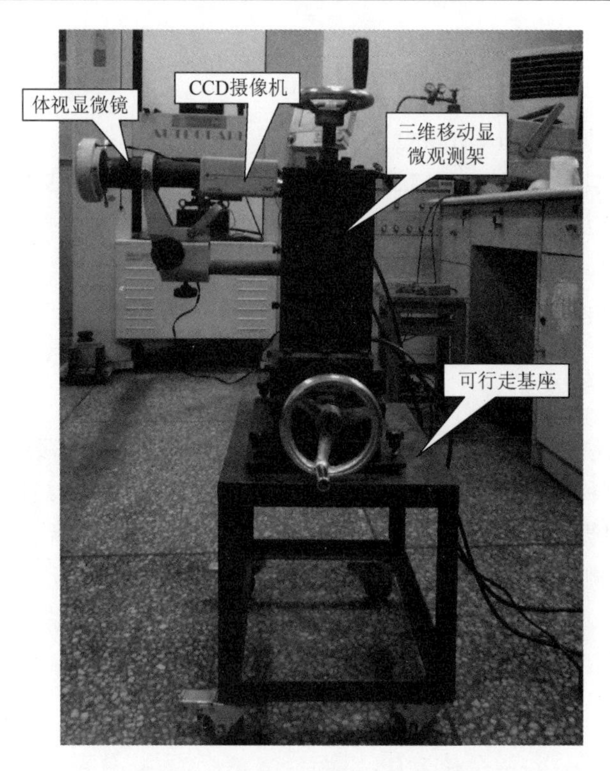

图 6.10　细微观观测装置实物图

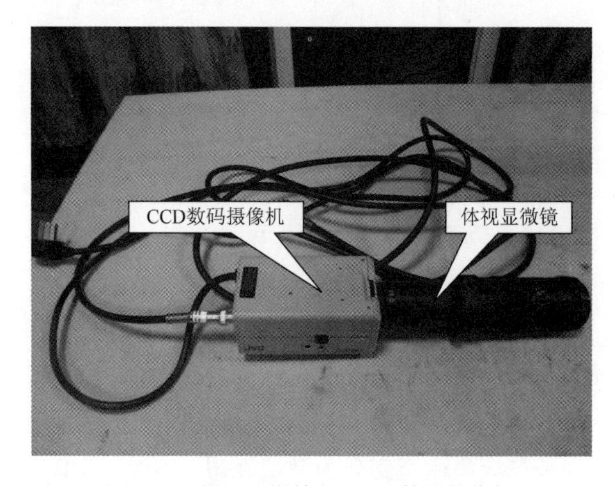

图 6.11　体视显微镜与 CCD 数码摄像机

6.1.3　装置的主要功能、技术指标及特点

1. 主要功能

尾矿细微观力学与形变观测试验装置能够进行尾矿受载条件下的颗粒间局部应力、孔隙水及孔隙水压力、排水条件等对尾矿细微观结构变形破坏特征与颗粒运移特性等方面影

响的研究，以揭示尾矿坝细微观结构受多种因素影响的变形破坏机制，为探索尾矿坝体失稳演化机理及尾矿库治理技术奠定理论基础。

2. 技术指标及特点

试验装置的主要技术指标如表 6.1 所示，其主要特点如下：

（1）采用该试验装置所进行的试验能反映尾矿坝体局部应力、孔隙水与孔隙水压力、排水条件等对尾矿细微观结构及颗粒运移的综合影响，为探索尾矿坝体变形破坏机理提供了一个新的可靠的试验手段。

（2）试验加载条件实现多样化。材料蠕变试验机可进行静态加载、静态循环加卸载试验；AG-250kNI 电子精密材料试验机能进行动态加载、动态循环加载试验。

（3）可观测较高应力状态下尾矿细微观结构的变形破坏过程。压力仓采用不锈钢套筒内嵌玻璃钢筒，不锈钢套筒对称设置有 2 个 20mm×150mm 的观测窗，这种设计使压力室在承受较高压力状态下不发生变形，同时也能满足观测要求。

（4）可进行孔隙水流动过程中的尾矿细微观结构及其受载形变的观测试验，并能观测孔隙水与颗粒运移形态，实时监测孔隙水压力。加压活塞中设置的排气及进水控制孔可在试验时注水，连接于底板的孔隙水压力监测及排水控制结构可以监测孔隙水压力的变化以及控制排水条件。

（5）可以监测尾矿内局部应力。与静水压力有所不同，颗粒物质内部存在非均匀分布的力链[19]。因此，尾矿颗粒间的局部应力也并非均匀状态，而根据需要埋设于尾矿中的多个土压力传感器，能实时监控尾矿受载过程中的局部应力。

（6）细微观观测系统采用自行研制的动态细微观观测装置，通过调节三维移动显微观测架的水平移动平台和垂直移动平台可跟踪点的运动。

表 6.1　试验装置的主要技术指标

<table>
<tr><td colspan="3">压力室</td><td colspan="4">颗粒间应力、孔隙水压力监测系统</td></tr>
<tr><td rowspan="2">最大静水压力/MPa</td><td rowspan="2">压头最大行程/mm</td><td rowspan="2">试件尺寸/(mm×mm)</td><td colspan="2">土压力传感器</td><td colspan="2">孔隙水压力表</td></tr>
<tr><td>量程/MPa</td><td>灵敏度/MPa</td><td>量程/MPa</td><td>灵敏度/MPa</td></tr>
<tr><td>2.5</td><td>50</td><td>ϕ100×200</td><td>0.1～1.5</td><td>0.01</td><td>0～2.5</td><td>0.01</td></tr>
</table>

<table>
<tr><td colspan="6">细观观测系统</td></tr>
<tr><td>总放大倍率</td><td>视场范围/mm</td><td>工作距离/mm</td><td>显微镜调节范围/mm</td><td>立杆调节范围/mm</td><td>工作面最大高度/mm</td></tr>
<tr><td>7～180</td><td>30.77～4.44</td><td>100</td><td>43</td><td>80</td><td>120</td></tr>
</table>

6.2　尾矿细观结构分形特征研究方法

6.2.1　复杂图形周长-面积分维模型

尾矿的细观结构研究对象可以选择颗粒排列与孔隙分布，实质上，二者是互补关系。

鉴于水与尾矿坝稳定性的密切联系，尾矿细观孔隙结构对水渗透性的影响以及孔隙结构的变形能准确地反映颗粒运移趋势等，本节以尾矿细观孔隙结构为研究对象。尾矿细观尺度下的孔隙结构为不规则图形，可采用 Mandelbrot[20]提出的小岛法来表征，即当研究对象是封闭的粗糙曲线或曲面时，如海洋中的小岛，可以利用周长-面积关系求该小岛的分形维数。对于规则图形，周长 P 与测量尺寸 δ 成正比，面积 A 与测量尺寸 δ 的二次方成正比，即

$$P \propto A^{\frac{1}{2}} \tag{6-1}$$

对于二维空间内不规则的周长和面积，用分形的周长和面积代替规则的周长和面积对于描述复杂的结构更为恰当[20]。如此，引入测量尺寸 δ，给出如下关系式：

$$P(\delta)^{\frac{1}{D}} = a_0 \delta^{\frac{1-D}{D}} [A(\delta)]^{\frac{1}{2}} = a_0 \delta^{\frac{1}{D}-1} [A(\delta)]^{\frac{1}{2}} \tag{6-2}$$

式中，$P(\delta)$ 为在 δ 尺度下测得的多边形周长；$A(\delta)$ 为在 δ 尺度下测得的多边形面积；a_0 为和小岛的形状有关的常数；D 为小岛的分形维数。

对式（6-2）取对数，可得

$$\frac{\lg[P(\delta)/\delta]}{D} = \lg a_0 + \lg\left\{\frac{[A(\delta)]^{\frac{1}{2}}}{\delta}\right\} \tag{6-3}$$

作 $\lg[P(\delta)/\delta]$ - $\lg\{[A(\delta)]^{1/2}/\delta\}$ 图，如果存在直线关系，则表明该图形具有分形特征，直线斜率的倒数即为该图形的分形维数。

以上介绍的判断尾矿孔隙形态是否具有分形特征以及分形维数的确定方法在理论上是成立的。王宝军等[21, 22]利用上述方法得到了土的颗粒周长-面积和表面积-体积分形维数，取得了很好的实用效果。并指出：为减少 δ 取值的烦琐过程，首先假定图形存在统计意义下的自相似，即具有分形特征，这样，不改变 δ 的大小，而是在特定的测量尺度下选择不同大小的孔隙，然后分别计算它们的周长和面积。为简化起见，取 $\delta = 1$，则式（6-3）可改写为

$$\lg A = \frac{2}{D}\lg P - \lg a_0^2 \tag{6-4}$$

根据式（6-4），只需绘制 $\lg P$ - $\lg A$ 图，得到直线部分的斜率 k，则图像中孔隙形态的分形维数为

$$D = \frac{2}{k} \tag{6-5}$$

6.2.2　图像特征值的获取

问题的关键是如何从尾矿细观图像中获得孔隙的等效周长和面积，即在特定测量尺度 δ 下的等效周长和面积。目前，关于图像处理的软件相当多，技术也很成熟，获取方法主要包括 3 个步骤：首先，将照片转化成灰度图像；其次，对灰度图像进行二值化处理，区分出颗粒与孔隙，获得孔隙结构图；最后，计算孔隙的等效周长和面积。其中，最为关键的是二值化处理过程中阈值的选取。由于图像中存在大量过渡色阶，因此，需要调整图像阈值，使图像可以过滤掉中间色阶，阈值的确定应当以最能够反映图像中孔隙形态为标准。

本节使用的图像分析软件为 CF-2000P 偏光分析软件，该软件可以对图像进行灰度、二值化处理，并能计算孔隙等效周长和面积，具有操作简单、计算精确、可批量处理等优点，为试验研究提供了有利的技术条件。

6.3 全尾矿细观力学特性

6.3.1 试验材料

试验所使用的尾矿取自云南铜业（集团）有限公司下属铜厂尾矿库全尾矿。采用美国麦奇克有限公司（Microtrac Inc）的 Microtrac S3500 激光粒度分析仪进行颗粒分析测试得到尾矿的颗粒级配曲线，见图 6.12。该尾矿颗粒粒径在 0.01～0.5mm，其中主要集中在 0.03～0.3mm，有效粒径 d_{10} 为 0.033mm，中值粒径 d_{50} 为 0.124mm，限制粒径 d_{60} 为 0.150mm，不均匀系数 $C_u = 4.62$，曲率系数 $C_c = 1.20$，比重为 3.47，塑限含水率为 17.2%，液限含水率为 24.8%，塑性指数为 7.6。

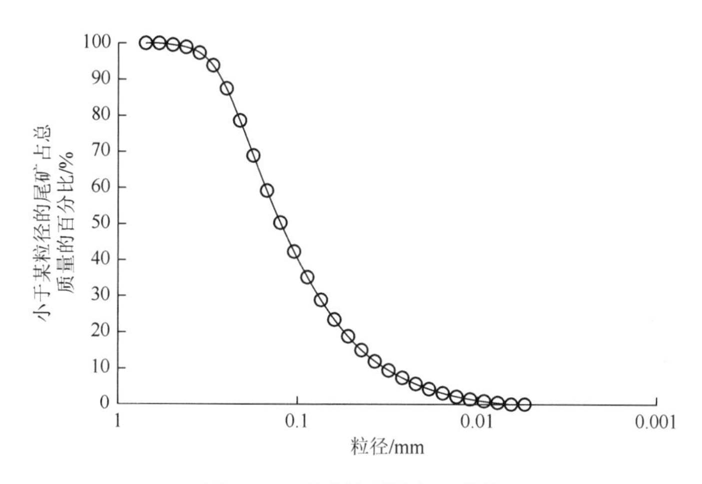

图 6.12 尾矿的颗粒级配曲线

6.3.2 试验方案及步骤

1. 试验方案

采用材料蠕变试验机对试验尾矿进行静力加载，累积荷载分别为 300kPa、600kPa 和 900kPa。观测尾矿整体沉降位移、尾矿细观结构的形变特征、颗粒的运动规律，以及监测尾矿内部不同埋深颗粒间的局部应力。

2. 试验步骤

1）试样的配制及安装

根据现场测试，为反映坝体实际情况，尾矿含水率取为 18%，装填干密度为 $1.44\text{g}\cdot\text{cm}^{-3}$。根据含水率与干密度要求，试样按 5 层装入压力仓，每层装填量为 533.8g，并用压板压实至厚度为40mm。在装填试样过程中，按照距离底部高度分别为80mm和160mm处中心位置水平埋设2个土压力传感器，并在观测窗相隔50mm左右埋设直径为0.5mm的铝质圆珠以跟随尾矿颗粒移动观测其运动规律，选择铝质圆珠是因为其密度与尾矿颗粒密度相近。装填好试样后，打开加压活塞上的排气阀将其推入压力仓直至接触尾矿，最后关闭排气阀与排水阀。装填完毕后记录埋设铝质圆珠的位置，分别在观测窗刻度为55.4mm、104.7mm和152mm处。安装好的尾矿试样静置24h以确保孔隙水均匀分布。

2）试验准备

安装压力室至材料蠕变试验机上，调整试验台，使活塞压头接触试验机触头，安装百分表支架及百分表，使之有5mm左右行程。安装动态细微观观测装置，使体视显微镜镜头对准压力室观测窗，调整软件及镜头焦距，使之能清晰观察到尾矿颗粒。安装土压力传感器到动态应变仪，连接计算机，调整好采集软件。安装好的试验装置如图6.2所示。试验采用水作为加载砝码，根据该材料蠕变试验机加载比例（1∶250）计算，每级加载水质量为961.2g。

3）进行试验

在加载前先进行初始尾矿细观结构的图像采集，采集位置取观测窗刻度为105mm附近。初始尾矿细观结构的图像采集结束后，即进行荷载为300kPa的加载试验，加载前启动动态应变仪采集软件及体视显微镜录制软件，以便在加载过程中采集数据。依照上述方法，逐次进行荷载为600kPa和900kPa的加载试验并采集数据。

6.3.3 不同荷载下尾矿细观结构

采用细微观观测试验系统对不同荷载下稳定后尾矿细观结构进行图像采集，获得尾矿细观结构图，见图6.13。从图中可以看出，未受荷载条件下，颗粒间存在大孔隙且无水膜，大颗粒的离散程度较大，能清楚看到颗粒轮廓。在300kPa荷载条件下，大孔隙数量减少，部分颗粒与观测玻璃间出现水膜，小的颗粒受水的黏结作用开始形成块体结构。在600kPa荷载条件下，孔隙被进一步压缩，仅有少数较大孔隙，小孔隙逐渐被水及小颗粒充填，形成水膜黏结的多个块体结构，仅能清晰地看到少数大颗粒的轮廓。在900kPa荷载下稳定以后，孔隙数量急剧减少，仅能看到极少较大的孔隙，小颗粒充填于孔隙之中，水膜将块体连接成片，已不能清晰地看到大颗粒的轮廓。分析以上现象可以看出：由于荷载的作用，颗粒发生移动或转动，细观结构重新排列，小颗粒充填于孔隙之中，孔隙数量及大小逐渐下降；受荷载的作用，颗粒相对位置发生变化，接触面积增大，颗粒间的强结合水逐渐被挤压迁移形成弱结合水，形成水膜将颗粒黏结成块体结构；由于小颗粒充填孔隙、颗粒间水膜增厚，大颗粒的轮廓也逐渐模糊，最终不能清晰地看到。

6.3.4 不同埋深的沉降及局部应力

按照试验方案进行试验，记录每级荷载作用下稳定后百分表读数、埋设铝质圆珠位置（铝质圆珠运动主要表现为竖直向下的沉降位移），绘制成荷载-沉降曲线，如图6.14所示。从图中可以看出，尾矿细观结构受荷载作用变形较大，900kPa荷载作用下总位移达到了

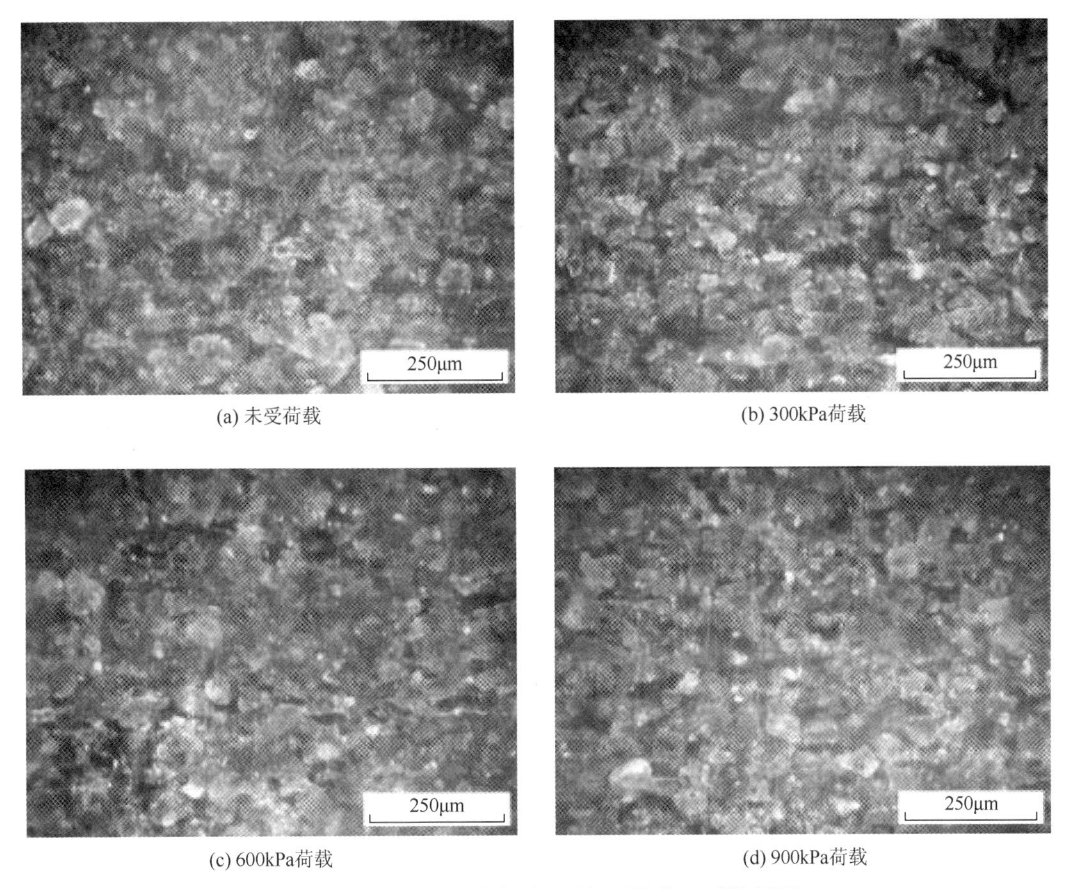

(a) 未受荷载　(b) 300kPa荷载　(c) 600kPa荷载　(d) 900kPa荷载

图 6.13　不同荷载下稳定后尾矿细观结构（后附彩图）

12.21mm；随着埋深的增加，铝质圆珠的沉降逐渐减小，其中顶端沉降为 12.21mm，而位于最低端 55.4mm 处铝质圆珠沉降仅有 2.71mm；随着荷载的增加，各点沉降均呈非线性增长，其增量随荷载的增加逐次减小；试件顶端与 152mm 处铝质圆珠的沉降位移差值在 600kPa 荷载后趋于稳定，下部 104.7mm 处铝质圆珠与 55.4mm 处铝质圆珠的沉降位移差值随荷载的增加而增大。

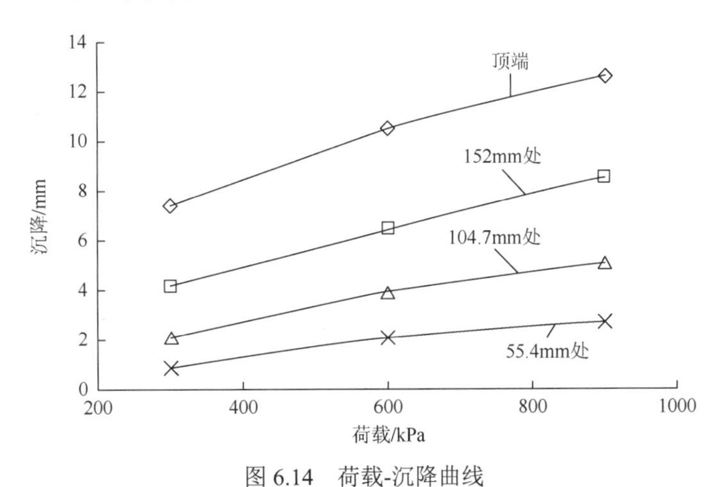

图 6.14　荷载-沉降曲线

距离底端分别为80mm和160mm处埋设2个土压力传感器，监测尾矿受载过程的局部应力。900kPa荷载作用下的时间-局部应力曲线如图6.15所示。从图中可以看出，两处应力随时间变化大致相同，但160mm处的应力总体大于80mm处的应力，相差范围在5～174kPa，其中，在受载中前期相差较大，达到174kPa，后期稳定时相差较小，约为25kPa。受荷载作用的应力响应表现为：80mm处滞后于160mm处，施加荷载后，160mm处应力迅速增加，并在短期内达到一个较高的峰值，而80mm处在20s之后应力才显著增大，各应力峰值明显滞后于160mm处。两处应力随时间的增长均呈起伏状增加，峰值后有回落现象，最终趋于平缓；应力在峰值附近出现较大的波动，第二次峰值阶段波动最明显，在峰谷或稳定阶段应力较为平缓。

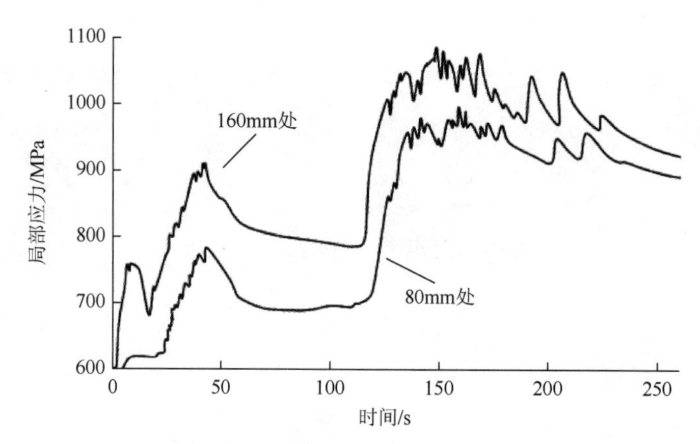

图6.15　900kPa荷载作用下的时间-局部应力曲线

6.3.5　尾矿受载过程细观结构形变特征

调节体视显微镜在观测窗口刻度为105mm附近，观测尾矿细观结构受900kPa荷载下的动态变化。同时，使用摄像机拍摄104.7mm处铝质圆珠的运动，绘制出时间-沉降位移曲线如图6.16所示。从图中可以看出，尾矿细观结构受荷载作用变形响应较快，并在较短的时间内稳定，施加荷载后，在39s后发生较大沉降，在220s后达到稳定。尾矿细观结构的沉降呈阶梯状增加，每级初期有一段时间的积累，当积累达到一定程度后，沉降迅速增大，而后缓慢稳定，如此往复直到最终稳定。

对应图6.16中瞬时点a～e记录的细观结构见图6.17。图6.17（b）为加载后30s的细观结构图，与图6.17（a）对比可看出，颗粒主要表现为沉降位移（如图6.17中A所指颗粒的位移），孔隙形态变化不大，颗粒间水膜增多，黏结颗粒形成的块体结构出现贯通现象。随着荷载作用时间的增加，孔隙数量和尺寸减小（如图6.17中B所指孔隙），块体贯通逐渐呈片状（图6.17（c））。颗粒发生移动或转动（如图6.17中C所指颗粒的位置及长轴方向与水平方向的夹角），细观结构重新排列，直到最终能支撑荷载，局部应力稳定（图6.15），此时，仅能观察到少数较大孔隙，水膜黏结尾矿颗粒，形成成片的块体结构，如图6.17（d）和（e）所示。

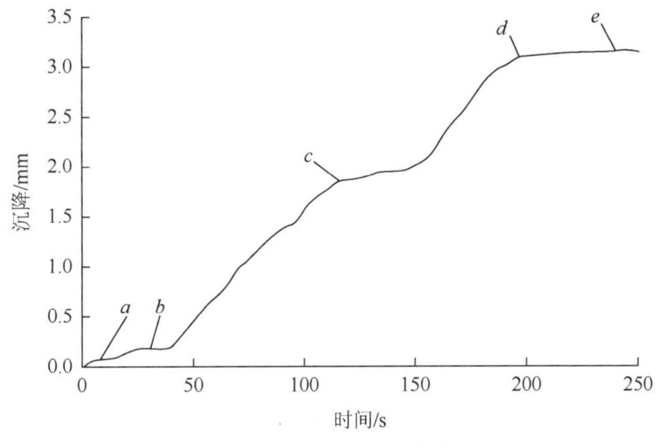

图 6.16 时间-沉降曲线

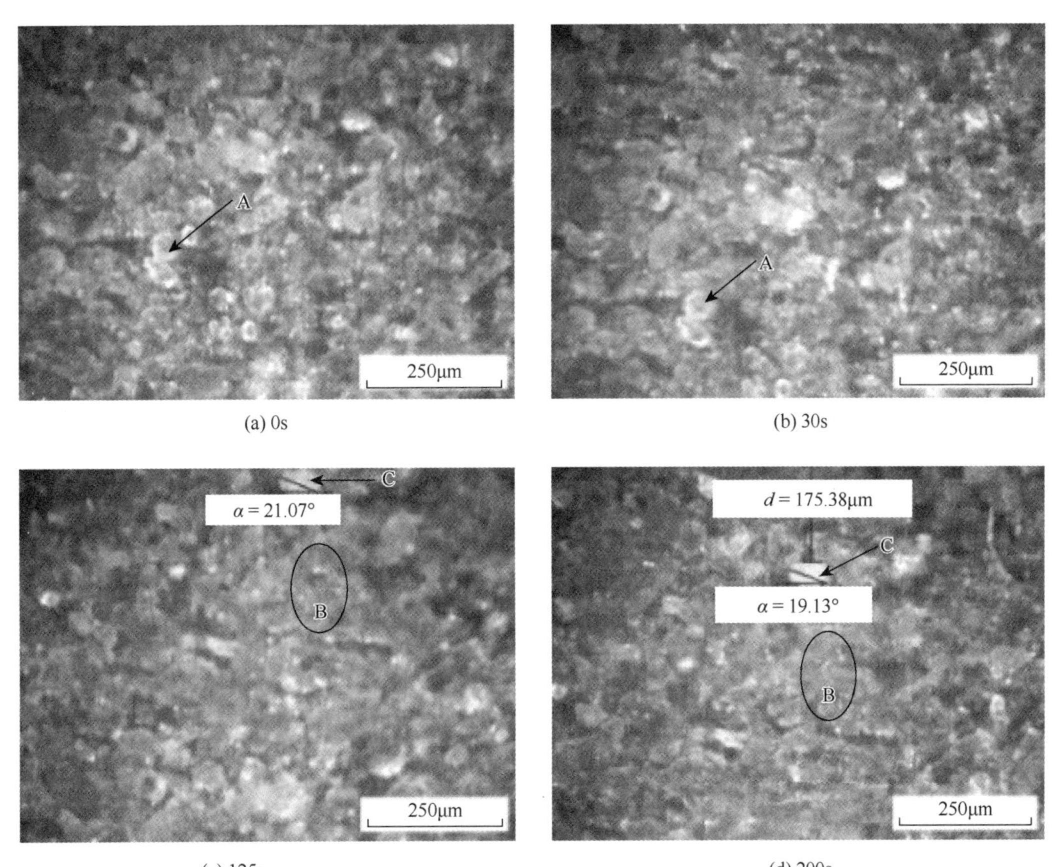

(a) 0s (b) 30s

(c) 125s (d) 200s

(e) 230s

图 6.17　尾矿沉降过程的细观结构（后附彩图）

6.3.6　受载尾矿细观结构力学作用机理

综合上述试验结果，可以分析得到如下几点结论：

（1）随着荷载的增加与作用时间的增长，尾矿孔隙数量与尺寸减小，颗粒间结合水受挤压而迁移，转换为自由水，增厚颗粒间水膜，将颗粒连接成大的块体结构。

（2）受荷载作用，尾矿颗粒主要为竖直向下的沉降位移，且位移较大，并随着荷载的增加呈非线性增长，其增量逐次减小。

（3）受荷载作用，局部应力及细观结构变形表现为下部分滞后且低于上部分。

（4）随荷载作用时间的增长，局部应力呈起伏状逐级增加，峰值附近波动很大，沉降位移呈阶梯状增加，稳定后趋于平缓。

分析上述现象，利用颗粒物质力学理论可以得到很好的解释：尾矿是由细小颗粒组成的离散结构体，属于多孔介质。受荷载作用，颗粒发生移动或转动，小颗粒充填孔隙，孔隙数量与尺寸减小，颗粒间孔隙水受挤压而迁移，形成水膜，将颗粒包裹或黏结成块体结构。荷载的作用使尾矿细观结构发生变形，逐渐形成较为稳定的结构体，从而随着荷载的增加，沉降位移逐渐减小。在荷载作用下，上部分尾矿颗粒首先承受压力，形成不稳定力链，这种力链不能立即消散，逐渐向下部及压力室壁发展，表现为下部分颗粒间应力及细观结构形变滞后且小于上部分。随着荷载作用时间的增长，颗粒间不稳定力链继续发展，力链大小及贯通颗粒数量持续增加。当尾矿细观结构不能支撑力链的持续发展时，迫使部分颗粒移动或转动，力链发生断裂，细观结构重新排列形成新的更稳定的结构，使之能支撑更大力链的发展，此时出现局部应力较大的波动现象。这种积累继续发展，当成片的力链发生断裂时，整个细观结构发生崩塌，表现出持续较大的沉降位移，应力迅速降低出现波谷，尾矿细观结构发生较大变化以形成更稳定的结构，而后形成新的力链并继续演化积累。如此往复直到最终形成的力链能够支撑荷载，此时，尾矿细观结构达到稳定状态，并不再发生较大沉降位移。

由以上分析可知：尾矿坝在上部尾矿重力荷载作用下，内部颗粒间孔隙水逐渐被挤压分离出来，加之上部新堆筑坝体所含水的渗流补充，使其尾矿颗粒被水膜包裹形成块体结构，甚至在局部区形成大量自由水产生静水压力，使得坝体内部应力状态更为复杂，不利于尾矿坝稳定。在筑坝过程中，随着上部荷载的增加与作用时间的增长，坝体变形量逐渐减小形成稳定结构，有利于坝体稳定。初始堆积的尾矿子坝内颗粒排列不够紧密，含水率较大，自身细观结构不稳定，当堆积下一级子坝时，由于上覆荷载的增加与孔隙水的补充极易造成较大的细观结构变形，整体出现较大沉降，严重可造成坝体局部溃塌现象甚至溃坝。然而，各级子坝在上覆坝体荷载作用下，随时间的增长，产生阶段性沉降位移，应力呈起伏状，且峰值附近波动很大，若无其他因素的影响或坝体不产生向坡面外的横向位移，坝体尾矿细观结构最终能够稳定。因此，在堆筑各级子坝时，应特别注意对上一级子坝的位移及内部应力的监测，给予充足的时间，待其细观结构稳定，特别是降低含水率后再进行下一级子坝的堆筑。

6.4　尾矿细观孔隙结构变形演化分形特性

6.4.1　试验材料、设备、方案与步骤

1. 试验材料

试验所使用的尾矿取自云南铜业（集团）有限公司下属铜厂尾矿库全尾矿，主要物理力学指标如 6.3.1 节所述。

2. 试验设备

试验所用设备为尾矿细微观力学与形变观测试验装置，详细介绍见 6.1 节。

3. 试验方案

采用材料蠕变试验机对尾矿试件进行静力加载，累积荷载分别为 100kPa、200kPa、300kPa、400kPa、500kPa、600kPa 和 700kPa。观测尾矿整体沉降位移、颗粒的运动规律、细观结构的变形演化特性，以及监测尾矿内部水平与垂直方向颗粒间的应力状态。

4. 试验步骤

1）试样的配制及安装

为观测尾矿颗粒与孔隙的变形演化特性，避免孔隙水对观测效果的影响，经反复配样试验，含水率取为 9%，装填干密度为 $1.44g·cm^{-3}$。试样按 5 层装入压力仓，每层装填量为 492.9g，并用压板压实至厚度为 40mm。在装填试样过程中，距离压力仓内底端高度 110mm 处，在水平与垂直方向埋设 2 个土压力传感器。在观测窗内侧，相隔 50mm 左右埋设直径为 0.5mm 的铝质圆珠，跟随尾矿颗粒移动以观测其运动规律，选择铝质圆珠是因为其密度与尾矿颗粒密度相近。装填好试样后，打开加压活塞上的排气阀将其推入压力仓直至接触尾矿，最后关闭排气阀与排水阀。装填完毕后，记录埋设铝质圆珠在观测窗的位置，分别为 52.6mm、101.1mm 和 151.4mm 处（观测窗刻度以压力仓底端为零点）。安装好的尾矿试样静置 24h 以确保孔隙水均匀分布。

2）试验安装及准备

安装压力室到材料蠕变试验机上，调整试验台，使活塞压头接触试验机触头。安装百分表支架及百分表，使其有 5mm 左右行程。安装动态细微观观测装置，使体视显微镜镜头对准压力室观测窗，调整软件及镜头焦距，使之能清晰观察到尾矿颗粒。安装土压力传感器到动态应变仪，连接计算机，调整好采集软件。试验采用水作为加载砝码，根据材料蠕变试验机加载比例（1∶250）计算，每级加载水质量为 320.4g。

3）进行试验

在加载前先进行初始尾矿细观结构的图像采集，采集位置取观测窗刻度分别为 26.4mm、74.9mm、126.2mm 和 174.7mm 附近。初始尾矿细观结构的图像采集结束后，即进行荷载为 100kPa 的加载试验，加载前启动动态应变仪采集软件及体视显微镜录制软件，以便在加载过程中进行动态观测。待百分表与动态应变稳定后，测定百分表、铝质圆珠位移，并根据百分表与铝质圆珠位移找到初始采集点，进行图像采集。依照上述方法，按方案逐次进行加载试验并采集数据。

6.4.2 尾矿内部应力方向性特征

根据各级荷载下动态应变仪采集数据，计算得到峰值应力见图 6.18。从图 6.18 可以看出，随着荷载的增加，垂直应力呈非线性增加，与荷载相比，在 200kPa 荷载处相差最大，仅为荷载的 68.8%，在 400kPa 荷载处相差最小，其值达到了荷载的 91.9%，其中 100kPa 和 400kPa 荷载下垂直应力接近荷载，其增长形态呈阶梯状。随着荷载的增加，水平应力近似线性增长，且受荷载作用变化微小，700kPa 荷载作用下仅为 40kPa，各级荷载下，水平应力仅为荷载的 3.83%～5.68%。尾矿内部应力存在显著的方向性特征，垂直方向的值略小于荷载，随着荷载的增加呈阶梯状增长，而水平方向应力远低于荷载，且近似线性增长。

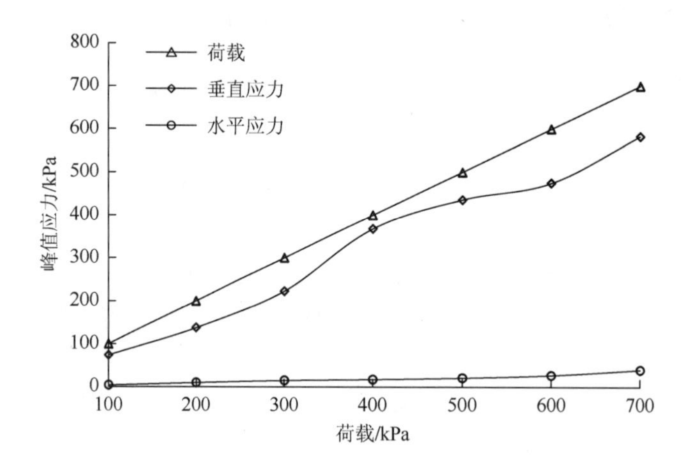

图 6.18 各级荷载作用下峰值应力曲线

6.4.3 尾矿孔隙变化非均匀性特征

采用体视显微镜观测各级荷载作用稳定后铝质圆珠的位置，其位移主要表现为竖向沉降。测得各级荷载作用下的铝质圆珠位置如表 6.2 所示，上端面以百分表读数为准，初始位置为 200mm 刻度处。

表 6.2　各级荷载作用下的铝质圆珠位置　（单位：mm）

测点初始位置	铝质圆珠位置						
	100kPa	200kPa	300kPa	400kPa	500kPa	600kPa	700kPa
200.0	197.51	196.08	194.50	193.08	191.63	190.46	189.11
151.4	150.29	149.63	148.42	147.20	145.88	144.82	143.49
101.1	100.64	100.41	99.92	99.38	98.30	97.36	96.14
52.6	52.46	52.40	52.24	52.03	51.73	51.11	50.17

根据铝质圆珠位置，将尾矿试件从上到下依次分成 4 层，则各层初始厚度分别为 48.6mm、50.3mm、48.5mm 和 52.6mm。根据表 6.2，可得到各层荷载作用稳定后的厚度，由下式计算得到各级荷载作用下各层孔隙比：

$$e=\frac{\rho_s h_{ij}-\rho_d h_{i0}}{\rho_d h_{i0}} \tag{6-6}$$

式中，e 为孔隙比；ρ_s 为土粒密度，其值为 $3.47\text{g}\cdot\text{cm}^{-3}$；$\rho_d$ 为初始干密度，其值为 $1.44\text{g}\cdot\text{cm}^{-3}$；$h_{i0}$ 为第 i 层初始厚度（mm）；h_{ij} 为荷载 j 用下第 i 层厚度（mm）。

图 6.19 为式（6-6）计算获得的孔隙比与荷载的关系曲线。从图中可以看出，尾矿受荷载作用孔隙结构变化较大，变化最大的第一层孔隙比减小量为 0.138，减小幅度达到了 11.14%。孔隙比呈非均匀变化，表现为下层滞后于上层。在 100kPa 荷载作用下，第一层孔隙比急剧下降，在 300kPa 荷载以后逐渐稳定；在 200kPa 荷载作用下，第二层孔隙比急

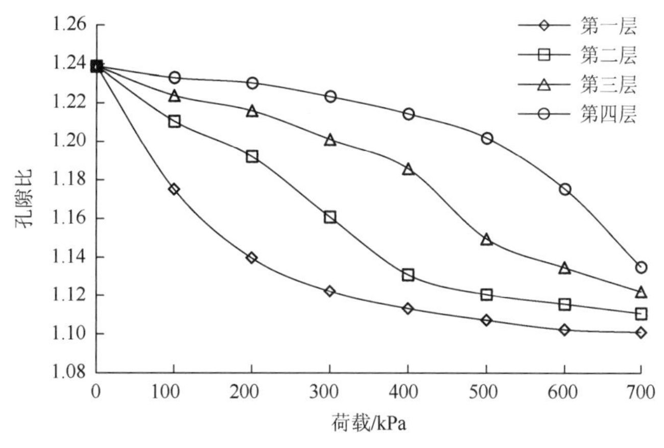

图 6.19　各级荷载作用下各层孔隙比

剧下降，在 400kPa 荷载以后变化较小；在 400kPa 荷载作用下第三层孔隙比开始显著下降；在 500kPa 和 600kPa 荷载作用下，第四层孔隙比才有明显下降现象。各层孔隙比最终值相差不大，随着荷载增加趋于一致。

6.4.4 尾矿孔隙的分形特征

试验获得的尾矿细观结构原始图像见图 6.20（a），利用 6.2.2 节所述方法，通过 CF-2000P 偏光分析软件处理后的二值化图像如图 6.20（b）所示，图中白色为颗粒形成的柱状颗粒链，黑色表示孔隙，处理得到的每张图片中孔隙数量为 500～1000。由于图像颗粒特征色拾取和二值化阈值选取较难，二值化图像的孔隙可能与实际图像略有差异，实际孔隙数量可能有所减少，但分析获得的二值化图像孔隙特征与实际情况一致。利用 CF-2000P 偏光分析软件自动计算孔隙的等效周长和面积，并调入 Excel 软件，将数据取对数，根据式（6-4）绘制成图（图 6.21），其中孔隙数量为 629，利用式（6-5）可以求得图 6.21 的孔隙周长-面积双对数关系。从图 6.21 可以看出，尾矿孔隙结构具有显著的分形特征，对试验获得的 46 张尾矿细观结构图处理得到孔隙周长-面积分形维数为 1.424～1.537，相关性系数 $R^2 = 0.9595$～0.9741。

(a) 原始图像

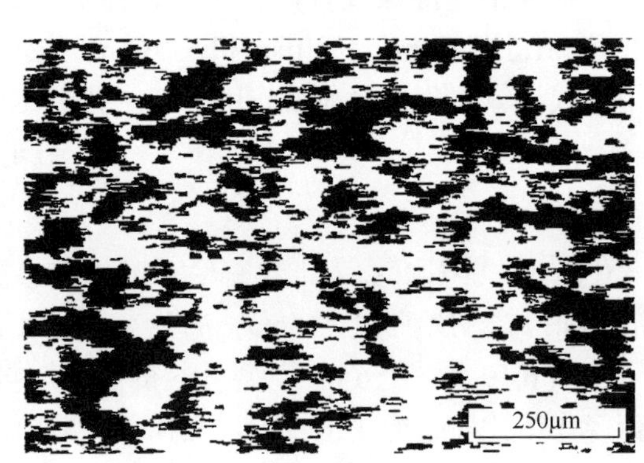

(b) 二值化图像

图 6.20 尾矿细观结构（后附彩图）

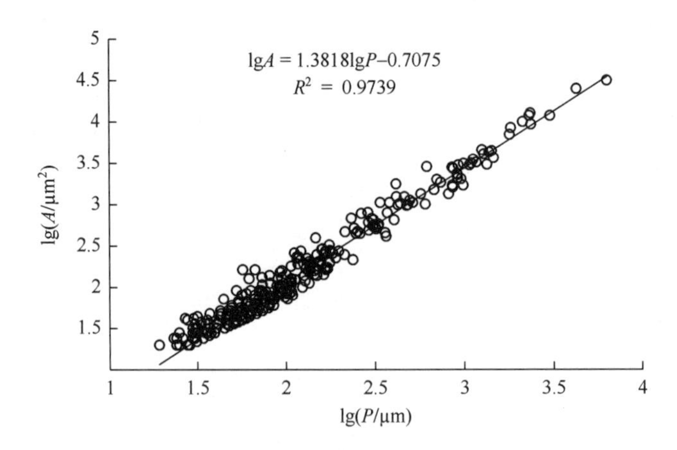

图 6.21 尾矿孔隙周长-面积双对数关系

如图 6.20（a）所示，试验获得的尾矿细观结构图像实质上是由孔隙和颗粒组成的平面图，为细观尺度下尾矿局部区域的切面。由此定义，尾矿细观结构切面孔隙比 e_{p} 为尾矿细观结构图中孔隙面积与颗粒所占面积之比。绘制切面孔隙比与孔隙周长-面积分形维数的关系，如图 6.22 所示。从图中可以看出，随着切面孔隙比的增加，孔隙周长-面积分形维数总体呈减小趋势。孔隙周长-面积分形维数随切面孔隙比的增加，相对变化不大，切面孔隙比从 0.39 增加到 1.10，增幅达到了 182.05%，而孔隙周长-面积分形维数从 1.537 下降到 1.424，减小幅度仅为 7.35%。变换坐标轴，将横坐标轴原点坐标向右平移 0.39 后，按对数函数进行拟合，得到切面孔隙比和孔隙周长-面积分形维数的关系为

$$D = -0.02161\ln(e_{\mathrm{p}} - 0.39) + 1.4187 \quad (R^2 = 0.8028) \tag{6-7}$$

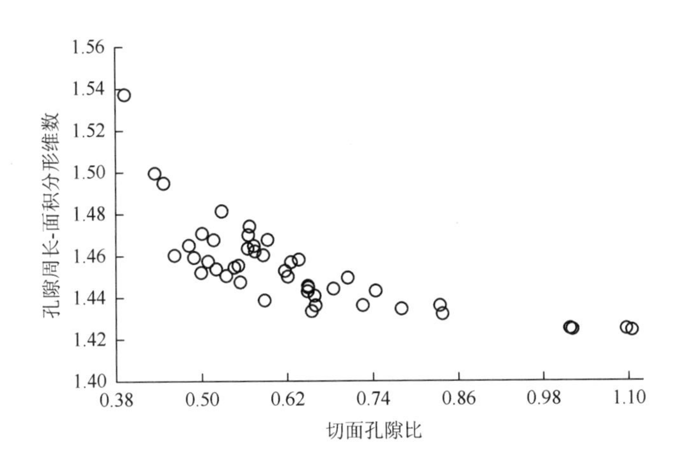

图 6.22　切面孔隙比与孔隙周长-面积分形维数的关系

由此可知，尾矿细观结构切面孔隙比与孔隙周长-面积分形维数具有显著的对数负相关关系，且可以表示为

$$D = a\ln(e_{\mathrm{p}} - b) + c \tag{6-8}$$

式中，a，b，c 为参数。

6.4.5　不同荷载下尾矿细观孔隙结构分形特征

首先，讨论尾矿各层孔隙比与切面孔隙比的关系。如图 6.23 所示，总体而言，尾矿孔隙比与切面孔隙比没有明显的相关关系，将各采样点切面孔隙比 e_{p} 分别与计算获得的各层孔隙比 e 对比分析可以看出，二者具有显著的线性正相关关系，拟合得出其关系可表示为

$$e_{\mathrm{p}} = \begin{cases} 5.3342e - 5.4344 & (R^2 = 0.9966, 175.7\text{mm处}) \\ 2.2426e - 2.0025 & (R^2 = 0.9438, 126.2\text{mm处}) \\ 1.9132e - 1.6704 & (R^2 = 0.9901, 74.9\text{mm处}) \\ 2.0649e - 1.8519 & (R^2 = 0.8921, 26.4\text{mm处}) \end{cases} \tag{6-9}$$

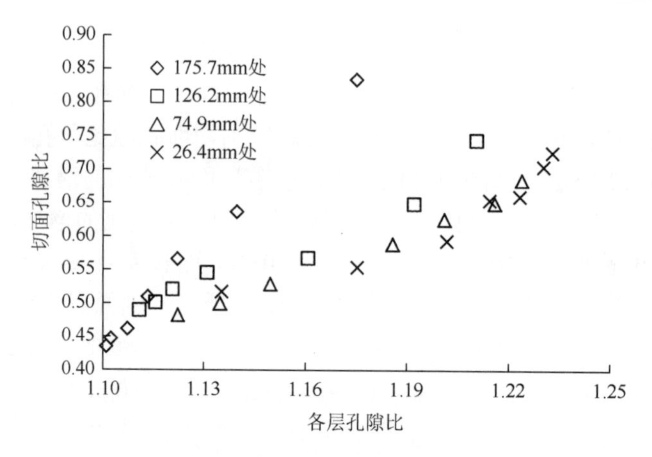

图 6.23　尾矿各层孔隙比与切面孔隙比的关系

从式（6-9）可以看出，随着埋深的增加，尾矿各层孔隙比与切面孔隙比拟合曲线斜率整体上呈逐渐减小的趋势，且减小量并非呈线性关系，第一层与后三层相差较大，而后三层近似相等。说明在荷载作用下，上层尾矿细观孔隙结构变形较下层敏感，使得随孔隙比的增加，下层切面孔隙比增大较上层缓慢。

根据式（6-9），尾矿各层孔隙比与切面孔隙比可以表示为

$$e_{\mathrm{p}} = me + n \tag{6-10}$$

式中，m，n 为参数。

将式（6-10）代入式（6-8），可得

$$D = a\ln(me + n - b) + c \tag{6-11}$$

对比尾矿各层孔隙比与孔隙周长-面积分形维数的关系（图 6.24）可以看出，二者并非严格符合式（6-11）。就同一层尾矿而言，随着孔隙比的变化，孔隙周长-面积分形维数离散程度也很大，但整体上，随着尾矿孔隙比的增加，孔隙周长-面积分形维数呈减小趋势。

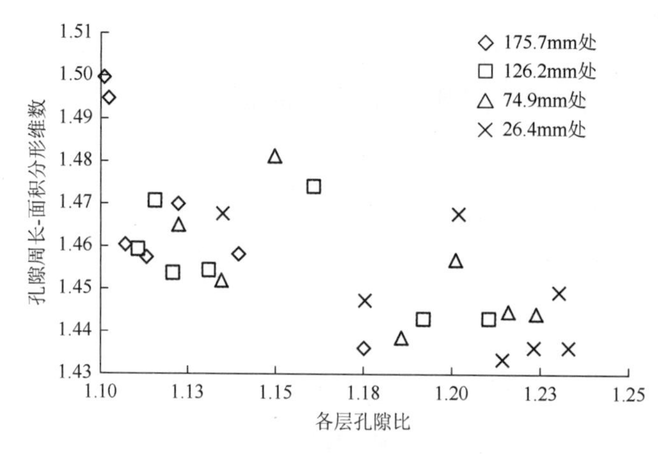

图 6.24　尾矿各层孔隙比与孔隙周长-面积分形维数的关系

6.4.6　尾矿细观结构变形演化分形特征

在 700kPa 荷载作用下，126.2mm 处尾矿细观结构于 95s 后稳定。0s、25s、50s、75s 和 95s 时的细观结构如图 6.25 所示。从图中可以看出，受荷载作用，尾矿细观结构在较短的时间内达到稳定。局部区域（1mm^2）孔隙结构变化不明显，以整体沉降为主，对比颗粒 A 不同时刻距顶端的位移 d 可见沉降速率逐渐减小。对于由小颗粒组成的块体结构

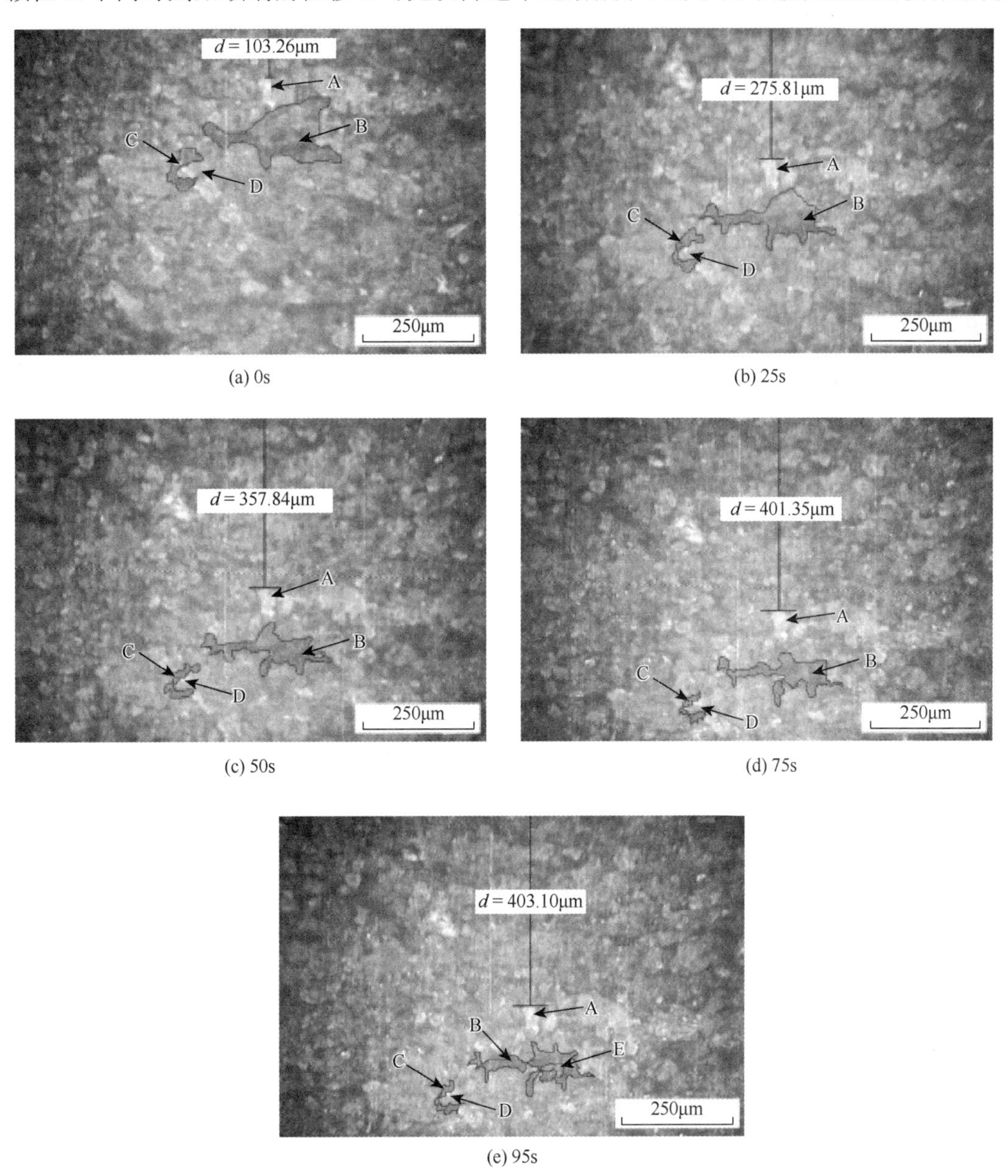

(a) 0s　(b) 25s　(c) 50s　(d) 75s　(e) 95s

图 6.25　尾矿细观结构受载变形演化图（后附彩图）

形成的大孔隙结构，随荷载作用时间的增长，块体结构发生变形向孔隙凸出，小颗粒也向孔隙中伸展形成类似半岛或岛屿结构，孔隙被分割成更多更为复杂的结构（如图 6.25 中孔隙结构 B、孔隙中似岛屿结构 E 所示）。对于大颗粒形成的大孔隙结构，随着作用时间的增长，周边小颗粒逐渐向孔隙中移动，大颗粒向孔隙中有微小的偏移，孔隙尺寸减小，形状也逐渐复杂（如图 6.25 中孔隙结构 C、孔隙周边的大颗粒 D 所示）；同时，小孔隙逐渐闭合，形成更为细小复杂的孔隙结构。

受荷载作用，尾矿细观结构主要表现为整体下移，故选取 0s 时所截图像上边和 95s 时所截图像下边为研究区域，将视频每隔 5s 截取的图像进行修剪，获得同一区域尾矿细观结构随荷载作用时间增长的变形演化图，见图 6.26。依照 6.4.4 节的处理方法，得到图像的切面孔隙比与孔隙周长-面积分形维数。建立切面孔隙比与孔隙周长-面积分形维数随时间的变化关系，如图 6.27 所示。

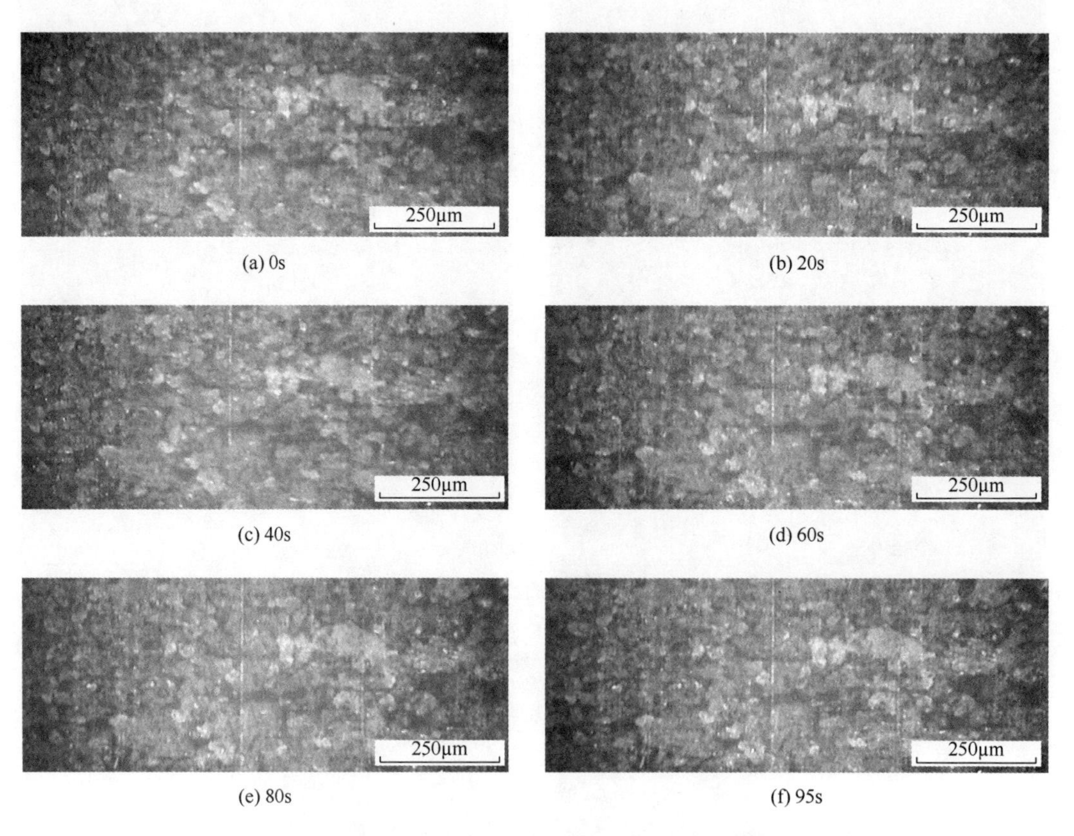

图 6.26 同一区域尾矿细观结构随荷载作用时间增长的变形演化图（后附彩图）

从图 6.27 可以看出，随着荷载作用时间的增长，切面孔隙比逐渐降低，且减小量较大，从 0s 时的 0.5936 降低到 95s 时的 0.3576，减小幅度达到了 39.76%；在 20s、50s、65s 和 85s 时，切面孔隙比出现微小的反弹上升，而后稳定降低。尾矿孔隙周长-面积分形维数为 1.434～1.488，变化幅度为 0.054，且随着荷载作用时间的增长呈阶段性增加，可分 0～15s，15～40s，40～55s，55～75s，75～95s 共 5 个阶段，每一阶段内均有小幅的回落现象，而

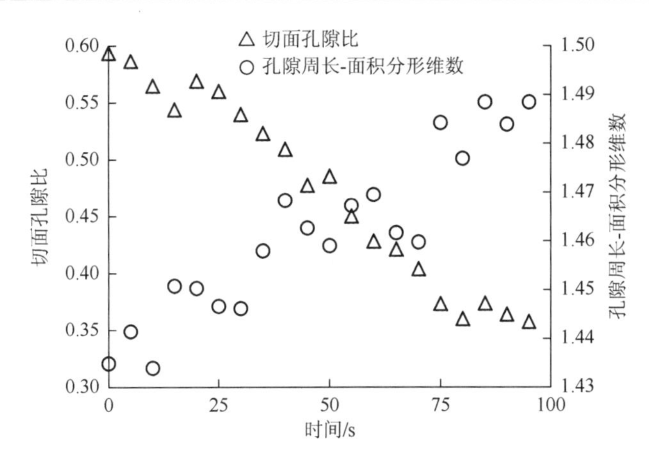

图 6.27　切面孔隙比与孔隙周长-面积分形维数随时间的变化关系

每阶段初期，切面孔隙比均有微小反弹上升，阶段之间呈跳跃增加，形成总体增大的趋势，最大增幅为 3.77%。

根据埋设于尾矿中的铝质圆珠沉降位移，计算获得的孔隙比是统计的孔隙体积与颗粒体积之比，属于宏观参数，而本节提出的尾矿细观结构切面孔隙比属于细观范畴，仅描述细观某一区域。因而，对于同一区域，随着荷载的增加，其值与孔隙比具有很好的线性相关关系，而对总体而言，二者相关性较小。但切面孔隙比和表述尾矿细观孔隙结构复杂程度的孔隙周长-面积分形维数所描述的对象相同，故二者具有较好的相关关系。

6.4.7　基于颗粒物质理论的受载尾矿细观力学特性解释

颗粒物质理论能够从细观尺度揭示颗粒材料宏观力学行为的本质。其主要针对颗粒材料存在的极其复杂且具有区域性等特征，从细观层次，采用离散单元法基本思想把整个介质看作由一系列离散的、独立运动的粒子（单元）组成，单元本身具有一定的几何（形状、大小、排列等）和物理、化学特征，各单元只与相邻单元作用，运动受经典运动方程控制，整个介质的变形和演化由各单元的运动和相互位置来描述。而在细观尺度下，不同尺寸的颗粒构成了尾矿细观结构的主体骨架，若含水率较小，由于水的表面张力，其主要附着于颗粒连接处以结合水的形态存在，产生结合力[23]，有利于颗粒之间的接触力的稳定，并形成力链，可支撑一定的荷载。如此，构成复杂的孔隙结构，形成固、液、气三相整体。

周健和贾敏才[24]对土颗粒间接触力的研究发现：三轴剪切试验条件下，达到峰值之前，颗粒间的接触力基本平行于主应力方向，荷载主要通过颗粒的接触传递，且各颗粒承受的力是不等的，荷载通过受力较大的颗粒所组成的类似柱状结构传递。与土类似，如图 6.20 所示，尾矿颗粒接触以竖直方向为主，形成竖向颗粒柱与孔隙相间平行的柱状结构。因此，尾矿颗粒间接触力基本平行于荷载方向，形成竖向力链。部分颗粒接触力在传递过程中呈现小倾角的分解（图 6.28），并传递至容器壁，分担了垂直方向所承受的荷载。随着荷载的增加，颗粒间接触力失去平衡，颗粒发生移动或转动，并重新排列，接触力传递发生改变，校正接触力至荷载方向。如此形成力链发展—断裂—再发展的循环变化，垂直应力呈阶梯状增长，且略低于荷载。分解的倾斜接触力与垂直方向夹角普遍较小，荷载分解至水平的应力较小，虽然力链的变化对其具有一定的影响，但受试验测试手段所限，水平应力仅呈近似线性增长，且远低于荷载。

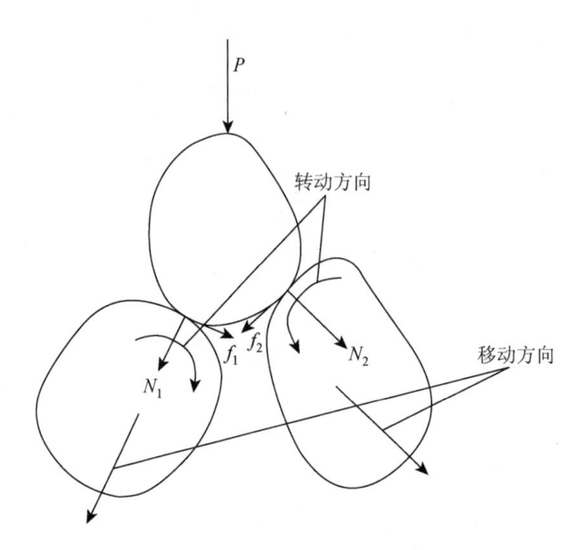

图 6.28　颗粒接触力传递与运动方向

施加荷载后，颗粒间的接触力逐渐增加并向下传递，随着传递距离的增大，逐渐被更多的颗粒以及容器壁分散消耗，上层接触力大于下层。随着接触力的传递，当作用于某一颗粒的几个接触力不能平衡时，将会发生移动或转动，其连接的力链断裂，引起众多颗粒位置的变动，颗粒向受力较小或无作用力的孔隙移动，重新排列形成更稳定的骨架结构。如此引起孔隙比的减小与接触力的传递密切相关，首先发生力链断裂的上层孔隙比降低，向下传递过程中接触力的消散使得下层孔隙比减小量略小于上层，但继续增大荷载，上层孔隙比降低较大，细观结构越致密，接触力越大，颗粒与容器壁形成滑动摩擦而整体下沉，下层细观结构变形逐渐显著，孔隙比越接近上层数值，最终趋于一致。故形成如图 6.19 所示的孔隙比随荷载增加的变化关系。

根据埋设于尾矿中的铝质圆珠沉降位移，计算获得的孔隙比是统计的孔隙体积与颗粒体积之比，属于宏观参数，而本节提出的尾矿细观结构切面孔隙比属于细观范畴，仅描述细观某一区域。因而，对于同一区域，随着荷载的增加，其值与孔隙比具有很好的线性相关关系，而对总体而言，二者相关性较小。但切面孔隙比和表述尾矿细观孔隙结构复杂程度的孔隙周长-面积分形维数所描述的对象相同，二者具有较好的相关关系（图 6.22）。

荷载引起颗粒向孔隙的移动或转动，大孔隙中形成许多类似岛屿或半岛的结构，孔隙被分割成更多更为复杂的结构，其孔隙周长-面积分形维数随着荷载的增加与作用时间的增长而增大，而切面孔隙比则随之减小。切面孔隙比随时间变化，出现了 4 次微小反弹上升，可能是因为受荷载的作用，尾矿块体结构内的小颗粒发生了崩裂，落入大孔隙中，颗粒部分所占面积减小。而这种崩裂多发生在颗粒伸入孔隙中的类半岛结构，当其崩落以后，孔隙结构变得较为规则，故在切面孔隙比微小反弹上升时，孔隙周长-面积分形维数出现小幅回落，切面孔隙比、孔隙周长-面积分形维数的反常变化与尾矿细观结构的突变有着密切的联系，因此其值的改变可以有效地表征尾矿细观结构的变形破坏过程。

参 考 文 献

[1] Okagbue C O，Yakubu J A. Limestone ash waste as a substitute for lime in soil improvement for engineering construction [J]. Bulletin of Engineering Geology and the Environment，1999，58（2）：107-113.

[2] Shang J Q，Tang M，Miao Z. Vacuum preload consolidation of reclaimed land：a case study [J]. Canadian Geotechnical Journal，1998，35（5）：740-749.

[3] 王伟，胡昕，洪宝宁，等. 一种自动跟踪土微观变形的试验方法 [J]. 大连理工大学学报，2006，46（增 1）：126-129.（Wang W，Hu X，Hong B N，et al. An experimental method of automatic tracking soil microstructure deformation [J]. Journal of Dalian University of Technology，46（Supp. 1）：126-129. （in Chinese））

[4] 吴义祥. 工程粘性土微观结构的定量评价 [J]. 中国地质科学院院报，1991，10（2）：143-150. （Wu Y X. Quantitative approach on micro-structure of engineering clay [J]. Bulletin of the Chinese Academy of Geological Sciences，1991，10（2）：143-150. （in Chinese））

[5] 沈珠江，陈铁林. 岩土力学分析新理论：岩土破损力学 [C]//中国土木工程学会第九届土力学及岩土工程学术会议论文集. 北京：清华大学出版社，2003：406-411. （Shen Z J，Chen T L. A new theory of geotechnical analysis：geotechnical damage mechanics [C]//Proceedings of the 9th Academic Conference of the Chinese Society of Civil Engineers on Soil Mechanics and Geotechnical Engineering. Beijing：Tsinghua University Press，2003：406-411. （in Chinese））

[6] Zhang L M，Li X. Microporosity structure of coarse granular soils [J]. Journal of Geotechnical and Geoenvironmental Engineering，2010，136（10）：1425-1436.

[7] Jozefaciuk G. Effect of the size of aggregates on pore characteristics of minerals measured by mercury intrusion and water-vapor desorption techniques [J]. Clays and Clay Minerals，2009，57（5）：586-601.

[8] Tao G L，Zhang J R. Two categories of fractal models of rock and soil expressing volume and size-distribution of pores and grains [J]. Chinese Science Bulletin，2009，54（23）：4458-4467.

[9] 李增华. 云南个旧期北山七段玄武岩中磁黄铁矿结构变化分形特征 [J]. 地球科学：中国地质大学学报，2009，34（2）：275-280. （Li Z H，Cheng Q M，Xie S Y，et al. Application of P-A fractal model for characterizing distributions of pyrrhotites in seven layers of basalts in Gejiu District，Yunnan，China [J]. Earth Science：Journal of China University of Geosciences，2009，34（2）：275-280. （in Chinese））

[10] Atzeni C，Pia G，Sanna U，et al. A fractal model of the porous microstructure of earth-based materials [J]. Construction and Building Materials，2008，22（8）：1607-1613.

[11] 尹光志，杨作亚，魏作安，等. 羊拉铜矿尾矿料的物理力学性质 [J]. 重庆大学学报（自然科学版），2007，30（9）：117-122. （Yin G Z，Yang Z Y，Wei Z A，et al. Physico-mechanical properties of Yang La-copper's Tailing [J]. Journal of Chongqing University：Natural science Edition，2007，30（9）：117-122. （in Chinese））

[12] Oyanguren P R，Nicieza C G，Fernández M I Á，et al. Stability analysis of Llerin Rockfill Dam：an in-situ direct shear test [J]. Engineering Geology，2008，100（3-4）：120-130.

[13] 尹光志，敬小非，魏作安，等. 粗、细尾砂筑坝渗流特性模型试验及现场实测研究 [J]. 岩石力学与工程学报，2010，29（增 2）：3710-3718. （Yin G Z，Jing X F，Wei Z A，et al. Study of model test of seepage characteristics and field measurement of coarse and fine tailings dam [J]. Chinese Journal of Rock Mechanics and Engineering，2010，29（Supp. 2）：3710-3718. （in Chinese））

[14] 尹光志，李愿，魏作安，等. 洪水工况下尾矿库浸润线变化规律及稳定性分析 [J]. 重庆大学学报，2010，33（3）：72-75. （Yin G Z，Li Y，Wei Z A，et al. Regularity of the saturation lines change and stability analysis of tailings dam in the condition of flood [J]. Journal of Chongqing University，2010，33（3）：72-75. （in Chinese））

[15] 姬凤玲，吕擎峰，马殿光. 聚苯乙烯轻质混合土强度变形特性的微观试验研究 [J]. 兰州大学学报（自然科学版），2007，42（1）：19-23.（Ji F L，Lu Q F，Ma D G. Experimental study on microstructure of lightweight EPS-bead-treated soil mechanical behavior [J]. Journal of Lanzhou University：Natural Sciences，2007，42（1）：19-23.（in Chinese））

[16] Horpibulsuk S，Rachan R，Chinkulkijniwat A，et al. Analysis of strength development in cement-stabilized silty clay from microstructural considerations [J]. Construction and Building Materials，2010，24（10）：2011-2021.

[17] Kilfeather A A，MEER J J M V D. Pore size，shape and connectivity in tills and their relationship to deformation processes [J]. Quaternary Science Reviews，2008，27（3-4）：250-266.

[18] 曹树刚，刘延保，李勇，等. 煤岩固-气耦合细观力学试验装置的研制 [J]. 岩石力学与工程学报，2009，28（8）：1681-1690.

[19] 孙其诚，王光谦. 颗粒物质力学导论 [M]. 北京：科学出版社，2009：2.

[20] Mandelbrot B P. The Fractal Theory of Nature [M]. New York：Freeman，1983：25-48.

[21] 王宝军，施斌，刘志彬，等. 基于 GIS 的黏性土微观结构的分形研究 [J]. 岩土工程学报，2004，26（2）：244-247.

[22] 王宝军，施斌，唐朝生. 基于 GIS 实现黏性土颗粒形态的三维分形研究 [J]. 岩土工程学报，2007，29（2）：309-312.

[23] 松岡元. 土力学 [M]. 罗汀，姚仰平，译. 北京：中国水利水电出版社，2001：59.（Matsuoka H. Soil Mechanics [M]. Translated by Luo T，Yao Y P. Beijing：China Water Power Press，2001：59.（in Chinese））

[24] 周健，贾敏才. 土工细观模型试验与数值模拟 [M]. 北京：科学出版社，2008：1.

第 7 章　尾矿分层结构体宏细观力学特性试验研究

坝体失稳是尾矿库灾害中最直接且危害最严重的成灾形式[1-7]。尾矿坝稳定性与外在因素如洪水、地震等关系密切，由于本身即是一个复杂的结构体，尾矿坝的几何结构、局部区域结构特征等也对坝体稳定性影响显著。张超等[8]对尾矿砂力学特性进行了研究，利用自动搜索的电算程序 STED，研究考虑了尾矿坝的整体与局部稳定性，并指出局部稳定性是尾矿坝体整体稳定的关键。

尾矿坝的局部稳定性与局部区域结构有着密切的关系。我国 85%以上的尾矿库是采用上游法堆坝。上游法堆坝是通过坝前集中或分散放矿（矿浆），利用尾矿自然沉积堆筑尾矿坝，形成干滩面，下级子坝均在上级干滩面上修筑。现场工程地质勘察揭示，尾矿堆积坝中，局部区域存在粗、细颗粒分层结构（透镜体结构）[9]，如图 7.1 和图 7.2 所示。这些结构体分布状况和力学性质等对尾矿坝的稳定性具有重要作用[10-13]。

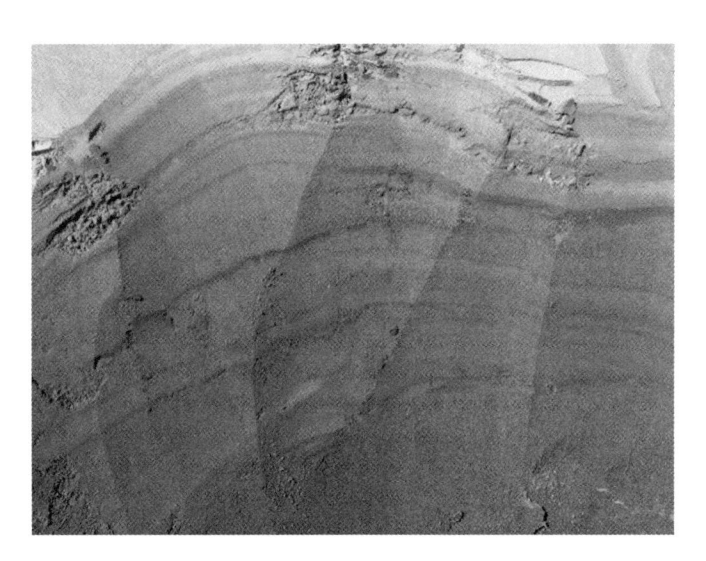

图 7.1　尾矿坝体中的粗、细分层结构

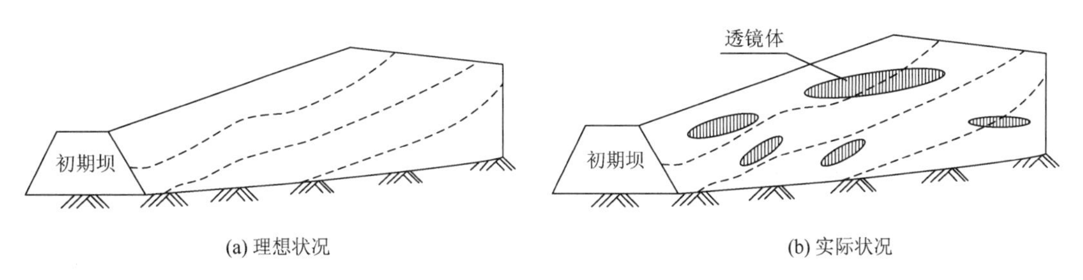

图 7.2　尾矿堆积坝剖面示意图

为探讨粗、细粒尾矿分层结构体（透镜体）工程力学特性的内在机理，采用土工试验的方法对粗、细粒尾矿分层结构体（透镜体）宏观力学性质进行了试验研究；并利用自行研制的尾矿细微观力学与形变观测试验装置，开展了粗、细粒尾矿分层结构体（透镜体）的细观力学试验研究。研究成果对尾矿坝稳定性评价及安全运营管理等具有重要的实际意义。

7.1　粗、细粒尾矿分层结构体宏观力学特性

7.1.1　试验材料与试件制作

1. 试验材料

试验所用尾矿取自云南铜业（集团）有限公司下属铜厂全尾矿。采用搅拌尾矿浆后自然沉降的方法对试验用全尾矿进行分级处理，并从自然沉积的全尾矿中从上而下取样分别得到细、粗粒两种尾矿。采用美国 Microtrac 公司的 S3500 系列激光粒度分析仪进行颗粒分析测试，得到两种尾矿的粒级与级配指标测试结果，见表 7.1，颗粒级配曲线见图 7.3，主要基础物理性质指标见表 7.2。

表 7.1　尾矿粒级与级配指标测试结果

尾矿样	颗粒级配/mm						d_{50}/mm	C_u	C_c
	1.0～0.25	0.25～0.125	0.125～0.074	0.074～0.018	0.018～0.005	＜0.005			
粗粒尾矿	11.92%	46.91%	25.06%	16.11%	0.81%	0	0.1423	2.80	1.09
细粒尾矿	1.06%	4.37%	9.68%	58.72%	21.29%	4.88%	0.03458	5.19	1.28

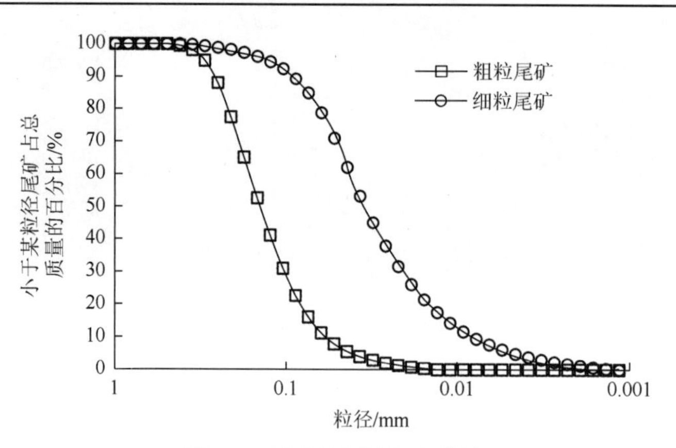

图 7.3　尾矿的颗粒级配曲线

表 7.2　尾矿的主要基础物理性质指标

<table>
<tr><th>尾矿样</th><th>比重 G_s</th><th>干密度（湿密度）/(g·cm^{-3})</th><th>含水率/%</th><th>塑限 W_p/%</th><th>液限 W_L/%</th><th>塑性指数 I_p</th><th>孔隙比 e</th><th>孔隙率 n/%</th></tr>
<tr><td>粗粒尾矿</td><td>3.55</td><td rowspan="2">1.68（1.98）</td><td rowspan="2">18</td><td></td><td></td><td></td><td>0.985</td><td>49.6</td></tr>
<tr><td>细粒尾矿</td><td>3.48</td><td>19.7</td><td>27.6</td><td>7.9</td><td>0.834</td><td>45.5</td></tr>
</table>

2. 试件制作

风干分级处理好的粗、细粒尾矿，用木棍轻轻碾散，并测定其风干含水率。按照表7.2含水率配制粗、细粒尾矿试样，并用塑料袋密封，放入保湿器中以备制作试件。

根据《土工试验与原理》[14]，试件为ϕ3.91mm×8.0mm的圆柱体。试件的制备采用重锤击实的方法，制样密度见表7.2，具体方法如下。

1）单一粗、细粒尾矿三轴剪切试验试件的制作方法

试件按5层进行击实，每一层厚度为1.6cm，根据制样密度计算，每层质量为38g。据上述要求，先进行重锤击实数的确定。经反复试验得出：粗粒尾矿击实4次、细粒尾矿击实8次即能达到所需的密度要求。然后分别制作单一粗、细粒尾矿试件，制作好的试件见图7.4（a）。

2）粗、细粒尾矿两层结构体三轴剪切试验试件的制作方法

试件也按5层进行击实，每一层厚度为1.6cm，每层质量均为38g。重锤击实数与单一粗、细粒尾矿试件相同，即粗粒尾矿击实4次、细粒尾矿击实8次。然后以细粒尾矿作下层，粗粒尾矿作上层，粗粒尾矿厚度分别为1.6cm、3.2cm、4.8cm和6.4cm制作两层结构试件。制作好的试件如图7.4（b）所示。

3）粗、细粒尾矿三层结构体三轴剪切试验试件的制作方法

粗、细粒尾矿三层结构体试件分为粗粒尾矿作中间夹层和细粒尾矿作中间夹层。先进行重锤击实数的确定，测定层厚为1cm和1.5cm两种，根据制样密度计算两种层厚质量分别为23.75g和35.63g。经反复试验得出：层厚为1cm的粗粒尾矿重锤击实数为2.5次（0.5次按高度的一半放击锤），细粒尾矿为6.5次；层厚为1.5cm的粗粒尾矿重锤击实数为3.7次，细粒尾矿按7.8次。然后进行试件的制作，根据以上层厚设定以及击实数的测定，按照中间夹层厚度为1cm、2cm、3cm和4cm制作三层结构体试件。制作好的试件如图7.4（c）、（d）所示。

4）单一粗、细粒尾矿直接剪切试验试件的制作方法

与普通直接剪切试验试件的制作方法相同，将配制好的一定含水率尾矿样堆于试验台，用环刀切下，采用击锤击实试样并记录锤击次数，然后削平环刀多余试样，称量试样质量计算密度，经反复试验获得要求的密度所需的锤击次数为5次。

5）粗、细粒尾矿分层结构体直接剪切试验试件的制作方法

刀口向下将环刀放在试验台上，根据制样密度，称量59.4g细粒尾矿试样放入环刀内，再用击锤进行击实试验，击实后试样高度为1cm。经反复试验，所需击实次数为4次。然后堆放粗粒尾矿在环刀上，再进行击实试验，经反复试验，所需击实次数为3次即可获得所需粗粒尾矿密度。需要注意的是，两种尾矿交接面需用小刀略微刨毛，刨毛程度以保证交界面可清晰辨认为准。制作好的直接剪切试验试件见图7.4（e）。

制作好的各种结构体试件用直尺测量各层厚、电子天平测量质量并计算密度，判定是否达到要求，剔除不合格的试件，合格的试件放入密封容器以备试验。分别制作各种结构体三轴剪切试验试件各1组，共计14组，每组4个试件，共56个试件。分别制作各种结

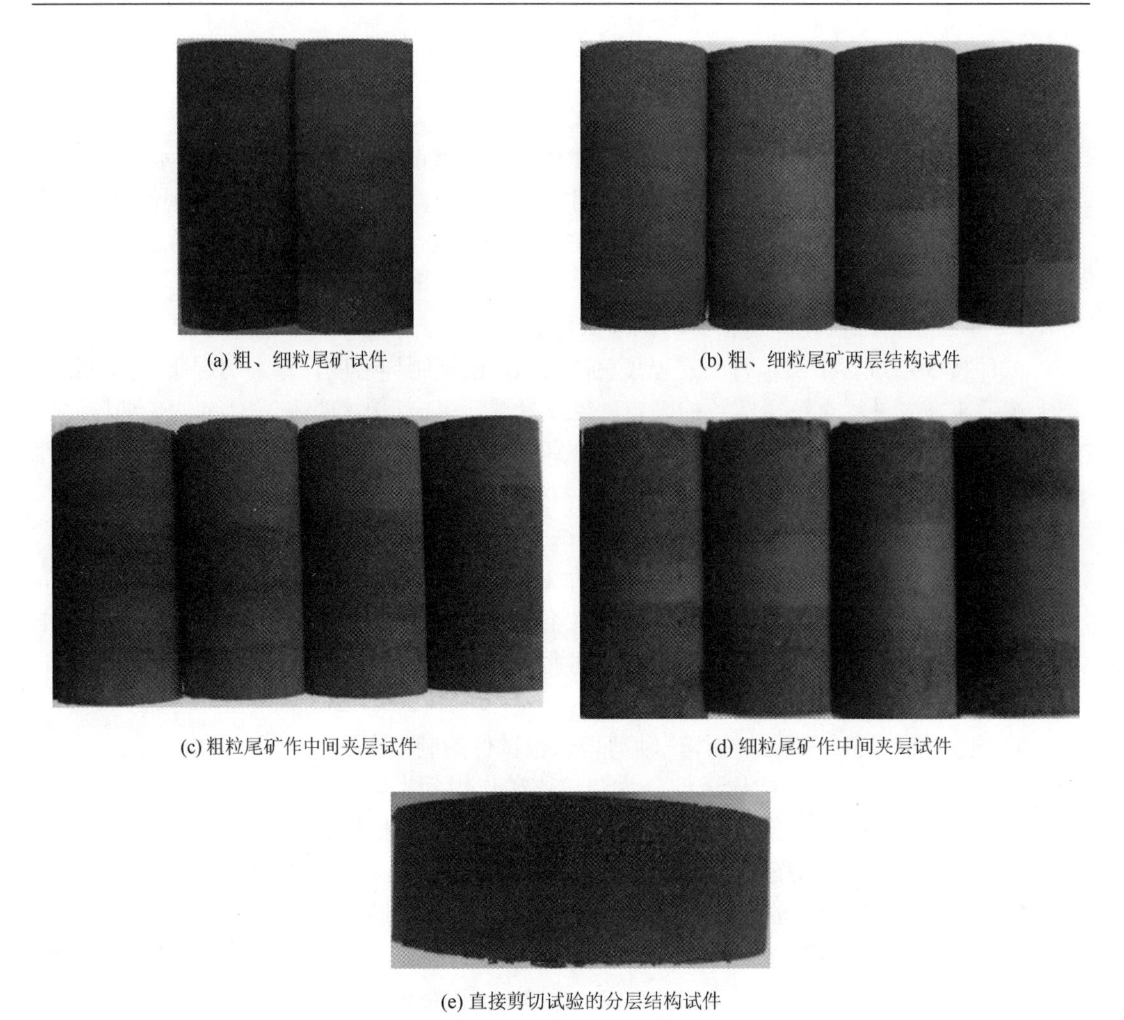

(a) 粗、细粒尾矿试件

(b) 粗、细粒尾矿两层结构试件

(c) 粗粒尾矿作中间夹层试件

(d) 细粒尾矿作中间夹层试件

(e) 直接剪切试验的分层结构试件

图 7.4　用作剪切试验的尾矿试件

构体直接剪切试验试件各 2 组分别进行饱水快剪试验和直接快剪试验，共计 6 组，每组 4 个试件，共 24 个试件。用于饱水快剪试验的试件放入饱和器浸水饱和；用于直接快剪试验的试件放入密封容器保存。

7.1.2　试验方法与设备

1. 试验方法

根据实际尾矿坝内尾矿所处应力环境与排水条件，尾矿粗、细颗粒分层结构体的力学强度试验采用固结不排水（CU）三轴剪切试验，围压分别为 50kPa、100kPa、200kPa 和 300kPa，剪切速率为 $0.032\text{mm}\cdot\text{min}^{-1}$。尾矿粗、细颗粒分层结构体分层接触面力学试验采用饱水快剪试验和直接快剪试验，施加的竖向压强分别为 100kPa、200kPa、300kPa 和 400kPa，试验剪切速率为 $2.4\text{mm}\cdot\text{min}^{-1}$。

2. 试验设备

尾矿的三轴剪切试验采用南京土壤仪器厂有限公司生产的 TSZ30-2.0 型应变控制式三轴剪力仪，见图 3.3。

直接剪切试验所用设备为南京土壤仪器厂有限公司生产的 EDJ-1 型应变控制式直剪仪，见图 3.1。

7.1.3　单一粗、细粒尾矿抗剪强度参数对比

单一粗、细颗粒尾矿的主要抗剪强度参数试验结果见表 7.3。从表中可以看出，粗粒尾矿的内聚力和有效内聚力均小于细粒尾矿的值，两者内聚力相差 2.27kPa，有效内聚力相差 6.66kPa；粗粒尾矿的内摩擦角和有效内摩擦角均大于细粒尾矿的值，内摩擦角相差 2.93°，有效内摩擦角相差 3.46°。这种规律与其他学者研究结果基本相同[15, 16]。

表 7.3　单一粗、细颗粒尾矿的主要抗剪强度参数试验结果

尾矿样	c/kPa	c'/kPa	φ/(°)	φ'/(°)
粗粒尾矿	22.6	13.11	35.17	37.14
细粒尾矿	24.87	19.77	32.24	33.68

7.1.4　粗、细粒尾矿两层结构体抗剪强度特性

粗、细粒尾矿两层结构体试件以细粒尾矿作下层、粗粒尾矿作上层，上层厚度分别为 1.6cm、3.2cm、4.8cm 和 6.4cm，即上层厚度与试件总长度比值分别为 0.2、0.4、0.6 和 0.8，单一细粒尾矿试件比值为 0，单一粗粒尾矿试件比值为 1。绘制试件抗剪强度参数与粗粒尾矿层厚度-试件总长度比值关系曲线，见图 7.5。

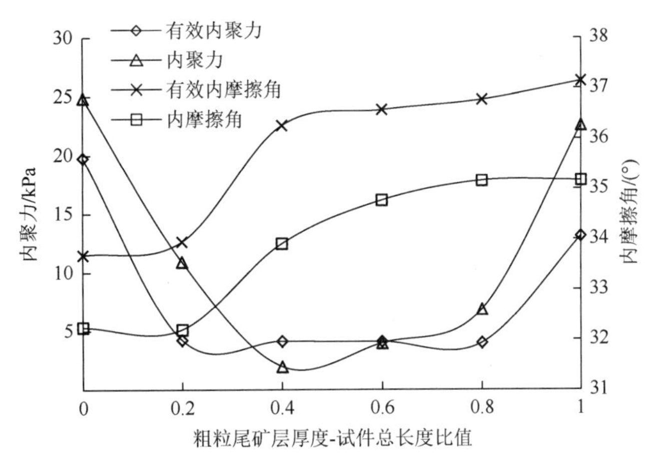

图 7.5　两层结构体抗剪强度参数与粗粒尾矿层厚度-试件总长度比值关系曲线

从图 7.5 可以看出，粗、细粒尾矿两层结构体内聚力为 1.99～10.92kPa，与粗粒尾矿层厚度的变化关系不大，有效内聚力为 4.0～4.25kPa，随着粗粒尾矿层厚度的增加而略微减小，其变化量仅为 0.25kPa，减小幅度为 5.88%。两层结构体的内聚力和有效内聚力均比单一粗粒尾矿或细粒尾矿的小，内聚力随粗粒尾矿厚度-试件总长度比值的变化关系曲线呈 U 形。内摩擦角为 32.2°～35.16°，有效内摩擦角为 33.95°～36.77°，内摩擦角和有效内摩擦角变化规律相近，即均随着粗粒尾矿层厚度的增加而增大，但并非线性增大。粗粒尾矿层厚度为 1.6cm 时，其值接近细粒尾矿的值，而粗粒尾矿层厚度大于 3.2cm 时，其值接近粗粒尾矿的值。在粗粒尾矿厚度为 1.6cm 和 3.2cm 之间，内摩擦角和有效内摩擦角均随着粗粒尾矿层厚度的增加而急剧增大，说明粗粒尾矿层厚度与试件总长度比值在 0.2～0.4 时，粗粒尾矿层厚度的变化对内摩擦角和有效内摩擦角的影响较为敏感。

7.1.5　粗、细粒尾矿三层结构体抗剪强度特性

粗、细粒尾矿三层结构分别考虑了以粗粒尾矿和细粒尾矿作夹层两种情况，夹层厚度分别为 1.0cm、2.0cm、3.0cm 和 4.0cm，与试件总长度比值分别为 1/8、1/4、3/8 和 1/2（夹层厚度与试件总长度比值为 0 时，粗粒尾矿作夹层试件表述为单一细粒尾矿试件，细粒尾矿作夹层试件表述为单一粗粒尾矿试件；比值为 1 时，粗粒尾矿作夹层试件表述为单一粗粒尾矿试件，细粒尾矿作夹层试件表述为单一细粒尾矿试件）共计 8 组试验，试验后的试件见图 7.6。

(a) 分层结构体试件剪切变形

(b) 分层结构体试件试验后剖面图

图 7.6　剪切试验后的尾矿试件

1. 粗粒尾矿作夹层试验结果

绘制试件抗剪强度参数与粗粒尾矿夹层厚度-试件总长度比值关系曲线，见图 7.7。从图中可以看出，试件内聚力为 8.82～15.74kPa，随着夹层厚度-试件总长度比值的增加而减小，减小幅度为 44.0%；有效内聚力为 4.02～12.12kPa，随着夹层厚度的增加而减小，减小幅度为 66.8%。分层结构体的内聚力和有效内聚力均小于单一粗、细粒尾矿的值，与粗粒尾矿夹层厚度-试件总长度比值曲线呈 U 形。内摩擦角为 32.03°～32.85°，随着夹层厚度的增加略微减小，减小幅度为 2.50%；有效内摩擦角为 33.46°～33.97°，随着夹层厚度的增加略微增大，增大幅度为 1.52%。

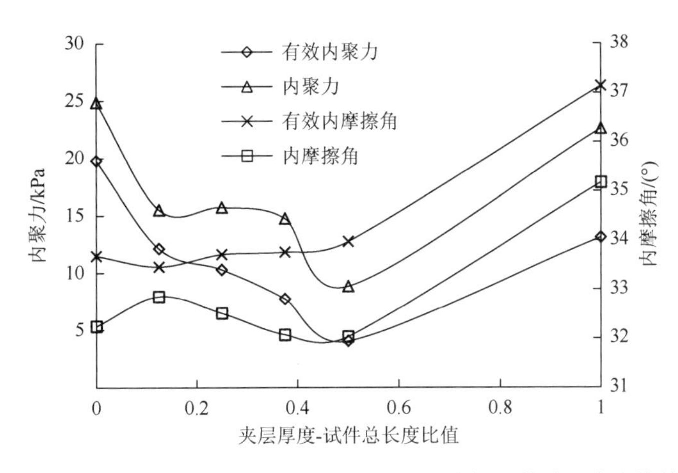

图 7.7　三层结构体抗剪强度参数与粗粒尾矿夹层厚度-试件总长度比值关系曲线

根据上述分析，粗粒尾矿作夹层的三层结构体试件，内聚力随着夹层厚度的增加显著减小，内摩擦角变化不明显。

2. 细粒尾矿作夹层试验结果

绘制试件抗剪强度参数与细粒尾矿夹层厚度-试件总长度比值关系曲线，见图 7.8。从图中可以看出，分层结构体的内聚力为 1.98～9.23kPa，随着夹层厚度-试件总长度比值的增加逐渐减小，减小幅度为 78.5%；有效内聚力为 3.32～4.41kPa，变化不明显。分层结构体的内聚力和有效内聚力均小于单一粗、细粒尾矿的值，与细粒尾矿夹层厚度-试件总长度比值关系曲线呈 U 形。分层结构体的内摩擦角为 34.28°～35°，有效内摩擦角为 35.67°～36.91°，内摩擦角和有效内摩擦角变化规律相同，随着细粒尾矿夹层厚度-试件总长度比值的增加略微减小，减小幅度分别为 2.06%和 3.36%，均明显大于单一细粒尾矿的值，且略小于单一粗粒尾矿的值。

根据上述分析，细粒尾矿作夹层的三层结构体试件，内聚力与夹层厚度关系不大，内摩擦角随着夹层厚度的增加略微减小。

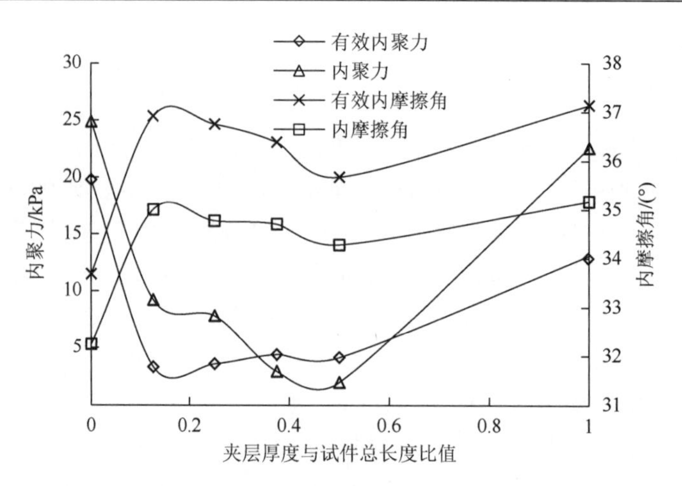

图 7.8 细粒尾矿作夹层三层结构体尾矿抗剪强度参数与夹层厚度关系曲线

7.1.6 粗、细粒尾矿两层结构体直接剪切试验结果及分析

直接剪切试验采用饱水快剪和直接快剪两种方法，试样剪切后的试件见图 7.9，试验结果见表 7.4。结果显示：两种试验条件下，分层结构体的内聚力和内摩擦角均小于单一粗粒尾矿和细粒尾矿的值。

图 7.9 直接剪切试验后的试件

表 7.4 直接剪切试验强度参数

试验方法	粗粒尾矿		细粒尾矿		分层结构	
	c/kPa	φ/(°)	c/kPa	φ/(°)	c/kPa	φ/(°)
饱水快剪	4.95	31.7	9.7	30	3.1	28.2
直接快剪	6.3	32.4	12.15	29.6	3.75	29.1

7.1.7 尾矿分层结构体应变曲线与孔隙水压力分析

1. 应力-应变曲线

图 7.10（a）为三层结构体（粗粒尾矿为夹层，夹层厚 1cm）固结不排水三轴剪切试验的主应力差与轴向应变关系曲线。从图中可以看出，曲线可以分为 4 个阶段。第 1 阶段（*OA* 段），缓慢增长阶段：该阶段主应力差随着轴向应变的增加缓慢增长，可能是细粒尾矿的小颗

粒被逐渐压入粗粒尾矿的孔隙中，由于粗粒尾矿存在较大的孔隙，细粒尾矿的小颗粒可以较容易被压入，因此仅存在较小的阻碍力，表现为轴向应变增加而主应力差增长缓慢，故可将该过程定义为细粒尾矿的小颗粒被压入粗粒尾矿孔隙阶段。第 2 阶段（*AB* 段），线性增长阶段：该阶段随着轴向应变增加主应力差呈线性增长，粗粒尾矿层、细粒尾矿层以及接触面的孔隙被逐渐压实，由于孔隙水压力和颗粒间摩擦的作用，主应力差迅速增加，孔隙水压力也快速升高，孔隙水压力随应变增加而变化的曲线见图 7.11（a）。第 3 阶段（*BC* 段），减缓增长阶段：该阶段随着轴向应变的增加主应力差增加逐渐趋于平缓直至达到剪切峰值，而孔隙水压力也缓慢升高最后达到峰值，该阶段试件逐渐破坏。第 4 阶段（*CD* 段），峰值后阶段：该阶段试件完整性被破坏，主应力差随着轴向应变的增加有微小的降低，出现剪胀现象，孔隙水压力逐渐降低，围压为 100kPa 和 200kPa 时，孔隙水压力最后降低为零；较大围压下，如 300kPa 时，虽然有显著的降低，但并未降低到零。

图 7.10（b）为粗粒尾矿试件固结不排水三轴剪切试验的主应力差与轴向应变关系曲线。从图中可以看出，与三层结构体相同均具有线性增长阶段（*AB* 段）、减缓增长阶段（*AB* 段）、峰值后阶段（*CD* 段）。不同的是，由于粗粒尾矿试件没有粗、细颗粒尾矿接触面，故不存在细粒尾矿的小颗粒被压入粗粒尾矿孔隙阶段（*OA* 段）。破坏后阶段粗粒尾矿试件也没有主应力差随着应变的增加略微减小的过程，两种尾矿试件在破坏后阶段主应力差-应变曲线存在差异可能与分层结构体破坏后的结构特征有关：其一，试件受剪切作用变形扩大，分层结构体试件粗、细颗粒尾矿接触面被剪切而错开（图 7.6（a））；其二，由于轴向应变扩大，分层结构试件中部含夹层部分被压扁，这两种情况使得粗、细颗粒尾矿接触面的面积逐渐增大（图 7.6（b））。细粒尾矿的小颗粒继续被压入粗粒尾矿孔隙中，试件承受轴向压力的能力逐渐减小，主应力差随着轴向变形的增加略微下降。而粗粒尾矿试件并没有粗、细颗粒尾矿接触面，故没有随着轴向应变的增加主应力差略微减小的现象。

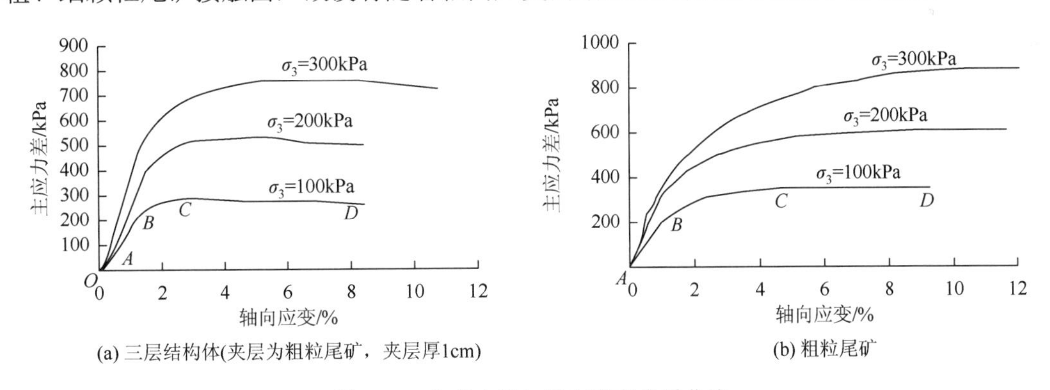

(a) 三层结构体(夹层为粗粒尾矿，夹层厚1cm)　　(b) 粗粒尾矿

图 7.10　主应力差与轴向应变关系曲线

2. 分层结构体孔隙水压力分析

在进行饱和试件的三轴剪切试验中，试件所承受的应力一部分是由试件颗粒间的接触承担，称为有效应力；另一部分是由试件孔隙内的水承担，即为孔隙水压力。为计算尾矿在三轴试验下的有效应力，采用固结不排水三轴剪切试验的方法对各种结构试件进行试验，采集到三层结构体和单一粗粒尾矿试件的孔隙水压力与轴向应变关系曲线，如图 7.11

所示。对比两种试件的孔隙水压力曲线可以看出：二者存在显著差异，三层结构体（夹层为粗粒尾矿，夹层厚 1cm）的孔隙水压力随轴向应变的增加可以分为两个阶段：第 1 阶段（*OA* 段），孔隙水压力快速增长阶段，这一阶段由于轴向应变的增加，试件孔隙被压缩，孔隙水压力迅速增大，直到试件减缓增长阶段临近结束，孔隙水压力达到最大值。第 2 阶段（*AB* 段），孔隙水压力缓慢降低阶段，该阶段分层结构试件由减缓增长阶段逐渐趋近破坏，虽然轴向应变增加，但试件体积略微增大，孔隙有所扩大，孔隙水压力略微减小，轴向应变继续增加，试件抗剪强度达到峰值，而后进一步产生破坏剪胀现象，促使体积显著增大，孔隙进一步扩大，故而呈现孔隙水压力随应变增加而显著降低。由以上分析可知，随着分层结构体试件受载变形的增长，粗、细颗粒尾矿接触面的面积逐渐增大，细粒尾矿小颗粒继续被压入粗粒尾矿孔隙中，使粗粒尾矿原本闭合的孔隙逐渐扩张，增大了试件的孔隙比，孔隙水压力继续减小，在围压不大（围压为 100kPa，200kPa）时，孔隙水压力逐渐减小直至零，而围压较大（围压为 300kPa），增大的孔隙被围压压缩，孔隙水压力仅减小，而不会达到零。

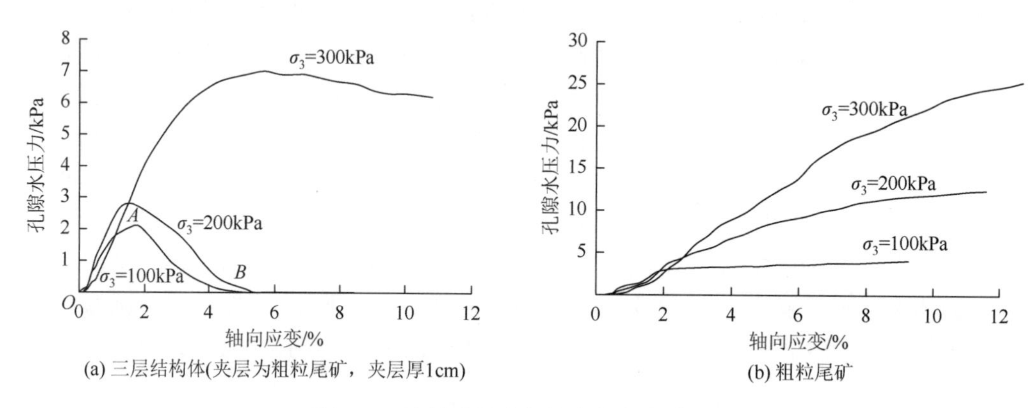

图 7.11　孔隙水压力与轴向应变关系曲线

粗粒尾矿试件由于不存在粗、细颗粒尾矿接触面，随着轴向应变的增加，试件孔隙被逐渐压缩，孔隙水压力呈线性增加，虽然破坏后粗粒尾矿试样存在微小剪胀现象，会引起孔隙水压力增长有所减缓，但不会呈现随着轴向应变的增加而降低的现象。

7.2　细粒尾矿透镜体宏观力学特性

7.2.1　试验材料

试验使用的尾矿取自四川省盐源县平川铁矿。经取样分析，该尾矿中包含有两种不同粒径的颗粒组分，见图 7.12。粗粒尾矿分散，细粒尾矿黏结成块，占 20%～30%。将粗粒和细粒尾矿用超声波振荡器分散成单颗粒，然后利用美国麦奇克有限公司（Microtrac Inc）的 Microtrac S3500 激光粒度分析仪对两种尾矿进行颗粒分析测试得到颗粒级配曲线，见图 7.13。颗粒级配参数及主要基础物理性质指标见表 7.5，表中尾矿含水率、密度为现场测试获得。

图 7.12　试验尾矿

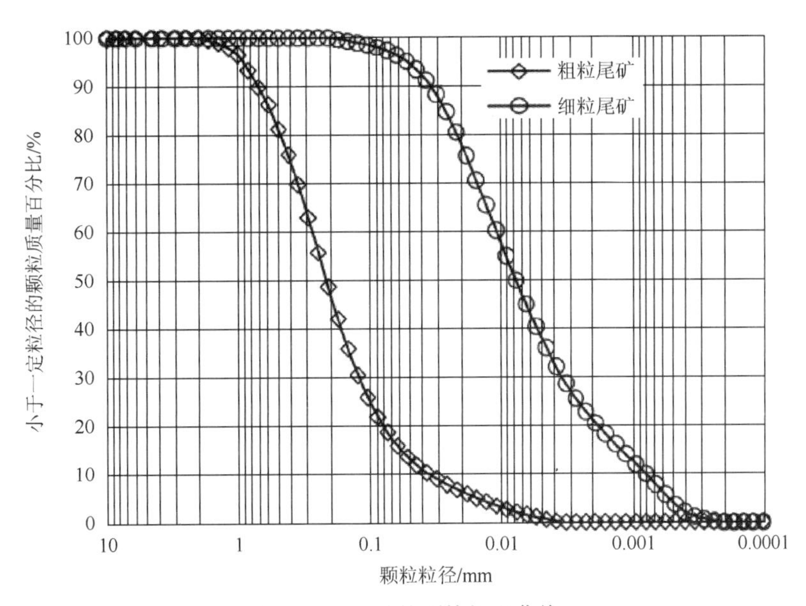

图 7.13　尾矿的颗粒级配曲线

表 7.5　试验尾矿的颗粒级配参数及主要基础物理性质指标

尾矿样	颗粒级配参数						物理性质指标					
	d_{10}/mm	d_{30}/mm	d_{50}/mm	d_{60}/mm	C_u	C_c	比重 G_s	含水率 W/%	密度 ρ/(g·cm^{-3})	塑限 W_p/%	液限 W_L/%	塑性指数 I_p
粗粒尾矿	0.0359	0.1224	0.2161	0.2756	2.25	1.52	2.01	13.75	2.12			
细粒尾矿	0.00082	0.0035	0.00778	0.0109	13.32	1.37	1.94	16.97	1.91	17.4	25	7.6

7.2.2　试验方案

细粒尾矿夹杂在粗粒尾矿中，形成透镜体结构，这种结构存在于尾矿坝内会显著降低坝体的渗透性能[15]，实际坝体的细粒尾矿透镜体中的孔隙水较难排出。因此，利用南京土壤仪器厂有限公司生产的 TZ-200 型全自动三轴试验装置，对细粒尾矿透镜体进行了固结不排水三轴剪切试验，固结时间为 3h。

根据《公路土工试验规程》(JTG E40—2007)，试样尺寸为ϕ39.1mm×L80mm，尾矿试样密度如表 7.5 所示。为确保试样的均匀性，采用重锤击法，按照每层厚度 20mm，共 4 层进行试样的制作，每层之间采用刮土刀轻轻刨毛，以使两层间颗粒自然而紧密接触。按照上述方法，分别制作粗粒尾矿、细粒尾矿和粗细分层结构体（细粒尾矿透镜体）3 组试样，每组试样制备试样 4 件，分别进行围压为 50kPa、100kPa、200kPa 和 300kPa 的固结不排水三轴剪切试验，共计 12 件试样。制作好的尾矿试样见图 7.14。

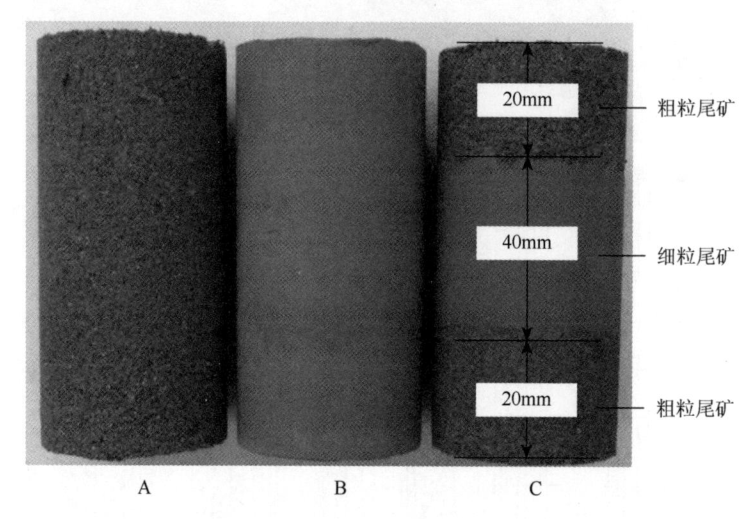

图 7.14　力学性质试验的尾矿试样

A-粗粒尾矿试样；B-细粒尾矿试样；C-粗-细-粗分层结构体试样

7.2.3　试验结果与分析

图 7.15 和图 7.16 分别为粗粒尾矿、细粒尾矿和细粒尾矿透镜体在不同围压条件下的主应力差-应变曲线和孔隙压力-应变曲线。从图 7.16 中可以看出，在初始阶段，三种尾矿的孔隙压力并未立即增大，说明三种尾矿试样并未完全饱和。然而，从孔隙压力-应变曲线可以看出，大致在 1.5%应变后，孔隙压力即显著增大，说明采用本试验方案饱和 3h 后，能够达到较高的饱和度。此外，相对于粗粒尾矿试样，随着轴向应变的增加，细粒尾矿和细粒尾矿透镜体孔隙压力均表现出显著增大。这可能是因为，粗粒尾矿颗粒搭建形成的骨架结构具有较好的支撑作用，可形成较大的孔隙，即使随着轴向应力的增加，颗粒发生相互位移，但孔隙体积变化相对较小，故孔隙压力增加较为缓慢，该结果与图 7.11（b）有所不同，这可能是因为细粒尾矿透镜体试件未达到完全饱和。上述结果说明随着主应力差的增大，相对于细粒尾矿和细粒尾矿透镜体，粗粒尾矿试样可承受增大的有效应力。

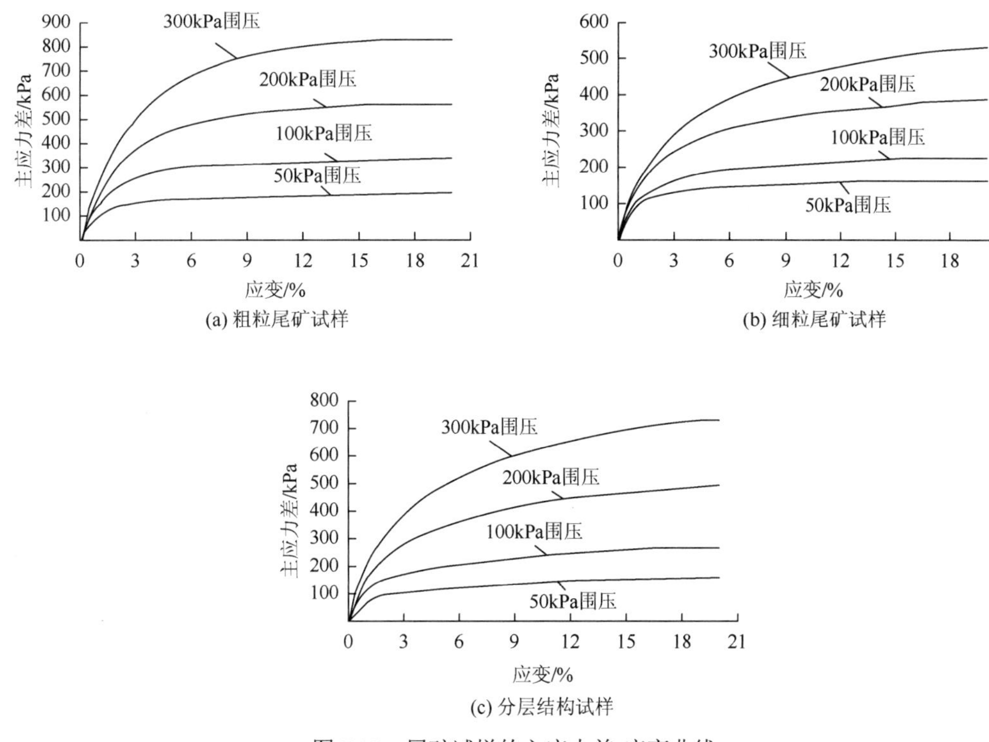

(a) 粗粒尾矿试样　(b) 细粒尾矿试样

(c) 分层结构试样

图 7.15　尾矿试样的主应力差-应变曲线

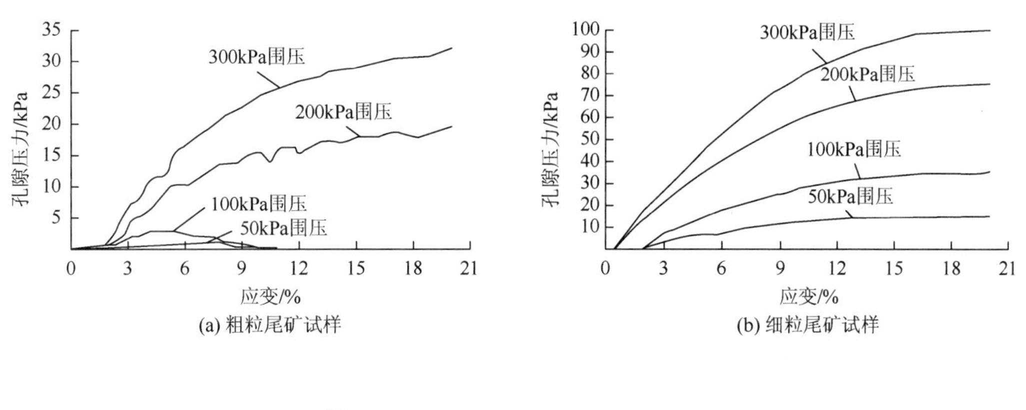

(a) 粗粒尾矿试样　(b) 细粒尾矿试样

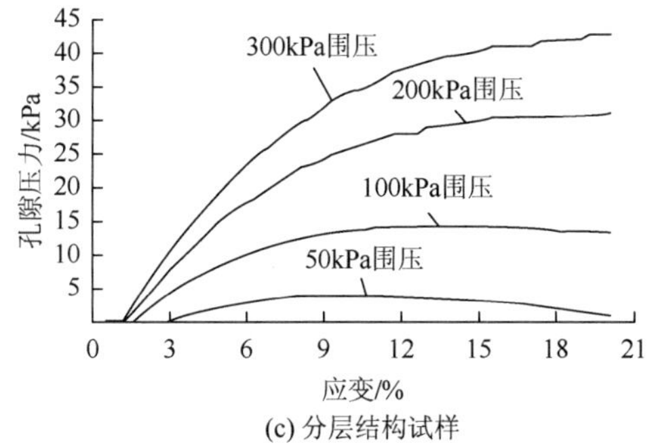

(c) 分层结构试样

图 7.16　尾矿试样的孔隙压力-应变曲线

在主应力差的作用下，土的强度降低、剪胀和压缩特性与孔压系数 A 密切相关。孔压系数 A 越大，说明在相同主应力差增量下，土的孔隙压力增加越大。在饱和状态下，土的孔压系数 B 近似于 1[16]。由于本试验固结排水时间仅为 3h，三种尾矿试样可能并未达到完全饱和，但轴向应变仅不到 1.5%时孔隙压力即迅速增长，故试验试样可看成近似饱和状态。因此，本试验过程中孔压系数 B 近似为 1。

当孔压系数 B 为 1 时，孔压系数 A 如下式所示[16]：

$$A = \frac{\Delta u}{\Delta\sigma_1 - \Delta\sigma_3} \tag{7-1}$$

式中，Δu 为孔隙压力增量（kPa）；$\Delta\sigma_1$ 为轴向应力增量（kPa）；$\Delta\sigma_3$ 为围压增量（kPa）。

图 7.17 为尾矿孔压系数 A 与轴向应变的关系曲线。从图中可以看出，在轴向应变小于 9%时，粗粒尾矿孔压系数 A 近似为 0；细粒尾矿轴向应变仅为 2% 时，其孔压系数 A 即发生显著变化。而细粒尾矿透镜体孔压系数发生显著变化出现在轴向应变为 3.5% 时，介于粗粒尾矿和细粒尾矿之间，且更靠近细粒尾矿。由此可以看出，在初始阶段，粗粒尾矿剪胀和强度降低出现较细粒尾矿试样更为迟缓。此后，粗粒尾矿孔压系数 A 逐渐增大，说明其剪胀与强度降低也相对不明显。然而细粒尾矿的孔压系数 A 初始阶段增大，而后

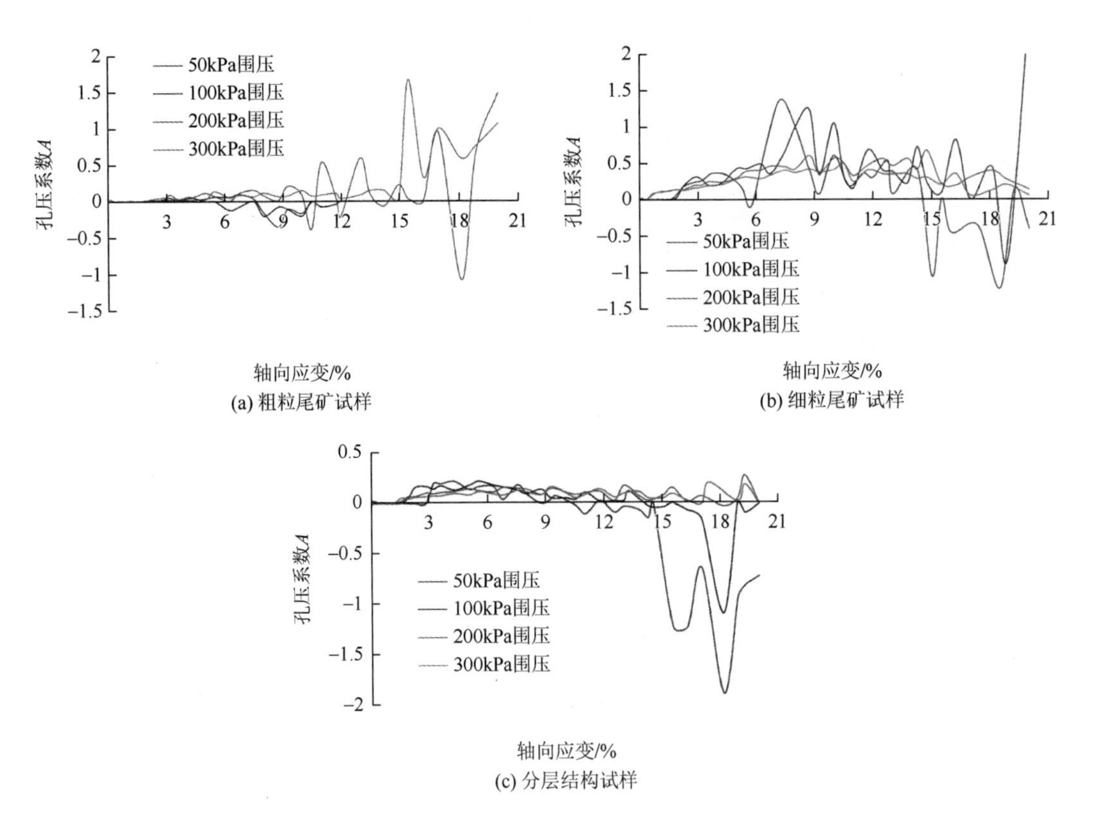

图 7.17　尾矿孔压系数 A 与轴向应变的关系曲线（后附彩图）

随着应变的增大而逐渐降低，细粒尾矿透镜体的孔压系数 A 持续降低，导致剪胀与强度降低持续增大。上述说明，尾矿结构稳定主要取决于土体颗粒的结构稳定，孔压系数 A 在一定程度上会影响强度的降低程度。

若土的轴向应力峰值在 15% 轴向应变时还未达到最大，则按照 15% 轴向应变时的峰值应力作为土的抗剪强度[14]。三种尾矿均呈现出 15% 轴向应变时，轴向应力未达到最大值，其在 15% 轴向应变时的抗剪强度如图 7.18 所示。从图中可以看出，不同围压下，细粒尾矿透镜体的抗剪强度均介于粗粒尾矿和细粒尾矿之间，并且显著低于粗粒尾矿的值，在较低围压条件下，近似等于细粒尾矿的值，例如，围压为 50kPa 时，细粒尾矿透镜体与细粒尾矿的抗剪强度差值仅为 2.64kPa。粗粒尾矿、细粒尾矿和细粒尾矿透镜体试样剪切峰值随着围压的增加均近似线性增大，增大幅度分别为 324.74%、224.49% 和 335.61%。说明细粒尾矿透镜体的抗剪强度随着围压的增大的变化近似于粗粒尾矿，而明显比细粒尾矿增长迅速，但各围压下其值显著低于粗粒尾矿的值。

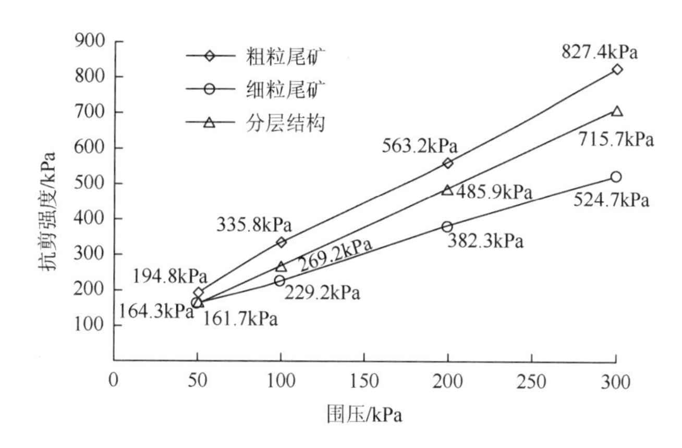

图 7.18　15%轴向应变时不同围压下尾矿试件的抗剪强度

试验获得 3 组尾矿试件抗剪强度参数，见表 7.6。从表中可以看出，细粒尾矿透镜体的内聚力和有效内聚力均低于粗粒尾矿和细粒尾矿的值，有效内聚力与粗粒尾矿试件的值相差不大，差值为 1.6kPa，较单一粗粒尾矿试件减小幅度为 12.08%；细粒尾矿透镜体的有效内聚力与细粒尾矿试件的值相差较大，差值为 13.53kPa，较单一细粒尾矿试件减小幅度为 53.75%。细粒尾矿透镜体试件的内摩擦角与有效内摩擦角介于粗粒尾矿和细粒尾矿试件之间，有效内摩擦角与粗粒尾矿试件相差不大，其差值为 1.38°，相对减小幅度为 3.85%。

表 7.6　尾矿试件的抗剪强度参数

尾矿试件	内聚力 c/kPa	有效内聚力 c'/kPa	内摩擦角 φ/(°)	有效内摩擦角 φ'/(°)
粗粒尾矿	19.97	13.24	33.72	35.83
细粒尾矿	27.59	25.17	25	31.12
细粒尾矿透镜体	14.07	11.64	31.63	34.45

7.3 细粒尾矿透镜体细观力学特性

7.3.1 试验装置

细观力学试验采用自主研发的尾矿细微观力学与形变观测试验装置，见图 6.2。该装置主要由加载试验设备、压力室及附属部件、局部应力监测系统、细微观观测系统 4 个部分组成，主要技术指标见表 6.1。装置详细介绍见 6.1 节。

7.3.2 试验方案与步骤

为探索细粒尾矿透镜体宏观力学特性的细观力学机理，制作了粗-细-粗尾矿分层结构体（细粒尾矿透镜体）试件进行细观力学试验，从细观角度分析尾矿颗粒结构变形演化特征与应力特性。根据上游法尾矿坝修筑特点，坝体下层尾矿是随逐级子坝的修筑而逐渐增大上覆荷载的，因此，试验采用材料蠕变试验机进行 100kPa 压力的逐级静态加载以模拟堆筑各级子坝所致重力荷载的逐级增加实际情况。同时，考虑实际尾矿坝的排渗条件，试验过程中控制排气和排水。现场勘察揭示用作堆筑各级子坝的材料为非饱和尾矿，故按照表 7.5 所示含水率与密度制作非饱和尾矿细观力学试验试件，细粒尾矿透镜体试件各层装填比例按粗∶细∶粗 = 70mm∶60mm∶70mm，累积荷载分别为 100kPa、200kPa、300kPa、400kPa、500kPa、600kPa 和 700kPa。此外，尾矿坝失稳破坏起始于尾矿颗粒的位移和细观结构变形，而这些变化是受坝体内部局部应力作用。因此，试验过程中，监测不同层尾矿试件的变形情况、颗粒的移动规律以及粗细粒尾矿层的局部应力。具体试验步骤如下：

1. 试件的制作

细粒尾矿透镜体细观力学试验试件采用分层装填的方法制作成ϕ100mm×200mm 形状（图 7.19），每次装填下一层尾矿试样时均使用削土刀刨毛上一层表面，确保层间颗粒自然接触。为保证装填试件的均匀性，下层粗粒尾矿试件分两次装填，每层装填试件 499.26g，并用压板压实至厚度 30mm。然后按两层装填细粒尾矿试件，每层装填试件 524.77g，并用压板压实至厚度 35mm。最后按照下层粗粒尾矿试验装填方法装填上层粗粒尾矿。在装填试件过程中，距离压力室内底端高度为 35mm、100mm 和 165mm 处分别埋设 3 个土压力传感器；在观测窗内侧 60mm、80mm、120mm 和 140mm 处分别埋设直径为 0.5mm 的铝质圆珠，以便跟随尾矿颗粒移动观测颗粒运动规律以及监测各层变形量，选择铝质圆珠是因为其密度与尾矿颗粒密度相近。4 颗铝质圆珠将尾矿试件分为 5 层，其中，粗、细粒尾矿接触面分别在第 2 层与第 4 层。装填完尾矿试样后，打开加压活塞排气阀并推入压力室直至接触尾矿，然后关闭排气阀，并静置 24h 以确保孔隙水均匀分布。制作好的尾矿细观力学试验试件结构图见图 7.20。

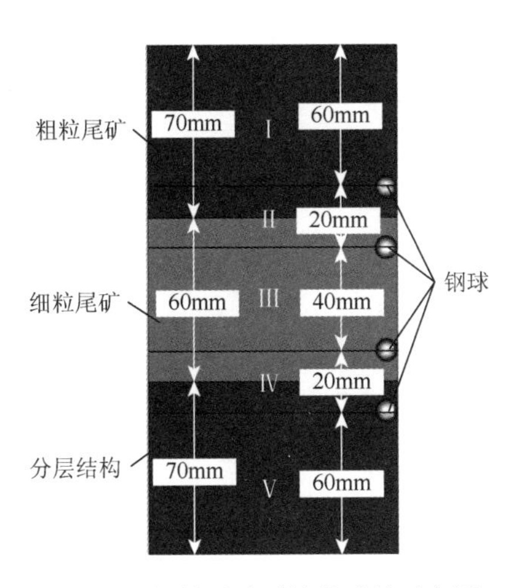

图 7.19　细粒尾矿透镜体试件示意图

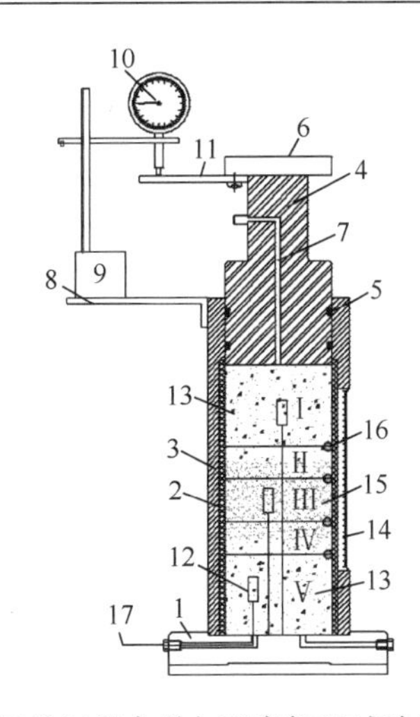

图 7.20　尾矿细观力学与形变机理试验试件结构图

1-底板；2-不锈钢套筒；3-玻璃钢筒；4-加压活塞；5-O 形圈；6-活塞压头；7-排气及进水控制孔；8-支架托板；9-百分表支架；10-百分表；11-百分表限位板；12-土压力传感器；13-粗粒尾矿；14-观测窗；15-细粒尾矿；16-铝质圆珠；17-传感器导线

2. 压力室安装

安装压力室到材料蠕变试验机上，调整试验台，使活塞压头接触试验机承压板。安装百分表支架及百分表，使之有 5mm 左右行程。安装动态细微观观测装置，使体视显微镜镜头对准压力室观测窗，调整软件及镜头焦距，使之能清晰观察到尾矿颗粒。安装土压力传感器到动态应变仪，连接计算机，调整好采集软件。试验采用水作为加载砝码，该材料蠕变试验机加载比例为 1∶250，根据计算，每级加载水质量为 320.4g。

3. 进行试验

在加载前先记录铝质圆珠与粗-细粒尾矿界面位置测量以及初始尾矿细观结构的图像采集，采集位置取观测窗刻度分别为 30mm、100mm 和 170mm 附近以及粗、细颗粒接触面。测量得到埋设铝质圆珠位置分别为 60.21mm、79.87mm、119.94mm 和 140.03mm 处，粗、细粒尾矿接触面分别在 72.3mm 和 141.7mm 处。然后对准体视显微镜至粗、细颗粒接触面，并启动体视显微镜录制软件及动态应变仪采集软件，以便在加载过程中进行动态观测。加载时，先用手稳住加载水容器倒入 320.4g 水，而后轻轻放开手以进行 100kPa 的静态加载试验，待百分表与应力稳定后，测定百分表、铝质圆珠位移，并根据百分表与铝质圆珠位移找到初始采集点，进行图像采集。

依照步骤 3，按方案逐次进行各级加载试验，并采集数据。细粒尾矿透镜体的细观力学试验具体流程见图 7.21。

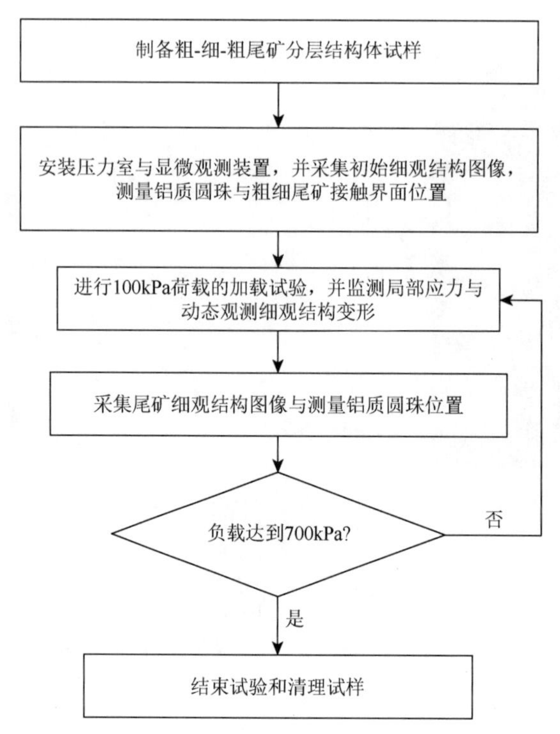

图 7.21　细粒尾矿透镜体的细观力学试验具体流程图

7.3.3　不同埋深处颗粒位移

根据细粒尾矿透镜体细观力学试验，获得每级荷载作用下稳定后百分表读数、埋设铝质圆珠位置（铝质圆珠运动主要表现为竖直向下的沉降位移），绘制其位置（200mm 处为百分表读数换算获得）与荷载的关系曲线，见图 7.22。从图中可以看出，整体而言，尾矿细观结构受荷载作用变形较大，700kPa 荷载下总位移达到了 9.452mm。随着埋深的增加，铝质圆珠的沉降位移逐渐减小，如 60.21m 处铝质圆珠沉降为 1.22mm，仅为顶端 200mm 处沉降位移的 12.9%。随着荷载的增加，各点沉降位移均呈非线性增长，其增量随荷载的增加逐次减小，如 0～100kPa 荷载下，顶端 200mm 处的沉降位移为 2.91mm，而 600～700kPa 荷载下，该处沉降位移为 0.499mm，仅为前者的 17.1%。

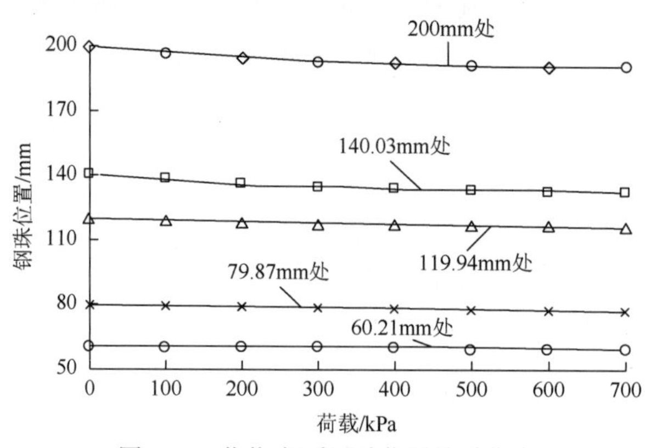

图 7.22　荷载-铝质圆珠位置关系曲线

对比分析细粒尾矿透镜体各层铝质圆珠沉降位移可以看出，透镜体各层压缩量与初始层厚的比值有所差异，建立该比值与荷载的关系曲线，见图 7.23。从图中可以看出：与铝质圆珠沉降位移规律相同，随着荷载的增加，各层压缩量与层厚的比值呈非线性增长，其增量随荷载的增加逐渐减小。700kPa 荷载下，单一粗、细粒尾矿层的第 1、3 和 5 层压缩系数分别为 3.05%、2.28%和 2.03%，说明单一尾矿层压缩系数随埋深的增加逐渐减小。细粒尾矿透镜体第 2、4 层包含有粗、细粒尾矿接触面，压缩系数分别为 18.16%和 9.37%，也说明了尾矿层压缩系数随埋深的增加逐渐减小。此外，包含有交界面的尾矿层压缩系数显著大于单一粗、细粒尾矿层（第 1、2 和 3 层）的值，呈现出包含有粗、细尾矿层界面的尾矿细观结构变形显著大于单一粗粒或细粒尾矿层。

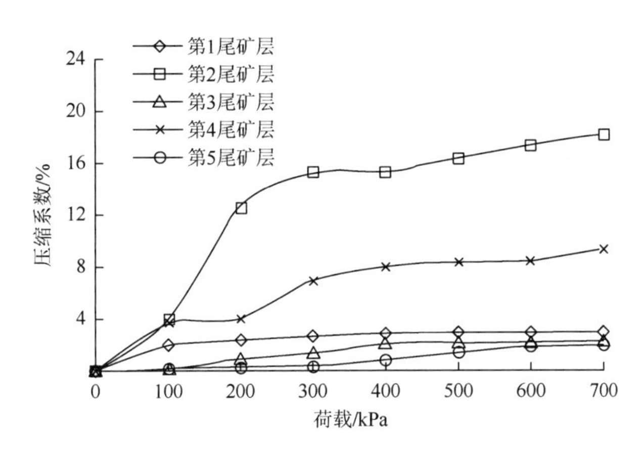

图 7.23　各层压缩量-初始层厚比值与荷载关系曲线

7.3.4　不同埋深处局部应力

细粒尾矿透镜体细观力学试验过程中，通过 3 个土压力传感器监测受载过程中粗、细粒尾矿层局部应力可绘制各级荷载作用下的时间-局部应力曲线，如图 7.24 为 600～700kPa 荷载下尾矿各层局部应力随时间的变化曲线。从图中可以看出，在某一级荷载下，局部应力随着时间的增长最终会接近于当前所施加的荷载，如 165mm、100mm 和 35mm 处局部应力最终达到 699.5kPa、697.2kPa 和 693.5kPa，略低于 700kPa，并且上层局部应力略大于下层的值。施加荷载初期，局部应力变化较为复杂，呈现出局部应力在施加荷载后并非立即增大，而是随时间的增加呈起伏状增长，峰值后有回落现象，最终趋于平缓，且这一现象上层较下层显著。各层局部应力在峰值附近波动较大，在波谷或稳定阶段较为平缓。各时刻，随着埋深的增加，尾矿局部应力均逐渐减小，其中，165mm 处与 35mm 处相差在 1.8～71.6kPa。受荷载作用，局部应力响应表现出下层滞后于上层，如施加荷载后，165mm 处应力迅速增加，并在短期内达到一个较高的峰值，而 35mm 和 100mm 处初期应力均无较大变化，分别在 67s 和 109s 之后才显著增大。

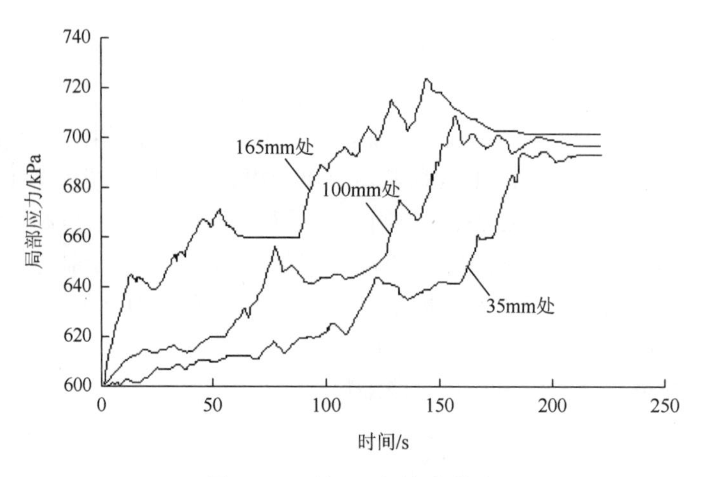

图 7.24　时间-局部应力曲线

7.3.5　细观结构变形特征

图 7.25 为未受荷载作用下，单一粗、细粒尾矿层细观结构。粗粒尾矿颗粒轮廓相对较为清晰（如图 7.25（a）中 A 所指颗粒），仅部分小颗粒附于大颗粒间，颗粒间存在许多较大孔隙（如图 7.25（a）中 B 所指区域）。细粒尾矿中，受孔隙水张力作用，颗粒被黏结呈片状（如图 7.25（b）中 C 所指区域）；尾矿孔隙形状复杂、数量众多、体积较小（如图 7.25（b）中 D 所指孔隙）。

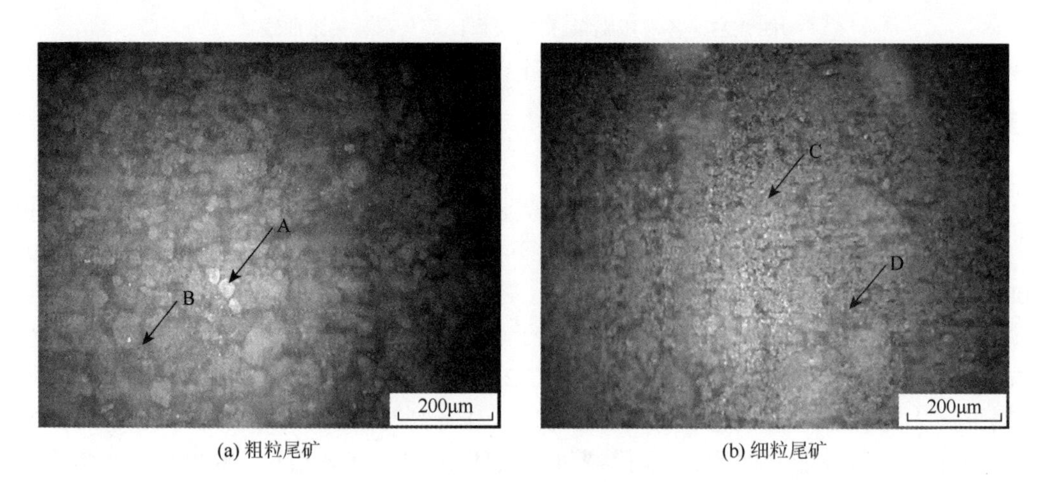

(a) 粗粒尾矿　　(b) 细粒尾矿

图 7.25　未受荷载作用的单一粗、细粒尾矿层细观结构（后附彩图）

图 7.26 为 100kPa、300kPa、500kPa 和 700kPa 荷载下，粗、细粒尾矿接触面细观结构图。从图中可以看出，粗、细粒尾矿接触面间具有较大孔隙（如图 7.26（a）中 A 所指孔隙），粗、细粒尾矿接触不够致密。试验过程中，随着荷载的增加，细粒尾矿逐渐向粗粒尾矿区域移动（如图 7.26 中 C 所指区域移动趋势），粗、细粒尾矿接触面处较大孔隙逐渐被细粒尾矿充填，接触面界线由原来的近似直线逐渐变得曲折复杂（如图 7.26 中 D 所

示界线）。同时，粗、细粒尾矿接触面孔隙逐渐闭合消失（如图 7.26 中 B 所示孔隙）。最终，粗粒尾矿中孔隙也逐渐被细粒尾矿充填（如图 7.26（d）中 E 所指区域）。

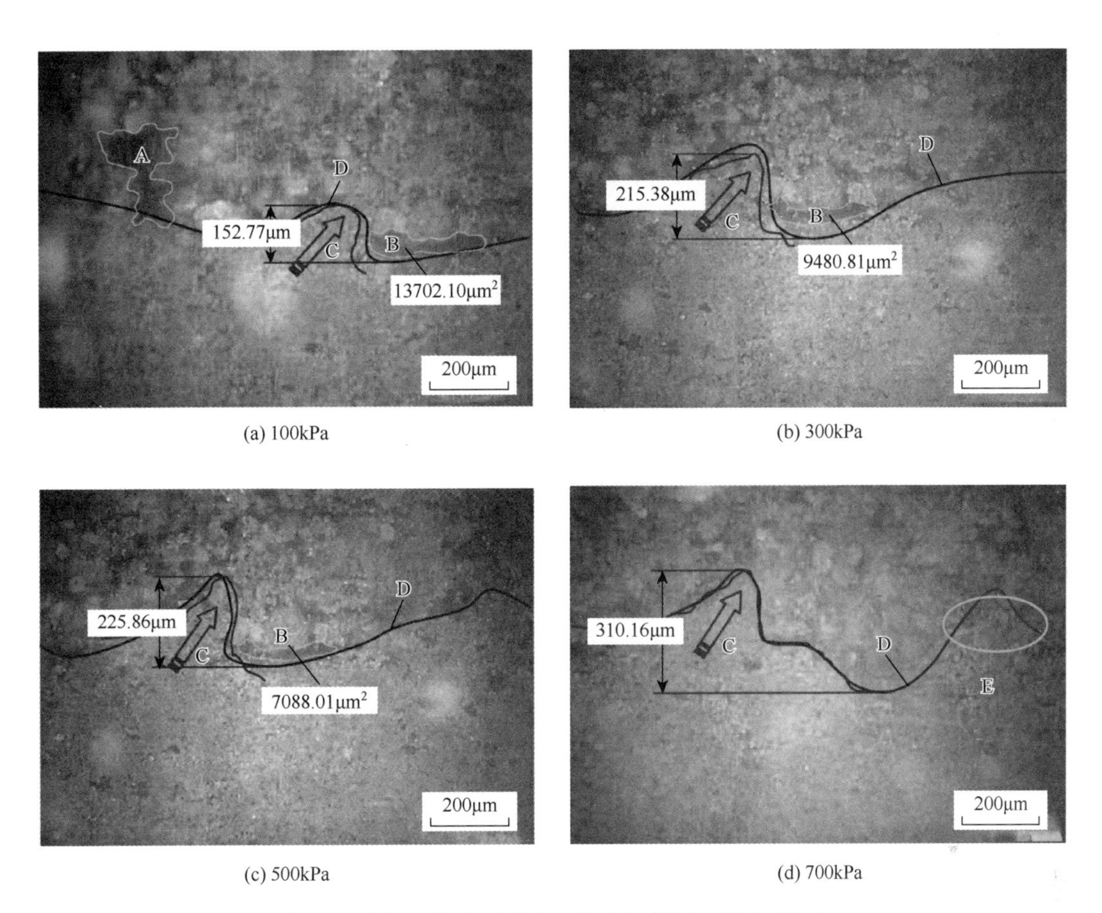

(a) 100kPa　(b) 300kPa　(c) 500kPa　(d) 700kPa

图 7.26　粗、细粒尾矿接触面细观结构图（后附彩图）

由上述分析可知，粗、细粒尾矿接触面间具有显著的变化，主要由细粒尾矿向粗粒尾矿区域移动充填尾矿孔隙引起。由此，包含粗、细尾矿分层界面的尾矿层体积显著减小，故呈现 7.3.3 节所述不同层颗粒位移变化规律。另一方面，在承受荷载后，随着分层界面细观结构变形不能立即稳定，下层局部应力在施加荷载初期增长缓慢，如 7.3.4 节所述。

7.3.6　宏细观等效力学机理分析

尾矿是在选矿厂经过破碎、研磨和分选的固体废弃物，由尺寸和形状各异的岩石颗粒组成。细粒尾矿与粗粒尾矿的力学性质具有显著差异，前者具有较低的抗剪强度与渗透性[17]。采用上游法堆筑的尾矿坝容易造成颗粒分布的不连续，细粒尾矿会混入粗粒尾矿修筑的坝体形成细粒尾矿透镜体。通过对比分析三轴剪切试验结果发现（如 7.2 节所述），细粒尾矿透镜体抗剪强度要显著低于粗粒尾矿，如图 7.18 所示。

尾矿的抗剪强度主要与颗粒黏结力和颗粒间摩擦力有关。尾矿颗粒的黏结力主要包括三种类型：颗粒间水膜受到相邻颗粒之间的分子引力而形成的原始黏结力，受到尾矿中化合物的胶结作用而形成的固化黏结力，以及由毛细压力所引起的毛细黏结力。三种黏结力均是由中间介质（结合水、化合胶结物和自由水）连接产生[18]。然而在分层机构体中，粗、细粒尾矿接触面处，两种颗粒粒径相差较大，假设颗粒为圆形，则其连接形式如图 7.27（a）所示，而两细粒连接形式如图 7.27（b）所示。根据球形颗粒的几何关系可知，连接介质与尾矿颗粒接触面为颗粒球冠的外表面积，如图 7.28 所示，其面积计算公式为

$$s=\int_0^{\pi}2\pi r_s r\cdot \mathrm{d}\theta=\int_0^{\pi}2\pi r^2\cos\theta\cdot \mathrm{d}\theta=2\pi r^2(1-\sin\theta)=2\pi rL \tag{7-2}$$

式中，s 为连接介质与尾矿颗粒的接触面积；r 为颗粒半径；L 为被连接介质覆盖球冠的高度，其表达式为

$$L=r-\frac{1}{2}\sqrt{4r^2-h^2} \tag{7-3}$$

其中，h 为连接介质在两颗粒圆心连线的垂线上的投影长度，如图 7.27 所示。

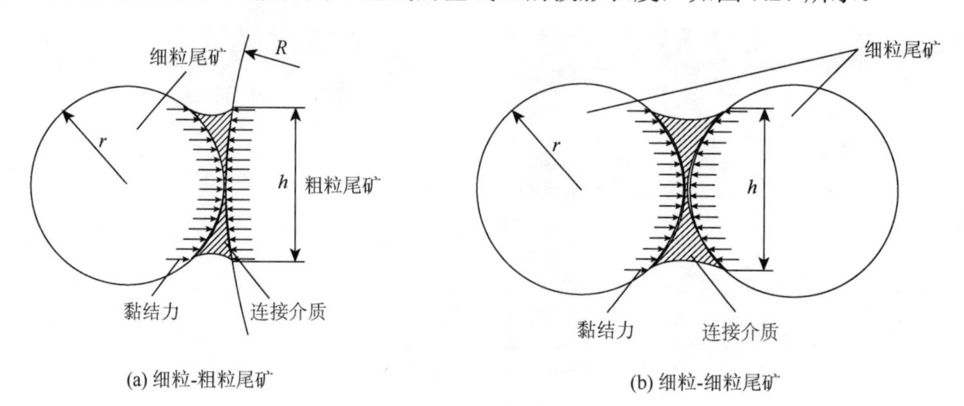

图 7.27　尾矿颗粒的连接形式

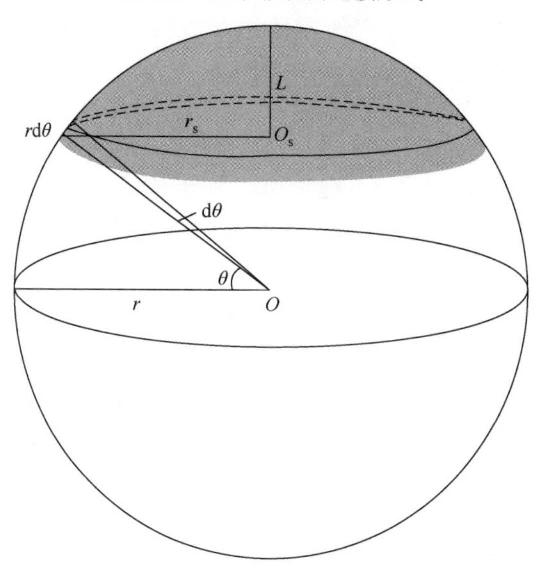

图 7.28　圆形尾矿颗粒与连接介质接触面（球冠）示意图

由此，根据几何关系，细尾矿颗粒与连接介质接触面积可表示为

$$s = \pi r(2r - \sqrt{4r^2 - h^2}) \tag{7-4}$$

当细尾矿颗粒与粗尾矿颗粒接触时，连接介质与粗尾矿颗粒的接触面积可表示为

$$S = \pi R(2R - \sqrt{4R^2 - h^2}) \tag{7-5}$$

式中，S 为连接介质与粗尾矿颗粒的接触面积；R 为粗尾矿颗粒半径。

各参数之间符合如下关系：

$$\begin{cases} h < 2r \\ r \ll R \\ h \ll R \end{cases} \tag{7-6}$$

考虑到关系式（7-6），根据式（7-4）、式（7-5），可以得到

$$S = \pi R(2R - \sqrt{4R^2 - h^2}) \to 0 \tag{7-7}$$

$$s = \pi r(2r - \sqrt{4r^2 - h^2}) \tag{7-8}$$

根据图 7.13 所示尾矿颗粒粒径计算，S 大致为 10^{-5}mm^2，而 s 大致为 10^{-2}mm^2，可推算 s 将远大于 S。此外，细尾矿颗粒接触数量远多于粗尾矿颗粒接触数量，故细尾矿颗粒之间相互接触时，其连接介质与尾矿颗粒的接触总面积将显著大于细尾矿颗粒与粗尾矿颗粒接触时的值。对于相同含水率的同种矿物不同粒径尾矿，颗粒间结合水、化合胶结物与自由水几乎相同，由它们产生单位面积的三种黏结力（原始黏结力、固化黏结力与毛细黏结力）也将相同。故连接介质接触面积较大的单一细粒尾矿总黏结力较细粒尾矿透镜体的值大，表现出细粒尾矿的内聚力比细粒尾矿透镜体的值大，如表 7.6 所示结果。

在粗、细尾矿颗粒接触面区域，将数个细粒尾矿看作黏结在一起的单个粗尾矿颗粒，如图 7.29 所示。从图中可以看出，一个由数个细尾矿颗粒组成假象的单个粗尾矿颗粒与另一个粗尾矿颗粒连接，其连接介质与颗粒的接触面积（图中浅色斜线所示区域）将远大于数个细尾矿颗粒与粗尾矿颗粒的接触面积（图中深色斜线所示区域）。此外，如 7.3.5 节所述，粗尾矿颗粒与细尾矿颗粒接触区域较为松散，如图 7.26 所示，这也将显著降低连接材料与尾矿颗

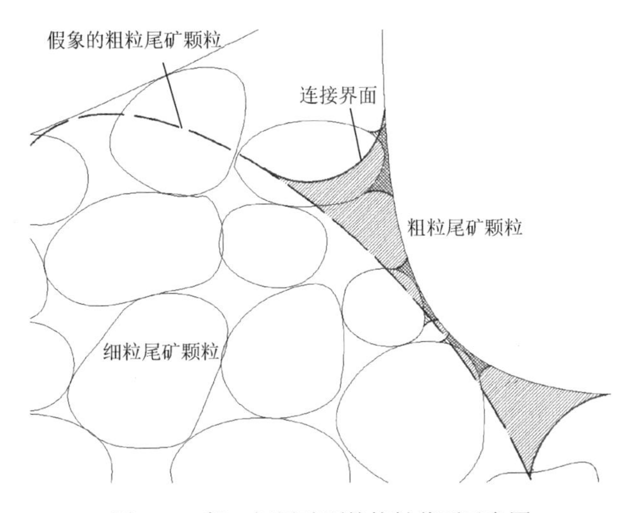

图 7.29　粗、细尾矿颗粒接触截面示意图

粒的接触面积。考虑到单位面积连接介质产生的黏结力相同可以推断，粗粒尾矿的内聚力将显著大于细粒尾矿透镜体的值，故呈现表 7.6 所示试验结果。

尾矿颗粒要产生相互滑动，除需要克服颗粒间黏结力以外，还受到颗粒间相互滑动的摩擦力与契合的咬合力阻碍。颗粒间滑动摩擦力主要与颗粒的接触法向应力、颗粒粗糙程度及接触面积有关。对于相同荷载的不同粒径尾矿，接触法向应力几乎相同。而滑动摩擦系数主要取决于颗粒表面粗糙程度。由于细粒尾矿在选矿过程中，磨碎程度比粗粒尾矿更大，其形状更近似于圆形，表面也更光滑。加之圆形颗粒主要为点接触，细粒尾矿颗粒间总体接触面积要小于粗粒尾矿的值。因此，粗粒尾矿的滑动摩擦力要显著大于细粒尾矿透镜体与细粒尾矿的值。

尾矿颗粒契合的咬合力主要为颗粒紧密接触时，颗粒相互契合产生的阻碍其相互移动的力。三轴压缩条件下，尾矿颗粒相互紧密接触，颗粒间咬合力将阻碍其相互滑动。如图 7.30（a）所示，粗粒尾矿在高应力条件下若产生剪切滑动，剪切面上的颗粒将会破碎（如颗粒 A），或者产生转动（如颗粒 B）。而颗粒本体强度是颗粒间黏结强度的数百倍[19]，故颗粒破碎需要克服的力必然大于破坏颗粒间黏结而使颗粒转动所克服的力。此外，相对于更近似于球形的细粒尾矿颗粒，形状不规则的粗粒尾矿更易破碎，而不容易产生转动[20]，故排列紧密的粗粒尾矿间形成剪切滑动所需要克服的阻力显著大于细粒尾矿。如图 7.30（b）所示，粗、细粒尾矿接触面处，粗粒尾矿间存在较大的孔隙，受剪切力的作用，细颗粒容易向粗粒尾矿孔隙中移动，增加了细颗粒转动空间，加之细粒尾矿不易发生破碎，但容易产生转动，故剪切面一般会从粗、细颗粒接触面穿过，所克服阻力也相对于单一粗粒尾矿的小。

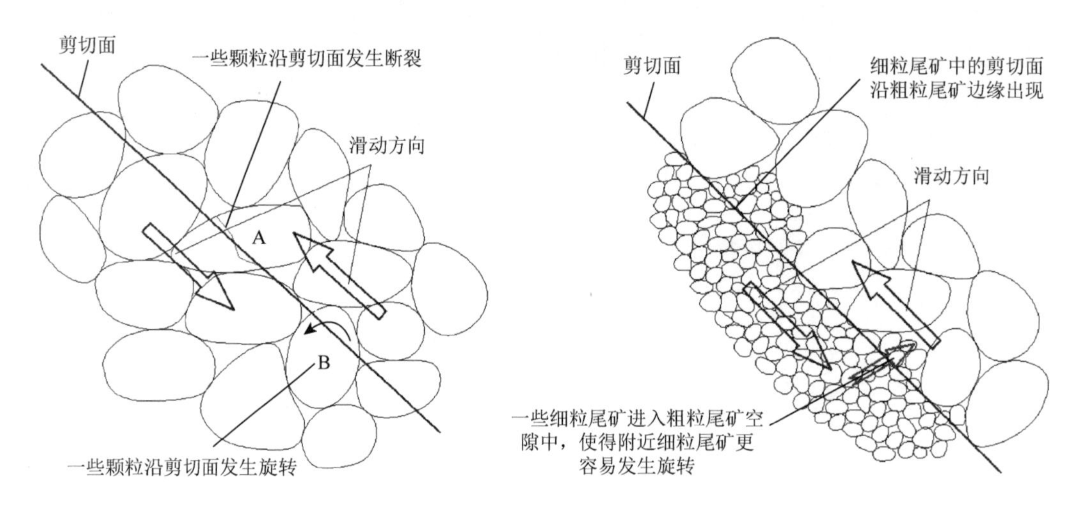

(a) 单一粗粒尾矿剪切滑移处截面　(b) 粗粒与细粒尾矿接触剪切滑移处截面

图 7.30　尾矿剪切滑移处颗粒运动示意图

根据上述分析，细粒尾矿透镜体的剪切强度显著低于单一粗粒尾矿主要由如下两个方面引起：其一，由于混入细粒尾矿，其本身较差的力学性质将显著降低结构的抗剪强度[17]，特别是围压较低时细粒尾矿透镜体细粒尾矿层受载变形显著，其剪切强度接近于单一细粒尾矿（图 7.18）。其二，粗、细尾矿颗粒接触处的黏结力、滑动摩擦力与咬合力均低于单一粗粒尾矿，粗、细颗粒接触面处细观结构极易产生破坏。

尾矿是一种典型的颗粒物质，颗粒间存在众多不均匀分布的力链，由此形成局部应力的不均匀性[21]。细粒尾矿透镜体局部应力变形特征不同于单一粗粒尾矿，由于在粗、细尾矿接触面处，细尾矿向粗尾矿孔隙中移动，细粒尾矿透镜体上层接触力将不能及时传递到下层，下层尾矿颗粒的最优化排列将有所滞后。因此，这种上覆高应力状态与下层颗粒细观结构低强度的矛盾将极易引起尾矿细观结构的瞬间破坏，造成尾矿宏观尺度的显著变形，极易引起尾矿坝局部失稳破坏。

采用上游法堆坝，修筑的子坝存在复杂的分层结构体（透镜体），其坝体强度显著降低。并且堆筑上层子坝时下部尾矿层颗粒接触力平衡滞后，坝体细观颗粒结构不能及时优化，易造成坝体局部破坏。此外，细粒尾矿渗透性能较差，含有细粒尾矿透镜体的尾矿坝地下水位线将明显升高，对坝体稳定更为不利。因此，在堆坝过程中，应加强尾矿的放矿管理，减少细粒尾矿混入粗粒尾矿层，避免子坝中出现细粒尾矿夹层。对于已完成堆筑的尾矿坝，应加强坝体细粒尾矿层的勘察，得出准确的稳定性评价结果，制定有效的加固与排渗措施，确保尾矿库的安全运营。

参 考 文 献

[1] Rico M，Benito G，Díez-Herrero A. Floods from tailings dam failures [J]. Journal of Hazardous Materials，2008，154（1-3）：79-87.

[2] Vick S G. Tailings dam failure at Omai in Guyana [J]. Mining Engineering，1996，11（1）：34-37.

[3] Blight G E. Destructive mudflows as a consequence of tailings dyke failures [J]. Proceedings of the Institution of Civil Engineers Geotechnical Engineering，1997，125（1）：9-18.

[4] Mc Dermott R K，Sibley J M. Aznalcollar tailings dam accident a case study [J]. Mineral Resources Engineering，2000，9（1）：101-118.

[5] Niekerk H J V，Viljoen M J. Causes and consequences of the merriespruit and other tailings-dam failures [J]. Land Degradation & Development，2005，16（2）：201-212.

[6] Rico M，Benito G，Salgueiro A R，et al. Reported tailings dam failures：a review of the European incidents in the worldwide context [J]. Journal of Hazardous Materials，2008，152（2）：846-852.

[7] Oyanguren P R，Nicieza C G，Fernandez M L A，et al. Stability analysis of Llerin Rockfill Dam：an in situ direct shear test [J]. Engineering Geology，2008，100（3-4）：120-130.

[8] 张超，杨春和，孔令伟. 某铜矿尾矿砂力学特性研究和稳定性分析 [J]. 岩土力学，2003，24（5）：858-862.

[9] 李作章，徐日升，穆鲁生，等. 尾矿库安全技术 [M]. 北京：航空工业出版社，1996.

[10] Jiang W D. Fractal character of lenticles and its influence on sediment state in tailings dam [J]. Journal of Central South University of Technology，2005，12（6）：753-756.

[11] Lo R C，Klohn E J，Finn W D L. Stability of hydraulic sandfill tailings dams [C]//Proc Conference on Hydraulic Fill Structures，Fort Collins. Publ New York：Asce，Geotechnical，1988，21（Special Publication）：549-572.

[12] 袁晓铭，孙锐. 饱和砂土透镜体液化对建筑物地震反应的影响 [J]. 地震工程与工程振动，2000，20（1）：69-74.

[13] 李夕兵，蒋卫东，贺怀建. 尾矿堆积坝透镜体分布状态研究 [J]. 岩土力学，2004，25（6）：947-949.

[14] 袁聚云. 土工试验与原理 [M]. 上海：同济大学出版社，2003.

[15] Tiwari B，Marui H. A new method for the correlation of residual shear strength of the soil with mineralogical composition [J].

Journal of Geotechnical and Geoenvironmental Engineering，2005，131（9）：1139-1150.

[16] 陈仲颐，周景星，王洪瑾. 土力学 [M]. 北京：清华大学出版社，1994：104，105.

[17] Wei Z，Yin G，Li G，et al. Reinforced terraced fields method for fine tailings disposal [J]. Minerals Engineering，2009，22（12）：1053-1059.

[18] 高大钊. 土力学与基础工程 [M]. 北京：中国建筑工业出版社，1998：106.

[19] 殷家瑜，赖安宁，姜朴. 高压力下尾矿砂的强度与变形特性 [J]. 岩土工程学报，1980，22（12）：1053-1059.

[20] 赵阳，周辉，冯夏庭，等. 不同因素影响下层间错动带颗粒破碎和剪切强度特性试验研究 [J]. 岩土力学，2013，34（1）：13-22.

[21] 孙其诚，王光谦. 颗粒物质力学导论 [M]. 北京：科学出版社，2009：2.

第 8 章　尾矿粒径对其宏细观力学特性的影响试验研究

当超过临界量的压力施加到土体中时，土体随着时间变形。影响这种变形的主要因素之一是土体的结构强度[1, 2]。土体结构强度与土体颗粒的大小、形状、取向和聚集等细微观结构特征密切相关[3]。土体的宏观结构不稳定本质上反映了其细微观结构的累积变形[4]。因此，为了研究变形和土体结构强度之间的关系，一些学者建议从细微观尺度开展相关研究[5]。土体细微观变形包括颗粒聚集的结构变化和单个颗粒形态变化，前者的变化体现在单颗粒或者多颗粒聚集体的运动或相互运动，后者的变化体现在由压缩、剪切或拉应力引起的单颗粒的变形与破坏[6]。因为分形几何适用于描述材料的易变性、粗糙度和自相似性等特征[7]，并且其与非广延统计力学有很好的关联性[8]，定量表征土体细微观结构特征可采用分形理论。自分形理论诞生开始，分形几何学的概念已被广泛用于描述复杂的自然现象，包括岩石和土体的力学[9-17]。粉碎颗粒的尺寸可恰当地利用分形尺度表征，其分形维数为表征参数在双对数坐标上的斜率。粒径分布的分形维数随含沙量的增加而减小[20]。高的粒径分布分形维数通常归因于与大应变或高应变率有关的磨蚀过程[21]。破碎分形维数随破碎程度的增大而增大[22]。由上可知，分形理论已被广泛用于研究土颗粒的形态特征与物理力学特性，但在尾矿方面的相关研究还鲜有报道。

对于上游法尾矿堆坝方法，下级子坝是修建在上级坝体内的尾矿干滩面上[23]，随着尾矿堆筑坝的逐渐增高，上覆坝体重力荷载将逐渐增大而引起坝体内部细观结构变形。一旦尾矿的细观结构变形达到临界点，尾矿坝就可能破坏。为此，采用自行研制的尾矿细观力学与变形试验装置，进行不同粒径尾矿细观结构试验，并基于分形理论对其细观结构开展定量描述，探讨受荷载作用尾矿细观颗粒结构的承载特性和细微观结构变形特征，对于认识尾矿坝破坏机理具有重要的理论意义。

8.1　尾矿粒径对其宏观力学特性的影响

8.1.1　试验材料

研究所用尾矿取自四川省盐源县平川铁矿下属尾矿库。在干滩面上，从库尾到坝前分别取得 4 组不同粒径组分尾矿试样，并对其依次编号为Ⅰ、Ⅱ、Ⅲ、Ⅳ号尾矿。根据现场原位测试得到，Ⅰ号尾矿的干密度为 1.35～1.37g·cm^{-3}，含水率为 9.57%～10.02%；Ⅱ号尾矿的干密度为 1.37～1.39g·cm^{-3}，含水率为 9.02%～9.78%；Ⅲ号尾矿的干密度为 1.37～1.40g·cm^{-3}，含水率为 8.54%～8.98%；Ⅳ号尾矿的干密度为 1.38～1.41g·cm^{-3}，含水率为 8.36%～8.78%。利用超声波清洗机振动分散，然后利用美国 Microtrac S3500 激光粒度分析仪进行颗粒分析测试得到其颗粒级配（PSD），见图 8.1，计算得到级配指标见表 8.1。从表 8.1 中可以看出，随着特征粒径的增大，不均匀系数 C_u、曲率系数 C_c 逐渐减小。Ⅰ号尾矿 C_u 大于 10，级配良好；

Ⅲ和Ⅳ号尾矿 C_u 小于 5，为均匀土，级配不良。根据《尾矿设施设计规范》(GB 50863—2013)的分类标准（见表 2.3)。Ⅰ号尾矿粒径大于 0.074mm 的含量为 44.04%，且塑性指数小于 10，为尾粉土；Ⅱ号尾矿大于 0.074mm 的含量为 84.54%，为尾粉砂；Ⅲ和Ⅳ号尾矿大于 0.074mm 的含量分别为 93.13%和 94.48%，大于 0.25mm 的含量分别为 59.98%和 75.65%，为尾中砂。利用 X 射线荧光光谱仪（XRF）分析得到铁尾矿的化学元素组成见表 8.2。

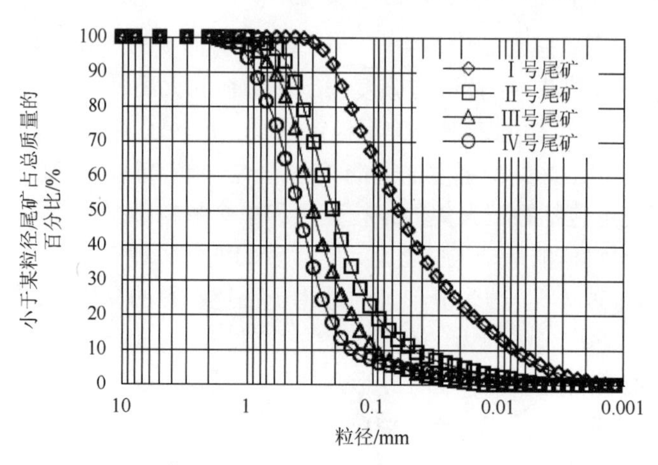

图 8.1　尾矿的颗粒级配（PSD）

表 8.1　尾矿的主要物理指标和 PSD 参数

样品编号	有效直径 d_{10}/μm	中值直径 d_{50}/μm	控制粒度 d_{60}/μm	非均匀系数 C_u	曲率系数 C_c	塑限 W_p/%	液限 W_L/%	塑性指数 I_p	分类
Ⅰ	7.29	73.59	100.40	13.77	1.58	17.4	25	7.6	淤泥
Ⅱ	47.86	231.60	284.20	5.94	1.76	—	—	—	粉砂
Ⅲ	94.53	361.30	435.40	4.61	1.34	—	—	—	中型砂
Ⅳ	144.40	385.80	457.40	3.17	1.17	—	—	—	中型砂

表 8.2　铁尾矿的化学元素组成

性质		结果
pH		7.19
XRF 分析/(mg·kg^{-1})	氧	411928.2
	氟	3165.5
	磷	531.4
	硫	5496.2
	钛	3163.8
	铜	5642.4
	锌	218.5
	砷	1940.6
	铷	282.9
	锶	258.1
	锑	567.4

续表

性质		结果
XRF 分析/($mg \cdot kg^{-1}$)	钡	109.4
	铅	177.2
	铋	139.1
	锡	2805.2
	硅	132678
	铝	18341.7
	铁	229218.2
	镁	13302.9
	钙	83622.22
	钠	363.8
	钾	7355.1
	碳	6150
	其他成分	72542.2

注：土壤/水比为 1∶1。

8.1.2　试件制备

尾矿颗粒分析试验测试结果（见图 8.1 和表 8.1）：各组尾矿样的 C_u 和 C_c 值相差不大，现场勘查也说明通过自然沉积过程后，尾矿样不均匀系数和曲率系数受采集位置的影响较小。中值粒径相差较大，水力运送尾矿过程中的沉积作用主要是将细颗粒尾矿运送到库区，而粗粒尾矿沉积到离坝坡较近的位置。因此，分析尾矿颗粒组成因素采用中值粒径指标，采集的Ⅰ～Ⅳ号尾矿中值粒径分别为 83.23μm、131.1μm、146.9μm 和 149.9μm。

按照《土工试验规程》，采用重锤击实法制作试件，试件为圆柱形，尺寸为：ϕ39.1mm×80mm 的标准圆柱体试件。

分析尾矿粒径对其宏观力学特性影响的试验按含水率 18%、干密度 $1.59g \cdot cm^{-3}$ 制备尾矿样品，并采用重锤击实法制备试件，制备的试样包括不同中值粒径尾矿试件共 4 组，各组 3 个试件，共 12 个试件。制作好的尾矿试件见图 8.2。

图 8.2　不同颗粒粒径的尾矿试件

8.1.3　试验结果与分析

采用改装的南京土壤仪器厂有限公司生产的 TSZ30-2.0 型应变控制式三轴剪力仪，改装方法见 9.1.2 节。试验方法为非饱和尾矿三轴剪切试验（见 9.1.3 节），非饱和尾矿的强度理论见 9.1.1 节。试验获得不同围压下不同粒径组成尾矿的主应力差、孔隙水压力、内聚力及内摩擦角，见表 8.3。

表 8.3　不同中值粒径尾矿试件试验结果

试件编号	围压 σ_3/kPa	主应力差($\sigma_1-\sigma_3$)/kPa	孔隙水压力 u_w/kPa	内聚力 c/kPa	内摩擦角 φ/(°)
Ⅰ	100	350.95	27.4	20.99	32.61
	200	602.60	39.5		
	300	852.32	50.3		
Ⅱ	100	344.98	25.7	14.46	34.01
	200	612.72	35.4		
	300	883.45	47.2		
Ⅲ	100	320.67	22.6	8.37	35.09
	200	600.03	33.8		
	300	878.52	43.9		
Ⅳ	100	305.90	21.3	5.43	35.92
	200	590.07	29.9		
	300	874.33	40.7		

以尾矿中值粒径为横坐标，抗剪强度参数为纵坐标，绘制得到的非饱和尾矿中值粒径与抗剪强度参数的关系曲线见图 8.3。

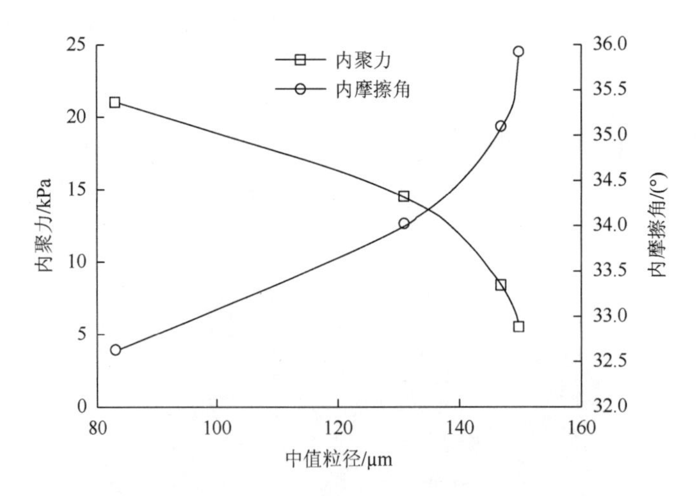

图 8.3　非饱和尾矿中值粒径与抗剪强度参数的关系曲线

1. 内聚力随中值粒径的变化规律

从图 8.3 可以看出，随着中值粒径的增加，尾矿试件的内聚力逐渐减小，减小幅度为

74.13%，且中值粒径越大，这种减小趋势越明显。从内聚力的组成因素分析，尾矿的内聚力由原始内聚力、固化内聚力及毛细内聚力组成。原始内聚力主要是由于颗粒间水膜受到相邻颗粒之间的电分子引力而形成。固化内聚力是由于尾矿中化合物的胶结作用形成，筑坝过程中，尾矿的结构被破坏，固化内聚力随之丧失，且不能恢复。毛细内聚力是由毛细压力所引起的，一般可忽略不计。用作试验的尾矿试件为人工配置的扰动土，与尾矿相同，尾矿的内聚力主要为原始内聚力。尾矿颗粒越粗，颗粒相互接触数量越少，且大颗粒尾矿可搭建形成较大孔隙，以致大颗粒尾矿相邻颗粒之间总体距离更大，故尾矿粒径越大，颗粒间水膜受到相邻颗粒之间的电分子引力总和就越小，内聚力也就越小。

2. 内摩擦角随中值粒径的变化规律

从图 8.3 可以看出，内摩擦角随中值粒径的增加会逐渐增大，增大幅度为 9.2%，且中值粒径越大，这种增大趋势越显著。内摩擦角主要是由内摩阻力计算得到的，内摩阻力越大，内摩擦角就越大。内摩阻力包括颗粒之间的表面摩擦力和由颗粒之间的链锁作用产生的咬合力。尾矿粒径越大，颗粒表面越粗糙，剪切过程中，表面摩擦力也就越大，颗粒之间链锁作用产生的咬合力越大，故内摩擦角也就越大。

8.2　不同粒径尾矿颗粒（团聚体）细观结构受载分形演化特征

8.2.1　试验装置

试验采用自主研发的尾矿细微观力学与形变观测试验装置。该装置主要由加载试验设备、压力室及附属部件、局部应力监测系统、细微观观测系统 4 个部分组成，主要技术指标见表 6.1。本次试验采用日本岛津 AG-250KNI 电子精密材料试验机进行动态加载，见图 8.4。装置的详细介绍见 6.1 节。

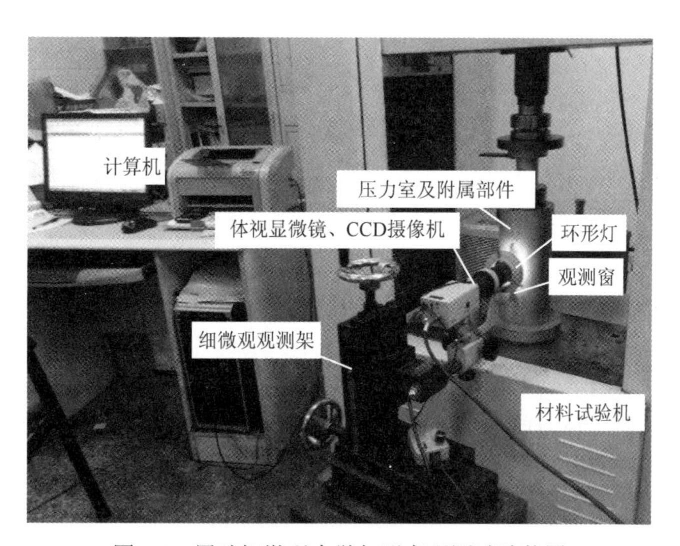

图 8.4　尾矿细微观力学与形变观测试验装置

8.2.2　试验材料与试件制作

研究所用尾矿取自四川省盐源县平川铁矿下属尾矿库，铁尾矿的颗粒级配见图 8.1，铁尾矿的主要物理指标和 PSD 参数见表 8.1，铁尾矿的化学元素组成见表 8.2。为观测尾矿骨架颗粒及细观结构变形特征，避免孔隙水影响观测效果，并结合尾矿库中取样样品的含水率与密度原位测试结果，制样含水率为 9%，干密度为 1.38g·cm^{-3}。

不同粒径尾矿细观力学试验试件采用 5 次分层装填的方法制作成 ϕ100mm×200mm 形状，每次装填下一层尾矿试件时均使用削土刀刨毛上一层表面，确保层间颗粒自然接触[24]，每层质量 472.3g，并采用压板锤压至 40mm 厚。完成装填后将打开压力活塞上的排气阀并将其推入压力仓直至接触尾矿试样。最后，关闭该装置的排气阀，静置 24h 以促进孔隙水均匀分布。

8.2.3　试验方案与步骤

试验采用 AG-250kNI 电子精密材料试验机对尾矿试件进行连续加载，加载速率为 0.5mm·min^{-1}，监测连续荷载作用下不同粒径尾矿承载能力，以及观测颗粒骨架变形演化特征。详细试验步骤如下：

1. 试样的配制及安装

按照 9%含水率配制 I 号尾矿样；试样按 5 层装入压力仓，根据装填干密度，每层装填量为 472.3g，并用压板锤压至厚度为 40mm，装填下一层试样时，用削土刀刨毛上一层尾矿表面。装填好试样后，打开加压活塞上的排气阀将其推入压力仓直至接触尾矿，最后关闭排气阀与排水阀。安装好的尾矿试样静置 24h 以促进孔隙水的均匀分布。

2. 试验安装及准备

安装压力室到 AG-250kNI 电子精密材料试验机上，调整试验机触头接触活塞压头。安装动态细微观观测装置，使体视显微镜镜头对准压力室观测窗，调整采集软件及镜头焦距，使之能清晰观察到尾矿颗粒。设置试验机试验方法，按速率加载，加载速率为 0.5mm·min^{-1}，设定最大行程 30mm，最大荷载为 2.5MPa。

3. 进行试验

在加载前先进行尾矿细观结构的初始图像采集，采集位置在试件中部，该处观测窗刻度为 106.8mm。初始尾矿细观结构的图像采集结束后，开启 AG-250kNI 电子精密材料试验机，进行加载试验。试验过程中，移动动态细微观观测装置垂向调节架，保持视野始终在同一区域，并间隔 5min 采集一次图像。当行程或荷载达到设定值时，结束试验，保存试验数据。

按照上述方法，逐次进行Ⅱ、Ⅲ、Ⅳ号尾矿试样的细观力学试验。不同粒径组成尾矿的细观力学试验流程如图 8.5 所示。

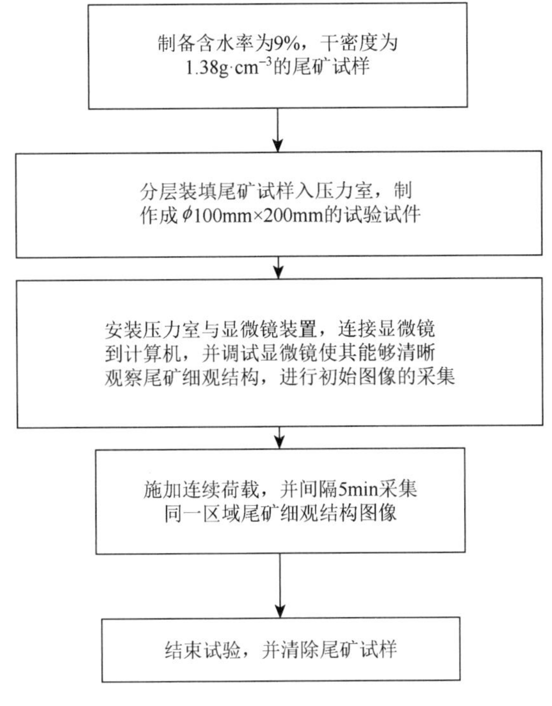

图 8.5 各组尾矿试样试验流程图

8.2.4 尾矿结构强度

试验尾矿试件处于侧向变形限制的试验条件，以模拟尾矿坝在未发生破坏时，堆筑下一级子坝而连续增加上浮荷载的情况。试验过程中，当活塞压头向下运动时，模拟上浮荷载连续增大，使尾矿细观结构发生变化，测试得到的压头轴向位移与轴向应力可以反映出尾矿细观结构承受轴向荷载的能力。尾矿试件轴向应变与轴向应力的关系曲线（图 8.6）显示，尾矿的承载能力与粒径大小具有密切的关系。总体而言，4 种尾矿的轴向应力均随着轴向应变的增加而增大，并且其增量也逐渐增加。Ⅰ号试样轴向应力明显小于Ⅱ、Ⅲ和Ⅳ号尾矿。在应变小于 2.5% 时，Ⅱ号尾矿试样的轴向应力与Ⅲ、Ⅳ号尾矿试样相差不大，但当应变大于 2.5% 时，Ⅱ号尾矿试样的轴向应力要较Ⅲ和Ⅳ号尾矿试样的小，并且随着轴向应变的增加，其差值逐渐增大。当应变小于 5% 时，Ⅲ和Ⅳ号尾矿试样轴向应变相差不大，而当应变大于 5%时，Ⅲ号尾矿试样的轴向应力较Ⅳ号尾矿试样的大，并随着轴向应变的增加，其差值也逐渐增大。由以上分析可知，尾矿细观结构承载能力与颗粒粒径密切相关，当轴向应变较小时，其规律不太明显，但是当轴向应变达到某特定值时，尾矿细观结构承载能力随着粒径的增加先增大而后略微降低，尤其是在高轴向应变时，这种降低趋势越加明显，如图 8.7 所示。

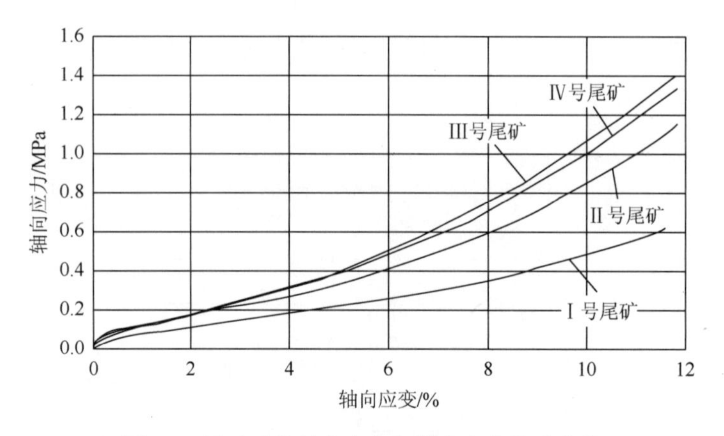

图 8.6　尾矿试件轴向应变与轴向应力关系曲线

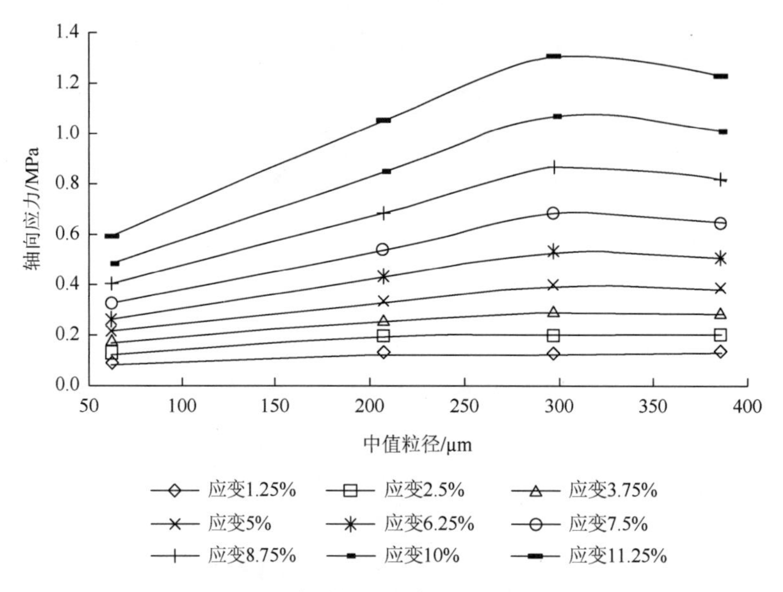

图 8.7　不同应变时轴向应力与中值粒径关系曲线

8.2.5　尾矿颗粒（团聚体）细观结构分形特征

试验获得未加载情况下Ⅳ号尾矿细观结构，原始图见图 8.8（a）。通过 CF-2000P 偏光分析软件处理后的二值化图如图 8.8（b）所示，图中黑色为骨架颗粒（共计 104 粒），白色表示孔隙。计算颗粒在特定测量尺度 δ 下的等效周长和面积，将周长和面积取对数，绘制双对数曲线，见图 8.9。从图 8.9 中可以看出，尾矿骨架颗粒具有显著的分形特征，计算得到尾矿骨架颗粒周长-面积分形维数为 1.393，相关系数（R^2）为 0.936。对试验获得的 59 张 4 种尾矿细观结构图处理得到颗粒周长-面积分形维数为 1.288～1.533，相关性系数 $R^2=0.919$～0.965。

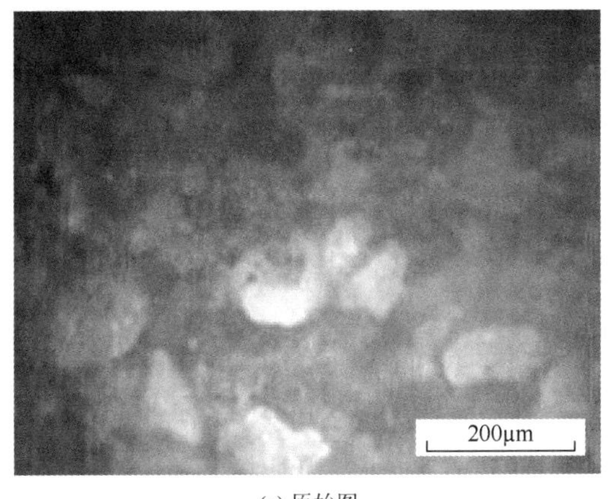

(a) 原始图

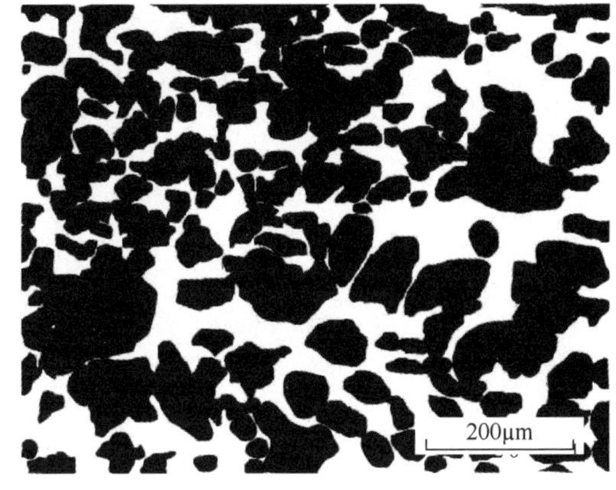

(b) 二值化图

图 8.8　未加载情况下Ⅳ号尾矿细观结构（后附彩图）

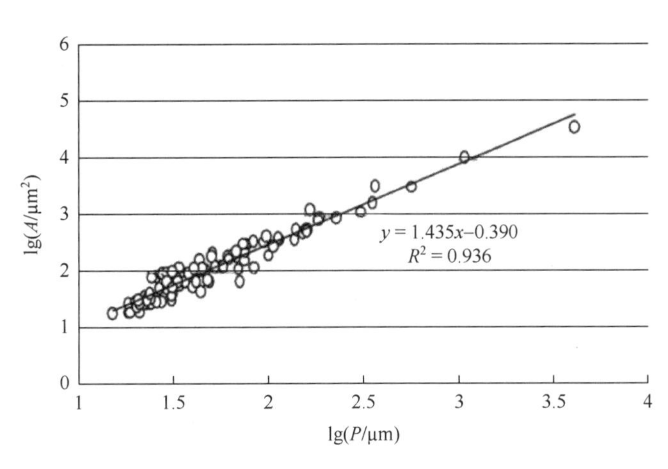

图 8.9　尾矿颗粒周长-面积双对数关系曲线

8.2.6　受荷载作用尾矿骨架颗粒细观结构变性特征

以Ⅳ号尾矿试样为例，见图 8.10，以 B 颗粒的左边缘为图像视野的左边界，A 颗粒的下边缘为图像视野的下边界，将 3D 体视显微镜始终正对划定边界区域，采集尾矿细观结构图像得到 2.5%、5%、7.5%和 10%应变值的图像。从图中可以看出，4 种应变时，颗粒 A 和 C 的轴向间距分别为 107.36μm、91.24μm、88.46μm 和 65.86μm，说明尾矿的细观结构受荷载作用变形显著，孔隙尺寸随着轴向应变的增加呈非线性降低。并且，骨架颗粒的形态变化显著，表现为：①受荷载作用，颗粒发生转动，呈现颗粒长轴向着最优剪切方向发展[25]，如图 8.10 中颗粒 D 的方向变化情况。②随着轴向应变的增加，颗粒发生碎裂，尤其是具有较高长短轴比的颗粒更易发生断裂，如图中 E 所指颗粒，这些颗粒的碎裂可能会降低尾矿的各向异性剪切强度[26]。③两个尾矿颗粒会被挤压得更加紧密，在二值化图像中以一颗更大的颗粒呈现，如图 8.10 中颗粒 E 和 F。

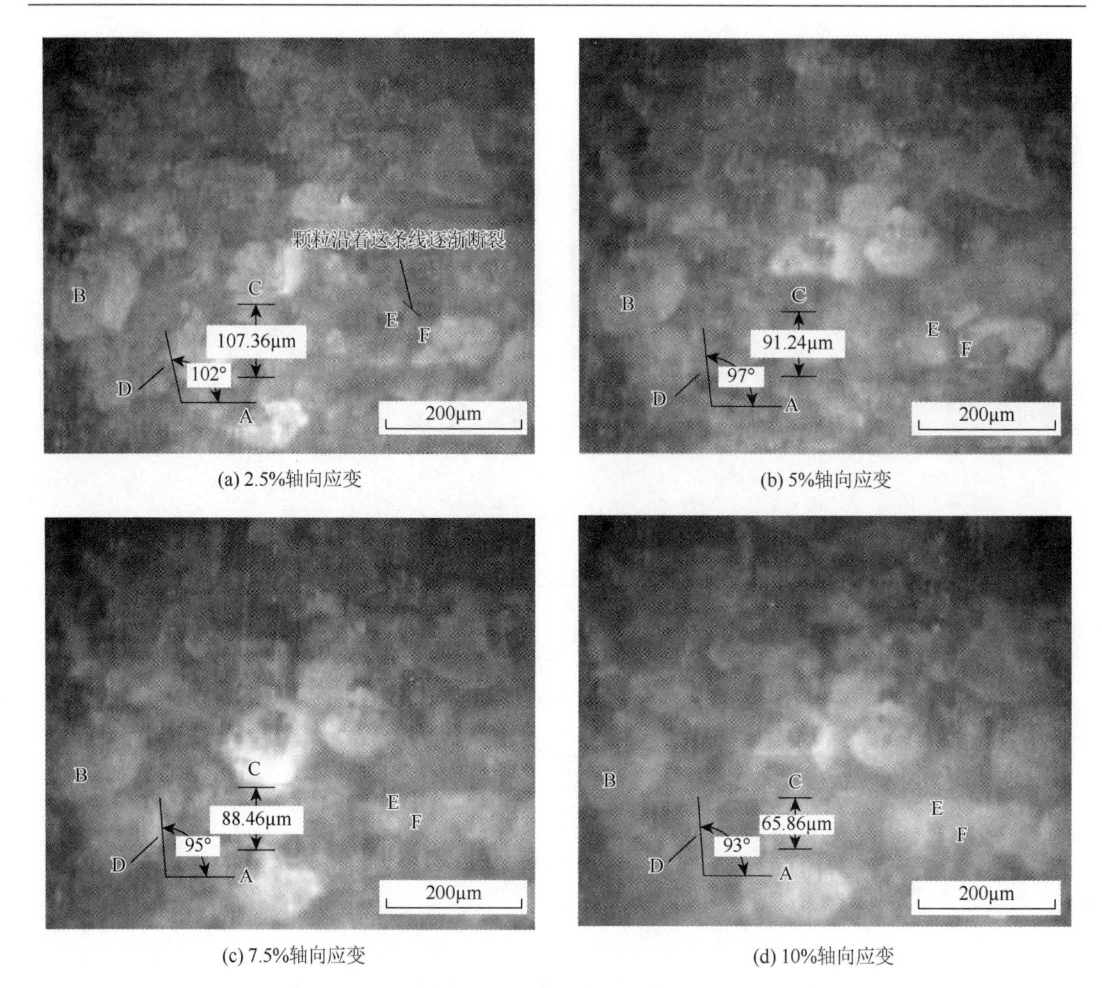

(a) 2.5%轴向应变　　(b) 5%轴向应变

(c) 7.5%轴向应变　　(d) 10%轴向应变

图 8.10　Ⅳ号尾矿不同应变时的细观结构（后附彩图）

不同轴向应变下尾矿骨架颗粒周长-面积分形维数随中值粒径变化关系曲线见图 8.11。Ⅰ、

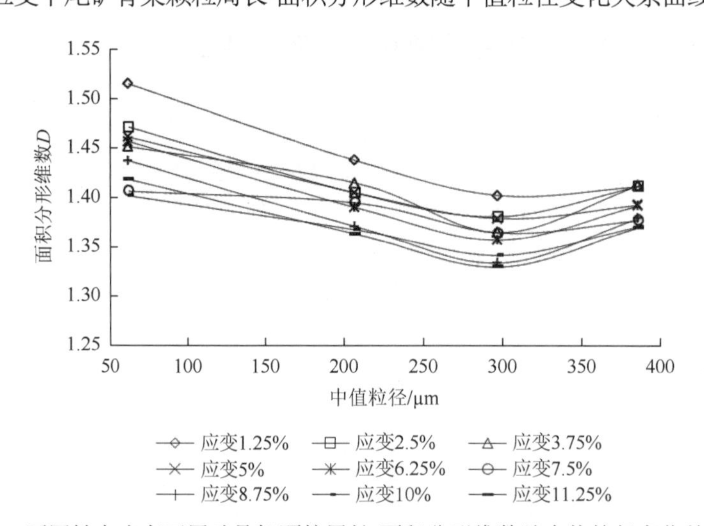

图 8.11　不同轴向应变下尾矿骨架颗粒周长-面积分形维数随中值粒径变化关系曲线

Ⅱ、Ⅲ和Ⅳ号尾矿的周长-面积分形维数分别为 1.533～1.402、1.445～1.364、1.428～1.330 和 1.423～1.370。在相同轴向应变条件下，随着中值粒径的增大，周长-面积分形维数先减小，而后略微增大；并且随着轴向应变的增加，其减小幅度逐渐降低，增大幅度则逐渐增大。例如，在 1.25%轴向应变时，减小幅度为 6.83%，增大幅度为 0.65%，而当轴向应变为 11.25%时，减小幅度为 3.39%，增大幅度为 3.02%。

4 种尾矿骨架颗粒周长-面积分形维数随轴向应力变化曲线见图 8.12。从图中可以看出，随着轴向应力的增加，周长-面积分形维数总体呈降低趋势，但其间会有小幅上升，例如，Ⅰ号试样，轴向应力为 0.212MPa 和 0.268MPa 时，其周长-面积分形维数分别为 1.451 和 1.461，后者比前者增大 0.69%，在较高轴向应力情况下也呈现出此现象，如轴向应力分别为 0.403MPa 和 0.503MPa、0.599MPa 和 0.730MPa 下周长-面积分形维数的变化情况。虽然尾矿骨架颗粒周长-面积分形维数随轴向应变增加变化较为复杂，但是利用二次多项式进行拟合，如表 8.4 所示，在本试验所用尾矿骨架颗粒周长-面积分形维数与轴向应力范围内，拟合相关性系数（R^2）在 0.882～0.949，具有较好的拟合效果。

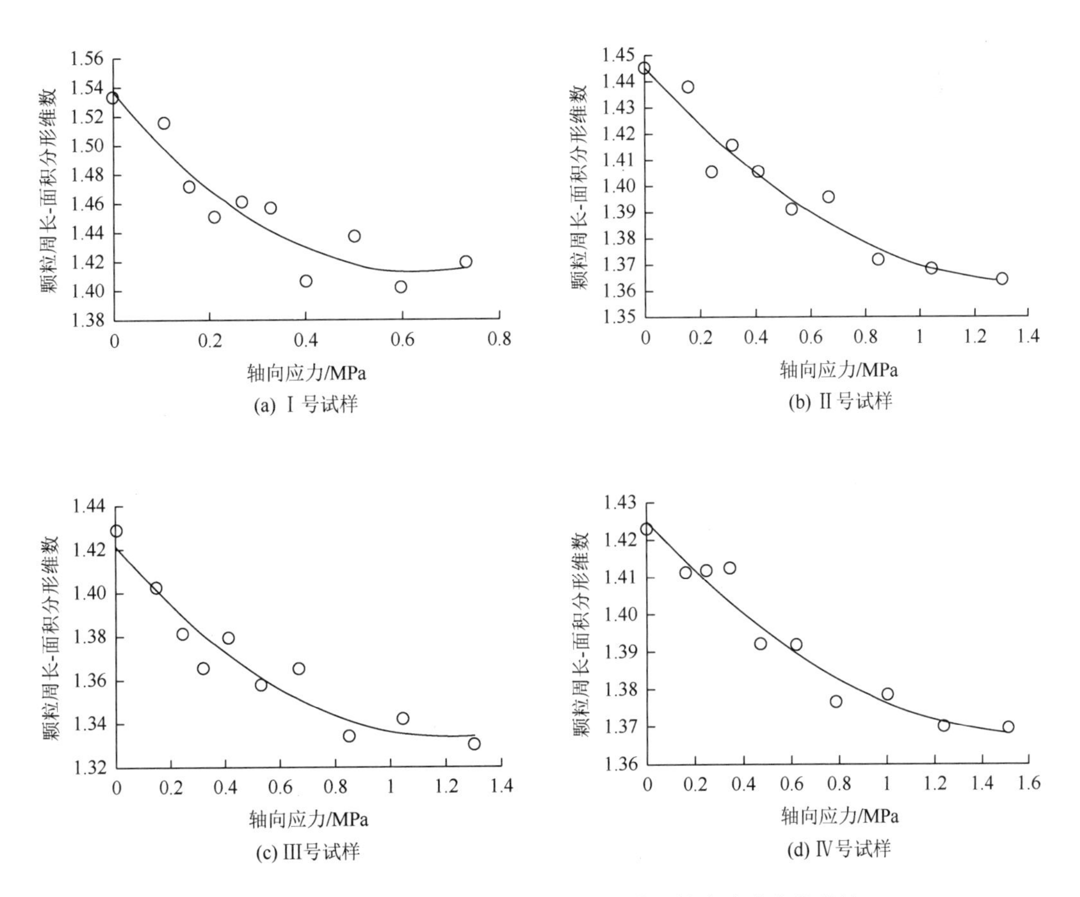

图 8.12　尾矿骨架颗粒周长-面积分形维数随轴向应力变化曲线

表 8.4　尾矿骨架颗粒周长-面积分形维数与轴向应力的拟合公式

样品编号	拟合公式	相关系数（R^2）
Ⅰ	$D = 0.313S^2 - 0.392S + 1.535$	0.882
Ⅱ	$D = 0.042S^2 - 0.118S + 1.445$	0.936
Ⅲ	$D = 0.06S^2 - 0.145S + 1.421$	0.913
Ⅳ	$D = 0.021S^2 - 0.069S + 1.425$	0.949

由此可知，尾矿骨架颗粒周长-面积分形维数与轴向应力的关系可采用如下二次多项式表示：

$$D = aS^2 - bS + c \tag{8-1}$$

式中，S 为轴向应力，MPa；$a(\mathrm{MPa}^{-2})$，$b(\mathrm{MPa}^{-1})$和 c 为试验参数。

对于椭圆形土颗粒，其长短轴比的方向不仅能反映土体的卓越剪切方向[21]，由于土颗粒受挤压的过程中伴随着颗粒的破碎[22]，在一定程度上，其长短轴比的变化也体现了土颗粒的破坏变化程度，即土颗粒粒径变化特征。4 种尾矿颗粒平均长短轴比随轴向应力变化曲线见图 8.13。从图中可以看出，随着轴向应力的增加，4 种尾矿颗粒平均长短轴比逐渐减小。

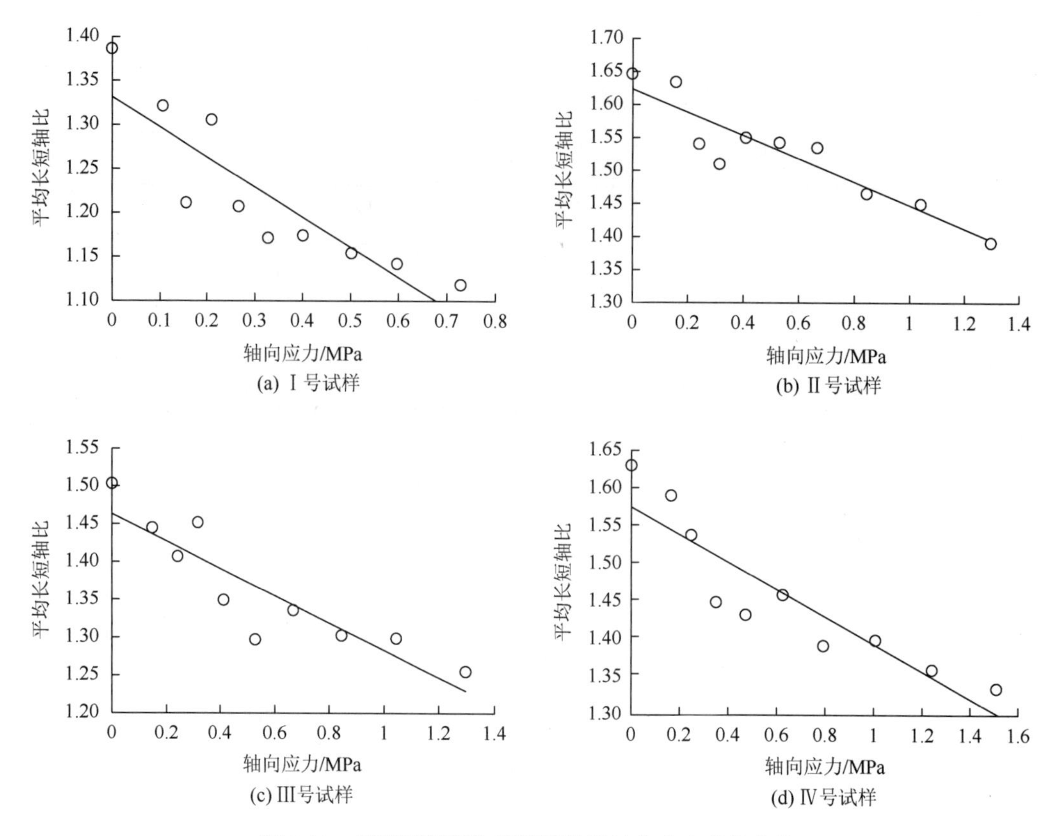

图 8.13　尾矿颗粒平均长短轴比随轴向应力变化曲线

不同粒径尾矿颗粒长短轴比随着荷载减小幅度有所差异，其中，Ⅰ号尾矿颗粒长短轴比从 1.386 减小至 1.118，减小幅度为 19.34%；Ⅱ号尾矿颗粒长短轴比从 1.645 减小至 1.389，减小幅度为 15.56%；Ⅲ号尾矿颗粒长短轴比从 1.503 减小至 1.254，减小幅度为 16.57%；而Ⅳ号尾矿颗粒长短轴比从 1.628 减小至 1.334，减小幅度为 18.06%。整体来看，尾矿颗粒长短轴比与颗粒粒径相关性较小，但 4 种尾矿颗粒长短轴比随荷载的增加均呈现出线性减小，如表 8.5 所示，拟合相关性系数（R^2）在 0.78～0.857，具有较好的拟合效果。

表 8.5　尾矿骨架颗粒平均长短轴比与轴向应力的拟合公式

样品编号	拟合公式	相关系数（R^2）
Ⅰ	$l=-0.340S+1.331$	0.780
Ⅱ	$l=-0.177S+1.623$	0.857
Ⅲ	$l=-0.180S+1.463$	0.806
Ⅳ	$l=-0.181S+1.573$	0.825

8.2.7　加载试验对尾矿颗粒分布的影响

利用美国 Microtrac S3500 激光粒度分析仪进行颗粒分析，测试得到试验后尾矿颗粒分布特征参数，见表 8.6。对比表 8.1 和表 8.6 可知，4 种尾矿的分类并无变化，但是其粒径分布特征尺寸有所降低，例如，Ⅳ号尾矿的有效粒径、中值粒径和限制粒径分别从 144.4μm、385.8μm 和 457.4μm 降低到 98.63μm、323.4μm 和 389.2μm，降低幅度分别为 31.70%、16.17%和 14.91%。试验前后 4 种尾矿的颗粒分布特征值见表 8.7，从表中可以看出，试验前小于某粒径尾矿的质量百分比均较试验后的大，以Ⅳ号尾矿试样为例，试验前后小于 0.25mm 粒径的尾矿质量百分比分别为 24.35%和 35.45%，增幅达到 45.59%。试验前后，4 种尾矿小于 75μm 粒径的尾矿质量百分比分别从 50.17%、13.83%、6.87%和 5.52%增加到 55.96%、15.46%、8.94%和 11.96%，其增幅分别为 11.54%、11.79%、30.13%和 116.67%。上述说明，相对于试验前，试验后的细粒尾矿质量百分比将显著增大，并且粒径越大，其增幅越显著。由此可以推断，受荷载作用，尾矿将发生破碎，并且发生破碎的程度将随着颗粒粒径的增加而增大，该试验结果与其他颗粒物质表现的情况一致[27]。

表 8.6　试验后尾矿颗粒分布特征参数

样品编号	有效粒径 d_{10}/μm	中值粒径 d_{50}/μm	控制粒径 d_{60}/μm	不均匀系数 C_u	曲率系数 C_c	塑限 W_p/%	液限 W_L/%	塑性指数 I_p	分类
Ⅰ	7.14	61.83	83.75	11.73	1.42	17.8	26.7	8.9	淤泥
Ⅱ	40.07	206.9	248.5	6.20	1.49	—	—	—	粉砂
Ⅲ	84.95	297.1	343.5	4.04	1.33	—	—	—	中砂
Ⅳ	98.63	323.4	389.2	3.95	1.24	—	—	—	中砂

表 8.7　试验前后 4 种尾矿的颗粒分布

样品			尺寸/mm					
			$L\geqslant0.25$	$0.125\leqslant L<0.25$	$0.075\leqslant L<0.125$	$0.018\leqslant L<0.075$	$0.001\leqslant L<0.018$	$L<0.001$
质量百分比/%	I	前	12.16	20.98	16.69	29.29	8.21	12.67
		后	3.75	23.2	17.09	33.8	9.42	12.74
	II	前	46.56	29.39	10.22	9.76	2.77	1.3
		后	39.91	32.44	12.19	10.9	2.45	2.11
	III	前	67.75	20.07	5.31	6.2	0.67	0
		后	59.98	22.08	9	5.58	1.84	1.52
	IV	前	75.65	15.93	2.9	3.4	1.46	0.66
		后	64.55	17.91	5.58	6.33	2.45	3.18

注：L = 尾矿颗粒直径。

8.2.8　尾矿粒径与几何特征对其细观力学特性的影响机理

采用上游法修筑的尾矿坝，筑坝尾矿同时承受坝体上覆荷载的压缩与剪切应力，其细观结构将发生变化。如 8.2.6 节所述，其细观结构将会出现孔隙收缩、颗粒转动使长轴方向更倾向于剪切应力方向、颗粒滑移，甚至颗粒的碎裂等[28]。细粒尾矿在选矿加工时，相对于粗粒尾矿被研磨得更加彻底，其形状更接近于球形，受较低荷载作用，即可发生转动、滑移，且不容易破碎。然而，粗粒尾矿在选矿加工时，研磨程度相对较差，呈现出不规则形状，如椭圆形、长条形、多边菱形等，其构成的细观结构，颗粒之间存在较大的相互咬合力，颗粒难以发生转动、滑移，但随着所承受荷载的增加，将发生破碎[29]。而破碎尾矿粗颗粒的力显著大于使细颗粒发生转动的力[6]，故总体上，随着颗粒粒径的增加，尾矿承受荷载的能力将显著增大[30]。但这种规律并未考虑在荷载压缩作用条件下的颗粒破碎使颗粒粒径分布的变化。本研究结果显示，虽然Ⅳ号尾矿样在试验前的颗粒粒径要相对于Ⅲ号尾矿略高，但是在相同应变情况下，当尾矿承受荷载较高时，Ⅳ号尾矿样承受荷载的能力要略微低于Ⅲ号尾矿样，如 8.2.4 节所示结果。这可能是由于颗粒粒径越大，尾矿在受荷载作用时，其颗粒破碎程度越高，以此造成细粒尾矿增加，从而在高应力条件下，随着试验前测试获得的颗粒粒径的增大，相同应变条件下其承载能力略微有所降低。

复杂几何特征颗粒的周长-面积分形维数是描述其复杂程度的重要定量参数，其变化规律可以反映颗粒自身几何特征，一般情况下，与单元其他固有性质具有一定的内在联系[31]。已有研究表明，土颗粒结构分形维数与其强度特征具有密切的联系[32]，且颗粒的破碎对其分形维数具有显著的影响[33]。此外，由于颗粒的棱角在应力作用下将被打磨，以致其不规则程度降低，形状越发呈现规则的圆形[34, 35]。因此，在本研究中，受荷载作用，尾矿颗粒将逐渐被压碎使细粒尾矿增多，并且颗粒越来越呈现规则形状，理论上说，尾矿颗粒的周长-面积分形维数将会降低，相应的，其承载能力也会逐渐减小。而实际情况，由于细粒尾矿颗粒表面积相对于粗粒尾矿更大，其亲水能力更强，小颗粒相互黏结形成较大的复杂团聚体，以致在图像处理过程中，这些大的复杂团聚体被看成一个“大颗粒”，其形状复杂，周长-面积分形维数也相对较大。因此，细粒尾矿颗粒周长-面积分形维数较粗粒尾矿的大，但随着荷载的增加，粗粒尾矿颗粒受荷载作用将会发生破碎，以致细粒尾矿增多，颗粒周长-面积分形维数略微有所增加，如图 8.11 中尾矿颗粒周长-面积分形维数随粒径变化的规律所示。此外，细尾矿颗粒团聚体受荷载作用会有所分散，其形状会逐渐规则，使颗粒周长-面积分形维数随着应力的增加有所降低，如图 8.12 所示。

尾矿骨架颗粒周长-面积分形维数不仅反映了尾矿骨架颗粒粒径分布与几何特征，而且体现了孔隙水对其细观结构特征的影响，是描述尾矿细观结构特征的重要参数。而尾矿颗粒粒径分布、几何特征及孔隙水等对其力学强度具有显著的影响[36]，故尾矿骨架颗粒周长-面积分形维数与其力学强度具有内在的联系。上述研究也清晰地显示，尾矿细观结构的变化与颗粒周长-面积分形维数具有很好的相关性。尾矿坝的破坏失稳是始于细观结构的变形，利用尾矿骨架颗粒面积-周长分形维数定量描述尾矿细观结构变形特征，揭示尾矿宏细观等效力学机理，可以更为深刻地认识尾矿坝失稳破坏的本质机理，在这方面还有更有价值的工作需要深入探索。

参考文献

[1] Shang J，Tang M，Miao Z. Vacuum preload consolidation of reclaimed land：a case study [J]. Canadian Geotechnical Journal，1998，35：740-749.

[2] Okagbue C O，Yakubu J A. Limestone ash waste as a substitute for lime in soil improvement for engineering construction[J]. Bulletin of Engineering Geology and the Environment，1999，58：107-113.

[3] Eisazadeh A，Kassim K A，Nur H. Morphology and BET surface area of phosphoric acid stabilized tropical soils[J]. Engineering Geology，2013，154：36-41.

[4] 尹光志，张千贵，魏作安，等. 尾矿细微观力学与形变观测试验装置的研制与应用[J]. 岩石力学与工程学报，2011，30（5）：926-934.

[5] Jiang M J，Zhang F G，Hu H J，et al. Structural characterization of natural loess and remolded loess under triaxial tests [J]. Engineering Geology，2014，181：249-260.

[6] 张家铭，汪稔，张阳明，等. 土体颗粒破碎研究进展[J]. 岩土力学，2003(S2)：661-665.

[7] Prosperini N，Perugini D. Particle size distributions of some soils from the Umbria Region（Italy）：fractal analysis and numerical modeling [J]. Geoderma，2008，145：185-195.

[8] Tsallis C. Introduction to Nonextensive Statistical Mechanics：Approaching a Complex World [M]. New York：Springer，2009：14.

[9] Perfect E. Fractal models for the fragmentation of rocks and soils：a review [J]. Engineering Geology，1997，48：185-198.

[10] Giménez D，Perfect E，Rawls W J，et al. Fractal models for predicting soil hydraulic properties：a review [J]. Engineering Geology，1997，48：161-183.

[11] Millán H，González-Posada M，Aguilar M，et al. On the fractal scaling of soil data：particle-size distributions [J]. Geoderma，2003，117：117-128.

[12] Vallianatos F，Triantis D，Sammonds P. Non-extensivity of the isothermal depolarization relaxation currents in uniaxial compressed rocks [J]. Europhysics Letters，2011，94：68008.

[13] Vallianatos F. On the non-extensive nature of the isothermal depolarization relaxation currents in cement mortars [J]. Journal of Physics and Chemistry of Solids，2012，73：550-553.

[14] Vallianatos F，Benson P，Meredith P，et al. Experimental evidence of a non-extensive statistical physics behavior of fracture in triaxially deformed Etna basalt using acoustic emissions [J]. Europhysics Letters（EPL），2012，97：58002.

[15] Vallianatos F，Triantis D. Is pressure stimulated current relaxation in amphibolite a case of non-extensivity？[J]. Europhysics Letters（EPL），2012，99：18006.

[16] Vallianatos F，Michas G，Benson P，et al. Natural time analysis of critical phenomena：the case of acoustic emissions in triaxially deformed Etna basalt [J]. Physica A：Statistical Mechanics and its Applications，2013，392：5172-5178.

[17] Vallianatos F，Triantis D. A non-extensive view of the pressure stimulated current relaxation during repeated abrupt uniaxial load-unload in rock samples [J]. Europhysics Letters（EPL），2013，104：68002.

[18] Marone C，Scholz C. Particle-size distribution and micro-structures within simulated gouge [J]. Journal of Structural Geology，1989，11：799-814.

[19] Sammis C G，Biegel R L. Fractals，fault-gouge，and friction [J]. Pure and Applied Geophysics，1989，131：255-271.

[20] Ai Y W，Chen Z Q，Guo P J，et al. Fractal characteristics of synthetic soil for cut slope revegetation in the purple soil area of China [J]. Canadian Journal of Soil Science，2012，92：277-284.

[21] Buhl E，Kowitz A，Elbeshausen D，et al. Particle size distribution and strain rate attenuation in hypervelocity impact and shock recovery experiments [J]. Journal of Structural Geology，2013，56：20-33.

[22] Vallejo L E，Chik Z. Fractal and laboratory analyses of the crushing and abrasion of granular materials [J]. Geomechanics and Engineering，2009，1：323-335.

[23] Yin G，Li G，Wei Z，et al. Stability analysis of a copper tailings dam via laboratory model tests：a Chinese case study [J]. Minerals Engineering，2011，24：122-130.

[24] 袁聚云. 土工试验与原理[M]. 上海：同济大学出版社，2003：109.

[25] 张建民. 砂土动力学若干基本理论探究[J]. 岩土工程学报，2011，34（1）：1-50.

[26] Chen R，Lei W，Li Z. Anisotropic shear strength characteristics of a tailings sand [J]. Environmental Earth Sciences，2014，71：5165-5172.

[27] Vesic A S，Clough G W. Behavior of granular materials under high stresses [J]. Journal of Soil Mechanics & Foundations Div，1968，94：661-688.

[28] Ghafghazi M，Shuttle D A，DeJong J T. Particle breakage and the critical state of sand [J]. Soils and Foundations，2014，54：451-461.

[29] Kjaernsli B，Sande A. Compressibility of some coarsegrained materials [C]. Proceedings of the 1st European Conference on Soil Mechanics and Foundation Engineering，Weisbaden，Germany，1963：245-251.

[30] Wei Z，Yin G，Li G，et al. Reinforced terraced fields method for fine tailings disposal[J]. Minerals Engineering，2009，22（12）：1053-1059.

[31] Sezer A，Göktepe A B. Effect of particle shape on density and permeability of sands. Proceedings of the Institution of Civil Engineers-Geotechnical Engineering，2010，163（6）：307-320.

[32] Bonala M，Reddi P. Fractal representation of soil cohesion [J]. Journal of Geotechnical and Geoenvironmental Engineering，1999，125：901-904.

[33] Taşdemir A. Fractal evaluation of particle size distributions of chromites in different comminution environments [J]. Minerals Engineering，2009，22：156-167.

[34] Altuhafi F N，Coop M R. The effect of mode of loading on particle-scale damage [J]. Soils and Foundations，2011，51：849-856.

[35] Miao G，Airey D. Breakage and ultimate states for a carbonate sand [J]. Géotechnique，2013，63：1221-1229.

[36] Zhang Q，Yin G，Chen Y，et al. Experimental Study on the Affecting Factors of the Shear Strength of Unsaturated Tailings [M]//Proceedings of 2011 International Symposium on Water Resource and Environmental Protection. Xi'an：Chang'an University Press，2011.

第9章 非饱和尾矿宏细观力学特性试验研究

从选矿厂排放出来的尾矿是以水作为载体进行输送的，一般浓度为20%～35%。然后通过管道或沟渠输送到尾矿库[1]。尾矿排放到库内，沉积形成尾矿坝后，坝前尾矿浆的排放和大气降雨等，会通过干滩面向尾矿坝深部渗透，影响尾矿坝浸润线的埋深[2]。因此，尾矿库的筑建与水是密不可分的，已有的研究成果表明，水是影响尾矿坝稳定性的最大外在因素[3]。

近年来，国内外学者就水与尾矿坝稳定性的关系进行了深入研究并取得了一定的成果。水的毛细作用对尾矿坝稳定性影响显著[4]。含水率对尾矿流动形态及沉积几何形状有一定的影响[5]。水的毛细作用对尾矿坝稳定性影响显著[4]。洪水是引起尾矿库溃坝的主要因素[6]。上述研究均是宏观层次的，水在尾矿中的运移与对尾矿细观结构的作用是引起尾矿坝宏观变形破坏与失稳的根本原因，然而有关孔隙水运移与尾矿细观结构变形的相互作用机理方面的研究还鲜有报道。

土体颗粒性质显示，土体细观结构是由位置基本不变的颗粒构成土体骨架结构，它可传递应力；骨架孔隙中存在可动颗粒，其位置随时在变，且不能传递应力[7]。而骨架颗粒的形成与发展也是复杂多变的，其中孔隙水的运移是引起土体颗粒骨架结构变化的主要因素之一。水对土体细观结构作用机理的研究成果相对较多：土的细观结构、应力历史等与水分特征曲线密切相关[8]。从土体水分特征曲线可以预测土体强度与土体结构稳定性等[9]。水的溶蚀相变化可引起土体孔隙结构变化[10]。水土作用使土体细观结构发生变化会影响到土强度变化[11, 12]，以及水的管涌作用对土体细观结构影响突出[13-15]。

尾矿是开采的矿石经选矿过程磨碎提炼废弃的固体颗粒，与土体存在诸多相似之处，它们均是由颗粒构成的孔隙介质。但尾矿颗粒与土颗粒的成因存在较大差异，二者颗粒尺寸、形状、物理化学性质等均有所不同。尾矿颗粒的排列以及水与颗粒相互作用是引起尾矿坝破坏失稳的本质因素。从细观角度，研究尾矿颗粒结构变形破坏，分析孔隙水与颗粒骨架结构的相互作用机制，为探究尾矿坝失稳机理开辟了一条新的途径。

鉴于孔隙水对尾矿细观结构作用机理的研究还相对较少，本章在分析了含水率对非饱和尾矿宏观力学特性的影响规律之后，借鉴水对土体细观结构作用机理的研究方法，进一步从细观尺度探讨了荷载作用下孔隙水的运移特征及其对尾矿细观结构的作用机制，以及渗透水对尾矿细观颗粒结构的影响等，进而揭示孔隙水对尾矿细观结构的作用机理，以及因孔隙水渗流影响的尾矿细观结构破坏规律。研究成果对深入探索尾矿坝灾变机理及稳定性评价等具有重要的实际意义。

9.1 含水率对非饱和尾矿宏观力学特性的影响

9.1.1 非饱和尾矿强度理论

非饱和尾矿是由尾矿颗粒、孔隙水、孔隙气和液-气相交面构成的 4 相体系。相的增加导致了其物理状态、有效应力、渗透性、应力-应变关系、变形与固结、抗剪强度、孔隙水压力以及其他相关方面与饱和尾矿相比要复杂得多。因此，充分了解非饱和尾矿的强度规律显得尤为重要。

抗剪强度是非饱和土力学中的基本问题之一，众多学者对此进行了深入的探讨，至今观点仍不统一。但 Fredlund 基于双应力变量理论提出的非饱和土强度理论[16]，得到了国际公认。

Fredlund 强度理论是在试验的基础上提出的。从非饱和土体本身的力学特点出发，假设土粒和收缩膜在非饱和土中具有固体的形状，进行平衡分析时，假设各相在各个方向具有各自独立的、线性的、连续的、同时发生的应力场，各相都有独立的平衡方程，由于应力场是线性的，各相的平衡方程可以叠加。均匀多孔介质中各相体积孔隙率和面积孔隙率相等，对体积力和面积力可以应用同一孔隙率。非饱和土各相孔隙率之和等于 1，通过分析非饱和土的各相平衡得到了非饱和土的独立应力状态参量。Fredlund 公式是用非饱和土独特的应力状态变量来描述非饱和土的强度，其表达式为

$$\tau_{\mathrm{f}} = c' + (\sigma - u_{\mathrm{a}})\tan\varphi' + (u_{\mathrm{a}} - u_{\mathrm{w}})\tan\varphi^{\mathrm{b}} \tag{9-1}$$

式中，τ_{f} 为非饱和土的抗剪强度；c' 为有效内聚力；φ' 为有效内摩擦角；φ^{b} 为强度随基质吸力变化的摩擦角；u_{a} 为破坏时破坏面上的孔隙气压力；u_{w} 为破坏时破坏面上的孔隙水压力；$\sigma - u_{\mathrm{a}}$ 为破坏时破坏面上的净法向应力；$u_{\mathrm{a}} - u_{\mathrm{w}}$ 为破坏时破坏面上的基质吸力。

法向应力 σ、非饱和土的抗剪强度 τ_{f} 由式（9-2）求得：

$$\begin{cases} \sigma = \dfrac{1}{2}(\sigma_1 + \sigma_3) - \dfrac{1}{2}(\sigma_1 - \sigma_3)\sin\varphi' \\ \tau_{\mathrm{f}} = \dfrac{1}{2}(\sigma_1 - \sigma_3)\cos\varphi' \end{cases} \tag{9-2}$$

式中，σ_1 为第一主应力；σ_3 为第三主应力，即侧向应力。

试验侧向应力分别为 100kPa、200kPa 和 300kPa。根据试验结果，计算得到的 3 组数据分别为 τ_{f100}、σ_{100}、u_{a100}、u_{w100}；τ_{f200}、σ_{200}、u_{a200}、u_{w200}；τ_{f300}、σ_{300}、u_{a300} 和 u_{w300}。代入式（9-1）略去 $\tan\varphi^{\mathrm{b}}$，整理得到

$$\begin{cases}\tau_{f200}=c'+(\sigma_{200}-u_{a200})\tan\varphi'+(u_{a200}-u_{w200})\dfrac{\tau_{f100}-c'-(\sigma_{100}-u_{a100})\tan\varphi'}{u_{a100}-u_{w100}}\\ \tau_{f300}=c'+(\sigma_{300}-u_{a300})\tan\varphi'+(u_{a300}-u_{w300})\dfrac{\tau_{f100}-c'-(\sigma_{100}-u_{a100})\tan\varphi'}{u_{a100}-u_{w100}}\end{cases} \tag{9-3}$$

利用式（9-3）即可计算得到非饱和尾矿的强度参数c'、φ'，而非饱和尾矿剪切试验中，孔隙气压力与大气压力相同，因此，基质吸力为$-u_w$。

9.1.2　非饱和尾矿三轴剪切试验设备

尾矿剪切试验设备采用南京土壤仪器厂有限公司制造的 TSZ30-2.0 型应变控制式三轴剪力仪（中压台式），装置实物图见图 3.3。该装置主要由压力室、轴向加压设备、围压施加系统、体积变化和孔隙水压力量测系统构成，结构示意图见图 9.1。可用于测定土样在轴向负载条件下的强度和变形特性。

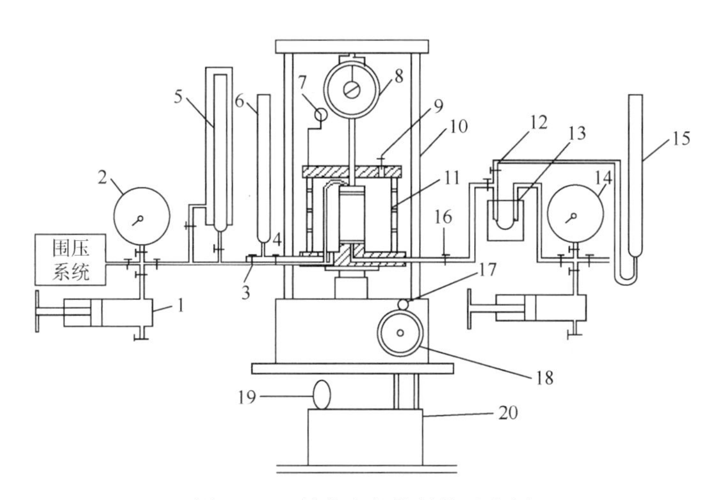

图 9.1　三轴剪力仪的结构示意图

1-调压筒；2-围压表；3-围压阀；4-排水阀；5-体变管；6-排水管；7-变形量表；8-量力环；9-排气孔；10-轴向加压设备；11-压力室；12-量管阀；13-零位指示器；14-孔隙水压力表；15-量管；16-孔隙水压力阀；17-离合器；18-手轮；19-马达；20-变速箱

TSZ30-2.0 型应变控制式三轴剪力仪可以进行不固结不排水剪（UU）、固结不排水剪（CU）和固结排水剪（CD）的三轴试验。该仪器围压较高、结构小巧、操作简单，主要技术参数如下：

（1）试样尺寸：ϕ39.1mm×80mm 和ϕ61.8mm×125mm。

（2）轴向荷载：0～30kN，相对误差±1%。

（3）升降板行程：0～90mm。

（4）升降板速率：0.0024～4.5mm·min^{-1}，机械变速共 15 挡速率。

（5）围压σ_3：0～2MPa 数显数控，相对误差±1%FSR；

（6）反压力 σ_b：0～0.8MPa 数显数控，相对误差±1%FSR。

（7）孔隙水压力：0～2MPa 数显数控，相对误差±1%FSR。

（8）体变测量：0～50mL 最小分度值 0.1mL。

（9）电源：220V，50Hz。

（10）整台仪器使用功率小于 300W。

根据凌华等[17]的非饱和土的强度试验方法，对 TSZ30-2.0 型应变控制式三轴剪力仪进行改装。改装方案如下：

对试样帽及排气系统进行调整，试样帽制成蜂窝状的孔洞结构，并与排气装置连接。排气阀后连接导管再接上一段“U”形管，“U”形管内注油，试验时可控制“U”形管左右油液面，即可控制试样内孔隙气压力，试验仪器改装结构见图 9.2。

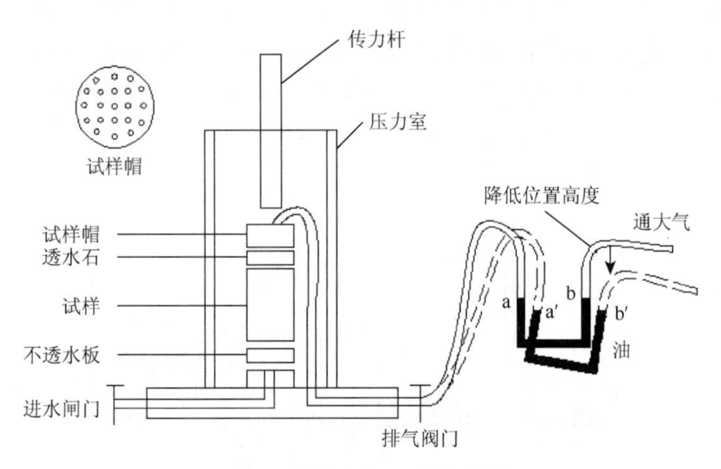

图 9.2　三轴剪力仪改装结构简图

9.1.3　非饱和尾矿三轴剪切试验方法

非饱和尾矿的强度试验要求试件的含水率保持不变。尾矿坝现场勘察表明，尾矿坝子坝堆筑施工期间，下级子坝所受荷载增加，坝体内孔隙气压是能够迅速消散的，而水压的消散却比较缓慢。Rahardjo[18]指出，对于大部分非饱和土体，气压消散几乎是瞬时完成的。为反映工程实际，试验中还要求气压消散。因此，进行非饱和尾矿的剪切试验中要控制含水率不变，同时还要保证气压消散。

为保证试验过程中测定试件底部的孔隙水压力，同时确保孔隙气压力消散。试验装样由下至上的次序为：透水石、滤纸、试件、滤纸、透水石和试样帽（图 9.2）。装样前，依次放入透水石和滤纸，并打开底座的阀门，排出底座中的气体。安装试件后，用毛刷轻轻向上刷乳胶膜，排出试件与乳胶膜间的气体。试验中应始终打开与试件帽连接的排气阀门。

试验过程中降低与排气阀门连接的“U”形管的右端位置，维持“U”形管两端油液面相齐平，即可保证孔隙气压力与大气压力的平衡，控制孔隙气压力为 0。另外，“U”形管内的油也可防止试件水分的散发。

对于饱和度不太高的非饱和尾矿，采取上述试验方法，试验能达到气压消散和含水率不变的要求。对于饱和度太高的非饱和尾矿，气和水同时排出尾矿，气压和水压的消散速度相差不大，保持含水率不变和保证气压消散这两者不能同时满足。因此，结合现场实测数据，含水率最高取为 21%。

根据尾矿坝堆积过程及承受荷载状况，研究采用上述非饱和尾矿三轴剪切试验方法，试验前不进行试件的固结。试验侧向应力分别为 100kPa、200kPa 和 300kPa，试验剪切速率为 $0.032\text{mm}\cdot\text{min}^{-1}$。

9.1.4　试验材料与试件制备

1. 试验材料

分析含水率因素的试样采用 8.1.1 节所述Ⅲ号尾矿，尾矿的颗粒级配见图 8.1，主要基础物理性质指标见表 8.1。

2. 试件制备

根据现场试验测试结果，随着坝体埋深的增加，含水率逐渐增大，非饱和区域含水率变化范围在 12%～21%，配制非饱和尾矿试样的含水率分别取为 12%、15%、18%和 21%。配制干密度取 $1.59\text{g}\cdot\text{cm}^{-3}$。

制备 4 组不同含水率尾矿试件，各组配制 3 件，共 12 个试件。

9.1.5　试验结果与分析

采用改装的 TSZ30-2.0 型应变控制式三轴剪力仪对不同含水率尾矿试件进行三轴剪切试验，获得主应力差、孔隙水压力、内聚力及内摩擦角，见表 9.1。

表 9.1　不同含水率尾矿试件三轴剪切试验结果

含水率/%	围压 σ_3/kPa	主应力差$(\sigma_1-\sigma_3)$/kPa	孔隙水压力 u_w/kPa	内聚力 c'/kPa	内摩擦角 φ'/(°)
12	100	336.5	22.1	12.5	34.7
	200	608.14	28.7		
	300	891.94	46.3		
15	100	341.2	23.5	14.7	34.31
	200	604.08	30.1		
	300	883.16	48.6		
18	100	344.97	22.9	19.4	34.18
	200	615.35	31.4		
	300	885.68	49.1		
21	100	328.1	23.9	5.7	33.81
	200	620.4	33.1		
	300	920.85	51.2		

以尾矿含水率为横坐标，抗剪强度参数为纵坐标绘制得到的非饱和尾矿含水率与抗剪强度参数的关系曲线见图 9.3。

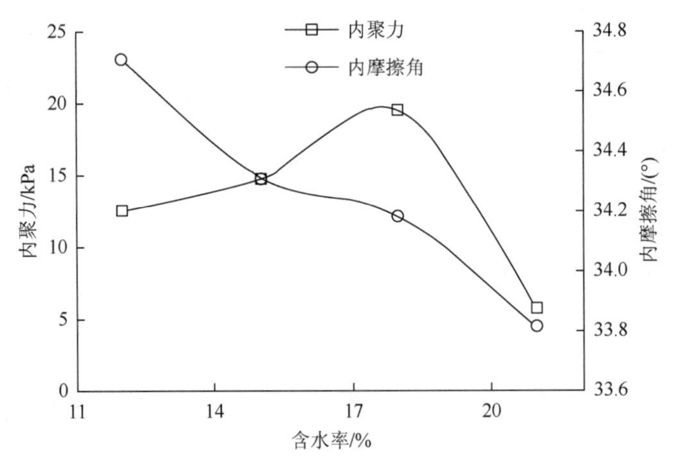

图 9.3　非饱和尾矿含水率与抗剪强度参数的关系曲线

1. 内聚力随含水率变化规律

从图 9.3 可以看出，含水率为 12%～18%时，内聚力随着含水率的增加而增大，增大幅度为 35.57%；在 18%～21%时，内聚力随含水率的增加而降低，降低幅度为 70.62%。分析的结果表明含水率的大小与尾矿的内聚力有着密切的关系。尾矿的内聚力可分为原始内聚力、固化内聚力及毛细内聚力。原始内聚力主要是由于颗粒间水膜受到相邻颗粒之间的电分子引力形成的，这种水膜呈强结合水存在于尾矿中。固化内聚力是由于尾矿中化合物的胶结作用形成的，筑坝过程使得尾矿的结构被破坏，固化内聚力随之丧失，且不能恢复。而毛细内聚力是由毛细压力所引起的，一般可忽略不计。尾矿含水率增加，孔隙水增多，水膜黏结的颗粒面积增大，使得原始内聚力增加。随着孔隙水的增多，毛细内聚力也会有所增加，故在低于一定含水率时（该尾矿为低于 18%），随着含水率的增加，内聚力增大。当含水率达到一定值（18%）后，随着含水率的增加，水膜增厚，增加的水分主要以弱结合水或自由水存在，使得水膜与颗粒间的电分子引力降低，孔隙水的作用主要转化为润滑和孔隙水压力作用，故内聚力显著减小。

2. 内摩擦角随含水率变化规律

从图 9.3 还可以看出，内摩擦角在 4 种含水率下相差不大，随着含水率的增加略微减小，减小幅度仅为 2.56%。内摩擦角主要与尾矿内摩阻力有关，即由尾矿表面摩擦力及颗粒间连锁作用而产生的咬合力决定，虽然随着含水率的增加，水对颗粒间相互滑动起到一定的润滑作用，降低颗粒间摩擦阻力，从而导致内摩擦角有所减小，但尾矿内摩阻力的变化主要受到颗粒间连锁作用而产生的咬合力和粗糙颗粒表面引起的表面摩擦力控制，因此，由孔隙水增加引起的内摩擦角减小幅度不大。由此可得到，尾矿内摩擦角受含水率变化影响不大。

从以上分析可知，含水率的变化对非饱和尾矿抗剪强度影响显著，但这种变化趋势与其他土质[18, 19]具有明显的区别，这可能是因为尾矿是一种扰动砂质土，其差别主要是由堆坝过程中破坏了固化内聚力引起的。

9.2　不同含水率尾矿细观力学特性

9.2.1　试验材料、设备与方案

1. 试验材料

试验尾矿取自四川省盐源县平川铁矿黄草坪尾矿库全尾矿，见图 9.4。采用美国麦奇克有限公司的 Microtrac S3500 系列激光粒度分析仪进行颗粒分析测试，得到尾矿粒径分布曲线，如图9.5所示，尾矿中值粒径d_{50} = 0.02158～0.04962mm，平均值为0.03281mm；粒径≥0.074mm 的颗粒含量在 27.37%～43.93%；不均匀系数 C_u = 17.49～61.50，平均值为 26.03，曲率系数 C_c = 0.57～1.54，平均值为 0.84，尾矿颗粒密度为 2.06g·cm^{-3}，塑限含水率为 10.67%，液限含水率为 16.97%，塑性指数为 6.3。

图 9.4　试验材料

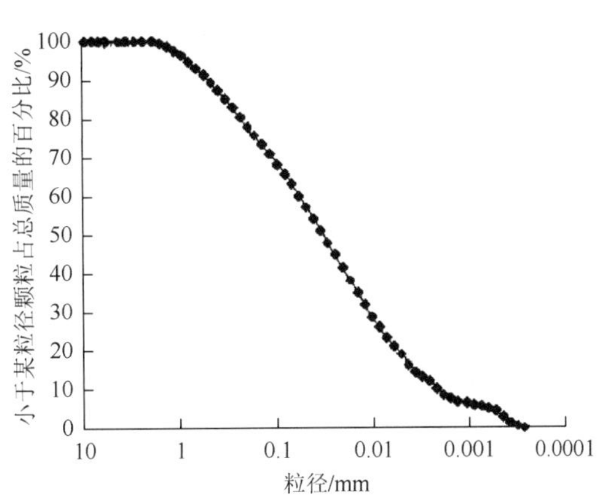

图 9.5　尾矿粒径分布曲线

2. 试验设备

试验采用自主设计研发的尾矿细微观力学与形变观测试验装置，详细介绍见 6.1 节，加载装置采用日本岛津 AG-250kNI 电子精密材料试验机。

3. 试验方案

为研究孔隙含水率对尾矿颗粒及细观力学行为的作用机制，制作含水率分别为 9%、12%、15%、18%和 21%的尾矿试样，采用 AG-250kNI 电子精密材料试验机对尾矿试件施加连续荷载，最大荷载为 0.786MPa，加载速率为 0.5mm·min^{-1}，观测在连续荷载作用下不同含水率尾矿颗粒骨架变形演化特征。具体试验步骤如下：

（1）按照试验方案首先配置含水率为 9%的尾矿试样，装填干密度为 1.44g·cm^{-3}。试件制作采用 5 次分层装填的方法制作成 ϕ100mm×200mm 形状，每次装填下一层尾矿试件时均使用削土刀刨毛上一层表面，确保层间颗粒自然接触。每层装填量为476g，每层40mm，将装填好的尾矿试样静置24h以确保孔隙水均匀分布。

（2）将配置好的尾矿试样放置在试验平台上，使材料试验机触头与压力室活塞压头刚好接触。

（3）将体视显微镜及CCD摄像机固定于三维移动显微观测架上，调节体视显微镜至水平，调节三维移动显微观测架使体视显微镜镜头对准压力室观测窗，并与计算机连接，打开软件调整镜头焦距，使之可以清晰观测到尾矿颗粒。

（4）找寻清晰的观测点，采集初始状态的尾矿颗粒图像。而后启动材料试验机进行加载试验，试验过程中追踪该观测点并每隔5min采集一次，直至达到最大荷载设定值试验机自动停止加载，并采集最后时刻尾矿颗粒图像。

依照上述方法，依次进行连续荷载作用下含水率为12%、15%、18%和21%的尾矿细观观测试验。

9.2.2 连续荷载作用下尾矿颗粒位移特征

连续荷载作用下不同含水率尾矿颗粒的位移曲线见图9.6。随着沉降位移的增加，荷载呈非线性增加，大致可分为四个阶段：初始阶段（*OA*段），荷载增加呈近似线性增长，该阶段尾矿颗粒处于松散堆积状态，颗粒间的作用力表现为颗粒间接触力的增加，颗粒的方向及排列不发生变化。第二阶段（*AB*段），随位移的增大，颗粒间作用力急剧增加，呈近似线性增长，颗粒接触紧密，原始的松散状态逐渐被压实，孔隙压缩，孔隙体积明显减小。第三阶段（*BC*段），曲线斜率有明显下降，小颗粒尾矿被挤压入大颗粒间的孔隙当中，同时大颗粒受荷载作用沿着最优排列方式转动，由此引起颗粒的方向和位置改变，促使颗粒间的接触力有所降低，故随位移增加，承受荷载有略微下降的趋势。第四阶段（*CD*段），受侧向变形限制，曲线逐渐上升，呈近似指数增加，大颗粒与融入大孔隙中的小颗粒接触逐渐紧密，颗粒间接触力不断增大。

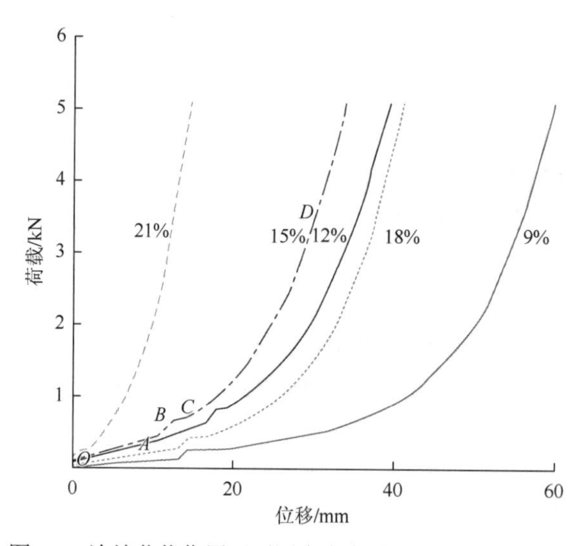

图9.6　连续荷载作用下不同含水率尾矿颗粒的位移曲线

含水率为 9%时，初始阶段，荷载呈近似线性增长，当沉降位移达到 13.8mm 时荷载突然增加，达到 2.39kPa 后缓慢下降，随位移变化约 1.4mm 后荷载开始缓慢增长，当沉降位移达到 50.5mm 后，颗粒压实，荷载急剧增长。含水率为 12%时，超过塑限含水率，一开始随沉降位移的增加荷载迅速增长，当荷载达到 2.96kPa 后，荷载随位移的增加呈近似线性增长，当位移增至 16.8mm 时，荷载达到 12.89kPa 后大致保持不变，位移变化约 1.4mm 之后荷载随位移的增长有显著变化。含水率为 15%时，一开始，荷载近似线性增长，当荷载达到 7.08kPa 后迅速增长至 10.54kPa，之后近似保持不变，位移变化约 1.4mm 后荷载随着位移的增加显著增长。含水率为 18%时，含水率大于该尾矿颗粒的液限，故与含水率为 15%时相似，一开始荷载呈近似线性增长，当荷载达到 4.4kPa 后迅速增长至 6.6kPa 后近似保持不变，同样随位移变化约 1.4mm 后开始显著增长。

如图 9.7 所示，在相同最大荷载作用下，含水率分别为 9%、12%、15%、18%和 21%的尾矿试样的最大沉降位移分别为 59.845mm、39.462mm、33.979mm、41.275mm 和 14.837mm。含水率为 21%的尾矿试样在荷载加载开始，便有水从细观装置中渗出，一开始曲线急剧攀升，而后，曲线略微缓和，之后呈指数形式增长，由于受侧向变形的限制，试验过程为孔隙水受压排出的过程，故试样沉降位移小。对比 9%、12%、15%、18%四种试样，含水率为 9%的尾矿试样的最大沉降位移最大，含水率为 15%的尾矿试样的最大沉降位移最小。而含水率为 18%的试样最大沉降位移大于 12%和 15%的值，可能是因为含水率为 18%的尾矿试样在试验过程中有少量孔隙水溢出，使得孔隙水承压能力有所降低，故孔隙压缩量有所增大。

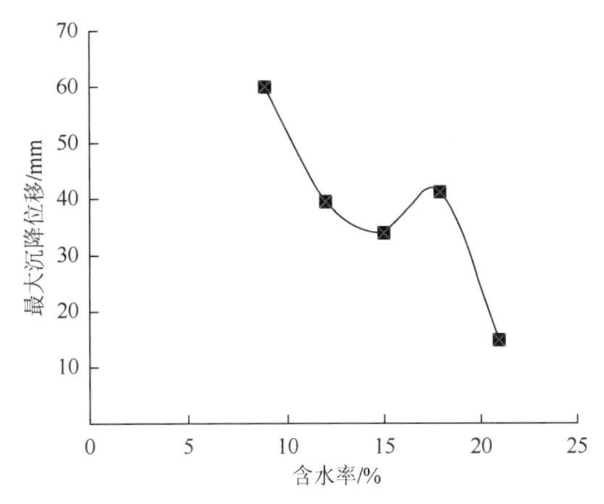

图 9.7 最大沉降位移与含水率的关系曲线

分析上述规律可以发现，在受到侧向变形限制时，尾矿孔隙水压力与骨架颗粒接触力共同支撑尾矿所承受荷载。较低含水率时，由于孔隙中含有大量气体，气体容易压缩与排出，受荷载作用其变形量较大，由此骨架颗粒可以形成优化排列，尾矿所承受荷载主要由颗粒的接触力承担。而含水率较高时，若孔隙水能够及时排出（如含水率为 18%的试样），孔隙水排出可促使尾矿发生较大变形，形成骨架颗粒的优化排列，故其变形较大，骨架颗粒的接触力也会显著增大，孔隙水压力增大较小；若孔隙水不易排出（如含水率为 21%的尾矿试样），尾矿骨架颗粒变形小则会造成颗粒优化排列转化较差，骨架颗粒接触力较低，孔隙水压力急剧增大，极易产生尾矿液化现象，不利于坝体稳定。但孔隙水的排出与含水率关系密切，含水率接近并低于尾矿液限含水率时，由于水分子引力作用，孔隙水主要附着于尾矿颗粒不易排出，但也会和尾矿一同承担荷载作用，以致其变形较小（如含水率为 15%的尾矿试样）；当含水率大于尾矿液限含水率时，孔隙水能自由流动排出，将导致尾矿的变形相对较大（如含水率为 18%的尾矿试样）；而随着含水率的继续增大，由于尾矿渗透能力与装置的排水能力限制，大量孔隙水不能及时排出，由此会引起尾矿沉降位移显著减小，孔隙水压力增大，而骨架颗粒接触力增加不大。

9.2.3　尾矿颗粒在荷载作用下细观变形特征

荷载作用下含水率为9%的尾矿试样在沉降位移分别为0mm、20mm、40mm和60mm时的细观结构见图9.8。未施加荷载时，尾矿颗粒处于松散的状态（图9.8（a）），颗粒及孔隙清晰可见（如图9.8（a）中A所指颗粒），且大孔隙较多（如图9.8（a）中B所指大孔隙）。沉降位移为20mm时，孔隙逐渐被压实（如图9.8（b）中B为被压实的孔隙），颗粒间接触紧密（如图9.8（b）中A为两颗粒的接触）。沉降位移为40mm时，周边的小颗粒逐渐向大颗粒及块体结构间形成的孔隙中移动（如图9.8（c）中A为向大孔隙中移动的小颗粒），颗粒的排列及方向发生改变，形成更为稳定的结构，大颗粒及块体结构向孔隙中有微小的位移（如图9.8（d）中A为大颗粒），孔隙体积减小，形状也逐渐复杂，形成更为复杂细小的孔隙结构。

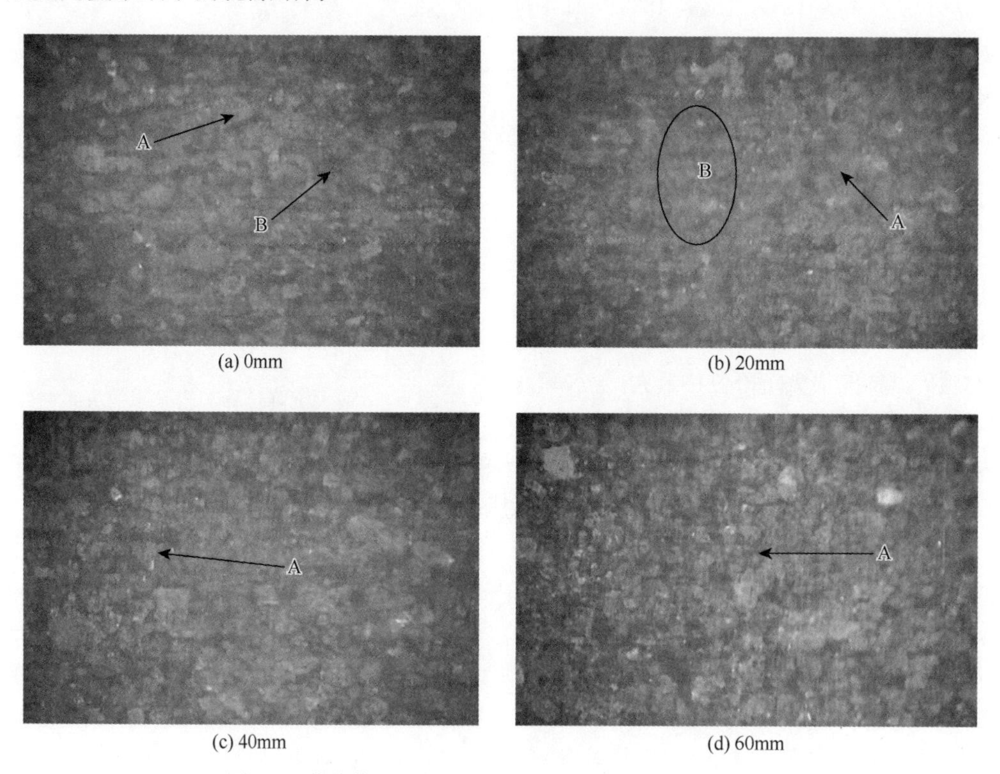

图9.8　荷载作用下尾矿颗粒的细观变形（后附彩图）

9.3　非饱和尾矿孔隙水运移的细观力学特性

9.3.1　试验材料、设备与方案

1. 试验材料

试验使用的尾矿取自云南铜业（集团）有限公司下属铜厂的全尾矿，详细介绍见6.3.1节。

2. 试验设备

采用尾矿细微观力学与形变观测试验装置研究孔隙水、排水条件等对尾矿细微观结构变形破坏特征与颗粒运移特性等方面的影响。充水试验采用充水测量管测定充水量，充水试验装置见图 9.9。荷载作用下孔隙水的运移特征及其对尾矿细观结构作用机理试验，以及尾矿中渗透水对其细观颗粒结构的影响试验，是孔隙水及荷载双重作用下的尾矿细观结构变形破坏特征的试验研究。荷载采用材料蠕变试验机提供，并考虑了孔隙水控制及流量测定，试验装置及安装见图 6.2，装置的详细介绍见 6.1 节。

图 9.9　尾矿充水试验装置

3. 试验方案

该试验分别进行未充水尾矿细观力学试验和充水量为孔隙体积 50%尾矿细观力学试验。未充水尾矿细观力学试验方案为：制作含水率为 9%，干密度为 $1.44\text{g}\cdot\text{cm}^{-3}$ 的尾矿试样。根据尾矿坝分级筑坝的实际情况，采用材料蠕变试验机对试验尾矿进行静力加载，累积荷载分别为 100kPa、200kPa、300kPa、400kPa、500kPa 和 600kPa。观测尾矿整体沉降、颗粒运动规律。充水尾矿细观力学试验方案为：制作上述相同含水率与干密度的尾矿试样，从压力室下端排水孔充水，充水量为孔隙体积的 50%，观测水在尾矿中的运移、尾矿细观结构变化特征。并按相同方法进行静力加载，加载过程中关闭排水阀，打开排气阀，观测孔隙水的运移、尾矿颗粒的运动以及尾矿细观结构的变形演变特征。

整个试验具体步骤如下：

1）未充水尾矿细观力学试验

A. 试样的配制及装填

按试验方案配制含水率为 9%，干密度为 $1.44\text{g}\cdot\text{cm}^{-3}$ 的尾矿试样。试件制作采用 5 次

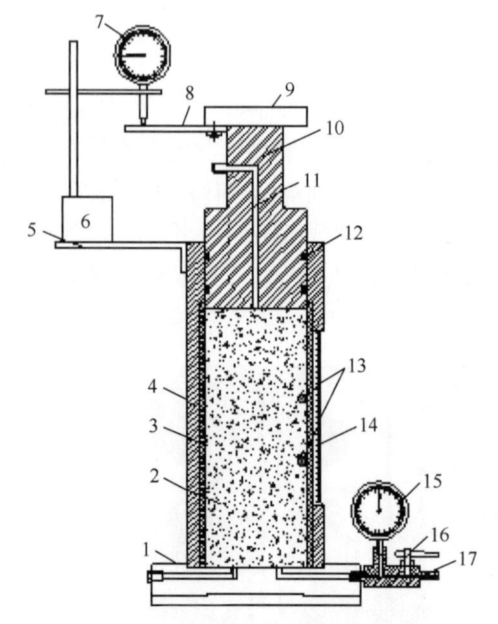

图 9.10 压力室与试样结构

1-底板；2-试验尾矿；3-不锈钢套筒；4-玻璃钢筒；5-支架托板；6-百分表支架；7-百分表；8-百分表限位板；9-活塞压头；10-加压活塞；11-排气及进水控制孔；12-O 形圈；13-铝质圆珠；14-观测窗；15-孔隙水压力表；16-排水控制阀；17-排水孔

分层装填的方法制作成 Φ100mm×200mm 形状，每次装填 492.9g，并用压板锤压至厚度为 40mm。每次装填下一层尾矿试件时均使用削土刀刨毛上一层表面，确保层间颗粒自然接触。装填试样时，在观测窗内侧尾矿中，相隔 70mm 左右埋设直径为 0.5mm 的铝质圆珠，跟随尾矿颗粒移动以观测其运动规律。装填完毕后，记录埋设铝质圆珠在观测窗的位置，分别为 73.17mm、139.74mm 处（刻度以压力仓内底端为 0 点）。安装好的尾矿试样静置 24h 以确保孔隙水均匀分布，压力室与试样结构见图 9.10。

B. 试验安装及准备

安装压力室到材料蠕变试验机上，调整试验台，使活塞压头接触试验机触头。安装百分表支架及百分表，使之有 5mm 左右行程。安装动态细微观观测装置，使体视显微镜镜头对准压力室观测窗，调整软件及镜头焦距，使之能清晰观察到尾矿颗粒，试验安装如图 6.2 所示。试验采用水作为加载砝码，根据该材料蠕变试验机加载比例（1∶250）计算，每级加载水质量为 320.4g。

C. 加载试验

首先进行初始尾矿细观结构图像采集，采集位置取观测窗刻度分别为 26.4mm、74.9mm、97.4mm、126.2mm 和 174.7mm 附近。而后打开排气阀，进行 100kPa 荷载的加载试验，加载前启动体视显微镜录制软件进行动态观测。待百分表稳定后，测定百分表、铝质圆珠位移，并根据百分表与铝质圆珠位移找到初始采集点，进行图像采集。依照上述方法，按方案逐次进行加载试验并采集数据。

2）充水尾矿细观力学试验

A. 试样的配制及装填

按照未充水尾矿细观力学试验配制尾矿试样，并进行试验尾矿试件的装填，记录铝质圆珠埋设位置分别在 74.57mm 和 138.98mm 处。

B. 充水试验

试验安装如图 9.9 所示，首先进行初始尾矿细观结构图像采集，采集位置取观测窗刻度分别为 26.4mm、74.9mm、97.4mm、126.2mm 和 174.7mm 附近。而后打开排气和排水阀进行充水试验，充水试验示意图见图 9.11（a）。根据孔隙率计算需水量为 357.5mL，按 3 次等量充水，并录制充水过程中 97.4mm 处的孔隙水的运移。每次充水后，按初始位置采集尾矿细观结构图像，试验结束后关闭排水阀。

3）试验安装及准备

试验安装及准备与未充水尾矿细观力学试验相同。

4）加载试验

加载及数据采集方法与未充水尾矿细观力学试验相同。

5）排水试验

待加载试验完成后，在 600kPa 荷载作用下进行充水尾矿的排水试验。首先，用水管连接压力室排水孔至量瓶，量瓶瓶口低于排水孔。而后，打开排水阀进行排水，排水试验示意图见图 9.11（b）。排水试验过程中，间隔 1h 按照前述位置采集一次数据，并记录百分表读数、铝质圆珠位置及排水量。

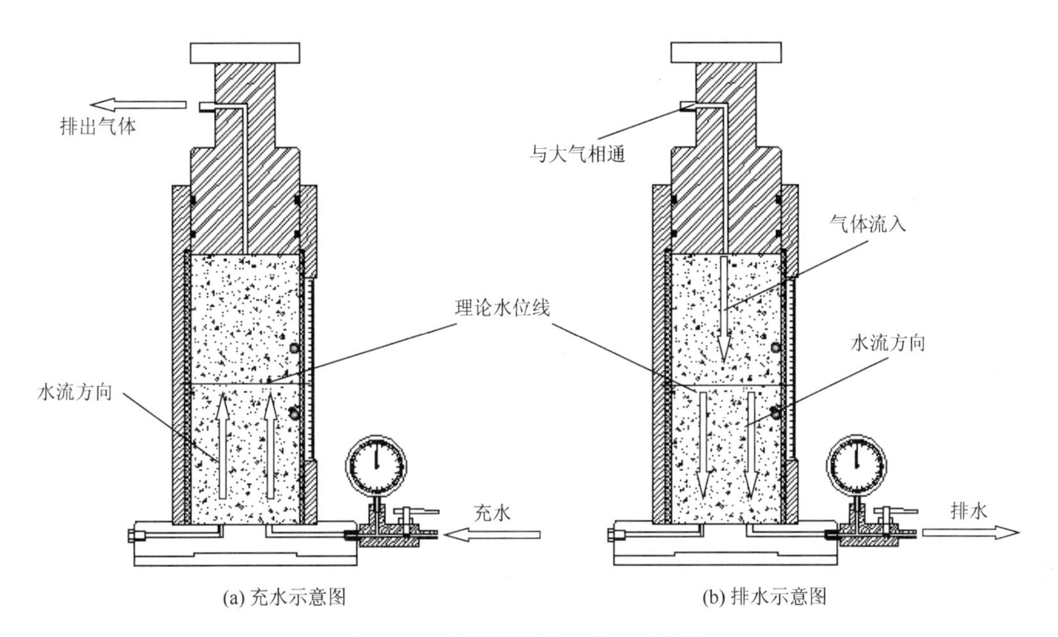

图 9.11　尾矿试样充、排水示意图

9.3.2　尾矿充水过程孔隙水运移特征

初始及 3 次充水后 97.4mm 处尾矿细观结构见图 9.12。从图中可以看出，第一次充水（图 9.12（b））后与初始图像（图 9.12（a））相似，颗粒与孔隙轮廓清晰（如图 9.12（b）中 A 所指颗粒、B 所指孔隙），第一次充水并未对该处有显著影响。第二次充水后的图像（图 9.12（c））中，已不能清晰地辨认出尾矿颗粒，颗粒间小孔隙出现水膜（如图 9.12（c）中 C 所指水膜），尾矿中未排出的气体呈淡白色，相连成片，占孔隙区域绝大部分（如图 9.12（c）中 D 所指区域）。第三次充水后，部分孔隙被水充填，该部分内的颗粒轮廓逐渐清晰（如图 9.12（d）中 E 所指颗粒），但是与初始图像（图 9.12（a））相比，颜色较深，大孔隙间仍然可见未能排出的气体，呈带状（如图 9.12（d）中 F 所指孔隙），构成复杂的固液气三相体。根据计算可知，在第二次充水后，水位线并未达到 97.4mm 处，但该处颗粒间出现水膜，这可能是尾矿细观孔隙构成复杂的毛细管，由于水的表面张应力，形成毛细管作用，孔隙水达到高度显著提高；而第三次充水后，孔隙中仍然存在大量气体，占据孔隙体积，尾矿水位线实际高度要显著大于计算值。

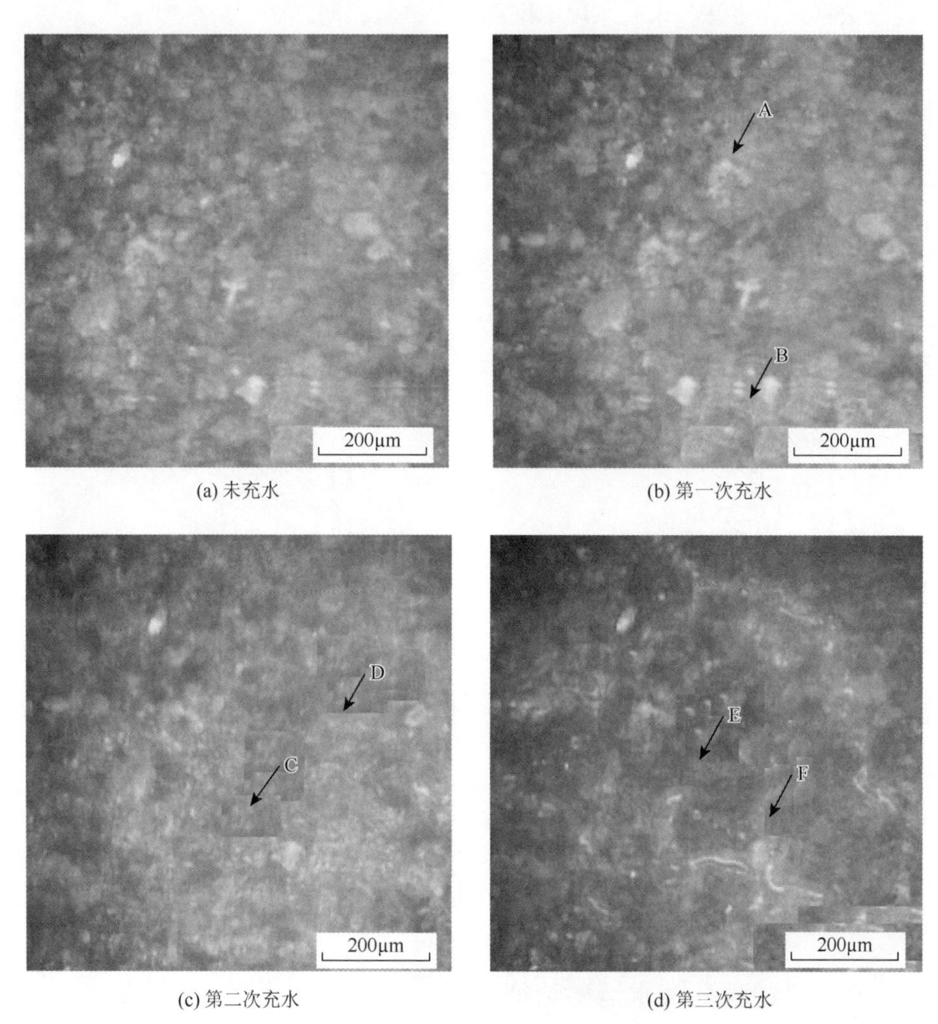

(a) 未充水　(b) 第一次充水　(c) 第二次充水　(d) 第三次充水

图 9.12　初始及 3 次充水后 97.4mm 处尾矿细观结构（后附彩图）

图 9.13 为 3 次充水后各层尾矿细观结构。从图中可以看出，随着高度的增加，孔隙水逐渐减少，例如：图 9.13（a）中颗粒已浸入水中，大孔隙中仍有未能排出的气体，呈白色块状气泡结构（如图 9.13（a）中 A 所指气泡），占整个区域的 33.7%；图 9.13（b）中，相邻孔隙中气泡贯通呈带状（如图 9.13（b）中 B 所指气泡），占整个区域的 44.9%；图 9.13（d）为第三次充水后 174.7mm 处尾矿细观图像，与图 9.13（b）相似，但相对于前者气泡所占整个区域比例较大，为 29.43%；相对于未充水时（图 9.12（a）），图 9.13（c）、（d）中孔隙水显著增多，充填于小孔隙间将颗粒黏结成块状（如图 9.13（c）中 C 所指区域），尾矿颗粒轮廓模糊，孔隙中气体未被水封闭，大孔隙结构能清晰辨认（如图 9.13（d）中 D 所指孔隙）。根据上述分析可知，与不同充水量 97.4mm 处尾矿细观结构图像分析的

结果相同：尾矿细观孔隙结构构成的毛细管产生水的毛细管作用，孔隙水从较小的孔隙中向上运移，随着运移量的增加，封闭了较大的孔隙，使得这些孔隙中的气体未能排出，形成复杂的固液气三相体，从而尾矿中实际水位线显著高于理论计算得到的值。

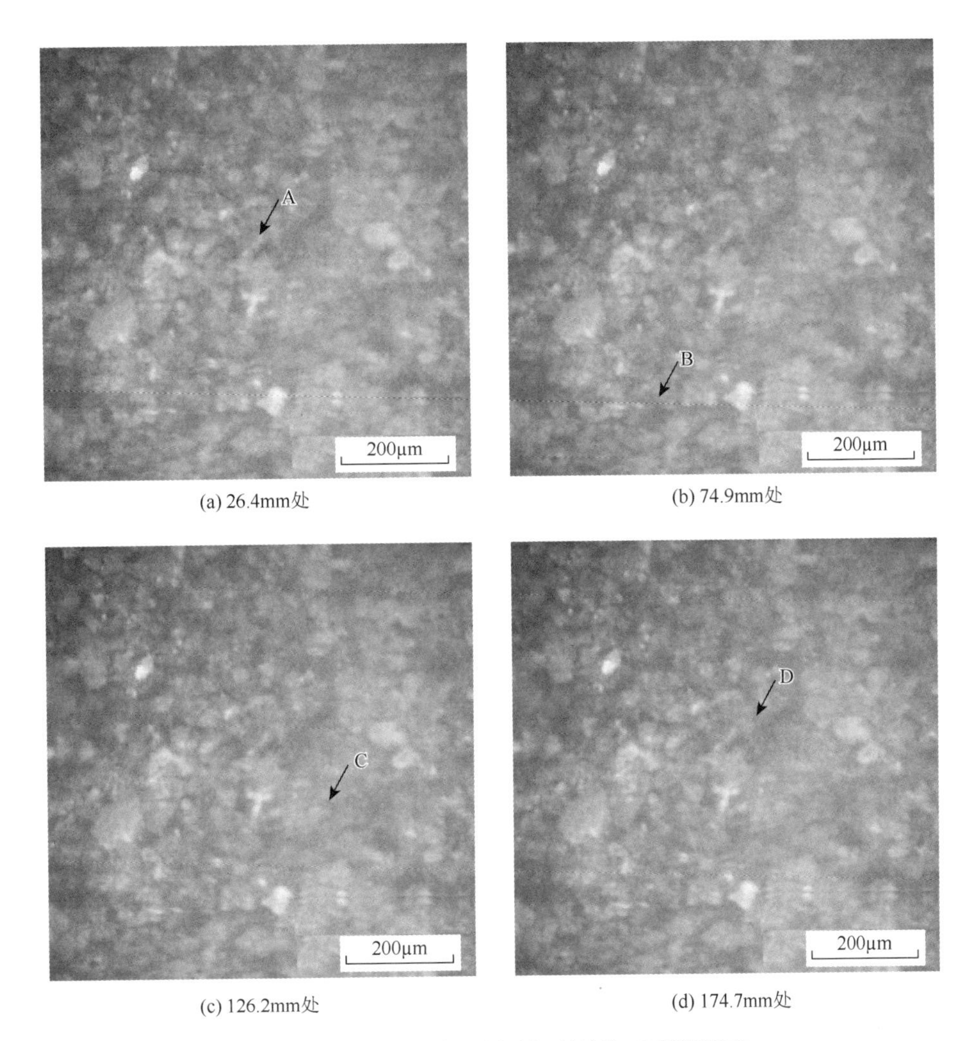

(a) 26.4mm处　(b) 74.9mm处

(c) 126.2mm处　(d) 174.7mm处

图 9.13　3 次充水后各层尾矿细观结构（后附彩图）

9.3.3　受载尾矿颗粒运移规律

观测未充水及充水后尾矿受载过程中埋设铝质圆珠的运移，均表现为荷载方向的沉降位移。图 9.14 为不同荷载下，根据铝质圆珠位置监测的尾矿颗粒累计沉降位移，其中，200mm 处以百分表读数为准。从图中可以看出，各级荷载稳定后，充水条件下各层尾矿颗粒沉降位移显著大于未充水条件下相同位置颗粒的沉降位移。其中，600kPa 荷载稳定后，充水条件下累计沉降位移为 12.99mm，是未充水条件下的 3.42 倍；139.74mm 处颗粒的累计沉降位移为 6.65mm，是未充水条件下的 7.268 倍；74.57mm 处颗粒的累计沉降位移为 3.46mm，是未充水条件下的 6.7 倍。未充水条件下，尾矿颗粒累计沉降位移随着荷载的增加呈非线性增长，其初期增长较快，并逐渐减小直至最终稳定，且出现显著沉降位移时所受荷载下层大于上层。充水条件下，尾矿颗粒累计沉降位移随着荷载的增加也呈非线性增大，可分为三个阶段：第 1 阶段（*OA* 阶段），尾矿颗粒累计沉降位移随着荷载的增加近似线性增长；第 2 阶段（*AB* 阶段），尾矿颗粒累计沉降位移随着荷载的增加显著增大；第 3 阶段（*BC* 阶段），尾矿颗粒累计沉降位移随着荷载的增加逐渐稳定。充水条件下，尾矿颗粒出现显著沉降位移时所受荷载下层小于上层，74mm 附近尾矿颗粒显著沉降位移阶段出现在 100～300kPa，140mm 附近尾矿颗粒显著沉降位移阶段出现在 200～400kPa，而整体显著沉降阶段出现在 300～500kPa。

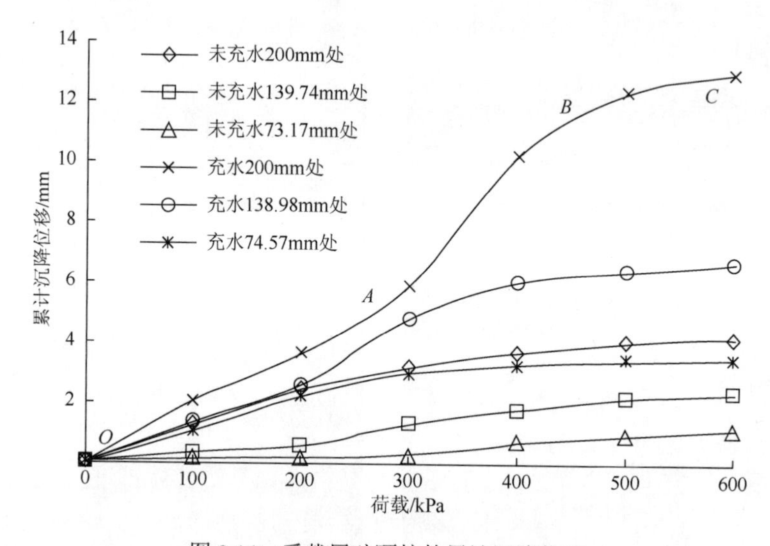

图 9.14 受载尾矿颗粒的累计沉降位移

9.3.4 受载尾矿孔隙水运移特性及对尾矿细观结构的影响

200kPa、400kPa 和 600kPa 荷载稳定后，97.4mm 处尾矿细观结构见图 9.15。与图 9.12（d）相比，受荷载作用，孔隙中气泡不再连通呈带状，随着荷载的增加，孔隙中的气泡数量及尺寸显著减小，且逐渐规则呈块状。从图中两颗粒相对距离 *d* 的测定可知，尾矿颗粒受荷载作用，孔隙压缩直至闭合，颗粒间距缩小，对比横向、竖向相对距离可以发现，其主要为竖向距离的缩短。如图所示，两颗粒距离由 178.61μm（图 9.15（a））减小到 80.12μm（图 9.15（c）），而横向位移相差不大，其横向距离分别为 36.77μm、28.29μm 和 29.7μm。被水充填大孔隙（如图 9.15（a）内 A 所指孔隙），随着孔隙的闭合，孔隙水向相邻孔隙运移，冲散孔隙中的气泡（如图 9.15（a）内 B 所指气泡），气体顺着水流运移，逐渐排出，而未能排出的气体，受压力作用，孔隙缩小，发生移动并逐渐呈圆形（如图 9.15（c）中 C 所指气泡）。对比各级荷载稳定后尾矿细观结构图可知，上述现象在 200kPa～400kPa 最为显著，虽然孔隙水的运移带走部分气体，但尾矿细观结构变形稳定后，尾矿中仍存在不少气体，始终存在复杂的固液气三相体。

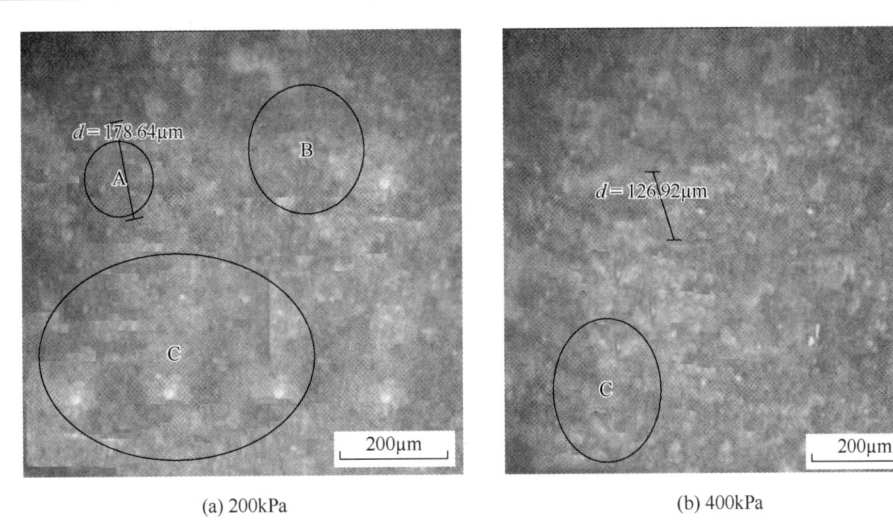

(a) 200kPa　(b) 400kPa

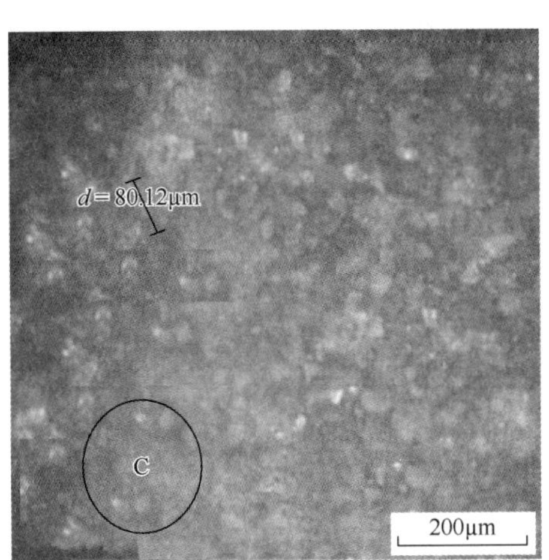

(c) 600kPa

图 9.15　3 次荷载稳定后 97.4mm 处尾矿细观结构（后附彩图）

图 9.16 为截取 400kPa 荷载作用过程中 126.2mm 处尾矿细观结构。图 9.16（a）与图 9.16（a）相似，部分孔隙中仍存在独立的块状气泡（如图 9.16（a）中 A 所指气泡）。随着荷载作用时间的增长，孔隙水向气泡区域运移，冲散气泡，带走部分气体，如图 9.16（a）中 A 所指块状气泡逐渐减小，并最终消失（图 9.16（c）、（d）），而未能带走的气体存在于闭合的孔隙中，逐渐缩小变规则呈圆形（如图 9.16 中 B 所指气泡）。随着荷载作用时间的增长，尾矿颗粒相连呈块体结构向下运动，孔隙水相对向上流动，受孔隙水运移作用，在块体间形成曲折复杂的孔隙水流动通道（如图 9.16（c）中箭头所指路径）。孔隙水的运移冲刷块体边缘较松散的颗粒，使其脱离块体并跟随孔隙水向上运移。其中，较大的颗粒经过较为狭窄的通道时，阻塞通道（如图 9.16（d）中 C 所指颗粒），局部孔隙水压增大，孔隙水冲破其他块体间的接触，甚至冲破较为松散的块体（如图 9.16（c）中 D 所指块体），如此破坏尾矿细观结构。小颗粒随着孔隙水向上运移（如图 9.14（d）中 E 所指颗粒），

下层细粒尾矿含量减小，上层细粒尾矿含量增大。尾矿颗粒形成的块体中也存在孔隙水，随着荷载作用时间的增加，孔隙水冲破块体（如图 9.16（b）中块体 G 从块体 F 崩落），造成块体的解体。掉落的颗粒随着孔隙水运移，冲击其他块体或颗粒，使更多的团聚体发生坍塌解体，破坏尾矿细观结构，降低了尾矿细观结构的强度。同时，孔隙水夹带孔隙气体与尾矿颗粒的运移，使下层可压缩空间增大，尾矿细观结构产生显著的变形，故出现图 9.15 所示尾矿颗粒沉降位移受荷载作用显著增大阶段。

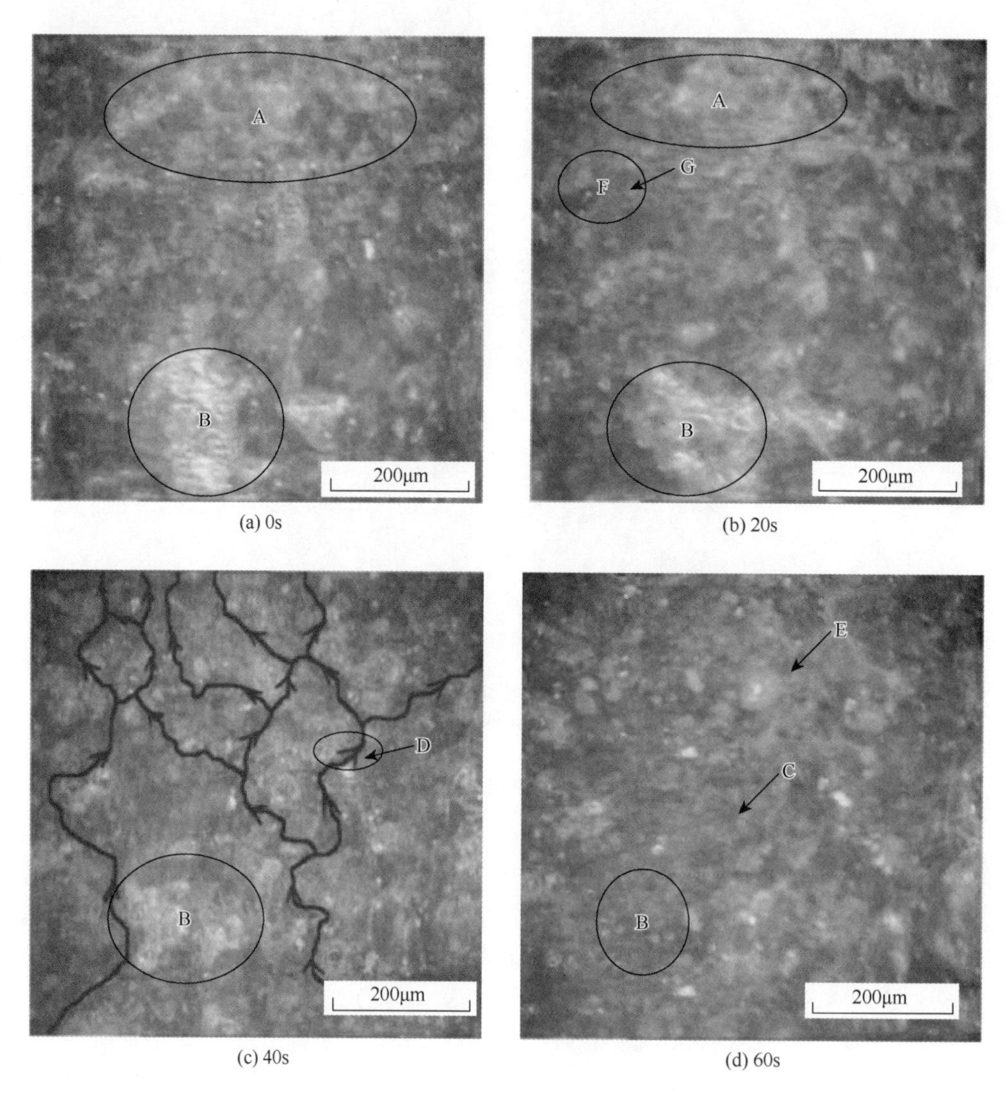

(a) 0s　　(b) 20s

(c) 40s　　(d) 60s

图 9.16　400kPa 荷载作用过程中 126.2mm 处尾矿细观结构（后附彩图）

9.3.5　排水过程尾矿颗粒运动规律与细观结构变形特性

排水试验过程中，间隔 1h 测量铝质圆珠沉降位移、百分表读数与排水量，建立尾矿颗粒累计沉降位移、累计排水量与时间的关系，如图 9.17 所示。从图中可以看出：排水 10h，尾矿颗粒累计沉降位移与累计排水量趋于稳定。总排水量为 17.9mL，仅为充水量的 5.0%，大量水仍存在于尾矿中，极难排出。尾矿颗粒沉降位移在排水试验中变化较小，稳定后整体沉降位移为 0.436mm，仅为 600kPa 荷载作用下沉降位移的 3.36%。尾矿颗粒累计沉降位移与累计排水量随时间的增加均呈非线性增长，初期增量较大，逐渐平缓直至稳定。整体沉降位移 2h 后与 139.74mm 处颗粒沉降位移近似平行，说明该层不再压缩，细观结构已无明显变化，139.74mm 处颗粒沉降位移 3h 后与 73.17mm 处颗粒沉降位移近似平行，而 73.17mm 处颗粒 7h 后才无明显增长，表现出下层尾矿细观结构稳定滞后于上层。

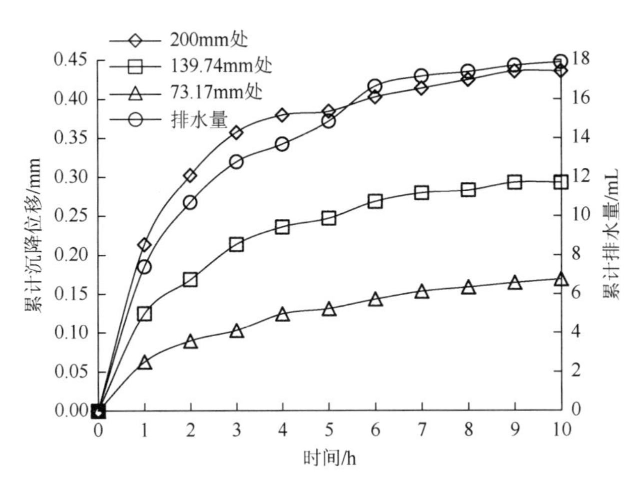

图 9.17　尾矿颗粒累计沉降位移、累计排水量与时间的关系

排水过程中 74.9mm 处尾矿细观结构如图 9.18 所示。从图中可以看出：尾矿细观结构受排水影响较小，3 幅图中尾矿颗粒排列、孔隙水与气泡结构变化极小。随着排水时间的增长，压力已消散，呈淡白色的气泡所占面积略微增加，并逐渐贯通，形成片状气泡结构（如图中 A 所指区域内气泡结构）。而压力未消散、密封的孔隙气泡，受压力作用，颜色较暗，近似圆形，并随着排水时间的增长，气泡所受孔隙水压得到一定释放，其尺寸有所增大，如图 9.18 中 B 所指气泡，其面积逐渐由图 9.18（a）中 5439.33μm^2 增大到图 9.18（c）中 7669.63μm^2，增幅 41%，且逐渐向外凸出形成复杂的多边形。受荷载作用，孔隙率减小，尾矿渗透性降低，且受水的表面张力作用附着于尾矿颗粒之间，无外力作用较难产生运移排出，尾矿孔隙结构、孔隙水所占区域随着排水时间的增长无明显变化。大颗粒排列不受排水影响，3 个时刻测定两颗粒距离 d 分别为 285.31μm、285.78μm 和 285.54μm，并无明显变化。小颗粒随着孔隙水的运移有略微的运动，如图 9.18 中 C 区域的小孔隙逐渐消失，这可能是由于该处是孔隙水向下运移的通道，孔隙水运移过程中夹带小颗粒在该处沉积充填孔隙。

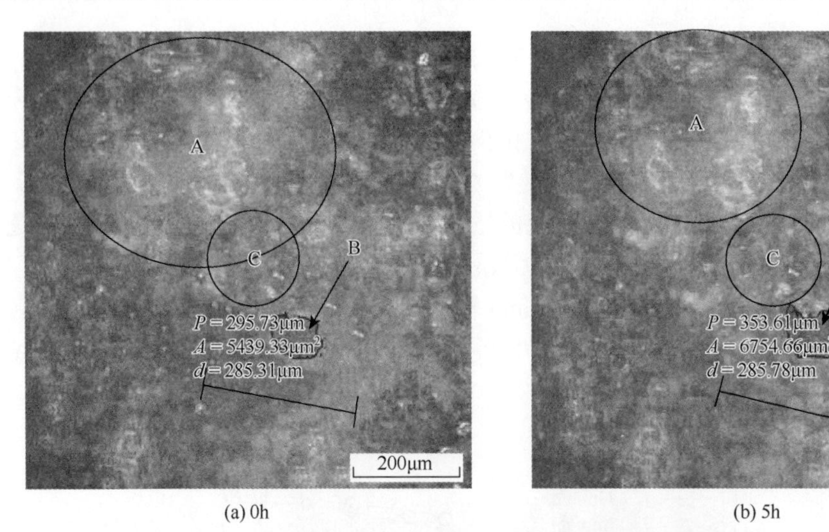

(a) 0h　　(b) 5h

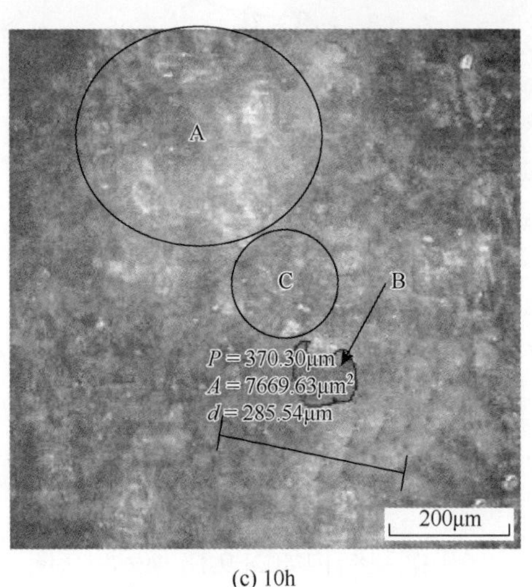

(c) 10h

图 9.18　排水过程中 74.9mm 处尾矿细观结构（后附彩图）

9.4　非饱和尾矿孔隙水运移特征及对颗粒骨架结构作用机理分析

充水试验结果显示，尾矿水位线实际达到高度大于根据充水量和孔隙体积计算获得的水位线高度。分析其原因主要为：尾矿细观孔隙结构形成复杂的毛细管，产生毛细管作用，所充的水顺着孔隙向上运移，而大孔隙毛细管作用相对较小，水面上升高度较低，孔隙水绕过大孔隙从相邻的小孔隙中向上运移。当上升的水在大孔隙四周闭合后，大孔隙中不能及时排出的气体形成由孔隙水包裹的气泡结构，从而构成复杂的固液气三相体，而存在于孔隙中的气体占据一定的孔隙体积也必然使得孔隙水液面整体升高。当充入一定水量后（本节充水量为 357.5mL，占孔隙体积的 50%），上层大孔隙四周孔隙水不能闭合，不能形成如前所述的气泡结构，但由于毛细管作用，孔隙水顺着小孔隙向上运移，实际水位线要高出未能闭合的大孔隙内水位线。根据尹光志等[20]尾矿坝堆坝试验中采用的尾矿库浸润线（传统的实测水位线）测试方法获得的是可自由流入测试管的大孔隙内水位线，由于孔隙气泡的存在，理论计算得到的水位线比大孔隙内水位线还略低，而毛细管作用形成的实际水位线则要远高出前两者（图 9.19）。

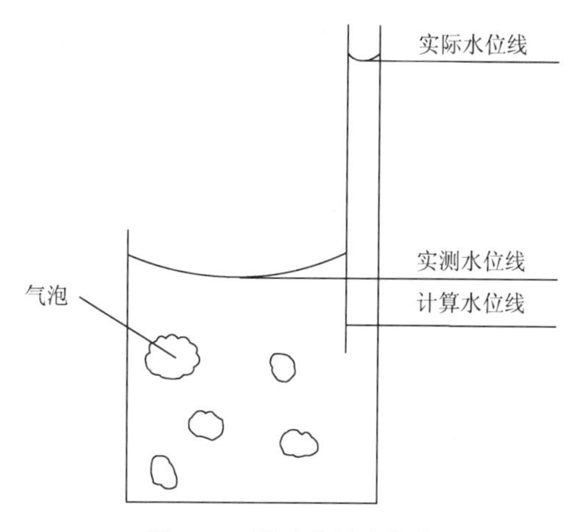

图 9.19　尾矿内的水位线

松岡元[21]根据水表面张力推导出土的毛细管作用下水面上升高度为

$$h_{\mathrm{c}}=\frac{C}{ed_{10}} \tag{9-4}$$

式中，C 为由土颗粒的粒径和表面粗糙度等因素决定的系数，$C=0.1\sim0.5\mathrm{cm}^2$；$e$ 为孔隙比；d_{10} 为土颗粒的有效粒径。

根据式（9-4）可得，该尾矿实际毛细管液面高度高出实测水位线 218～1090mm。虽然由毛细管引起的液面上升部分水的压力低于大气压力[21]，其产生的力收缩孔隙，孔隙的收缩使毛细管作用增强，毛细管液面进一步升高。而水的润滑作用、水面的上升增加的重力势能等对尾矿细观结构极为不利。因此，孔隙水的毛细管作用对尾矿坝的稳定性具有较大的负面影响[4]。由此，定义在水的毛细管作用下尾矿坝实际浸润线为坝体实测浸润线高度与水的毛细作用下水上升高度之和，并建议尾矿坝稳定性评价时，采用水的毛细管作用下尾矿坝实际浸润线，其值可以由下式求得：

$$h=h_{\mathrm{s}}+h_{\mathrm{c}}=h_{\mathrm{s}}+\frac{C}{ed_{10}} \tag{9-5}$$

式中，h 为实际浸润线高度；h_{s} 为实测浸润线高度。

尾矿受载试验结果显示：水对尾矿细观结构受载变形具有显著的影响。与未充水条件相比，二者发生显著沉降位移阶段与细观结构变形规律存在很大差异。尾矿坝堆筑的过程中，是以水作为载体进行尾矿的输送与排放，放矿过程补充了大量的水，坝体浸润线升高，排放的尾矿也增加了上部荷载。实际上，尾矿坝的堆筑过程是浸润线的上升与荷载的增加同时进行的。坝体孔隙水的上升形成极其复杂的固液气三相体，坝体实际浸润线要高于实测与理论计算水位线，上部坝体荷载与孔隙水的作用使坝体尾矿细观结构受到水压力增大，加之水的作用使尾矿颗粒间黏结力与摩擦力显著减小，降低了尾矿细观结构的强度，块体间的连接断裂，破坏尾矿细观结构的完整性。孔隙水向气泡或上部压力较小的区域运移，冲散块体接触处的颗粒，形成曲折复杂的孔隙水运移通道，并夹带冲散的颗粒与孔隙间的气体向上运移。其中，较大颗粒运移到狭窄处堵塞通道，局部孔隙水压力增加，破坏其他块体间的接触，甚至冲破较松散的块体结构，以寻求新的通道，如此连锁反应，破坏尾矿细观结构。随着孔隙水向上运移，孔隙水压力得到消散，孔隙水与孔隙气体得以排出，下层尾矿出现较大的压缩空间，加之夹带有小颗粒孔隙水对尾矿细观结构的动力作用，进一步破坏尾矿细观结构，从而出现沉降位移显著增大、下层发生显著位移承受的荷载小于上层的试验结果。当尾矿细观结构中形成孔隙水运移的通道时，孔隙水已向上运移，在限制侧向位移的条件下，虽荷载增加，尾矿颗粒构成的骨架结构能支撑上部荷载，尾矿颗粒沉降位移趋于稳定。

尾矿坝堆筑的过程中，是以水作为载体进行尾矿的输送与排放，放矿过程补充了大量的水，坝体浸润线升高。同时，排放的尾矿也增加了上部荷载。实际上，尾矿坝的堆筑过程是浸润线的上升与荷载的增加同时进行的。根据如上分析可知，坝体孔隙水的上升形成极其复杂的固液气三相体，坝体实际浸润线要高于实测与理论计算水位线，上部坝体荷载与孔隙水的作用使坝体尾矿细观结构受到破坏，其结构不稳定。尾矿坝坡面区域实际上是处于三面位移受限、坡面方向位移未受限制的条件，孔隙水也是呈三向立体流动，加之排放尾矿使上覆荷载增加，坝体沉降，孔隙率降低，孔隙水主要向未受限制的坝体坡面流动，并携带细粒尾矿，破坏坝体尾矿细观结构。如此，在孔隙水与上部坝体重力的综合作用下，尾矿细观结构变得破裂松散，形成尾矿坝溃决的缺口，造成尾矿坝的溃坝灾害。此外，如 9.2.2 节所述，随着坝体上覆荷载的增加，尾矿中孔隙水若来不及排出，将形成较大孔隙水压力阻碍尾矿颗粒优化排列，尾矿颗粒的接触力增大缓慢。由此，随着堆坝排矿浆或降雨对孔隙水的补充，极易造成尾矿坝的液化破坏。故尾矿坝的失稳破坏，多是发生在放矿及洪水来临的时候。

参考文献

[1] Bru K，Guezennec A G，Bourgeois F. Numerical simulation：a performing tool for water management in tailings impoundments [C]//Rapntova N，Hrkal E D. Proceedings of the 10th International Mine Water Association Congress on Mine Water and the Environment. Czbech Republic：Mine Water and the Environment，2008：433-436.

[2] 尹光志，魏作安，万玲. 龙都尾矿库地下渗流场的数值模拟分析 [J]. 岩土力学，2003，24（增）：25-28.

[3] 《中国有色金属尾矿库概论》编委会. 中国有色金属尾矿库概论 [M]. 北京：中国有色金属工业出版社，1992.

[4] Zandarín M T，Oldecop L A，Rodríguez R，et al. The role of capillary water in the stability of tailing dams [J]. Engineering Geology，2009，105（1-2）：108-118.

[5] Kwak M，James D F，Klein K A. Flow behavior of tailings paste for surface disposal [J]. International Journal of Mineral Processing，2005，77（3）：139-153.

[6] Rico M，Benito G，Díez-Herrero A. Floods from tailings dam failures [J]. Journal of Hazardous Materials，2008，154（1-3）：79-87.

[7] Khilar K C，Lau D. Internal stability of granular [J]. Canadian Geotechnical Journal，1985，22（2）：215-225.

[8] Vanapalli S K，Fredlund D G，Pufahl D E. The influence of soil structure and stress history on the soil-water characteristics of a compacted till [J]. Geotechnique，1999，49（2）：143-159.

[9] 林鸿州，于玉贞，李广信，等. 土水特征曲线在滑坡预测中的应用性探讨 [J]. 岩石力学与工程学报，2009，28（12）：2569-2576.

[10] 吴恒，张信贵，易念平，等. 水土作用与土体细观结构研究 [J]. 岩石力学与工程学报，2000，19（2）：199-204.

[11] 李维树，夏晔，乐俊义. 水对三峡库区滑带（体）土直剪强度参数的弱化规律研究 [J]. 岩土力学，2006，27（增）：1170-1174.

[12] Xiao H B，Zhang C S，He J，et al. Expansive soil-structure interaction and its sensitive analysis [J]. Journal of Central South University of Technology，2007，14（3）：425-430.

[13] 姚志雄，周健，张刚. 砂土管涌机理的细观试验研究 [J]. 岩土力学，2009，30（6）：1604-1610.

[14] 周健，姚志雄，白彦峰，等. 砂土管涌的细观机制研究 [J]. 同济大学学报（自然科学版），2008，36（6）：733-737.

[15] Koenders M A，Sellmeijer J B. Mathematical model for piping [J]. Journal of Geotechnical Engineering，Asce，1992，118（6）：

943-946.

[16] Fredlund D G，Morgenstern N R，Widger R A. The shear strength of unsaturated soils [J]. Canadian：Geotechnical Journal，1978，15（3）：313-321.

[17] 凌华，殷宗泽. 非饱和土强度随含水量的变化 [J]. 岩石力学与工程学报，2007，26（7）：1499-1503.

[18] Rahardjo H. The study of undrained and drained behavior of unsaturated soils [D]. Saskatchewan：University of Saskatchewan，1990：259-269.

[19] 马少坤，黄茂松，范秋雁. 基于饱和土总应力强度指标的非饱和土强度理论及其应用 [J]. 岩石力学与工程学报，2009，28（3）：635-640.

[20] 尹光志，李愿，魏作安，等. 洪水工况下尾矿库浸润线变化规律及稳定性分析 [J]. 重庆大学学报，2010，33（3）：72-75.

[21] 松冈元. 土力学 [M]. 罗汀，姚仰平，译. 北京：中国水利水电出版社，2001：59.

第10章 饱和尾矿孔隙水渗流宏细观力学试验与数值模拟研究

土体是一种颗粒物质已被广大学者接受，国内外学者利用颗粒物质理论及离散元分析软件对其进行了深入研究，取得丰硕的成果。例如，Lade[1]研究了土体软弱带的颗粒力学性质；Lube等[2]和Takahashi等[3]探讨了火山岩的颗粒流动特性；Lobo-Guerrero等[4]、Day[5]、Tsoungui等[6]考虑了土体破碎条件下土体的颗粒结构特性。在国内，张孟喜等[7]对H-V加筋土的形状进行了颗粒流模拟；曾庆有等[8]利用颗粒流模拟了不同墙体位移方式下被动土压力；朱伟等[9]对盾构隧道垂直土压力松动效应进行了颗粒流模拟；贾敏才等[10]利用颗粒流软件探讨了干砂强夯动力特性的细观；周健等[11]研究了颗粒流强度折减法和重力增加法的边坡安全系数。

土体颗粒性质显示，土体细观结构是由位置基本不变的颗粒构成土体骨架结构，它可支撑荷载传递应力；骨架孔隙中存在可动颗粒，其位置随时在变，且不能传递应力[12]。而骨架颗粒的形成与发展也是复杂多变的，其中孔隙水的运移是引起土体颗粒骨架结构变化的主要因素，如水的管涌[13, 14]。尾矿是开采的矿石经选矿过程磨碎提炼废弃的固体颗粒。尾矿与土体存在诸多相似之处，它们均是由颗粒构成的多孔介质，但尾矿颗粒与土颗粒的成因存在较大的差异，二者颗粒尺寸、形状、物理化学性质等均有所不同。

水的渗透与运移是引起尾矿坝失稳的重要因素[15-18]，但这些均是从宏观角度分析尾矿坝稳定性与水的关系。尾矿颗粒的排列以及水与颗粒相互作用是引起尾矿坝破坏失稳的本质。因此，从细观角度，借鉴土体中孔隙水的细观力学研究方法，以颗粒物质理论为基础研究尾矿细观结构受孔隙水的影响机制，为探究孔隙水渗流引起尾矿坝失稳机理开辟了一条新的途径，而关于这方面的研究鲜有报道。

本章从宏观尺度利用物理模型试验和数值模拟，分析了尾矿库孔隙水渗流规律；并利用尾矿细微观力学与形变观测试验装置研究了尾矿中孔隙水运移机理，以及对其细观颗粒结构的影响，从颗粒物质的角度解释了渗透水对尾矿细观结构的作用机理，对深入探索尾矿坝灾变机理及稳定性评价等具有重要的实际意义。

10.1 洪水工况下尾矿库浸润线变化规律

尾矿坝的浸润线是尾矿库的生命线，也是评价尾矿坝稳定状况的一项重要的基础数据[19]。尤其在洪水情况下，随着库内水位的迅速上升，尾矿库垮塌失事概率会大大增加[20, 21]。国内外诸多专业技术人员与学者采用现场观测和数值模拟的方法，对尾矿坝浸润线的变化规律进行了研究[22, 23]，并取得了一些成果。但采用物理模型预测尾矿坝的浸润线变化规律的成果鲜见报道。

10.1.1　秧田箐尾矿库工程概况

秧田箐尾矿库为云南玉溪矿业有限公司下属、在建铜厂铜矿的新建尾矿库。该库位于秧田箐大沟沟谷，库区地形条件较好，为山谷型尾矿库。尾矿库设计采用上游法的方式进行筑坝。初期坝为堆石透水坝，坝底标高为 1840m，坝顶标高为 1880m，坝高为 40m。该尾矿坝的初步设计最终堆积标高为 2010m，堆积坝高 130m，总坝高 170m，总库容为 $1.089\times10^8m^3$，属二等尾矿库。由于该尾矿库的下游 1.0km 处有村落民居，考虑到尾矿库的安全性，在最终确定坝体堆积高度前需要做些研究分析。作者利用室内堆坝模型试验，演绎尾矿库堆坝过程的同时，研究了该尾矿库堆积到设计总坝高约 2/3 的高度，即 120m 时，在洪水工况和正常工况下坝体浸润线的变化规律。

10.1.2　尾矿库浸润线变化规律模型试验与结果分析

据资料显示，尽管数值模拟已经被广泛应用到不同的工程研究中[24-26]，但在模拟尾矿库（坝）方面还存在缺陷[27, 28]。而模型试验却能很好地揭示未来工程的一些本质特征，其作为科学研究的技术手段，亦被许多科技人员采用[29-31]。以秧田箐尾矿库初步设计资料为依据，在试验槽内，按照 1∶200 比尺构筑库区山谷地形和初期坝，之后，仿照上游法的坝前多管放矿方式进行放矿，演绎该尾矿库（坝）的堆积过程。

为了研究坝体浸润线的变化规律，如图 10.1 所示，在试验槽内沿尾矿库的纵向主剖面位置预先埋设了 7 根地下水测压管，以测量尾矿坝浸润线位置。

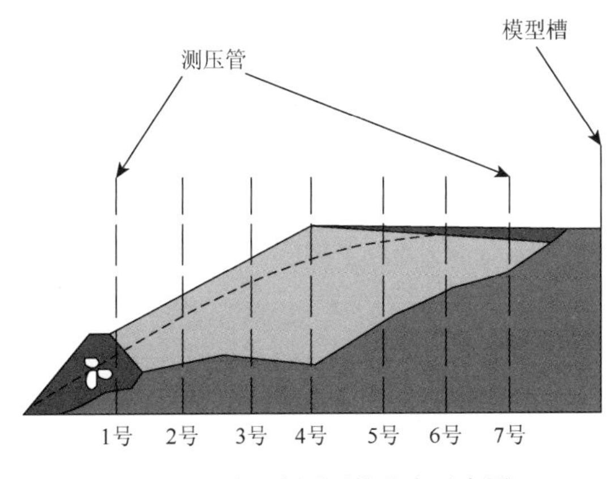

图 10.1　地下水测压管分布示意图

当尾矿坝堆积到预定标高后，往库内放水，抬高库内水位，使尾矿库达到洪水状态，即干滩面长度为 35cm（相当于现场的 70m），如图 10.2 所示。保持库内水位处于洪水状态，并稳定数小时后，且测压管的水位处于稳定状态，这时记录各测压管水位，即认为这就是洪水情况下该处浸润线的位置。之后，将库内水位降到正常情况下的水位，即干滩面长 75cm（相当于现场 150m 的干滩长度），稳定后再测量测压管的水位，认为是正常情况下浸润线的位置。按照上述步骤，反复试验 4 次取平均值，以保证试验数据的可靠性，结果如表 10.1 所示。

图 10.2　堆坝模型在洪水工况下的情况

表 10.1　不同工况下测水管的水位　　（单位：cm）

干滩面长度	测水管的水位						
	1 号	2 号	3 号	4 号	5 号	6 号	7 号
35.0	23.0	38.0	49.0	53.8	55.9	55.8	55.8
75.0	18.7	33.2	44.7	49.9	52.3	52.3	52.4

将测试的结果绘制成图，如图 10.3 所示，横坐标表示以初期坝外坡与地表的交线为原点、沿干滩面往库内方向的距离，纵坐标为浸润线高度。从图 10.3 可以看出：

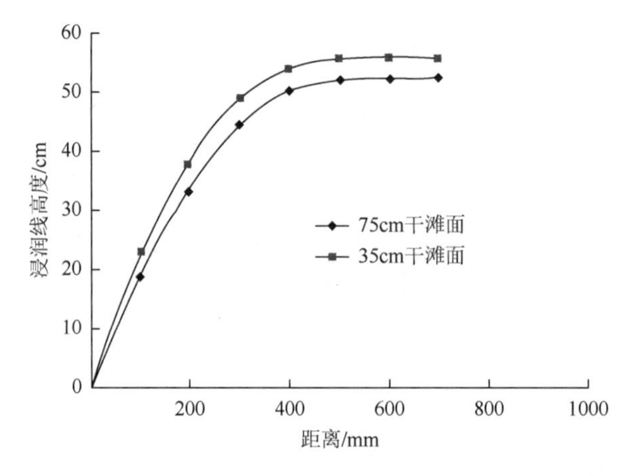

图 10.3　浸润线在不同工况下的变化情况（坝高 60cm）

（1）浸润线形态与其他类似尾矿库的现场测定结果基本相同，说明试验结果可靠。

（2）洪水状态下浸润线的形态与正常工况下相似，但在坝体相同位置处，比正常情况下的浸润线要高，最大高度差值为4.8cm，相当于现场9.6m，这对坝体在洪水工况下的稳定影响非常大。因为在工程实际中，浸润线每升高1.0m，可使坝体稳定系数减少0.05左右，甚至更多[32]。

10.2　尾矿库地下水渗流特性数值模拟

有关资料表明[33]，我国高含泥极细颗粒尾矿堆积坝的病害率偏高，坝体结构的静、动稳定性较一般尾矿而言差很多。这是因为浸润线不易降低，容易振动液化，且软泥层中可能存在较高的超孔隙水压力，抗剪强度很低，致使静力稳定性也较低。一般浸润线在正常位置时，滑弧深度越大，稳定系数越小；但浸润线抬得相当高时（接近坝面或在坝面溢出），滑弧深度越小，稳定系数越小，越不利于坝体稳定。因此，控制浸润线极为重要，故本节结合尾矿库实例，进行地下水渗流力学数值模拟研究，分析地下水渗流规律，分析方法与相关规律可为尾矿库地下水分布评价及尾矿库稳定性分析提供借鉴。

10.2.1　龙都尾矿库地下水渗流特性数值模拟

1. 工程概况

龙都尾矿库位于大红山矿区的东南部山谷中，属于山谷型尾矿库。该库具有库容大、沟口地形窄、人工筑坝工程量小等特点，是一个较为理想的尾矿库。根据设计，尾矿库最终坝高为210m，可获得1.2亿m^3的库容。该尾矿库于1997年7月建成并投入使用，按设计要求是采用全尾矿（$d_{cp} = 47.0\mu m$）上游法堆坝，入库尾矿为铜尾矿与铁尾矿的混合物，设计平均粒度为0.047mm。

由于铁矿尚未正常生产，入库的尾矿只有大红山铜矿的铜尾矿，而且大部分粗粒级的尾矿被充填到井下，流入尾矿库的尾矿粒度明显下降，库内尾矿发生了质的变化，尾矿的平均粒径由原来的0.047mm减小到0.022mm，渗透系数从$1.3\times10^{-3}cm\cdot s^{-1}$变化到$1.9\times10^{-6}cm\cdot s^{-1}$。从当前龙都尾矿库尾矿堆积现状来分析，它属于细粒尾矿堆坝范畴。对于细粒尾矿而言，从土力学角度看，土粒愈细其水力性质也愈差，排放到尾矿库的细粒尾矿浆体初始含水率也很高，再加上降雨过程中，雨水沿着边坡渗入坝体中，使得细粒尾矿堆积坝的稳定性严重下降。同时，该尾矿库干滩面积较小，达不到设计要求的12.5%～15.5%，由于雨季频繁，坝体浸润线过高，发生浸润线出溢而形成坝体渗流侵蚀，所以非常迫切需要分析坝体的地下渗流场状况，以确保尾矿库安全运作。

2. 渗流模型

目前国内形成一定规模的尾矿有12000座左右，其中95%以上的尾矿库采用上游法筑坝工艺[34]。由于上游法筑坝是依据尾矿颗粒自然堆积的，堆积物具有松散性和含水性，故只能在自重作用下压密。因此，堆积的尾矿砂各种力学指标都较低，而透水性相对较大。从而使库内水在常水头和动水头的作用下，依据尾矿的本身作为渗径渗出坝体，或者局部形成含水饱和区，影响尾矿坝的稳定性。渗径上表面水称之为浸润面，我国矿山尾矿库通常用预埋在坝体上的观测孔测得水位距表面高度来折算浸润面的位置[35]。

根据现场堆积实践结果对比分析，细粒尾矿堆积坝的浸润线比一般尾矿堆积坝的浸润线高[36]。而浸润线位置的高低对于尾矿坝的稳定性影响甚大，粗略地讲，浸润线每下降 1m 可使静力稳定性安全因素增加 0.05 左右甚至更多一些。浸润线如能降至距坝面 8m 以下，在 7 级地震发生时基本上不会产生振动液化。现在一般是通过设置排渗系统达到降低浸润线，提高尾矿坝稳定性的目的。由于一般尾矿筑坝可以形成厚的砂坝壳，其渗透系数一般不低于 10^{-4}cm·s^{-1}，所以排渗设施容易收到明显效果。而细粒尾矿筑坝不会形成厚的砂坝壳，坝体平均渗透系数低，其数量级在 10^{-6}～10^{-5}cm·s^{-1}，估计采用通常的排渗降水设施，效果不一定很明显。浸润线如果降不下来，对尾矿坝的稳定性是非常不利的。

3. 数值计算程序 2D-FLOW 简介

2D-FLOW 程序是一个岩土体二维渗流有限元分析软件，该软件所有的操作都是针对图形进行的，其前后处理功能非常强大，能按输入的宏观条件自动生成各种有限元数据并进行分析，同时，以图形方式显示各种分析结果，一目了然。它具备一般施工所需要的分析功能，如稳定与非稳定分析、饱和与非饱和分析、地表降水分析、变动水头问题分析等。该软件还可以快速进行大容量分析，适于江河堤坝、水利工程、工民建筑等基础设施建设过程中的排水、降水分析。

4. *龙都尾矿库渗流场的数值计算*

1）计算几何模型

经工程地质勘察发现，尾矿坝主要由 4 层土层组成，分别是：尾轻亚黏①$_2$、尾亚砂①$_3$、尾亚砂①$_4$和初期坝，其中基底为强风化砂岩③，如图 10.4 所示。

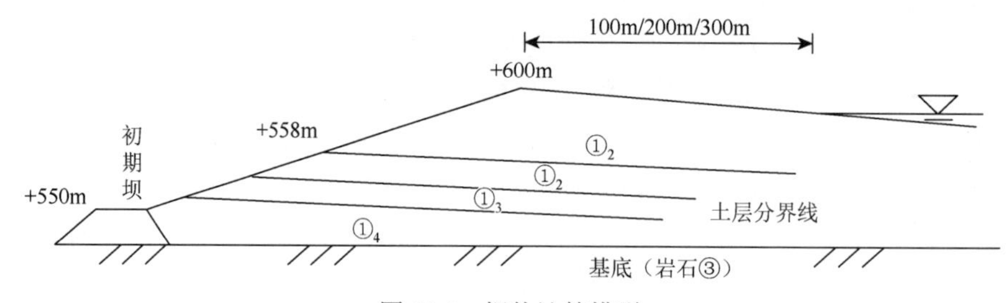

图 10.4　坝体计算模型

根据龙都尾矿库的现状（+ 558m）以及未来的设计规划来构造有限元计算模型，如图 10.4 所示，计算最终标高为 + 600m，即坝高 80m。同时按照下列工况进行模拟计算：

（1）对初期坝则按照导水和堵塞两种情况分别计算。

（2）考虑尾矿入库速度与地表蒸发速度的影响，对干滩面的距离分别按 100m、200m 和 300m 三种情况计算。

（3）考虑到大气降雨对尾矿坝的地下渗流的影响，分别按照降雨量为 $50\text{mm}\cdot\text{d}^{-1}$、$100\text{mm}\cdot\text{d}^{-1}$ 和 $200\text{mm}\cdot\text{d}^{-1}$ 三种雨型进行计算。

2）坝体材料计算参数

根据龙都尾矿库的工程勘察资料，+558m 标高以下（即现状情况）按地质资料中的地层划分，具体为 4 层（包括初期坝），+558m 标高到 +600m 标高。因为还未堆置尾矿，从有利于尾矿坝的稳定性考虑，将这段定为尾轻亚黏①$_2$，即与目前堆放的最上层尾矿基本相同。库底为基岩，按照不透水层考虑，尾矿坝各土层物理力学指标见表 10.2。

表 10.2　尾矿坝各土层物理力学指标

指标名称		尾轻亚黏①$_2$	尾亚砂①$_3$	尾亚砂①$_4$	砂岩③
孔隙比 e		0.81	0.74	0.66	
土的重度/($\text{kN}\cdot\text{m}^{-3}$)		20.0	20.4	21.0	21.5
天然含水率 W/%		24.0	17.0	16.0	
压缩模量 E_s/MPa		12.0	12.5	14.0	17.0
渗透系数 K_{20}/($\text{cm}\cdot\text{s}^{-1}$)		2.2×10^{-5}	3.4×10^{-4}	3.2×10^{-4}	
内摩擦角 φ/(°)	饱和剪切	20.2	21.7	22.0	
	总应力法	24.8	25.8	27.1	
	有效应力	26.3	28.2	29.0	
内聚力 c/kPa	饱和剪切	13.4	17.6	22.1	
	总应力法	0	0	0	
	有效应力	0	0	0	

初期坝为堆石透水坝，没有测试其物理力学指标。为此，按照经验选取，分别为：重度 $\gamma = 21.0\text{kN}\cdot\text{m}^{-3}$，内摩擦角 $\varphi = 38°$，黏结力 $c = 0$，渗透系数 $K = 20\times10^{2}\text{cm}\cdot\text{s}^{-1}$。

3）计算结果与分析

根据上述计算模型和材料参数，利用 2D-FLOW 程序对龙都尾矿库渗流特性进行了分析，部分模拟计算结果见图 10.5～图 10.11。

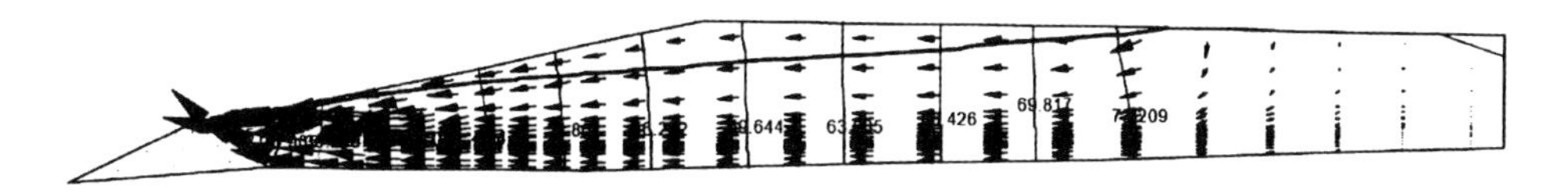

图 10.5　堆石坝不透水时的压力水头等势线及流速矢量图

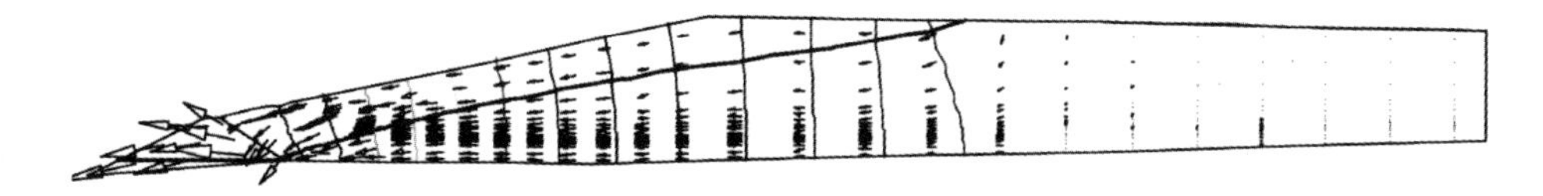

图 10.6　干滩面为 100m 时的压力水头流场及流速矢量图

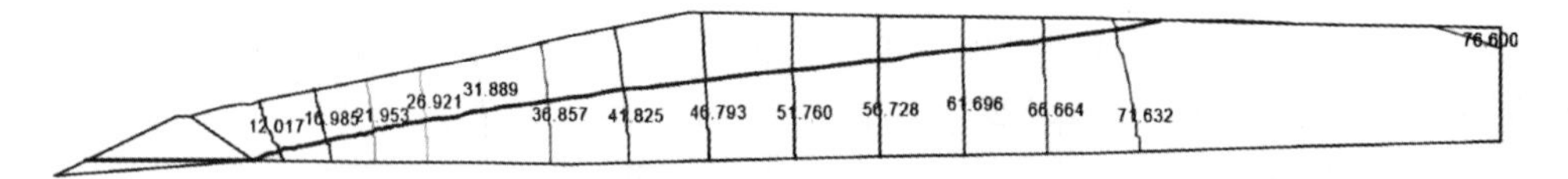

图 10.7　干滩面为 200m 时的渗流场

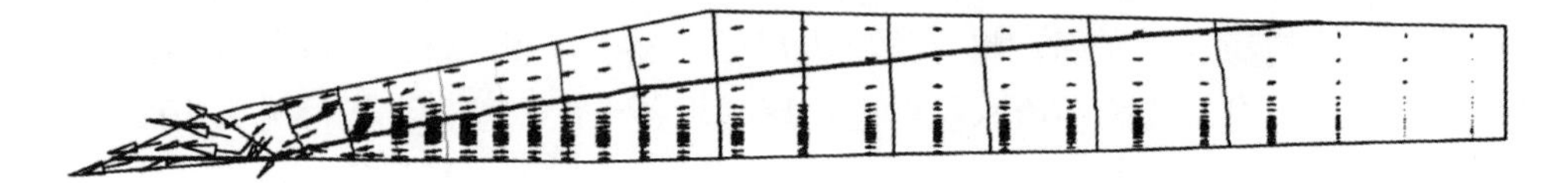

图 10.8　干滩面为 300m 时的流场及流速矢量图

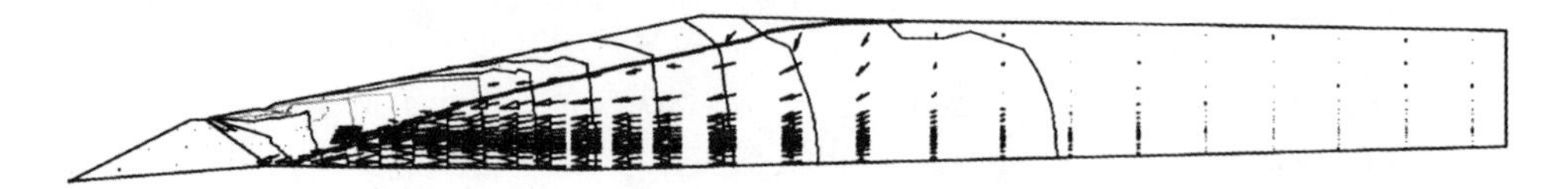

图 10.9　降水量为 50mm·d^{-1} 时的流场及流速矢量图

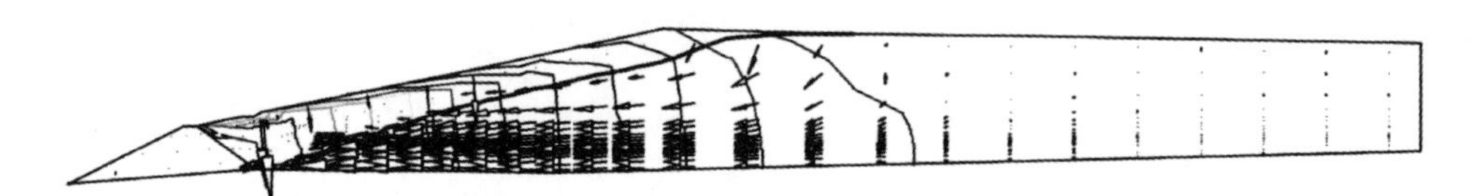

图 10.10　降水量为 100mm·d^{-1} 时的流场及流速矢量图

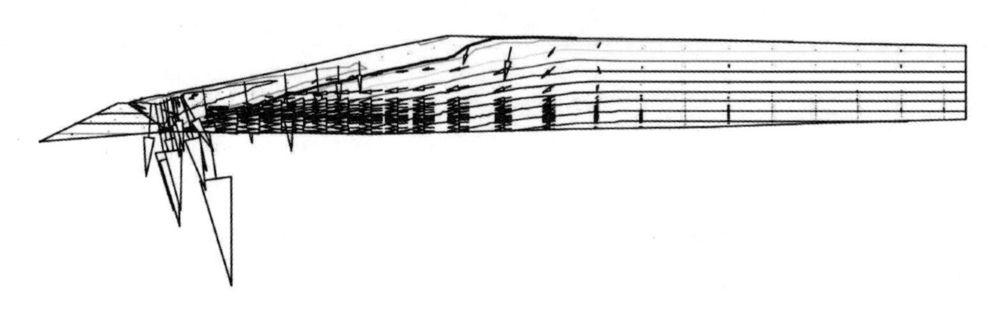

图 10.11　降水量为 200mm·d^{-1} 时的流场及流速矢量图

通过对尾矿坝的模拟计算，在不同初期坝透水性、不同干滩面长度和不同大气降雨等情况下，得出了尾矿库地下水渗流场的变化规律。图 10.5 表示初期坝被细粒尾矿堵塞使透水性下降，在干滩面为 200m 条件下，尾矿坝浸润面高于初期坝坝顶，大量渗水从尾矿坝坡面流出。这种情况下，尾矿坝的稳定性受到了严重的威胁。如果初期坝透水良好，即使干滩面只有 100m，其浸润面高度也低于图 10.5 所示结果，渗水基本全部从初期坝流出，而没有从尾矿坝坡面流出，尾矿坝的稳定性将显著提高。研究表明，初期坝的透水性对尾矿坝稳定性具有至关重要的影响。

图 10.6～图 10.8 为初期坝透水良好、干滩面长度分别为 100m、200m 和 300m 三种

情况下，坝体内的渗流场、流场及流速矢量图。三种情况坝体浸润线均未超过堆石坝，渗水基本从初期坝溢出。这说明只要初期坝（堆石坝）透水性好，则对整个尾矿坝的稳定性是有利的，这也是现在尾矿库设计中优先采用堆石坝的原因之一。但是，随着干滩面长度的减小，坝体内渗流速度增大，浸润面向坝前推进，增大了尾矿坝的不稳定性。结果表明，干滩面越长，尾矿库的稳定性就越高。

图 10.9～图 10.11 为降雨量为 $50mm\cdot d^{-1}$、$100mm\cdot d^{-1}$ 和 $200mm\cdot d^{-1}$ 时尾矿坝内的流场与流速矢量分布。分析证明，降雨量越大，浸润线抬升越高，渗流速度越大，严重时会高于初期坝与坡面相交或冲垮初期坝，威胁尾矿库的稳定。所以在雨季，应尽量降低库内水位，一是增大调洪库容，提高防洪能力；二是提高初期坝的渗透率，降低浸润线，有利于尾矿坝的稳定[37]。通过计算分析可以证明，大气降水对尾矿库的稳定有着重要的影响。

综上分析可以看出，采用 2D-FLOW 计算软件，可以清晰地模拟出不同条件下的尾矿库地下水渗流场的变化规律。从模拟结果可以看出，如果初期坝透水性好，干滩面的变化对坝体浸润线的高低影响不大；但如果降雨量增大，浸润线将被抬高，对坝体的稳定性将产生不利的影响。证明初期坝的透水性对尾矿坝的稳定性具有至关重要的作用，干滩面越长尾矿坝的稳定性越好，降雨量越大尾矿库的稳定性越差。

龙都尾矿库的现状是：由于尾矿粒度的减小，有一些细粒尾矿已经透过土工布进入初期坝坝体之中，造成初期坝渗透系数降低，现场可以看到初期坝出水量比建库初期的出水量大大减小，而且流速也大幅降低。同时，龙都尾矿坝的干滩面正逐渐缩小，有些地方甚至只有 50m 长。这些不良因素都在严重威胁着尾矿库的稳定性，已经达到了非治理不可的程度，必须采取相应的加固治理措施，如疏通初期坝、增加排渗盲沟或坝体加筋等，才能保证尾矿库的安全稳定运行。

10.2.2　里农大沟中线法尾矿坝地下渗流场数值模拟*

1. *尾矿库概况*

羊拉铜矿位于云南迪庆州金沙江西岸，是一座以铜为主的多金属大型矿山，目前探明的铜金属资源量为 100 万～130 万吨。该矿山已被云南省发改委列入云南省“双百”重点建设工程。根据矿山规划，该矿选厂设计总规模为 $4000t\cdot d^{-1}$，选厂服务年限约为 15 年。根据矿区地形条件，选择位于选厂东南的里农大沟作为矿山唯一的尾矿库库址。

由于库区设计地震设防烈度为 8 度，因此按照规范要求[39]，该尾矿库宜采用中线法堆坝。按照初步设计，该尾矿库的设计总库容 $8.10\times10^7m^3$，总坝高 185.0m；其中，初期坝为透水堆石坝，坝高 22.0m，坝顶宽 6.0m，外坡比为 1∶2.75，内坡比为 1∶2.0。尾矿筑坝方式为中线法，坝外坡为 1∶3.0，子坝高度为 10.0m，坝顶宽 20.0m。并要求用于堆坝的尾矿中，粒径大于+ 200 目（0.074mm）的粗颗粒含量不得小于 75%。库内采用坝下排水管与库内排水井相结合的方式排水，共设置了 7 座排水井，如图 10.12 所示。

---

* 本节部分内容参考文献[38]。

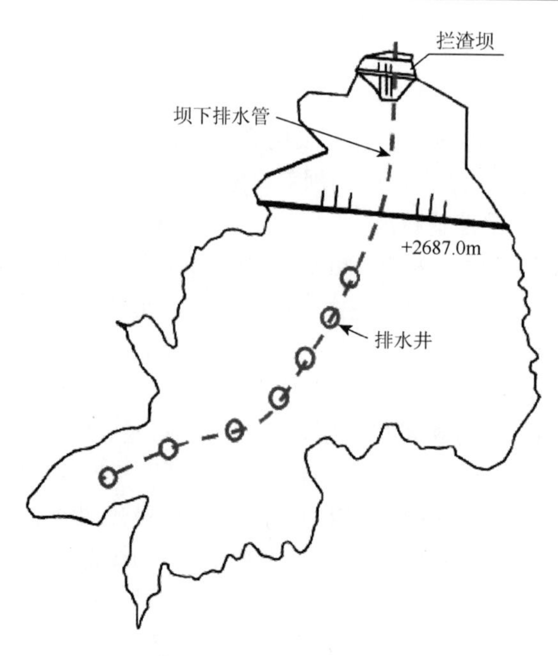

图 10.12　尾矿库平面图

为了确定浸润线的位置，为坝体稳定性分析提供基础信息，以及进行渗流稳定性分析，对于新建尾矿库只能采用模拟方法来实现。

2. 坝体的几何模型与工况

正确的几何模型是保证计算结果真实有效的根本。根据中线法尾矿坝的设计资料以及筑坝高度来构造计算几何模型，具体如图 10.13 所示，计算最终坝顶标高为 + 2687.0m，即尾矿坝坝高为 185.0m。干滩面坡度按照 1.0%考虑，基底坡面梯度按照地质地形剖面图中实际情况 12.0%考虑。

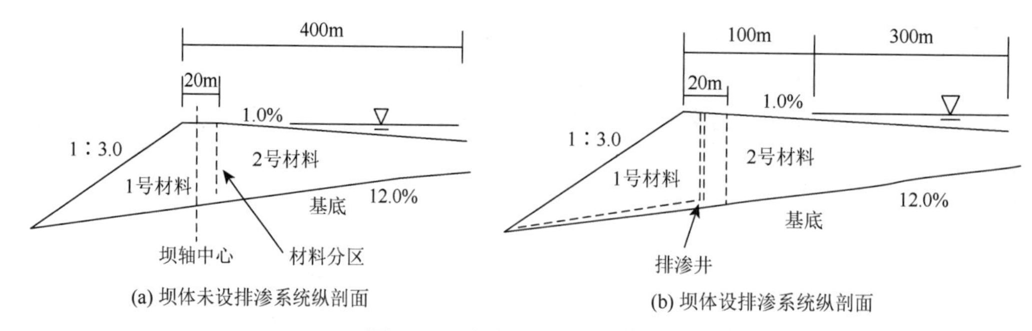

图 10.13　坝体计算的几何模型

由于初期坝在整个坝体中占的比例非常小，因此，在剖面材料分区时未考虑，只是按照旋流分级排放的尾矿分成两个材料区考虑。分区界线按照一般的概化处理。库内计算范围按照 400.0m 考虑。

模拟计算考虑的因素有干滩面长度和坝体排渗系统设置。考虑的工况如图 10.14 所示，分为 6 种。其中，干滩面长度为 70.0m，是洪水工况下规范中要求的最小值，100.0m 和 300.0m 则表示正常工况。

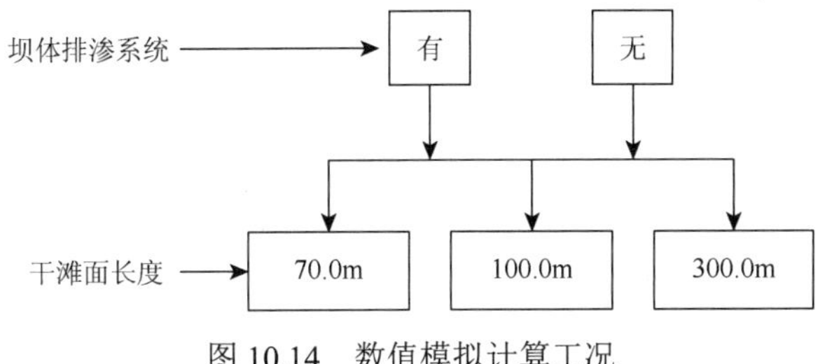

图 10.14　数值模拟计算工况

3. 材料计算参数

如图 10.13 所示，坝体按照两种材料考虑，即 1 号材料为：0.074mm 以上的粗尾矿，经颗粒分析为尾粉砂；2 号材料为：0.074mm 以下的细尾矿，经颗粒分析为尾粉土。库底为基岩，计算时按照不透水层考虑。经现场取样、室内试验测试，各尾矿的物理力学指标见表 10.3。

表 10.3　尾矿的物理力学指标

土层名称	土层重度/(kN·m^{-3})	抗剪强度		渗透系数/(cm·s^{-1})
		c/kPa	φ/(°)	
尾粉砂 1 号	19.11	3.10	30.42	8.14×10^{-4}
尾粉土 2 号	19.11	13.70	27.90	6.61×10^{-4}
基岩	21.5			

4. 模拟计算与结果分析

本研究采用 2D-FLOW 软件进行模拟计算，该软件是一个岩土体二维渗流有限元分析软件。相比于其他数值模拟计算方法与手段[40]，2D-FLOW 软件具有比较方便简捷的特点。将上述计算模型和材料参数按照程序要求输入计算机，先是划分网格，然后进行数值计算。计算结果如图 10.15 和图 10.16 所示。

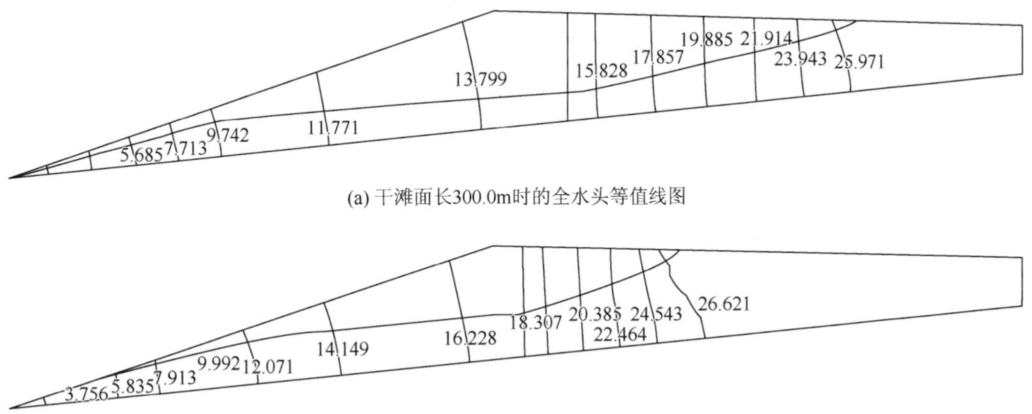

(a) 干滩面长300.0m时的全水头等值线图

(b) 干滩面长100.0m时的全水头等值线图

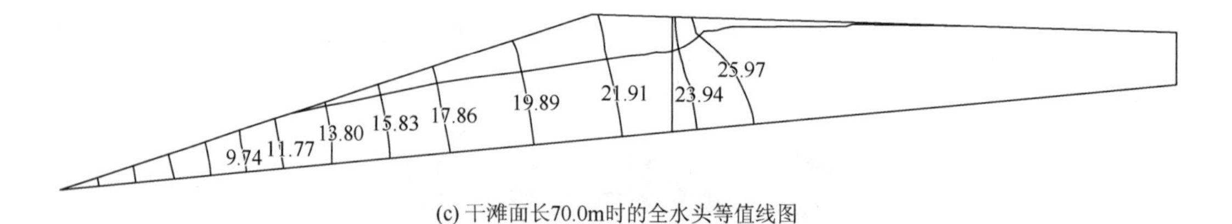

(c) 干滩面长70.0m时的全水头等值线图

图 10.15　不同干滩面长度未设坝体排渗系统渗流情况

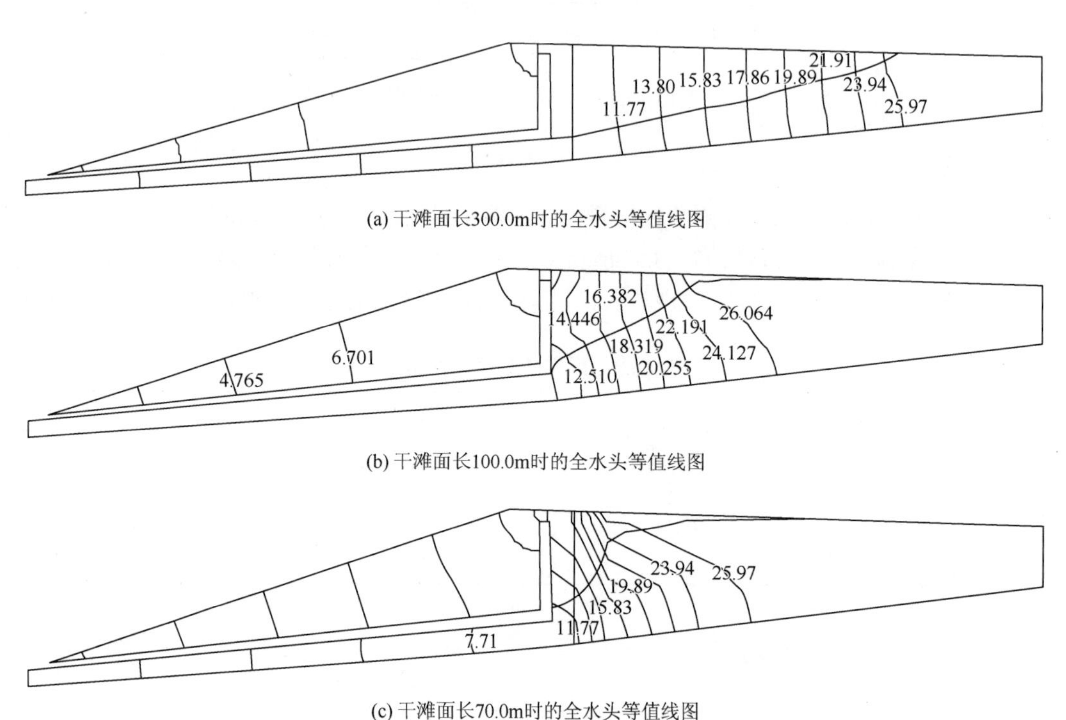

(a) 干滩面长300.0m时的全水头等值线图

(b) 干滩面长100.0m时的全水头等值线图

(c) 干滩面长70.0m时的全水头等值线图

图 10.16　不同干滩面长度设有坝体排渗系统渗流情况

从这些计算结果中可以得出：

（1）不设坝体排渗系统，随着干滩面长度的减小，坝体浸润线会逐渐抬升，尤其在洪水工况下，会出现浸润线与坝坡相交的局面（图 10.15（c）），表明有地下水从坝坡渗出，这不仅对坝体的稳定性极为不利，而且可能会产生管涌，造成溃坝。

（2）采用坝体排渗措施后，坝体浸润线位置得到了很大的改观，无论是正常情况还是洪水工况，浸润线与坝坡面相距很远，不会出现与坝坡面相交的现象，因而不会产生渗透稳定性问题，对坝体的稳定非常有利。

综上分析，针对羊拉铜矿里农大沟中线法尾矿库地下渗流场的数据计算，可以得出：坝体排水系统对坝体地下渗流场的影响非常大。为防止尾矿坝出现坡面溢出和管涌等情况，必须设置坝体排水措施，降低坝体浸润线的位置。当然，降低库内水位，增加干滩面长度也能降低浸润线的位置，有利于尾矿坝的稳定。

由于是采用数值模拟，计算条件比较理想，与实际情况会有差异，因此，在尾矿库的实际生产管理中，应加强现场地下水位监测，找出浸润线位置的变化规律，确保尾矿库安全运行。

10.3 饱和尾矿孔隙水运移的细观力学特性

10.3.1 试验材料、设备与方案

1. 试验材料

试验使用的尾矿取自云南铜业（集团）有限公司下属铜厂的全尾矿，详细介绍见 6.3.1 节。

2. 试验设备

试验采用尾矿细微观力学与形变观测试验装置，该装置详细介绍见 6.1 节，充水试验装置图见图 9.10，加载试验装置图见图 6.2。

3. 试验方案

制作含水率为 9%的尾矿样，按照干密度为 1.44g·cm^{-3} 装填入压力室中，并对尾矿试样进行充水饱和。根据尾矿坝分级筑坝的实际情况，先采用材料蠕变试验机对试验尾矿进行静力加载，累积荷载分别为 100kPa、200kPa、300kPa、400kPa、500kPa 和 600kPa。观测尾矿细观结构变形演化、试件沉降等。600kPa 荷载稳定后，从压力活塞排气孔向尾矿通水，观测通水过程中尾矿细观结构变化特征以及颗粒运移特性，并记录试件沉降。具体试验步骤如下。

1）试样的配制及安装

按试验方案配制尾矿样，分 5 层装入压力室，每层装填量为 492.9g，装填厚度为 40mm，装填下一层试样时，用削土刀刨毛上一层尾矿表面，确保层间颗粒自然接触。装填好试样后，打开加压活塞上的排气阀并将其推入压力室直至接触尾矿，而后从压力室排水孔向试件内缓慢充水饱和，充水时间为 24h。饱和完成以后，关闭排水阀与排气阀。

2）试验安装及准备

安装压力室到材料蠕变试验机上，调整试验台，使活塞压头接触试验机触头。安装百分表支架及百分表，使之有 5mm 左右行程。安装动态细微观观测装置，使体视显微镜镜头对准压力室观测窗，并记录刻度为 100.7mm 附近，调整软件及镜头焦距，使之能清晰观察到尾矿颗粒，试验安装见图 6.2。试验采用水作为加载砝码，该材料蠕变试验机加载比例为 1∶250，根据计算，每级加载水质量为 320.4g。

3）加载试验

加载前启动体视显微镜录制软件，进行加载过程中的动态观测，打开排水阀，进行荷载为 100kPa 的加载试验。待百分表稳定后，结束视频录制并测定百分表。依照上述方法，按方案逐次进行加载试验并采集数据。

4）渗水试验

600kPa 荷载稳定后，将排气阀连接水缸，排水阀连接量杯，打开排水阀进行渗水试验。试验过程中，采集尾矿细观结构图像（观测窗刻度为 99.8mm），记录排水量与百分表读数。

10.3.2　受载饱和尾矿细观结构变形演变规律

试验获得 600kPa 荷载下试件整体沉降（百分表记录的尾矿试件上端沉降位移）随时间变化曲线，见图 10.17。从图中可以看出，尾矿细观结构受荷载作用变形响应较快，并在较短的时间内稳定，施加荷载后，仅 28s 后就发生较大沉降，在 70s 后达到稳定。尾矿的整体沉降呈阶梯状增加，每级初期有一段时间的积累，当积累达到一定程度后，沉降迅速增大，而后缓慢稳定，如此往复直到最终稳定。

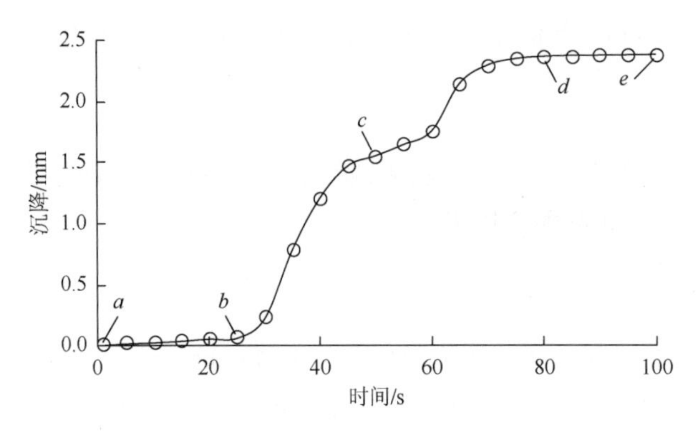

图 10.17　600kPa 荷载下试件整体沉降随时间变化曲线

对应图 10.17 中瞬时点 a～e 记录的 100.7mm 处细观结构见图 10.18。虽经过充分的充水饱和以及 5 级荷载作用，孔隙中仍存在相连呈带状的气泡（如图 10.18（a）中 A 所指气泡）。受荷载作用，小颗粒首先发生崩落（如图 10.18（b）中 B 所指颗粒），受水与重力的作用，颗粒向下运移，颗粒骨架结构无显著变化（图 10.18（a）、（b））。随着荷载作用时间的增长，骨架颗粒随整体结构沉降显著（如图 10.18 中 C 所指颗粒距下边缘的距离）。气泡受颗粒移动影响，逐渐呈竖向带状（如图 10.18 中 D 所指气泡）。大颗粒产生移动与转动（如图 10.18 中 E 所指颗粒），颗粒相对位置发生变化，骨架颗粒重新排列，逐渐形成稳定的结构以支撑荷载。

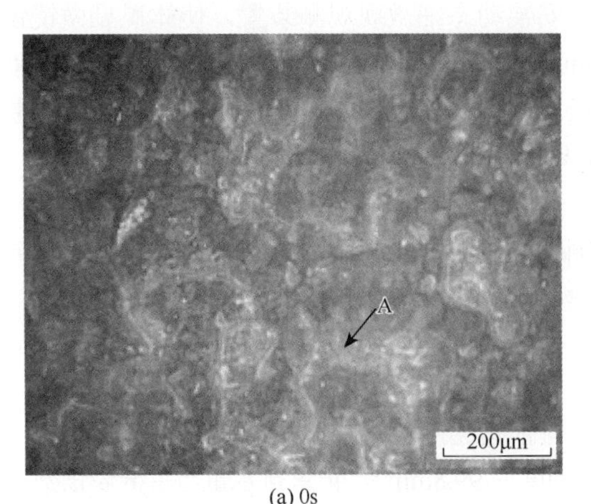

(a) 0s

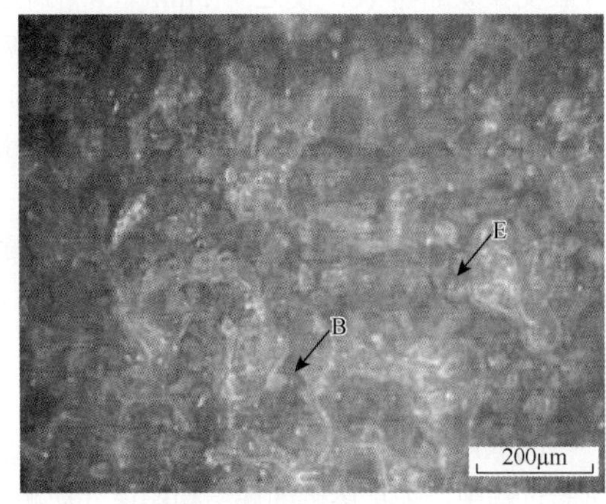

(b) 25s

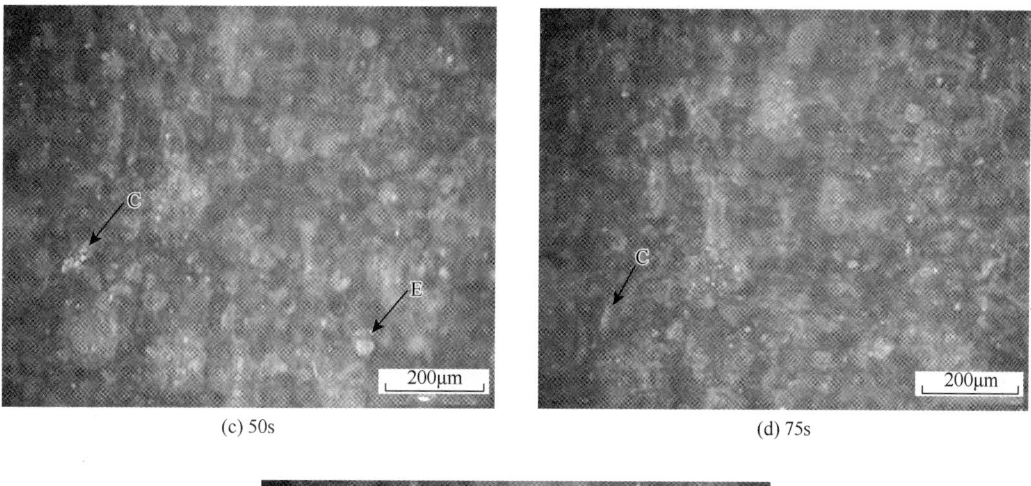

(c) 50s　　(d) 75s

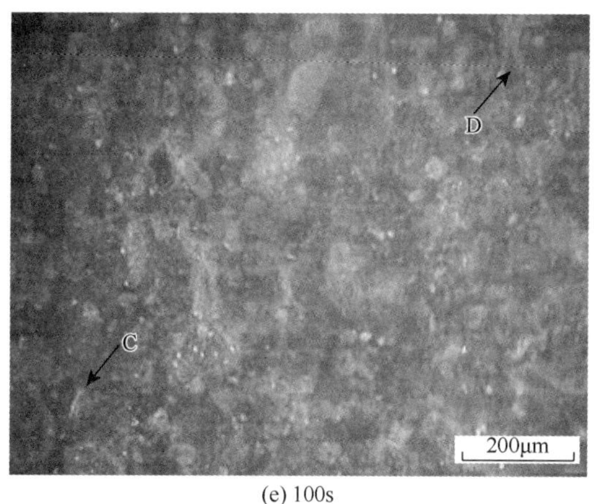

(e) 100s

图 10.18　100.7mm 处 600kPa 荷载过程中尾矿细观结构（后附彩图）

10.3.3　渗透水对尾矿细观结构的影响

采集 0h、5h、10h 和 15h 时刻，99.8mm 处尾矿细观结构，见图 10.19。从图中可以看出，孔隙中仍存在大量气泡，呈淡白色近似圆形，渗透水对气泡的分布与形状影响相对较小，水的渗透是在已有的通道运移。颗粒骨架结构随时间的增长并无明显差别。受渗透水的影响，小颗粒（如图 10.19 中 A 所指颗粒）与骨架颗粒间的松散颗粒（如图 10.19 中 B 所指颗粒）随着水的移动向下运移。由上述分析可知，渗透水对尾矿细观结构的影响主要为携带松散的颗粒运移，并在尾矿试件下部区域沉积，导致上部区域孔隙增大，下部区域孔隙减小。

10.3.4　沉降量、渗水量的时间变化规律

采集得到累计渗水量随时间的变化曲线，见图 10.20。从图中可以看出：渗水初期，随着时间的增长，累计渗水量呈线性增长，平均每小时渗水量约为 1577.4mL。5h 时，出现一个转折点，渗水速率显著降低，之后，随着时间的增长渗水速率略微减小，但总体来看

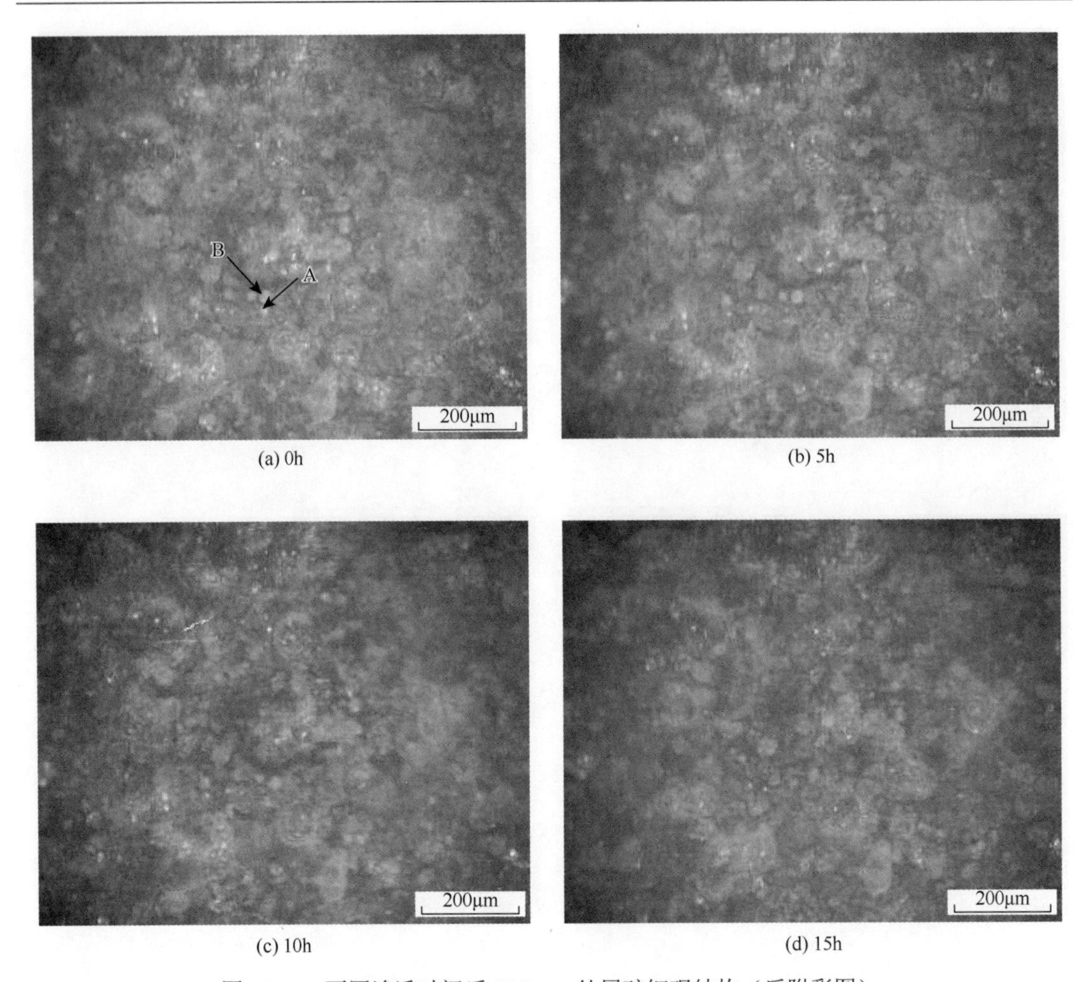

图 10.19　不同渗透时间后 99.8mm 处尾矿细观结构（后附彩图）

呈近似线性增长。尾矿累计渗水量随时间的变化曲线可分为两个阶段，5～7h 存在阶段过渡点，第一阶段渗水速率显著大于第二阶段的，各阶段内均呈现渗水速率略微减小的现象。

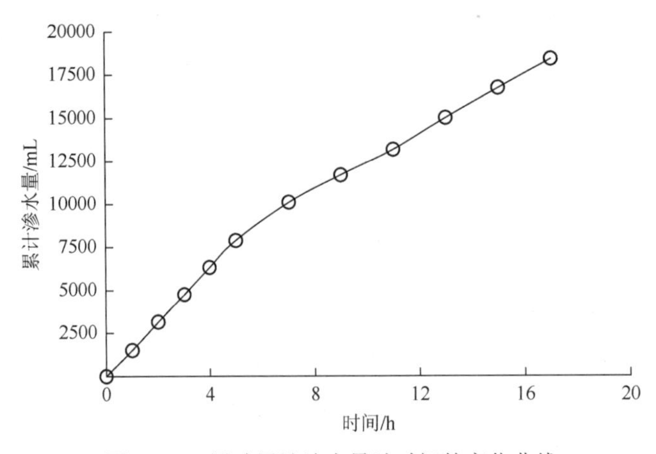

图 10.20　尾矿累计渗水量随时间的变化曲线

按照渗水量采集时间进行百分表数据的记录以监测尾矿试件的整体沉降，获得试件累计整体沉降随时间的变化曲线，见图 10.21。从图中可以看出，试件沉降受渗透水的影响较小，17h 仅沉降 0.046mm。与累计渗水量随时间变化曲线相同，累计沉降随时间的变化可分为 0～5h、5～17h 两个阶段，第一阶段 5h 沉降 0.021mm，而第二阶段经历 12h 沉降为 0.025mm。各阶段初期沉降速率较大，并随着时间增长逐渐减小。两阶段的分界点出现在 5h 时，4～5h 时，沉降仅为 0.002mm，而 5～7h 内沉降为 0.011mm，可以推断在 5～7h 内，尾矿细观结构发生了一次显著的变形，而此次变化也使渗水速率显著降低。

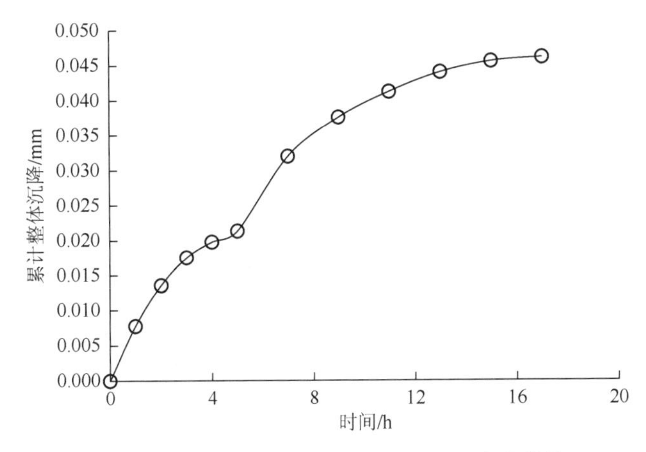

图 10.21　尾矿累计整体沉降随时间的变化曲线

10.3.5　渗透水对尾矿颗粒分布的影响

渗透水试验结束后即进行尾矿采集，按照 2cm 间隔采集不同埋深尾矿样共 11 组。采用美国麦奇克有限公司的 Microtrac S3500 系列激光粒度分析仪进行颗粒分析测试得到尾矿颗粒级配曲线，见图 10.22，中值粒径与埋深的关系曲线见图 10.23，颗粒特征粒径含量与埋深的关系曲线见图 10.24。

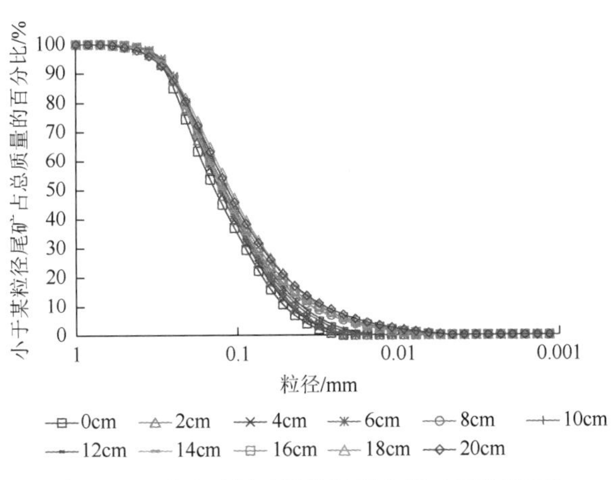

图 10.22　试验后尾矿颗粒级配曲线（后附彩图）

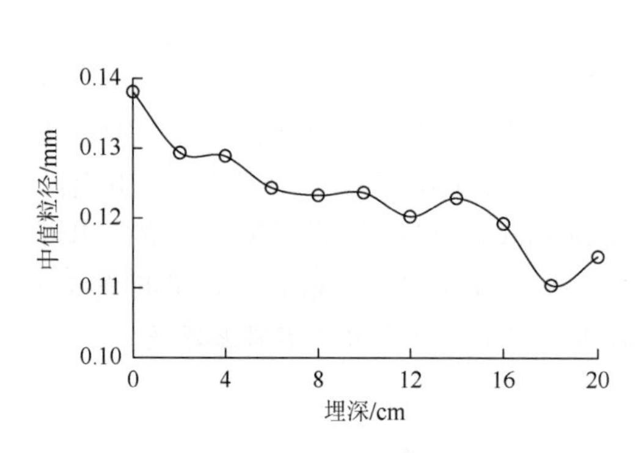

图 10.23　尾矿中值粒径与埋深的关系曲线

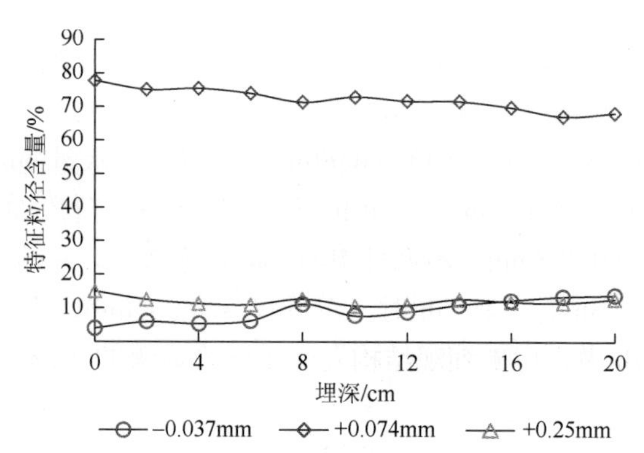

图 10.24　尾矿颗粒特征粒径含量与埋深的关系曲线

从图 10.22 中可以看出，与试验前的尾矿样相同，不同埋深尾矿颗粒分布均呈正态分布，但各组粒径组成出现了显著差别：随着埋深的增加，粗粒组尾矿含量有所减小，细粒组尾矿含量显著增大。不同埋深尾矿粒径范围也有所不同，0～12cm 埋深时，粒径范围为 0.59～0.019mm，而 14～20cm 埋深时，粒径范围为 0.59～0.005mm。从整体上看，随着埋深的增加，粒径下限逐渐减小，而粒径上限并无变化。

从图 10.23 中可以看出，随着埋深的增加，中值粒径整体呈减小趋势，可分为 0cm、2～16cm 和 18～20cm 三个阶段。其中，第一阶段与第二阶段中值粒径差值较大，为 0.0087mm，是粒径整体范围的 31.4%；第二阶段各层差值较小，仅为 0.0102mm，阶段内呈减小趋势；第三阶段与第二阶段相差也较大，16cm 与 18cm 埋深尾矿样中值粒径相差 0.0088mm，为粒径整体范围的 31.8%，第三阶段内两处采集点中值粒径并无减小规律。

从图 10.24 中可以看出，随着埋深的增加，小于 0.037mm 粒径的尾矿含量逐渐增大，增幅达到了 247.6%。大于 0.074mm 粒径的尾矿含量随着埋深的增加逐渐减小，从 0cm 处的 77.74%减小到 18cm 埋深处的 67.15%，减小幅度为 13.6%。大于 0.25mm 粒径的尾矿含量随着埋深的增加也逐渐减小，最大含量在 0cm 处，含量为 14.99%，最小含量在 10cm 埋深处，含量为 10.66%，减小幅度为 28.9%。

从上述分析可知，渗透水对尾矿不同埋深颗粒组成具有显著的影响，各层粗粒组尾矿（如大于 0.074mm 粒径的尾矿）受渗透水作用影响较小，细粒组尾矿（如小于 0.037mm 粒径的尾矿）随着埋深的增加显著增大，中值粒径呈阶段性减小。

10.3.6　尾矿库地下水渗流细观力学机理

与土体细观结构相同，尾矿细观结构也是由位置基本不变的颗粒构成骨架，它可支撑荷载传递应力。骨架孔隙中存在可动颗粒，受荷载或渗透水的作用，其位置随时可发生变化，且不能传递应力。荷载是引起尾矿颗粒骨架结构变化的直接因素，而渗透水是影响尾矿颗粒骨架结构变化的重要因素。因此，上述试验现象可以运用颗粒物质理论得到很好的解释。

施加荷载后，颗粒间的接触力逐渐增加并向下传递。随着传递距离的增大，逐渐被更多的颗粒以及容器壁分散消耗，整体颗粒骨架结构仍具有一定的承载能力。随着接触力的传递，饱水状态下颗粒间摩擦力显著降低，少数颗粒发生移动或转动，其连接的力链断裂，引起众多颗粒移动，出现显著的沉降位移，尾矿细观结构发生较大变化以形成更稳定的结构，而后形成新的力链并继续演化积累。如此往复直到最终形成的力链能够支撑荷载，此时，尾矿细观结构达到稳定状态。

渗透水携带松散的颗粒向尾矿试件下部区域运移，上部区域孔隙增大，下部区域孔隙减小，上部区域颗粒骨架逐渐架空。渗水初期，受荷载作用架空的骨架颗粒产生移动或转动，力链发生断裂，沉降较为显著。随着时间的增长，渗透水携带的颗粒沉淀，堵塞运移通道，渗水速率逐渐减小。上部颗粒骨架持续架空，其结构已不能支撑荷载时，关键部位的骨架颗粒发生移动或转动，引起较大的沉降，故出现如图 10.20 和图 10.21 所示渗水速率与沉降速率随时间增加而降低的现象。从试验后尾矿的颗粒分析也可发现，渗透水的作用使细粒尾矿向下部区域沉积，使细粒尾矿的含量随着埋深的增加逐渐增大。

基于上述分析可知，在实际情况下，尾矿坝体中由于尾矿排放和降雨形成洪水带入大量水，渗透水携带松散的颗粒运移，坝体上部区域孔隙增大形成颗粒骨架逐渐架空，下部区域孔隙减小。渗水初期，受上覆荷载作用，架空的骨架颗粒产生移动，力链发生断裂，产生局部细观结构变形。随着渗透携沙作用的继续，上部颗粒骨架持续架空，其结构已不能支撑荷载时，关键部位的骨架颗粒发生移动，引起较大的沉降，此时易发生尾矿坝局部区域的大变形，若控制不好即可形成局部区域破坏失稳。随着时间的增长，渗透水携带的颗粒沉淀，堵塞运移通道，渗水速率逐渐减小，不利于尾矿坝地下水排渗，将导致浸润线的抬升，也将显著降低尾矿坝的稳定性。

参 考 文 献

[1] Lade P V. Instability，shear banding，and failure in granular materials [J]. International Journal of Solids and Structures，2002，39（13-14）：3337-3357.

[2] Lube G，Cronin S J，Platz T，et al. Flow and deposition of pyroclastic granular flows：a type example from the 1975 Ngauruhoe eruption，New Zealand [J]. Journal of Volcanology and Geothermal Research，2007，161（3）：165-186.

[3] Takahashi T，Tsujimoto H. A mechanical model for Merapi-type pyroclastic flow [J]. Journal of Volcanology and Geothermal Research，2000，98（1-4）：91-115.

[4] Lobo-Guerrero S，Vallejo L E. Discrete element method evaluation of granular crushing under direct shear test conditions [J]. Journal of Geotechnical and Geoenvironmental Engineering，2005，131（10）：1295-1300.

[5] Day R W. Significance of particle crushing in granular materials—discussion [J]. Journal of Geotechnical and Geoenvironmental Engineering，1997，123（9）：887，888.

[6] Tsoungui O，Vallet D，Charmet J C. Numerical model of crushing of grains inside two dimensional granular materials [J]. Powder Technology，1999，105（1-3）：190-198.

[7] 张孟喜，张石磊. H-V 加筋土性状的颗粒流细观模拟 [J]. 岩土工程学报，2008，30（5）：625-631.

[8] 曾庆有，周健. 不同墙体位移方式下被动土压力的颗粒流模拟 [J]. 岩土力学，2005，26（增刊）：43-47.

[9] 朱伟，钟小春，加瑞. 盾构隧道垂直土压力松动效应的颗粒流模拟 [J]. 岩土工程学报，2008，30（5）：750-754.

[10] 贾敏才，王磊，周健. 干砂强夯动力特性的细观颗粒流分析 [J]. 岩土力学，2009，30（4）：871-878.

[11] 周健，王家全，曾远，等. 颗粒流强度折减法和重力增加法的边坡安全系数研究 [J]. 岩土力学，2009，30（6）：1549-1554.

[12] Khilar K C，Lau D. Internal stability of granular [J]. Canadian Geotechnical Journal，1985，22（2）：215-225.

[13] 姚志雄，周建，张刚. 砂土管涌机理的细观试验研究 [J]. 岩土力学，2009，30（6）：1604-1610.

[14] 周健，姚志雄，白彦峰，等. 砂土管涌的细观机理研究 [J]. 同济大学学报（自然科学版），2008，36（6）：733-737.

[15] Zandarín M T，Oldecop L A，Rodríguez R，et al. The role of capillary water in the stability of tailing dams [J]. Engineering Geology，2009，105（1-2）：108-118.

[16] Rico M，Benito G，Díez-Herrero A. Floods from tailings dam failures [J]. Journal of Hazardous Materials，2008，154（1-3）：79-87.

[17] Kwak M，James D F，Klein K A. Flow behaviour of tailings paste for surface disposal [J]. International Journal of Mineral Processing，2005，77（3）：139-153.

[18] 尹光志，魏作安，万玲. 龙都尾矿库地下渗流场的数值模拟分析 [J]. 岩土力学，2003，24（supp. 2）：25-28.

[19] 尹光志，魏作安，许江. 细粒尾矿及其堆坝稳定性分析 [M]. 重庆：重庆大学出版社，2004.

[20] 张力霆，周国斌，谷芳，等. 库区水位急剧变化对尾矿库坝体稳定的影响 [J]. 金属矿山，2008，（8）：119-122.

[21] 李全明，王云海，张兴凯，等. 尾矿库溃坝灾害因素分析及风险指标体系研究 [J]. 中国安全生产科学技术，2008，4（3）：50-54.

[22] Wang F Y，Xu Z S，Yang K T，et al. Prelatic surface matrix method for stability analysis of tailing dam [J]. Progress in Safety Science and Technology，2008，（7）：1773-1779.

[23] 王飞跃，杨铠腾，徐志胜，等. 基于浸润线矩阵的尾矿坝稳定性分析 [J]. 岩土力学，2009，30（3）：840-844.

[24] Briggen P M，Blocken B，Schellen H L. Wind-driven rain on the facade of a monumental tower：numerical simulation，full-scale validation and sensitivity analysis [J]. Building and Environment，2009，44（8）：1675-1690.

[25] Li F Q，Wang X N，Yu X L. A new optimization method of constitutive equation for hot working based on physical simulation and numerical simulation [C]. 5th International Conference of Physical and Numerical Simulation on Materials Processing，Zhengzhou，China，Oct. 03-27，2007：402-407.

[26] 石守亮，于泳，冉勇康，等. 南水北调西线工程断裂位移随深度变化的数值模拟研究 [J]. 岩石力学与工程学报，2005，24（20）：3646-3650.

[27] Kealy C，Busch R. Determining seepage characteristics of mill tailings dams by finite element method [R]. United States：Bureau of Mines，1970.

[28] 刘杰，谢定松，崔亦昊. 江河大堤双层地基渗透破坏机理模型试验研究 [J]. 水利学报，2008，39（11）：1211-1220.

[29] Wang H P，Li S C，Zhang Q Y. Model test and numerical simulation of overload safety of forked tunnel [J]. Rock and Soil Mechanics，2008，29（9）：2521-2526.

[30] Zhu H H, Yin J H, Zhang L, et al. Deformation monitoring of dam model test by optical fiber sensors [J]. Rock Mechanics and Engineering，2008，27（6）：1188-1194.

[31] Qu G，Guo X L，Long C P，et al. Study on time scale distortion problem in sediment model test [J]. Journal of Hydraulic Engineering，2007，38（11）：1318-1323.

[32] 范恩让，史剑鹏. 尾矿堆积坝安全稳定性因素分析及对策 [J]. 金属材料与冶金工程，2007，35（1）：33-36.

[33] 陈守义. 浅议上游法细粒尾矿堆坝问题 [J]. 岩土力学，1995，16（3）：70-76.

[34] Zhang Q，Yin G，Wei Z，et al. An experimental study of the mechanical features of layered structures in dam tailings from macroscopic and microscopic points of view[J]. Engineering Geology，2015，195：142-154.

[35] 孙光怀. 中期尾矿坝稳定性的实践与分析 [J]. 黑色金属矿山通讯，1990，4：10-12.

[36] 张超，杨春和，孔令伟. 某铜矿尾矿砂力学特性研究和稳定性分析 [J]. 岩土力学，2003，24（5）：858-862.

[37] 柳厚祥，宋军，陈克军. 尾矿坝二维固结稳定渗流分析 [J]. 矿冶工程，2002，22（4）：8-10.

[38] 魏作安，陈宇龙，李广治. 中线法尾矿坝地下渗流场的数值模拟[J]. 重庆大学学报，2012，35（7）：89-93.

[39] 中华人民共和国住房和城乡建设部，中华人民共和国国家质量监督检验检疫总局. 尾矿设施设计规范（GB 50863—2013）[S]. 北京：中国计划出版社，2013.

[40] 苑莲菊，李振栓，武胜忠，等. 工程渗流力学及应用 [M]. 北京：中国建材工业出版社，2001.

第11章　尾矿坝颗粒接触力与结构变形细观数值模拟研究

近年来尾矿库灾害防治技术方面的科研成果，主要在尾矿的静动力学特性、尾矿坝渗流特性、坝体溃决灾变机理及冲击泥石流形态等方面。这些研究最终目的是指导尾矿库设计施工，安全管理与评价，预测尾矿库危害，并制定有效防护措施，降低尾矿坝对国民生命财产的危害。因此，探索尾矿坝成灾机理，揭示尾矿坝失稳溃决本质原因，进一步完善尾矿库设计工艺及稳定性评价方法是尾矿灾害防治技术科研工作者研究的重点。探索尾矿坝失稳破坏的本质原因，应从细观尺度深入研究因颗粒相互作用导致坝体局部失稳与扩展的机理。

连续介质变形分析方法有有限单元法（FEM）、有限差分法（FDM）、边界元法（BEM）和无单元法（MM）等，主要适用于分析岩土介质的小变形、小位移等连续-弹塑性问题[1, 2]。考虑到岩土介质非均匀、非连续的空间复杂性和渐进破坏过程的时间复杂性等特点，采用非连续介质分析方法如块体和颗粒离散单元法（DEM，商业软件 UDEC、3DEC、PFC）、刚体弹簧元法（RBSM）和非连续变形分析法（DDA）等，以及连续-非连续耦合算法（有限差分-离散元、有限元-离散元、有限元-边界元、边界元-离散元等）、渐进分析法（RFPA）等数值计算方法的研究应用也越来越多[3]。

尹光志等[3-5]指出尾矿具有典型的颗粒物质特征，将尾矿坝体看作众多不同粒径颗粒构成的聚集体，采用离散元数值模拟软件研究尾矿颗粒结构变形破坏特征及探索坝体失稳破坏的本质规律等，相对于连续介质变形分析方法更加适合。颗粒流程序（Particle Flow Code，PFC）以离散单元方法为基础，是采用介质最基本单元（颗粒）和最基本的力学关系满足牛顿第二运动定律来描述介质的复杂力学行为[6]。Powrie 等[7]采用 PFC 3D 软件模拟了砂土的平面应变试验。Bock 等[8]基于 PFC 软件探讨了黏性土细观力学行为特性。Jenck 等[9]采用 PFC 软件分析了软土基础的力学性质，并与有限差分法软件 FLAC 进行了对比，认为用离散单元法的 PFC 软件具有大的优势。周健等[10, 11]认为离散元法是模拟边坡变形破坏力学行为的比较理想的途径，并指出采用颗粒流求解边坡的安全系数不需要条分，不需要假定滑移面的位置和形状，颗粒根据所受到的接触力调整其位置，最终从抗剪强度最弱面发生剪切破坏[12]。吴剑、冯夏庭[13]认为剪切边界对剪切带的形成影响较大，对比墙、球环和球环 + 齿状结构三种剪切边界的剪切效果发展，球环 + 齿状结构的剪切边界可以保证剪切试样内外剪切速率的一致性。张翀等[14]发现在其他细观参数相同的情况下，颗粒形状对颗粒试样的宏观特性有较大的影响。张晓平等[15]认为试样应力-应变关系曲线峰值随软弱夹层颗粒的摩擦系数和法向接触刚度的减小而下降。

基于离散单元法的颗粒流程序在土体边坡与基础工程中的应用已取得许多成果，但是用于尾矿坝变形特征的分析还鲜有报道。本章以新建四川省盐源县平川铁矿黄草坪尾矿库为工程背景，通过堆坝物理模型试验，获得尾矿坝干滩面几何特征、颗粒分布规律与不同尾矿工程力学特性。基于离散元理论，采用 PFC 2D 数值模拟软件进行双轴试验，对比土工试验结果，获得了尾矿细观力学参数，并分析了尾矿坝接触力分布、颗粒位移与变形特征。研究成果对于认识尾矿颗粒结构破坏变形机理和尾矿坝失稳机理，提高尾矿库安全评价与运营管理技术方法等具有重要的实际意义。

11.1 黄草坪尾矿库工程概况

11.1.1 尾矿库选址

根据平川铁矿后备矿山的发展规划，2012 年选厂经技改后将达到 150 万 $t \cdot a^{-1}$ 的生产规模，故要求考虑新建尾矿库的服务年限为 15～20 年。根据选厂周边地形地质条件、尾矿堆存的规模和城镇、土地规划，选择了黄草坪作为库址。

黄草坪尾矿库拟利用冲沟上游的尾部形成库区，汇水面积仅 2.65km^2。坝址处狭窄，库内平坦开阔，是理想的尾矿库库型。库区地质状况简单，地下水不丰富，第四系覆盖层较厚，利于防渗。

11.1.2 黄草坪尾矿库简介

黄草坪尾矿库拟建初期坝高 60.0m，堆坝 85.0m，总坝高 145.0m，总库容 1248.88 万 m^3，有效库容 1061.03 万 m^3，服务年限 16.3 年，比对《尾矿设施设计规范》(GB 50863—2013)，初步确定该尾矿库等别为二等库。主要构筑物（设施）为 2 级，如初期坝和排洪设施等。次要构筑物（设施）为 3 级，或相同的建筑工程等级，如回水泵房等。

1. *初期坝*

初期坝设置在沟谷狭窄地段（图 11.1），坝型选择本着因地制宜、就地取材、安全、经济、方便的原则，确定初期坝坝型为碾压式堆石坝。

图 11.1 黄草坪库区地形地貌

该尾矿库采用上游法尾矿筑坝方式堆坝，坝顶标高 2395.0m，初期坝内有效库容 83.17 万 m^3，使用期 1.6 年。坝顶宽 5.0m，内、外坡比 1∶2 及 1∶2.5。坝顶轴线长 169m。内坡设置由土工布、碎石、砾石等组成的反滤层，起护坡、导水的作用。外坡布置 6 条 1.5m 宽马道，内坡布置 2 条 1.5m 宽马道并用干砌块石护坡。筑坝工程量即堆石体积 $V\approx85.0$ 万 m^3。

2. 堆坝和排渗设施

尾矿堆坝方式为上游式尾矿筑坝，取沉积于库前的粗颗粒尾砂筑成子坝形成库容，放矿方式为采用放矿支管在坝前均匀分散放矿。设计堆坝外坡比 1∶5。最终堆积标高 2480.0m，堆高 85.0m，有效库容 1061.03 万 m^3，服务 16.3 年，初步设计库容曲线见图 11.2。按库型条件，正常运行期干滩长≥220.0m，洪水期干滩长≥100.0m。

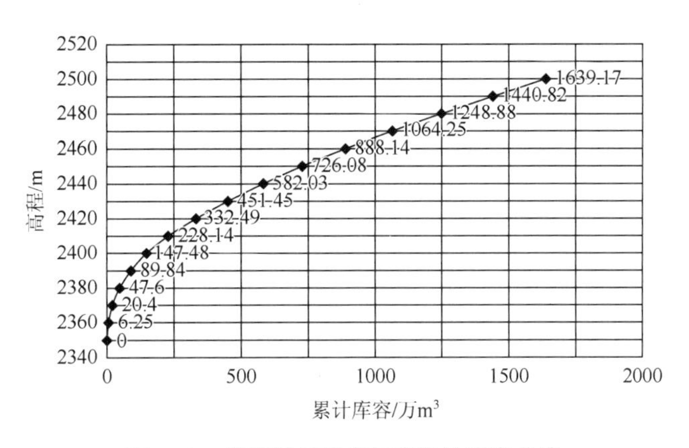

图 11.2　黄草坪尾矿库初步设计库容曲线

从初期坝顶 2395.0m 标高起，开始设置水平排渗盲沟，排渗盲沟由交错的纵、横盲沟组成。横向盲沟平行于坝轴线，间隔 40.0m 设置。纵向盲沟垂直于横向盲沟，间隔 40.0m 设置，以 $i=1\%$的坡度延伸至堆坝外坡。盲沟由土工布包裹碎石和软式排渗管组成。软式排渗管规格为$\phi=100$mm。水平排渗盲沟随尾矿堆高每 10.0m 铺设一层，共 8 层。

3. 尾矿库排洪系统

尾矿库库容量在三等库范围的下限，坝高达到二等库。该尾矿库防洪标准取二等库的下限值：初期为 100 年一遇（重现期 $T_{初}=100$ 年），中、后期为 500 年一遇（重现期 $T_{后}=$ 500 年）设防。

尾矿库库区汇水面积约 2.65km^2，沟谷内有季节性流水。排洪系统由周边截洪沟和库内排水井-管组成。截洪沟主要是考虑环保对清污分流的要求，库区周边山体平缓，较易设置截洪沟，截洪沟可截排 2.23km^2 的洪水。库内排洪设施按全汇水面积的雨季洪峰（量）设计。

截洪沟沿左右两岸山坡修筑，净断面尺寸 $b\times h=1.5\text{m}\times2.0\text{m}$，纵坡 $i\geqslant3.5\%$，M7.5 砂浆砌 MU30 毛石。截洪沟长度 $L=3670.0$m。

按尾矿库使用标高及排水井下泄流量选择 5 座钢筋混凝土排水井 $D = 3.0\text{m}$，井架高 $H = 21.0\text{m}$。与排水井配套的钢筋混凝土排水管沿库底铺设并连接各排水井，排水管内径 $d = 1.5\text{m}$，单根长度 $l = 1150.0\text{m}$。

尾矿库共设有 10 座排水井，两根总长 2300.0m 的排水管。

11.2　黄草坪尾矿库堆坝模型试验

11.2.1　堆坝模型试验目的

根据现场尾矿排放条件和尾矿库设计资料，采用物理模型试验演绎该尾矿坝的堆积过程，分析尾矿在干滩面上的沉积规律、沉积特性及其物理力学特性，探明尾矿坝内浸润线的埋深及其变化特点，为尾矿坝的数值模拟提供基础资料。

11.2.2　堆坝模型试验方案

本试验研究利用物理模型试验方法演绎实际尾矿修筑全过程，并进行相关参数的测量与分析，具体试验方案如下：

（1）根据现场踏勘与尾矿库的设计资料、工程地质勘察资料和图纸，制作库区山地模型。

（2）根据尾矿库设计资料，修筑初期坝。依据选矿厂有关尾矿排放的基础资料，采用四川省盐源县平川铁矿选矿厂提供的全尾矿样进行堆积坝的堆筑试验，并测试干滩面形状、浸润线埋深及其变化特点。采集干滩面尾矿，进行颗粒分析，得到干滩面上尾矿沉积规律。

（3）根据坝体尾矿沉积规律，采集干滩面上不同纵深的尾矿试样，进行三轴剪切试验，获得用以确定尾矿细观力学参数的基础试验数据。

11.2.3　库区山地模型制作

按照尾矿库设计资料和库区地形资料等，设计制作山地模型和测量装置。模型试验主要由五部分组成：试验槽、放矿系统、排水系统、地下水位测量系统、流速及压力测量系统。试验槽的尺寸为 14m×7m×1.5m（长×宽×高）。先是参照尾矿库库区地形图，按照 1∶150 的比例，选用与库区地表相似的黏性土，采用剖面法，在试验槽内制作库区山地模型（图 11.3）。同时，按照尾矿库设计资料布置库区排水系统（排水井和排水涵管），并埋设坝体地下水位测量系统等。

如图 11.4 所示，尾矿浆输送主管选用 ϕ75mm 的塑胶管并与坝前放矿支管连接，支管的布置数量依据堆积坝轴线的长度变化会进行调整。

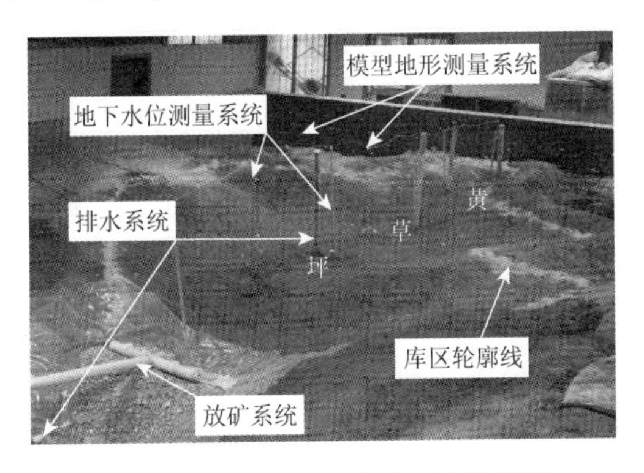

图 11.3　黄草坪尾矿库库区山地模型

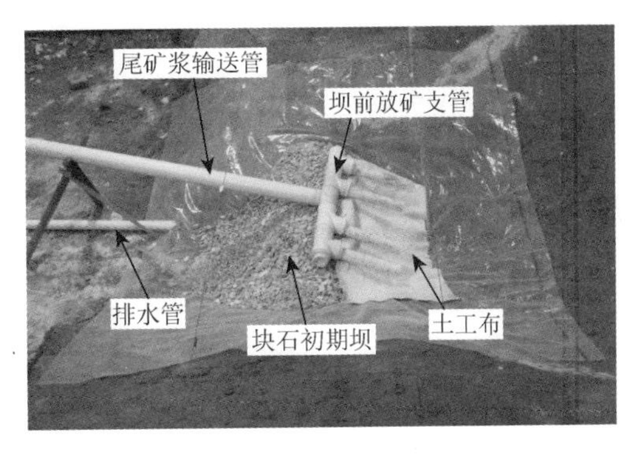

图 11.4　尾矿浆输送、排放设施及初期坝

11.2.4　堆坝物理模型试验

尾矿库堆坝物理模型试验是按照现场情况排放尾矿浆，演绎现场库内尾矿堆积过程，形成堆积坝、干滩面、库内水位等。并按照试验方案，待尾矿坝堆积到一定高度后，停止放矿，在库内干滩面上不同位置采取尾矿样，分析尾矿颗粒组成，获得尾矿的颗粒沉积分布规律及其力学性质。主要的试验步骤如下：

（1）按照尾矿设计资料，选用碎石料堆筑初期坝，形成尾矿库模型。将尾矿浆输送管与尾矿浆搅拌机的出口相连接，同时连接坝前放矿支管形成完整的尾矿浆输送通道，并将坝前放矿支管铺设于初期坝上。

（2）按照现场拟排放的尾矿浆浓度，配置尾矿浆，启动搅拌机进行搅拌制浆。

（3）待尾矿浆搅拌到一定程度后，开启搅拌机的排放口开关，通过输送管往库内排放尾矿（图 11.5）。

（4）重复步骤（2）和（3），待尾矿坝高达到一定程度后，按照试验方案进行干滩面坡度的测量，并采取尾矿样等。

（5）按照设计资料，逐级堆积子坝，排放尾矿，演绎尾矿库堆积过程，堆积形成的尾矿库全貌见图 11.6。

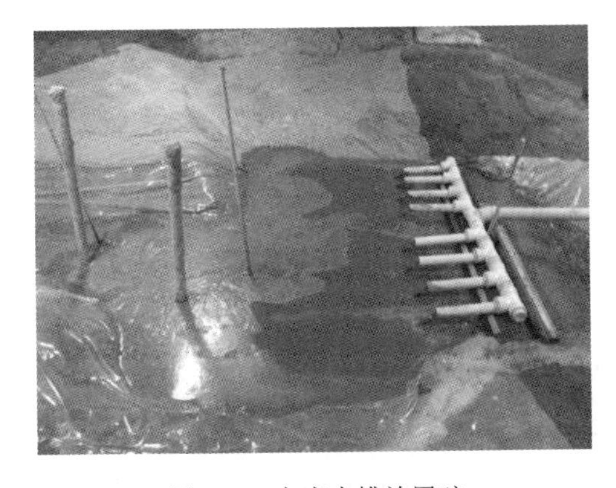

图 11.5　向库内排放尾矿

图 11.6　堆积形成的尾矿库全貌

11.2.5　干滩面坡度变化规律

干滩面坡度与尾矿粒度、矿浆流速、浓度、库内水位等诸多因素有关。理论上认为干滩面坡形线一般呈指数曲线。尾矿颗粒越粗、矿浆流量越大、浓度越低、库内水位越低（干滩面越长），则干滩面坡度就越陡，反之干滩面坡度就越缓。通过对黄草坪尾矿库的堆坝模型试验，获得库内干滩面坡形，如图 11.7 所示。试验中，测量干滩面坡度，不同堆筑高度下干滩面坡度曲线如图 11.8 所示。

图 11.7　尾矿浆沉积形成的干滩面

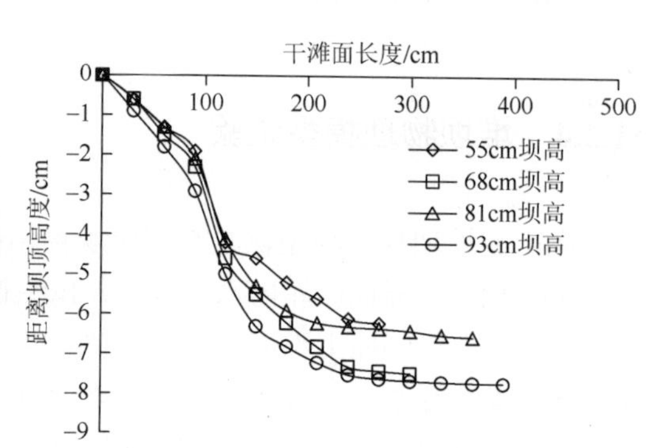

图 11.8　不同堆筑高度下干滩面坡度曲线

根据干滩面坡度变化曲线可以看出：试验堆筑形成的干滩面总坡度在 1.92%～2.43%。随着与子坝距离的增加，可分为 3 区段：第一区段在子坝内坡面至距子坝 90cm 左右，坡度较为平缓，在 2.44%～3.67%；第二区段为距子坝 90～150cm 范围附近，坡度较陡，在 3.5%～6.08%；第三区段为距子坝 150cm 至库尾，坡度平缓，在 0.46%～1.27%。三个区段呈阶梯状，第一与第三区段坡度较缓，第二区段坡度较陡。随着坝体高度的增加，干滩面坡度逐渐变陡，尤其是前两区段的坡度，增加比较明显，第三区段坡度随着坝体高度的增加，逐渐平缓。

11.2.6　库区尾矿颗粒分布规律

坝前放矿后，矿浆流动分选过程中，重力起主要作用。在堆坝试验过程中，不同堆坝高度时，沿尾矿库干滩面纵向中心线间隔 20cm 采取尾矿样，并进行颗粒分析试验与物理性质试验，获得干滩面上尾矿塑性指数均小于 10，其颗粒分布情况见图 11.9～图 11.11。从图 11.9～图 11.11 中可以看出，干滩面上，从子坝开始，在 0～60cm 范围内，尾矿颗粒平均粒径为 0.149～0.499mm，粒径≥0.25mm 的颗粒含量在 50.75%～69.64%，粒径≥0.074mm 的颗粒含量在 79.44%～84.72%，属于尾中砂（分类标准参照《尾矿设施设计规范》（GB 50863—2013），见表 2.3，以下相同）；在 60～120cm 范围内，尾矿颗粒平均粒径为 0.0174～0.242mm，粒径≥0.25mm 的颗粒含量在 2.59%～39.74%，粒径≥0.074mm 的颗粒含量在 51.37%～83.93%，属于尾粉砂；在≥120cm 范围内，尾矿颗粒平均粒径在 0.0086～0.118mm，粒径≥0.074mm 的颗粒含量在 0.35%～43.78%，属于尾粉土。

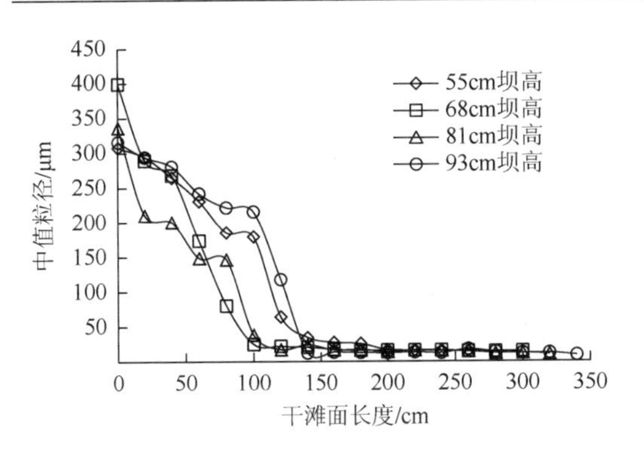

图 11.9　干滩面上颗粒分布情况

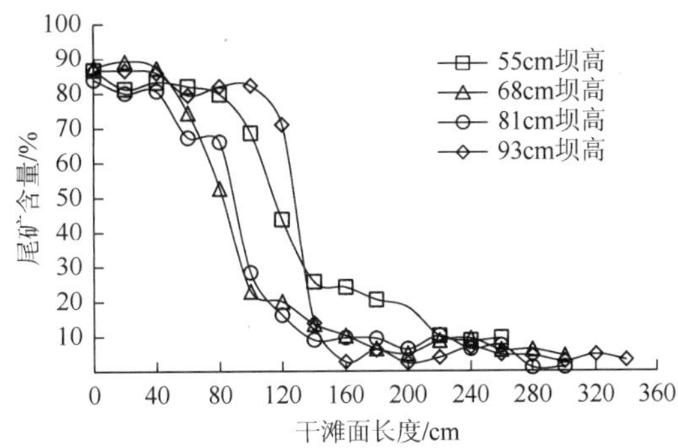

图 11.10　大于等于 0.074mm 颗粒含量值沿干滩面的变化规律曲线

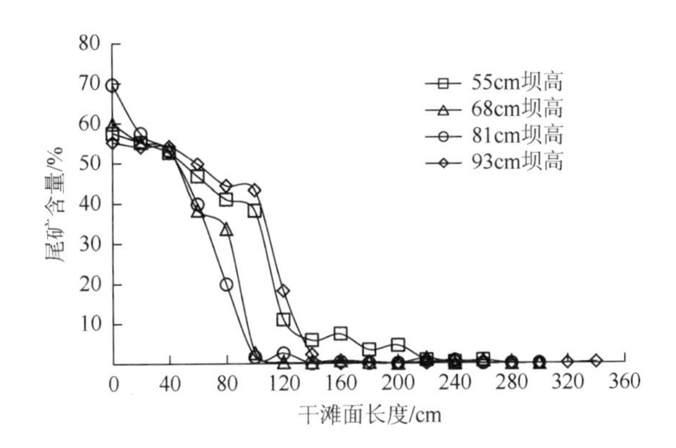

图 11.11　大于等于 0.25mm 颗粒含量值沿干滩面的变化规律曲线

11.2.7　堆坝尾矿抗剪强度测试结果

在堆坝物理模型试验过程中，根据不同坝高，在干滩面上，沿纵向主轴分别采集尾矿样。采用 TSZ30-2.0 型应变控制式三轴剪力仪（图 3.3）进行固结不排水三轴剪切试验，测试结果见表 11.1。杨氏模量、泊松比及剪切峰值为 300kPa 围压时的值。从表 11.1 可以看出，三种尾矿有效内聚力为 3～9kPa，有效内摩擦角为 28°～36°，并且颗粒粒径越小，有效内聚力越大，有效内摩擦角越小。

表 11.1　坝体各层尾矿的试验结果

试样	密度 ρ/(g·cm^{-3})	含水率 W/%	有效内聚力 c'/kPa	有效内摩擦角 φ'/(°)	300kPa 围压		
					杨氏模量 E/MPa	泊松比 υ	剪切峰值 P/kPa
尾中砂	2.14	12.3	3.13	35.2	38.0	0.33	782.5
尾粉砂	2.06	13.8	3.72	31.8	30.4	0.34	640.0
尾粉土	2.00	14.6	8.36	28.39	24.0	0.38	472.8

11.3　颗粒物质力学基本理论

11.3.1　颗粒物质简介

颗粒物质是指大量固体颗粒间相互作用组成的复杂体系，该体系中颗粒粒径大于1μm，如果颗粒间有填隙液体，则液体黏性较低且饱和度小于1。颗粒以强耗散的接触摩擦为主，其热运动和流体作用忽略不计。卵石、砾石、泥沙、土体以及积雪等均属于颗粒物质，它们一般具有随机分布的特点，这种不连续的几何分布特性和物理力学性质，对组合体的强度、变形、水力特性等具有显著的影响。从几何概率的概念来分析，所研究区域的颗粒组合体可以视作一个有限空间被若干组按照一定分布规律的有限平面组（或柱面组、球面组）随机分割形成的子空间的集合（即形成的颗粒集合）。在二维空间，则可以看成是有限平面被具有不同分布规律的直线段簇或圆簇、椭圆簇等随机分割而形成的子平面的组合。颗粒相互接触，产生接触力，其接触力包括法向接触力与切向接触力。对于研究的颗粒组合体，接触力在颗粒间相互传递，形成非均匀分布的力链，Dantu 开展的光弹试验中首次指明了颗粒内部力分布的非均匀性，发现强力链呈树状结构[16]。1995 年，Bouchaud 等[17]明确提出了力链的概念："Archs are chain-like configurations of grains, which act to transport force along the chains"。

对颗粒物质的研究早期主要集中在工程应用领域中的静力学，比如摩擦定律、沙堆休止角、有效应力原理等。1773 年，法国物理学家 Coulomb 认为颗粒物质的屈服为摩擦过程，提出了摩擦定律：固体颗粒摩擦力正比于彼此间的法向压力，而且静摩擦系数大于滑动摩擦系数。Coulomb 还研究了沙堆崩塌现象，发现沙粒崩塌发生在堆积角度大于一个特定数值后，该角度即为沙堆的休止角。这一现象是由于在重力作用下，颗粒间形成与压力方向一致的力链，传递重力。同时，颗粒接触点处轻微变形，可以支撑与轴线方向有一定夹角的剪切应力，当剪应力超过一定数值时，沙堆内部力链结构断裂，直到剪切应力小于该临界值，沙堆保持恒定的休止角。该现象也证明了颗粒间存在法向应力与切向应力，并构成了颗粒物质内部复杂的力链。1925 年，太沙基在其出版的《土力学》中提出了有效应力原理，认为作用在饱和土体上的总应力由土中的两种介质承担，即孔隙水中的孔隙水压力与土颗粒构成的骨架上的有效应力，土的抗剪强度则是由有效应力决定的。有效应力原理是土力学的基本支柱，其建立亦是以颗粒物质为基础的。

颗粒物质动力学的研究涉及颗粒流、振动现象、加压膨胀特性等方面。颗粒物质动力学现象认为颗粒物质中的单个颗粒运动服从牛顿定律，在外力或内部应力状态发生变化时，产生颗粒流动，表面出现流体的性质，如雪崩、滑坡、泥石流等。

11.3.2　颗粒物质力学

颗粒物质力学是研究大量固体颗粒相互作用而组成的复杂体系的平衡和运动规律及其应用的科学[16]，其研究物质的基本条件为颗粒粒径 $d \geqslant 1\mu m$，且饱和度 $S < 1$。其相邻学

科为统计力学和两相流体力学，划分依据主要为颗粒粒径 d 与饱和度 S：当 d<1μm 时，颗粒间表面力与重力之比较大、颗粒热运动明显，属于统计力学研究范畴；当 S>1 时，固液耦合作用明显，颗粒间接触作用弱化，属于固液（固气）两相流体力学研究范畴。较为简单的情况是，间隙液体黏性较大，且颗粒密度与液体密度相差不大，颗粒悬浮，可以处理成单相流体。

目前，颗粒物质力学在几个理想情况下比较成熟，如准静态颗粒流动、快速流动，而对于常见的密集颗粒流动，仍没有合理的描述；静态液桥力理论比较成熟，而动态液桥力的研究还有待完善。

11.3.3　球形颗粒接触力学

1. 无黏结球形颗粒接触力

1）法向力（Hertz 接触理论）

不考虑颗粒表面黏结时，法向力一般采用 Hertz 接触理论计算，其基本假设为：相互接触的颗粒表面光滑且均质，接触面相对于颗粒表面很小，接触面仅发生弹性变形，接触力垂直于该接触面。Hertz 接触理论适用于球体、椭球体和柱体等曲面体的弹性接触。

两球形颗粒发生弹性接触（图 11.12），虚线是不考虑变形时颗粒表面轮廓线，颗粒法向力 N 为

$$N=\frac{4}{3}E^{*}(R^{*})^{1/2}\alpha^{3/2} \tag{11-1}$$

式中，α 为两球法向重叠量，$\alpha=R_1+R_2-|r_1-r_2|>0$，$r_1$、$r_2$ 为两颗粒的球心位置矢量；R^*、E^*为有效颗粒半径和有效弹性模量。E_1、υ_1，E_2、υ_1 分别为颗粒 1 和颗粒 2 的弹性模量和泊松比，则

$$\frac{1}{R^{*}}=\frac{1}{R_1}+\frac{1}{R_2} \tag{11-2}$$

$$\frac{1}{E^{*}}=\frac{1-\upsilon_1^2}{E_1}+\frac{1-\upsilon_2^2}{E_2} \tag{11-3}$$

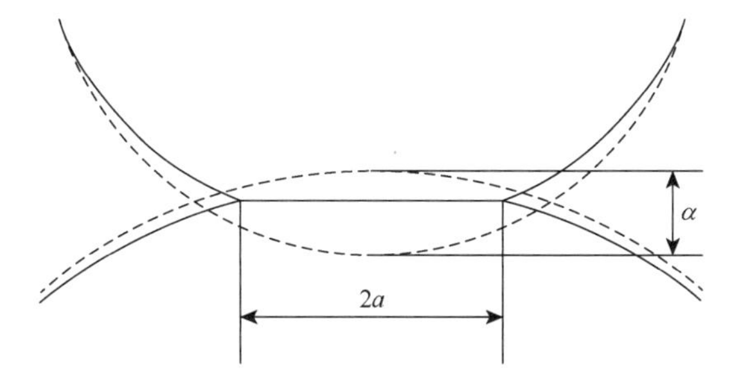

图 11.12　Hertz 接触理论两球形颗粒弹性接触变形示意图

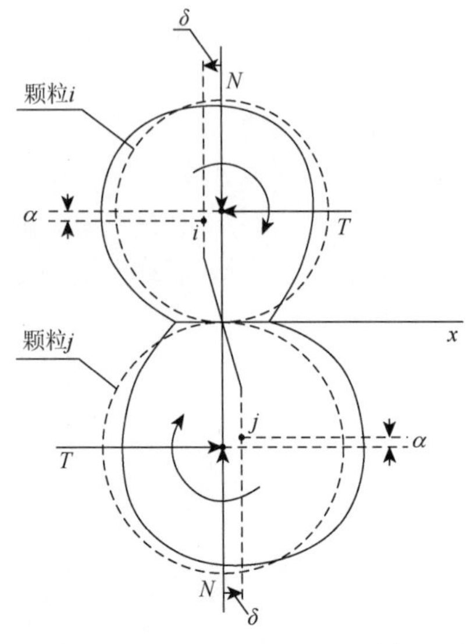

图 11.13　Mindlin-Deresiewicz 接触理论中两颗粒切向接触变形示意图

2）切向力（Mindlin-Deresiewicz 接触理论）

Mindlin-Deresiewicz（MD）接触理论可描述颗粒间接触的切向位移与切向力的关系。如图 11.13 所示，虚线为不考虑变形的颗粒表面位置，两颗粒发生切向接触，先是沿着接触表面圆周相对滑移，方向与切向力方向一致，滑移通过接触面逐渐向颗粒内部发展，两接触表面切向位移 S，如此将产生切向力 T，其增量 ΔT 为

$$\Delta T = 8aG^*\theta_k\Delta S + (-1)^k f(1-\theta_k)\Delta N \qquad (11\text{-}4)$$

式中，$k=0, 1, 2$ 分别对应切向力加载、卸载和卸载后重新加载；a 为颗粒间接触面半径，$a=\sqrt{\alpha R^*}$。

如果 $|\Delta T| < f\Delta N$：

$$\theta_k = 1 \qquad (11\text{-}5)$$

如果 $|\Delta T| \geqslant f\Delta N$：

$$\theta_k = \begin{cases} \left(1-\dfrac{T+f\Delta N}{fN}\right)^{1/3} & (k=0) \\ \left[1-\dfrac{(-1)^k(T-T_k)+2f\Delta N}{2fN}\right]^{1/3} & (k=1,2) \end{cases} \qquad (11\text{-}6)$$

式中，f 为颗粒表面静摩擦系数；G^*为有效剪切模量：

$$G^* = \frac{2-\upsilon_1}{G_1} + \frac{2-\upsilon_2}{G_2} \qquad (11\text{-}7)$$

2. 黏结球形颗粒接触力

1）法向力（JKR 接触理论）

JKR 接触理论是 Hertz 接触理论的延伸，黏结作用仅存在于接触面。若颗粒间没有黏结，两颗粒接触半径 a_0 可由 Hertz 接触理论确定；若颗粒间存在黏结，虽外荷载仍为 N，但接触半径 $a>a_0$。

根据 Griffith 能量方法，表面能为 $U_s=-\pi a^2\Delta\gamma$，系统总能量 U_T 为接触面积 A 的函数，当 $dU_T/dA=0$ 时，达到平衡状态，故两颗粒在外荷载 N 和表面黏结共同作用下的等效荷载 N_1 为

$$N_1 = N + 3\pi R^*\Delta\gamma + \sqrt{(3\pi R^*\Delta\gamma)^2 + 6\pi R^*\Delta\gamma N} \qquad (11\text{-}8)$$

式中，$\Delta\gamma$ 为 Dupre 黏结能，$\Delta\gamma=\gamma_1+\gamma_2-\gamma_{12}$，$\gamma_1$、$\gamma_2$ 分别为两颗粒表面的自由能，γ_{12} 为界面能。

相应的接触面半径为

$$a=\left(\frac{3R^*}{4E^*}\left[N+3\pi R^*\Delta\gamma+\sqrt{(3\pi R^*\Delta\gamma)^2+6\pi R^*\Delta\gamma N}\right]\right)^{1/3} \tag{11-9}$$

两颗粒重叠量 α 为

$$\alpha=\frac{a^2}{R^*}-\left(\frac{2\pi a\Delta\gamma}{E^*}\right)^{1/2} \tag{11-10}$$

法向应力增量形式为

$$\Delta N=2aE^*\Delta a\left(\frac{3\sqrt{N}-3\sqrt{N_c}}{3\sqrt{N}-\sqrt{N_c}}\right) \tag{11-11}$$

式中，N_c 为促使颗粒表面分开的最大力，$N_c=2\pi R^*\Delta\gamma$。

2）切向力（Thornton 理论）

Thornton 理论综合考虑了颗粒塑性变形以及加载历史等因素的影响，把 Savkoor-Briggs 理论和 Mindlin-Deresiewicz 理论相结合，形成了黏结颗粒的切向力理论。

A. 开始接触至临界剥离状态

开始时，两颗粒间处于剥离阶段，无滑移，剥离切向力使接触区域减小。设接触面位移为 S，则切向力为

$$T=8G^*aS \tag{11-12}$$

其中，接触面半径为

$$a=\left[\frac{3R^*}{4E^*}\left(N+2N_c\pm\sqrt{4NN_c+4N_c^2-\frac{T^2E^*}{4G^*}}\right)\right]^{1/3} \tag{11-13}$$

Savkoor-Briggs 理论认为随着切向剥离量的增加，剥落可持续到临界剥离为 T_c 时，则

$$T=4\sqrt{\frac{G^*}{E^*}(NN_c+N_c^2)} \tag{11-14}$$

当 T 达到临界剥离力时，剥离过程结束，此时接触面半径为

$$a_p=\sqrt[3]{\frac{3R^*}{4E^*}(N+2N_c)} \tag{11-15}$$

B. 临界剥离状态以后

颗粒间切向剥离过程结束后，颗粒间切向力可根据此时临界剥离力和滑动摩擦力的比确定，有效法向力为

$$N_2=N_1\left(1-\frac{N_1-N}{3N_1}\right)^{3/2} \tag{11-16}$$

式中，$N_1=N_0+2N_c+\sqrt{4N_c^2+4NN_c^2}, N_c=\dfrac{3\pi R^*\Delta\gamma}{2}$。

滑动摩擦力为

$$T_s = fN_2 = fN_1\left(1-\frac{N_1-N}{3N_1}\right)^{3/2} \tag{11-17}$$

若 $T_c > T_s$，切向力等于滑动摩擦力 T。

若 $T_c < T_s$，滑移圆面积急剧向内扩展，T 逐渐增加到 T_s，而后产生滑移，该过程采用 Mindlin-Deresiewicz 接触理论中部分滑移方法计算。剥离过程结束时，若两接触表面产生相对切向位移增量 ΔS，相应切向力增量为 ΔT，可采用式（11-17）计算。

11.4　自重荷载下尾矿坝颗粒接触力与结构变形颗粒流数值模拟

11.4.1　PFC 2D 数值模拟软件

二维颗粒流程序（PFC 2D）数值模拟软件的理论基础是 Cundall 于 1979 年提出的离散单元法，用于颗粒材料力学性态分析，如颗粒团粒体的稳定、变形及本构关系，专门用于模拟固体力学大变形问题。它通过圆形（或异形）离散单元来模拟颗粒介质的运动及其相互作用。由平面内的平动和转动运动方程来确定每一时刻颗粒的位置和速度。作为研究颗粒介质特性的一种工具，它采用有代表性的数百个至上万个颗粒单元，通过数值模拟实验可以得到颗粒介质本构模型。

PFC 2D 数值模拟软件是通过离散单元方法来模拟圆形颗粒介质的运动及其相互作用。最初，这种方法是研究颗粒介质特性的一种工具，它采用数值方法将物体分为有代表性的数百个颗粒单元，期望利用这种局部的模拟结果来研究边值问题连续计算的本构模型。以下两种因素促使 PFC 2D 方法产生变革与发展：其一，通过现场实验来得到颗粒介质本构模型相当困难；其二，随着计算机功能的逐步增强，用颗粒模型模拟整个问题成为可能，一些本构特性可以在模型中自动形成。因此，PFC 2D 便成为用来模拟固体力学和颗粒流问题的一种有效手段。

1. 颗粒流方法的基本假设

颗粒流方法在模拟过程中作了如下假设：

（1）颗粒单元为刚性体。

（2）接触发生在很小的范围内，即点接触。

（3）接触特性为柔性接触，接触处允许有一定的“重叠”量。

（4）“重叠”量的大小与接触力有关，与颗粒大小相比，“重叠”量很小。

（5）接触处有特殊的连接强度。

（6）颗粒单元为圆盘形（或球形）。

2. 颗粒流方法的特点

PFC 2D 数值模拟软件可以直接模拟圆形颗粒的运动和相互作用问题。颗粒可以代表材料中的个别颗粒，如砂粒，也可以代表黏结在一起的固体材料，如混凝土或岩石。当黏结以渐进的方式破坏时，它能够破裂。黏结在一起的集合体可以是各向同性，也可以被分成一些离散的区域或块体。这类物理系统也可以用处理角状块体的离散单元程序 UDEC 和 3DEC 来模拟，但 PFC 2D 数值模拟软件与之相比，具有 3 个优点：

（1）它有潜在的高效率，因为圆形物体间的接触探测比角状物体间的更简单。

（2）对可以模拟的位移大小实质上没有限制。

（3）由于它们是由黏结的粒子组成，块体可以破裂，不像 UDEC 和 3DEC 模拟的块体不能破裂。

用 PFC 2D 数值模拟软件模拟块体化系统的缺点是块体的边界不是平的。

PFC 2D 数值模拟软件模型中为了保证数据长期不漂移，用双精度数据存储坐标和半径。接触的相对位移直接根据坐标而不是位移增量计算。接触性质由下列单元组成：

（1）线性弹簧或简化的 Hertz-Mindlin 准则。

（2）Coulomb 滑块。

（3）黏结类型：黏结接触可承受拉力，黏结存在有限的抗拉和抗剪强度。

可设定两种类型的黏结，接触黏结和平行黏结。这两种类型的黏结对应两种可能的物理接触：

（1）接触黏结再现了作用在接触点一个很小区域上的附着作用。

（2）平行黏结再现了粒子接触后浇注其他材料的作用（如水泥灌浆），平行黏结中附加材料的有效刚度具有接触点的刚度。

3. PFC 2D 数值模拟软件求解流程

PFC 2D 采用命令操作程序，并内嵌 FISH 语言，通过编写命令程序与 FISH 语句，可完成数值模拟问题的求解。PFC 2D 数值模拟软件求解流程见图 11.14，主要求解步骤如下：

（1）模型设定。要建立 PFC 2D 计算模型，首先需要设定模型的 3 个基本组成部分：生成颗粒集，定义接触模型和材料参数，指定边界与初始条件。颗粒集的设定包括所在位置与颗粒级配，接触模型与相应的材料参数决定了颗粒力学行为的响应，边界与初始条件确定了颗粒的初始状态。

（2）初始平衡状态求解。模型设定完成后即进行初始平衡状态的求解，由于模型的设定形成的求解模型在颗粒尺寸上不能满足实际求解需求，有时也存在颗粒重叠的现象，初始平衡状态的求解即通过颗粒尺寸放大或扩散的方法使颗粒接触力达到平衡，获得实际的数值求解模型。

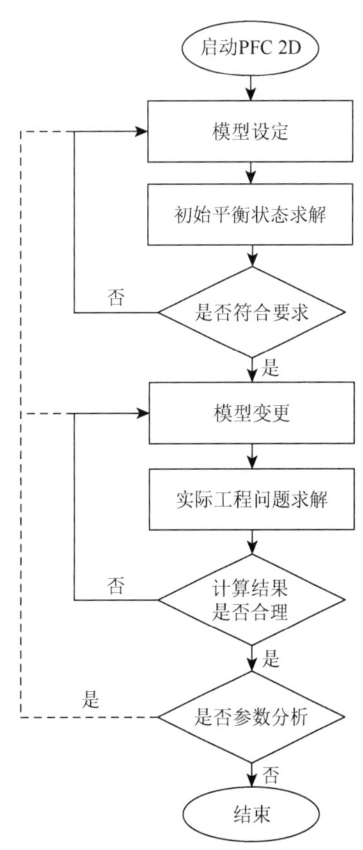

图 11.14　PFC 2D 数值模拟软件求解流程

（3）模型变更。工程实际问题往往需要进行模型的变更，如局部区域的开挖、边界条件的改变、应力场的变化等，当模型初始平衡状态的求解达到需要的结果后即可进行该过程，以求解实际的工程问题。

（4）实际工程问题求解。根据上述步骤建立好工程实际问题后，即可进行求解，根据颗粒接触理论，计算颗粒的接触力、颗粒位移、结构变形等。

11.4.2 尾矿细观力学参数确定

1. 尾矿细观力学参数确定的基本思路

PFC 2D 数值模拟软件所使用的材料参数为单个颗粒本身的性质，属于细观力学参数。实际的材料力学性质试验通常为宏观力学性质，如材料的弹性模量、泊松比、剪切模量等。图 11.15 描述了宏观基本力学参数与细观颗粒单元力学参数的联系。因此，如何准确地确定 PFC 2D 数值模拟软件所需要的细观力学参数是保证工程模拟计算的基础与关键。

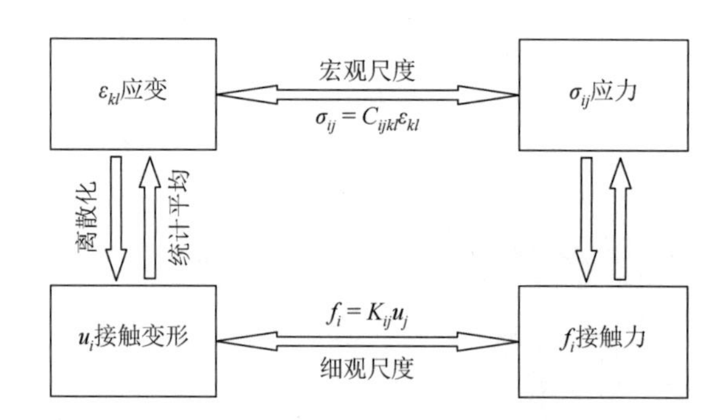

图 11.15 宏观基本力学参数与细观颗粒单元力学参数的联系[18]

PFC 2D 数值模拟软件给出了一种确定材料细观力学参数的方法，其总体思想为：通过材料力学性质的实际试验获得宏观力学参数与材料变形破坏特征。然后通过 PFC 2D 的数值模拟试验，更改输入的细观力学参数，经反复模拟试验，获得模拟结果与实际试验得到的宏观力学参数及其变形破坏特征相吻合，此时设定的值即为材料细观力学参数。相同材料的细观力学参数也相同，因此，上述方法获得的材料细观力学参数可用于其他工程问题的 PFC 2D 数值模拟。

2. 双轴数值模拟试验

1）双轴数值模拟试验简介

PFC 2D 数值模拟软件中，用以确定材料细观力学参数的数值模拟试验有双轴试验与巴西试验。由于尾矿属于土质材料，工程实际中受到三向应力作用，因此本节采用考虑侧向压力的双轴数值模拟试验。双轴数值模拟试验可以计算材料的弹塑性响应。颗粒的生成采用半径放大法获得，试验模型包括 4 面墙，以及墙所围的颗粒集合。其中，左右墙限制侧向应力，由固定约束应力伺服程序自动控制；上下墙通过位移伺服程序进行控制，模拟试件的加载过程[18]。试验过程中，监控试件轴向与体积应变、上下墙的应力等宏观力学特性获得材料的宏观力学参数。

2）尾矿接触模型与宏细观参数的选择

PFC 2D 数值模拟软件是以材料细观力学参数为基础模拟其力学行为的，根据颗粒接触特征不同可将材料分为接触黏结材料、平行黏结材料和无黏结材料。接触黏结材料的黏结点仅在接触点处，黏结点区域很小，仅能传递力；平行黏结材料两颗粒间有限的一个区域（圆形或矩形）为黏结点，可以传递力和力矩；而无黏结材料颗粒间仅存在接触，无黏结力，只能传递压应力。接触黏结材料与平行黏结材料均存在一定的黏结力，而无黏结材料为无黏结力的散体材料。总体来说，尾矿颗粒形状接近球形，颗粒多以点接触，且尾矿存在一定的内聚力。根据上述分析，尾矿属于接触黏结材料。

PFC 2D 数值模拟软件定义的双轴数值模拟试验材料宏观属性与实际试验可测试的参数相同，包括材料的杨氏模量 E、泊松比 υ、剪切峰值 P；细观力学参数包括法向刚度 k_{n}、切向刚度 k_{s}、法向黏结强度 σ_{c}、切向黏结强度 τ_{c} 和摩擦系数 f。

3）材料细观力学参数的选择原则

PFC 2D 数值模拟软件中如何选择细观力学参数，是一个比较困难的事情。该软件中颗粒和黏结体的相关参数与通常意义上的宏观参数存在较大的区别。因此，需要进行大量的数值试验，根据数值试验的结果，获得与材料实际宏观性质大体一致时相对应的细观参数，接触黏结材料选择细观参数有以下几点原则：

（1）材料的初始杨氏模量与接触刚度呈线性关系。

（2）材料的泊松比与试样的几何形态以及切向接触刚度与法向接触刚度的比值相关。

（3）当围压（侧向压力）增加时，摩擦强度的贡献相对黏结强度的贡献来说要大，因此，在高围压情况下材料的塑性（延性）特征更明显。

（4）在峰值强度后的加卸载过程，弹性模量相对于初始值只有轻微的降低。

（5）如果强度给定的是均值和方差而不是一个值，那么峰值更加扁平且更宽。对于一个初始密度较大的试验，在峰后体积的增加更明显。

（6）在任何水平的应力条件下给定材料的黏结，在施加剪切应力前平均应力可以增加或者减小。在某个特定的应力水平下建立黏结的影响主要是将使接触力和内部能量出现自锁现象。

4）双轴数值模拟试验模型的建立

PFC 2D 数值模拟中材料的细观参数是颗粒材料的固有属性，模拟获得的宏观响应由材料的细观参数及孔隙率决定，而与颗粒大小无关。因此，对于同种矿质的尾矿，虽颗粒粒径有所差异，但它们的细观力学参数均相同。本节以尾中砂为例，进行双轴数值模拟试验，来确定尾矿细观力学参数。

双轴数值模拟试验模型按照常规三轴剪切试验的试样尺寸建立，宽 39.1mm，长 80mm，颗粒粒径取 0.006～0.8mm，按正态分布，孔隙率取 0.1，共计创建 3661 个颗粒。按照上述要求进行模型设定，并进行初始平衡状态求解，获得双轴数值模拟试验模型，见图 11.16。

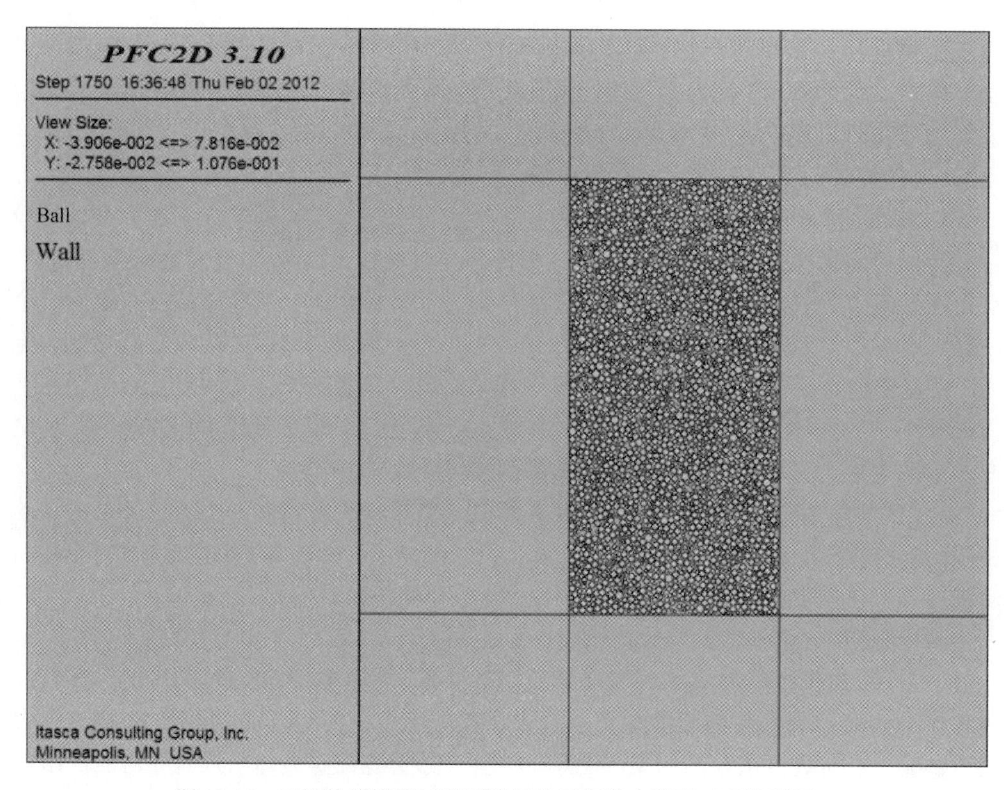

图 11.16　双轴数值模拟试验颗粒初始平衡状态模型（后附彩图）

3. 双轴数值模拟试验结果分析及参数确定

1）弹性试验

试件的弹性性质可以通过弹性试验来确定。在一定的侧向压力条件下，通过该试验可以测定试件的杨氏弹性模量和泊松比。弹性试验可确定材料的法向刚度 k_n 和切向刚度 k_s。计算获得双轴数值模拟试验试件接触力链，见图 11.17，试件主应力差和体积应变与轴向应变的关系曲线见图 11.18 和图 11.19。

试件的杨氏模量计算公式为

$$E=\frac{\Delta\sigma_a}{\Delta\varepsilon_a} \tag{11-18}$$

泊松比的计算公式为

$$\upsilon=\frac{\Delta\varepsilon_x}{\Delta\varepsilon_a}=1-\frac{\Delta\varepsilon_V}{\Delta\varepsilon_a} \tag{11-19}$$

式中，$\Delta\sigma_a$ 为偏应力增量；$\Delta\varepsilon_a$ 为轴向应变增量；$\Delta\varepsilon_x$ 为侧向应变增量；$\Delta\varepsilon_V$ 为体积应变增量。

2）具有摩擦力和接触黏结的破坏试验

考虑试样的破坏性可获得试件的剪切峰值及试件的应力-应变关系曲线，与实际剪切试验对比可确定的细观参数有法向黏结强度 σ_c、切向黏结强度 τ_c、摩擦系数 f 和黏结强度 σ_b。图 11.20 和图 11.21 分别描绘了试件主应力差、侧向应力和体积应变与轴向应变的关系曲线。

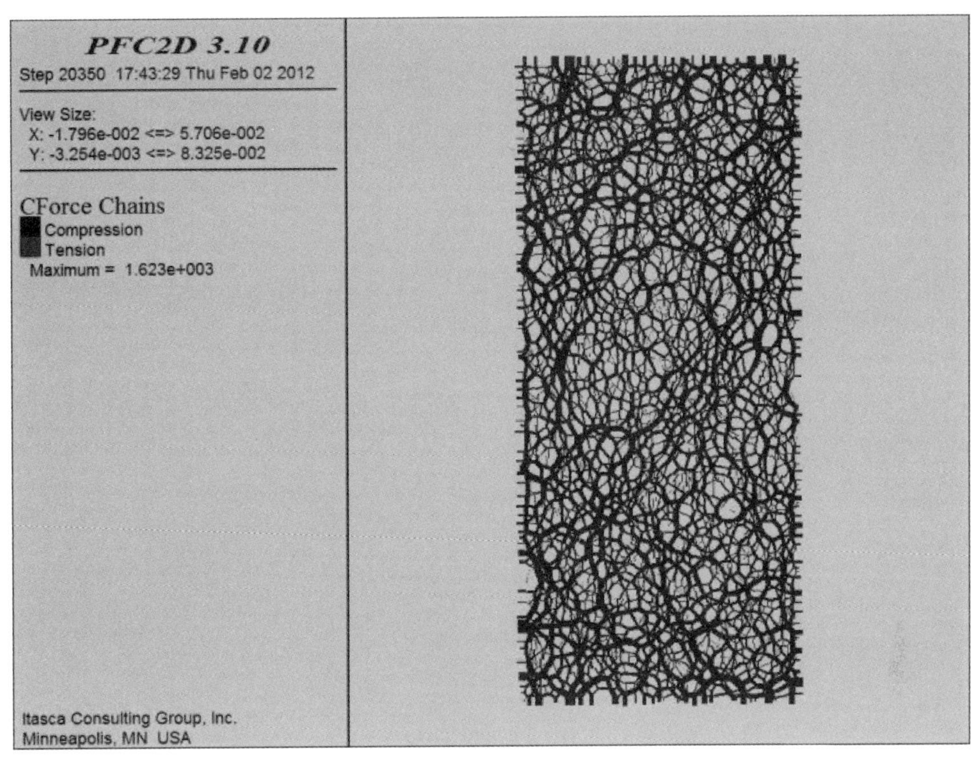

图 11.17　双轴数值模拟试验试件接触力链（后附彩图）

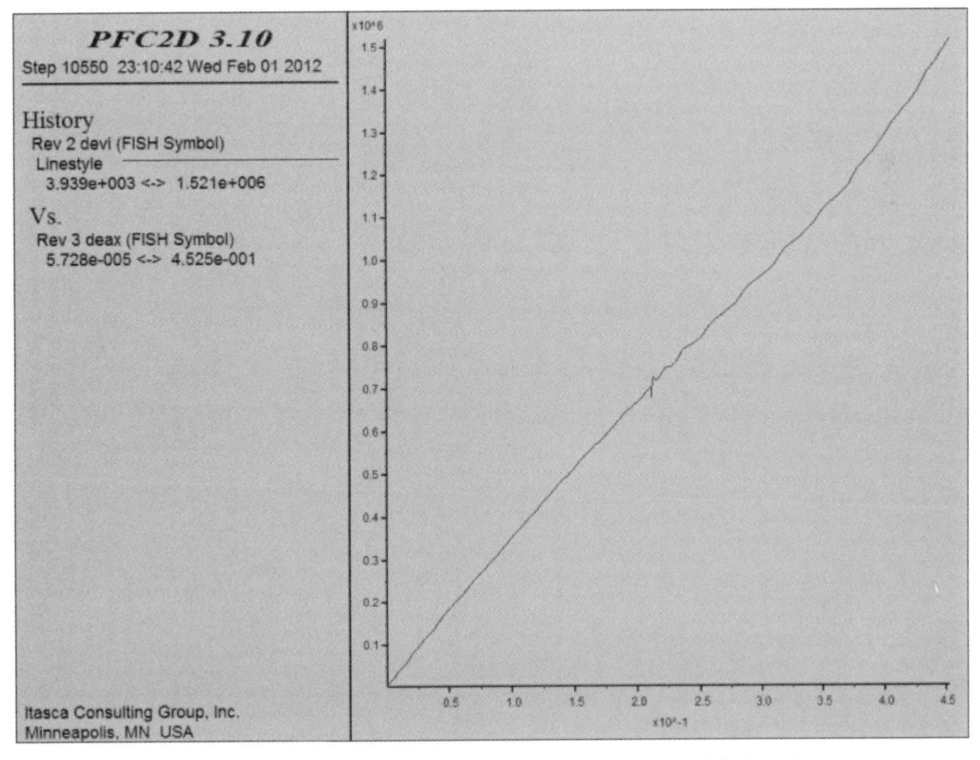

图 11.18　弹性试验主应力差与轴向应变的关系曲线

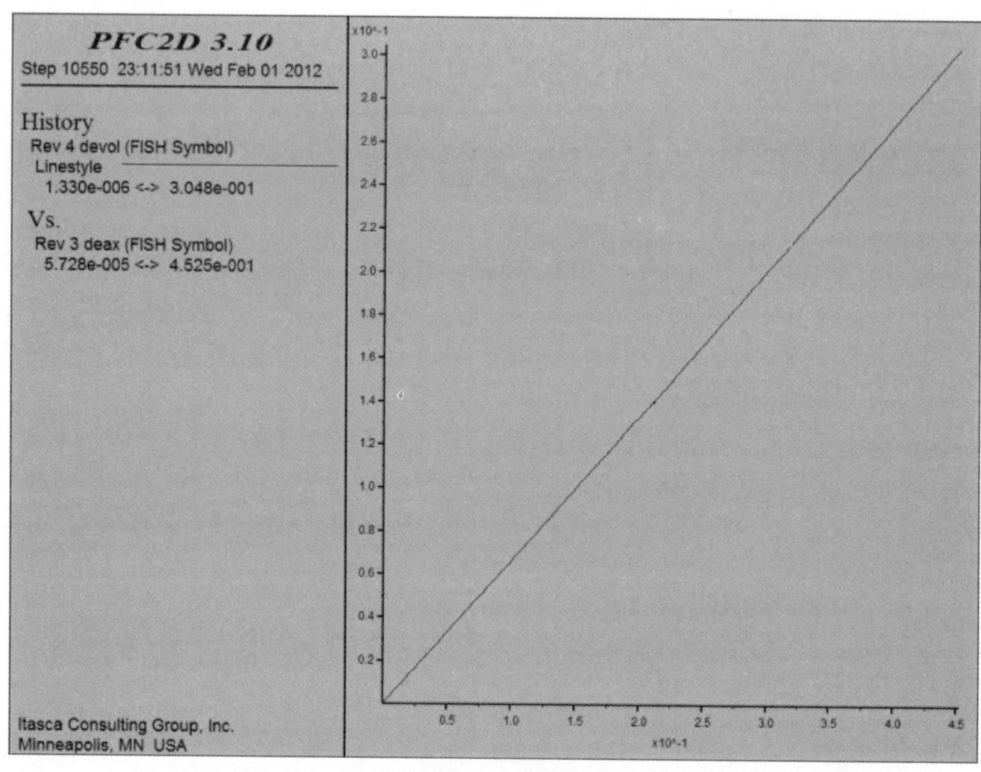

图 11.19　弹性试验体积应变与轴向应变的关系曲线

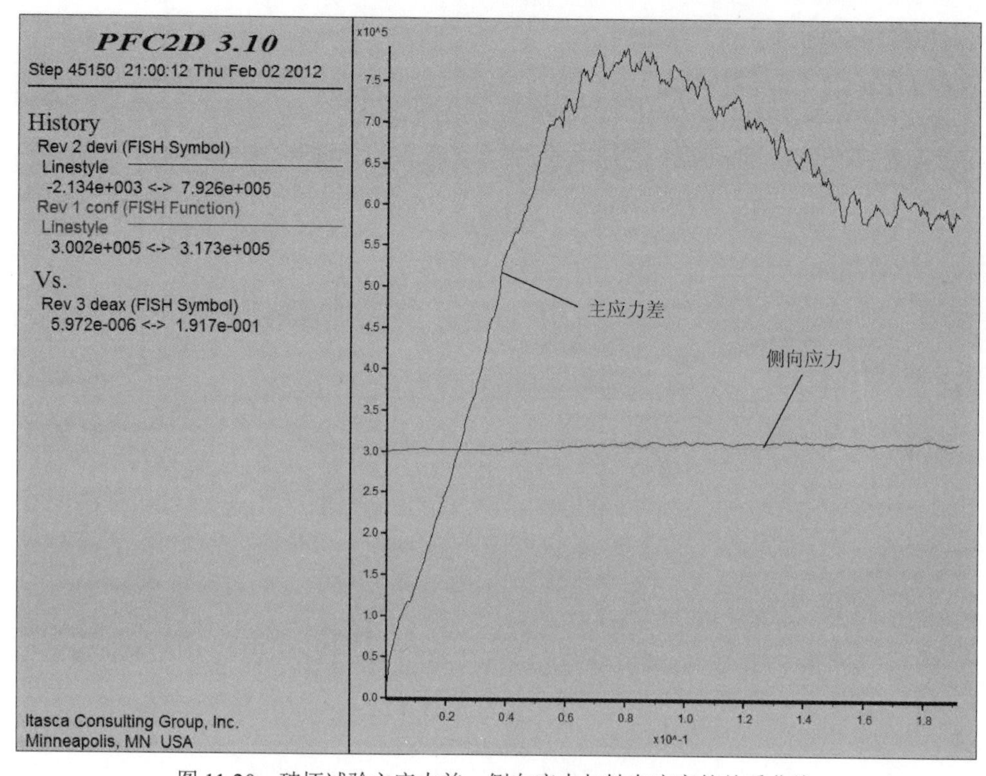

图 11.20　破坏试验主应力差、侧向应力与轴向应变的关系曲线

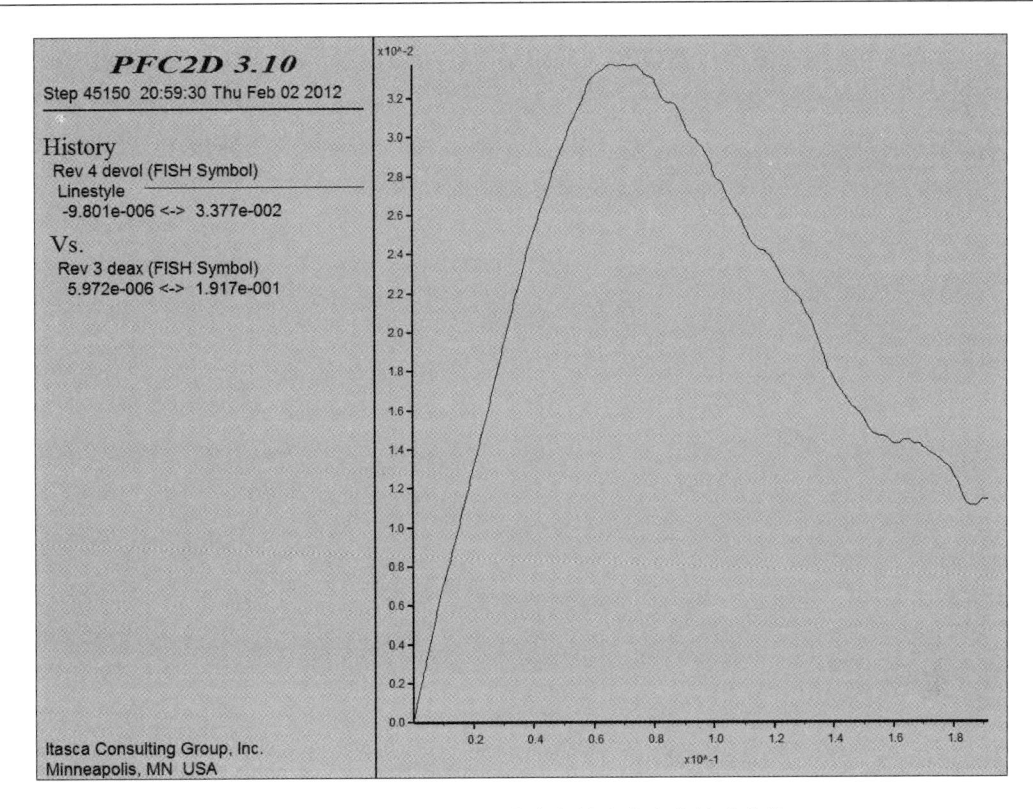

图 11.21　破坏试验体积应变与轴向应变的关系曲线

3）尾矿细观力学参数的确定

参照土的细观力学参数的大致范围[19]进行初始参数的设定，根据上述方法进行双轴数值模拟试验。经反复试验并对比 11.2.7 节测试获得的实际固结不排水三轴剪切试验结果，得到尾矿细观力学参数，见表 11.2。

表 11.2　尾矿细观力学参数

法向刚度 k_n/(N·m^{-1})	切向刚度 k_s/(N·m^{-1})	法向黏结强度 σ_c/N	切向黏结强度 τ_c/N	摩擦系数 f
4.5×10^7	1.5×10^7	360	300	0.3

11.4.3　尾矿坝 PFC 2D 模型建立

在尾矿库的 PFC 2D 数值模拟中，我们关心的是尾矿坝应力分布规律、颗粒的位移及坝体变形特征，而不是具体量的大小。考虑到目前计算机运算速度和容量，数值模拟中将实际库区尺寸进行缩小，缩小比例与 11.2 节尾矿库堆坝模型试验相同，为 1∶150。同时，在模拟过程中对颗粒尺寸进行了放大，这样生成的颗粒数量为 2 万～3 万个。根据黄草坪尾矿库堆坝模型试验获得的模型几何尺寸、干滩面坡度及尾矿颗粒分布规律，得到该尾矿库的 PFC 2D 数值模拟几何模型，见图 11.22。由于初期坝取材为当地石材，并考虑采用混凝土黏结修筑，其法向刚度、切向刚度与尾矿相同（表 11.2），法向黏结强度取 1×10^5Pa，切向黏结强度取 1×10^5Pa，摩擦系数取 0.4[20]。各材料颗粒尺寸、密度和孔隙率根据现场勘察、室内颗粒分析试验及物理性质试验获得，见表 11.3。

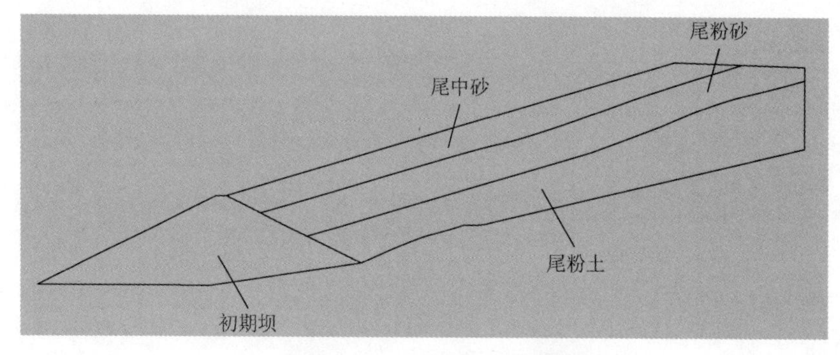

图 11.22　尾矿坝几何模型

表 11.3　堆坝材料颗粒尺寸、密度和孔隙率

材料	最小粒径 R_{min}/mm	最大粒径 R_{max}/mm	密度 ρ/(kg·m^{-3})	孔隙率 k
初期坝	0.500	10.000	2700	0.120
尾中砂	0.176	2.000	2140	0.105
尾粉砂	0.074	0.995	2060	0.100
尾粉土	0.011	0.352	2000	0.095

设定堆坝材料参数，生成各区域材料颗粒集，并进行初始平衡运算，得到尾矿库模型，见图 11.23。

11.4.4　尾矿坝颗粒接触力分布规律

图 11.24 为模拟获得的尾矿坝颗粒接触力分布，黑色表示颗粒压应力，红色为颗粒接触张应力。从图中可以看出，受初期坝与尾矿堆积坝重力作用，初期坝中存在较大的压应力和张应力（图 11.25），颗粒间接触力相互贯通，形成较大稳定的力链。初期坝与基岩接触压应力方向（图 11.25 中 A 所指接触力）以及坝体最大的压应力链（图 11.25 中 B 所指接触力）角度相近，大致呈 45°倾斜向上，且接触力较大，其作用为抵抗坝体滑移。由此说明初期坝对于维持整个坝体的稳定起着重要的作用。

图 11.26 为尾矿堆积坝（子坝）坝坡与坝顶接触力分布。从图中可以看出，堆积坝颗粒接触主要为压应力，受上覆尾矿重力作用，随着坝体埋深的增加，接触力逐渐增大，且无明显的大力链形成。坝坡处较大力链倾斜向坝坡上游，与坡面夹角较小，基岩凸起处（图中 A 所指区域）接触力较大且集中，说明基岩抗滑力对于坝体稳定也具有积极的作用，基岩越粗糙对于坝体稳定越有利。坝顶处力链接近竖直，且由于上覆尾矿较少，下滑力较小，甚至下层尾粉土局部区域未见较大力链，表层尾矿松散，无明显力链形成。

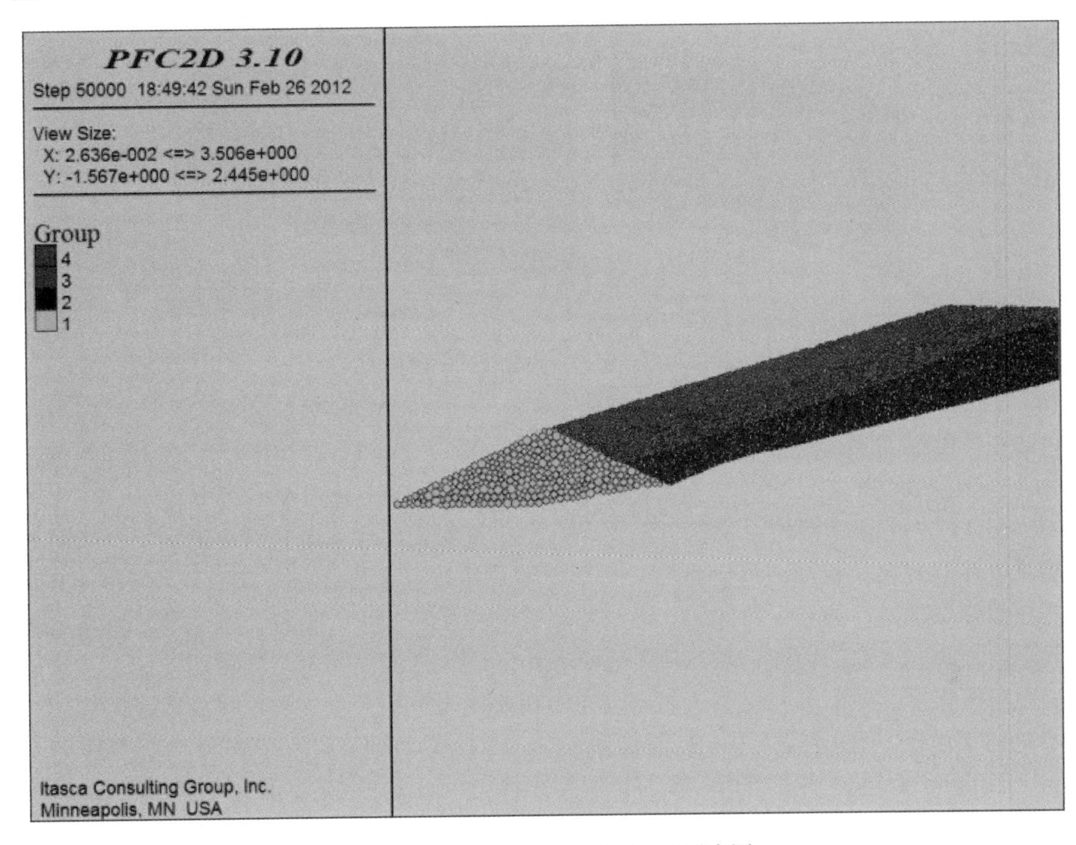

图 11.23　尾矿库初始平衡模型（后附彩图）

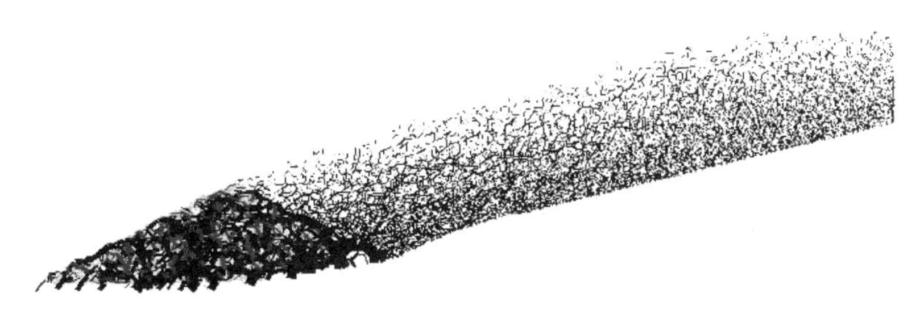

图 11.24　尾矿坝颗粒接触力分布（后附彩图）

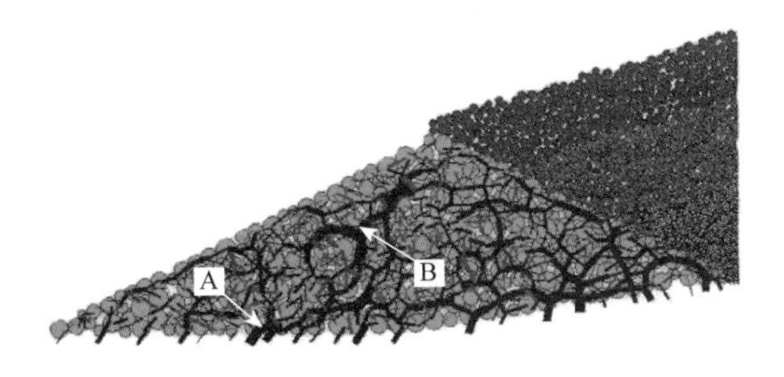

图 11.25　初期坝接触力分布（后附彩图）

(a) 坝坡　(b) 坝顶

图 11.26　子坝接触力分布（后附彩图）

11.4.5　尾矿坝颗粒位移特征

图 11.27 是坝体颗粒总位移矢量图，位移矢量的长度代表颗粒位移的大小，箭头为颗粒位移的方向。从图中可以看出，初期坝岩石颗粒位移较小，方向沿基岩斜坡向下，且坝体埋深越浅，颗粒位移越大。堆积坝尾矿颗粒位移较大，位移方向主要沿基岩斜坡向下，且随着埋深的增加，颗粒位移逐渐减小（图 11.28）。初期坝内坡面处受上游尾矿重力挤压作用，尾矿颗粒位移较大，方向沿初期坝内坡面向上。堆积坝少数尾矿颗粒沿坡面向下滚动（图 11.27 中 B 所指颗粒），具有较大的位移。根据速率等值线划分（$v = 0.35$mm），尾矿堆积坝存在较为典型的滑移面（如图 11.27 中 A 所指弧面），滑移面上部区域颗粒位移较大，位移方向主要沿坝坡向下，部分靠近初期坝的颗粒沿初期坝内坡面斜向上移动，有漫过初期坝向下流动的趋势。滑移面下部区域颗粒位移较小，位移方向沿基岩斜坡向下。

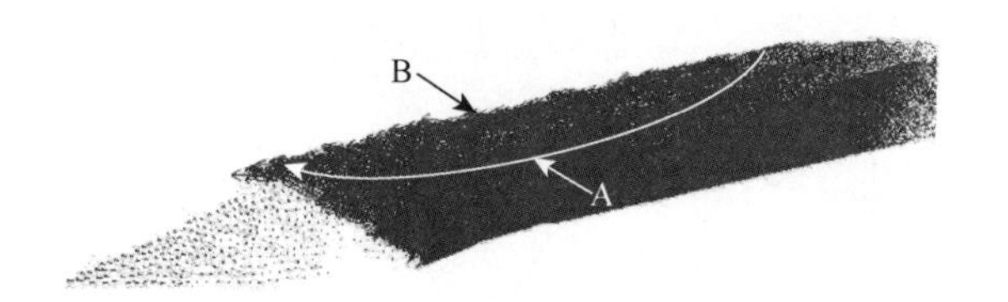

图 11.27　坝体颗粒总位移矢量图

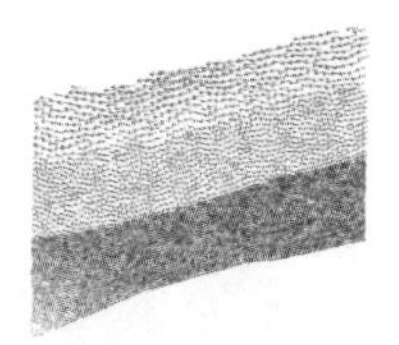

图 11.28　堆积坝中部颗粒位移矢量图

11.4.6　尾矿坝结构变形特征

施加重力荷载，利用 PFC 2D 颗粒流数值模拟软件，通过计算不同步长时的坝体尾矿颗粒运动，来分析尾矿坝在不同沉积时间的变性特征，计算到 5000 步、10000 步、20000 步和 30000 步时坝体结构整体变形较小（图 11.29）。初期坝颗粒排列未有明显变化，可能是考虑到使用混凝土黏结砌筑，颗粒黏结力较大，其结构较为稳定。尾矿堆积坝结构变形较为明显的区域位于靠近初期坝内坡面附近，尾粉土和尾粉砂层在该处均略微向上凸出（如图中 A、B 所指区域），尾中砂层处于堆积坝外坡面，甚至部分颗粒已漫上初期坝坝顶（如图中 C 所指区域）。堆积坝坡面部分颗粒沿坡面向下滚动，由此造成尾中砂层上部区域厚度略微减小，下部区域厚度增大的情况，并且坡面越不平整（如图中 D 所指位置）。

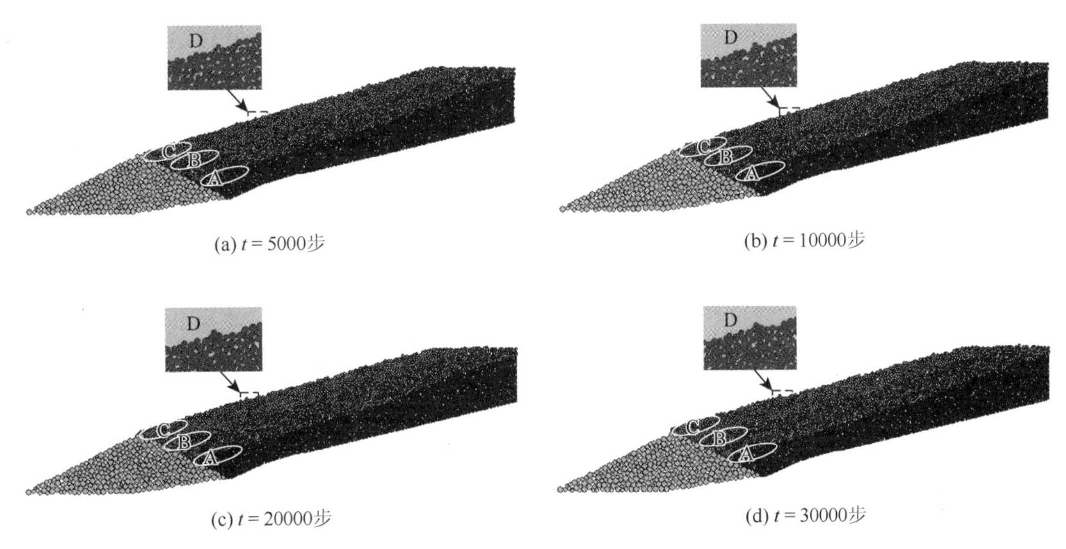

图 11.29　坝体变形过程

综上分析得到，尾矿坝接触力分布、颗粒位移及变形特征如下：

（1）受坝体自重力作用，初期坝中存在较大的压应力和张应力，形成较大的稳定的力链。初期坝和基岩接触压应力方向与坝体最大的压应力链角度相近，大致呈 45°倾斜向上，初期坝对于维持整个坝体的稳定起着重要的作用。堆积坝颗粒接触主要为压应力，随着坝体埋深的增加，接触力逐渐增大，且无明显的大力链形成。坝坡处较大力链倾斜向坝坡上游，与坡面夹角较小，基岩凸起处接触力较大且集中，基岩越粗糙对于坝体稳定越有利。坝顶处力链接近于竖直，表层尾矿较为松散，无明显力链形成。

（2）初期坝岩石颗粒位移较小，方向沿基岩斜坡向下，且坝体埋深越浅，颗粒位移越大。堆积坝尾矿颗粒位移较大，位移方向主要沿基岩斜坡向下，且随着埋深的增加，颗粒位移逐渐减小。初期坝内坡面处受上游尾矿重力挤压作用，尾矿颗粒位移较大，方向沿初期坝内坡面向上。堆积坝少数尾矿颗粒沿坡面向下滚动，具有较大的位移。尾矿堆积坝存在较为典型的滑移面，滑移面上部区域颗粒位移较大。

（3）初期坝结构变化不明显，尾矿堆积坝中靠近初期坝内坡面附近尾矿结构变形较为明显，尾粉土、尾粉砂层在该处均略微向上凸出，尾中砂层处于堆积坝外坡面，甚至部分颗粒已漫上初期坝坝顶。

根据上述结论，选址时考虑粗糙的基岩库址能有效增强尾矿坝的结构稳定性。特别注意初期坝的设计与施工质量，保证其结构稳定，对于维持坝体稳定有利。尾矿库运营期间，应尽量降低浸润线，增加下层尾矿颗粒黏结强度；坝坡应加强管理，设置排水沟、坡面挡土墙、种植植被等，防止坡面尾矿滚落下滑；加强堆积坝坡脚管理，设计合理的初期坝内坡面，防止堆积坝坡脚产生大变形，造成尾矿堆积坝滑移破坏。尾矿坝的失稳破坏受多种因素影响，考虑地下水的渗流耦合、地震影响下的动力学作用等，就坝体受重力作用颗粒接触力分布、颗粒位移及坝体变形特征还需作进一步深入研究。

参 考 文 献

[1] Jing L，Hudson J A. Numerical methods in rock mechanics [J]. International Journal of Rock Mechanics & Mining Sciences，2002，39（4）：409-427.

[2] 张楚汉. 论岩石、混凝土离散-接触-断裂分析 [J]. 岩石力学与工程学报，2008，27（2）：217-235.

[3] 张青波，李世海，冯春，等. 基于 SEM 的可变形块体离散元法研究 [J]. 岩土力学，2013，34（8）：2385-2392.

[4] 尹光志，张千贵，魏作安，等. 尾矿细观结构变形演化非线性特性试验研究 [J]. 岩石力学与工程学报，2011，30（8）：1604-1612.

[5] Yin G，Zhang Q，Geng W，et al. Experimental study on the particles geometric shape and fractal characteristics of different particle size tailings [J]. Disaster Advances，2012，5（s1）：1-6.

[6] Itasca Consulting Group Inc. PFC3D Theory and Background（Version 3.1）[M]. Minneapolis：Minneapolis，2004：1，2.

[7] Powrie W，Ni Q，Harkness R M，et al. Numerical modeling of plane strain tests on sands using a particulate approach [J]. Geotechnique，2005，55（4）：297-306.

[8] Bock H，Blumling P，Konietzky H. Study of the micromechanical behaviour of the Opalinus Clay：an example of cooperation across the ground engineering disciplines [J]. Bulletin of Engineering Geology and the Environment，2006，65（2）：195-207.

[9] Jenck O，Dias D，Kastner R. Discrete element modeling of a granular platform supported by piles in soft soil Validation on a small scale model test and comparison to a numerical analysis in a continuum [J]. Computers Geotechnics，2009，36（3）：917-927.

[10] Zhou J，Su Y，Chi Y. Simulation of soil properties by particle flow code [J]. Chinese Journal of Geotechnical Engineering，2006，28（3）：390-396.

[11] 周健，王家全，曾远，等. 土坡稳定分析的颗粒流模拟 [J]. 岩土力学，2009，30（1）：86-90.

[12] 周健，王家全，曾远，等. 颗粒流强度折减法和重力增加法的边坡安全系数研究 [J]. 岩土力学，2009，30（6）：1549-1554.

[13] 吴剑，冯夏庭. 高速剪切条件下土的颗粒流模拟 [J]. 岩石力学与工程学报，2008，27（增 1）：3064-3069.

[14] 张翀，舒赣平. 颗粒形状对颗粒流模拟双轴压缩试验的影响研究 [J]. 岩土工程学报，2009，31（8）：1281-1286.

[15] 张晓平，吴顺川，张志增，等. 含软弱夹层土样变形破坏过程细观数值模拟及分析 [J]. 岩土力学，2008，29（5）：1200-1209.

[16] 孙其诚，王光谦. 颗粒物质力学导论 [M]. 北京：科学出版社，2009：1.

[17] Bouchaud J P，Cates M E，Claudin P. Stress distribution in granular media and nonlinear wave equation [J]. Journal de Physique I，1995，5（6）：639-656.

[18] 李耀旭. 颗粒流方法在土石混合体力学特性研究中的应用 [D]. 武汉：长江水利委员会长江科学院，2011：18.

[19] 周健，贾敏才. 土工细观模型试验与数值模拟 [M]. 北京：科学出版社，2008：1.

[20] 刘汉龙，杨贵. 土石坝振动台模型试验颗粒流数值模拟分析 [J]. 防灾减灾工程学报，2009，29（5）：479-483.

彩 图

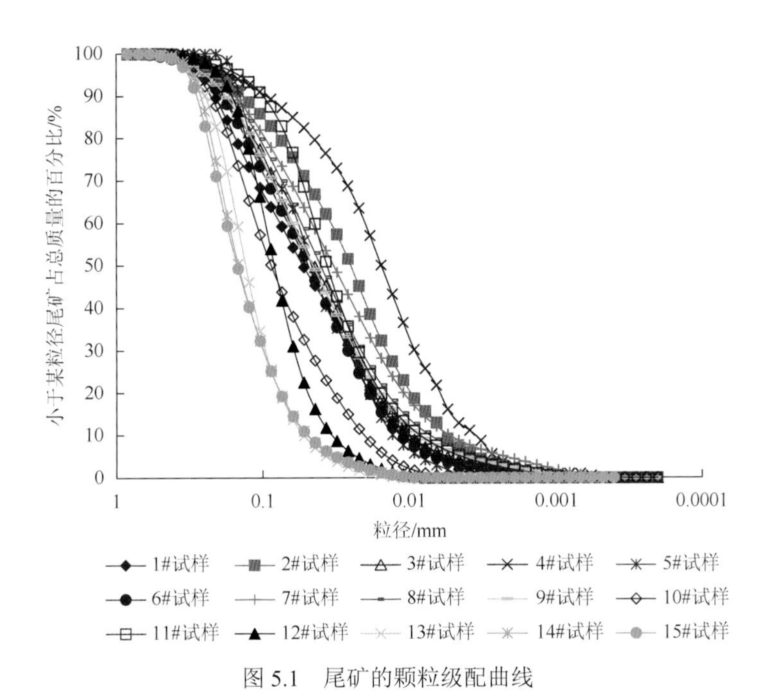

图 5.1 尾矿的颗粒级配曲线

图 6.13 不同荷载下稳定后尾矿细观结构

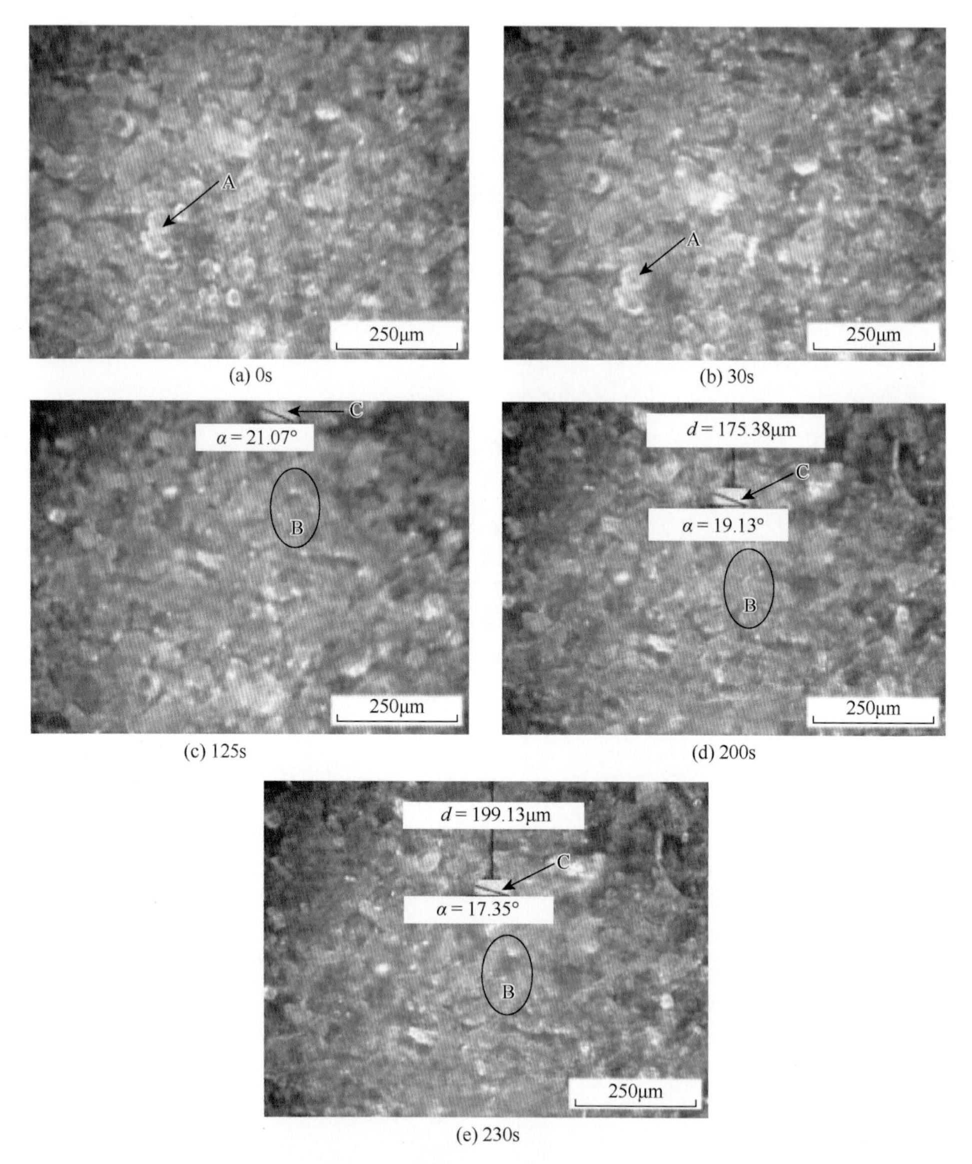

(a) 0s (b) 30s

(c) 125s (d) 200s

(e) 230s

图 6.17 尾矿沉降过程的细观结构

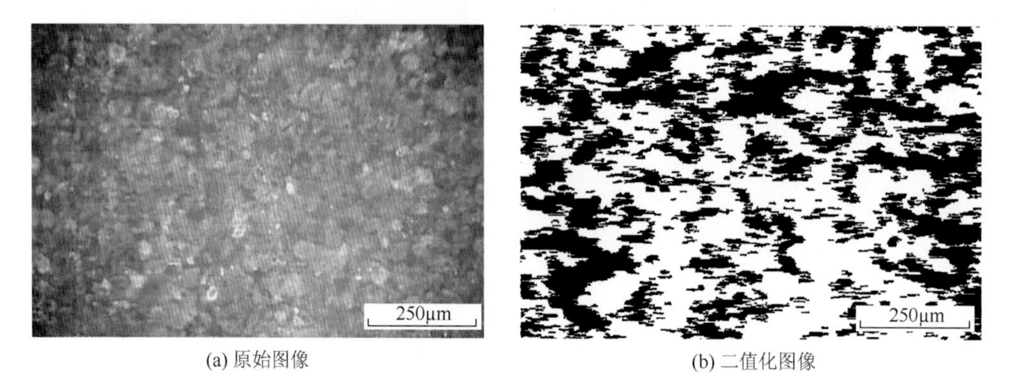

(a) 原始图像 (b) 二值化图像

图 6.20 尾矿细观结构

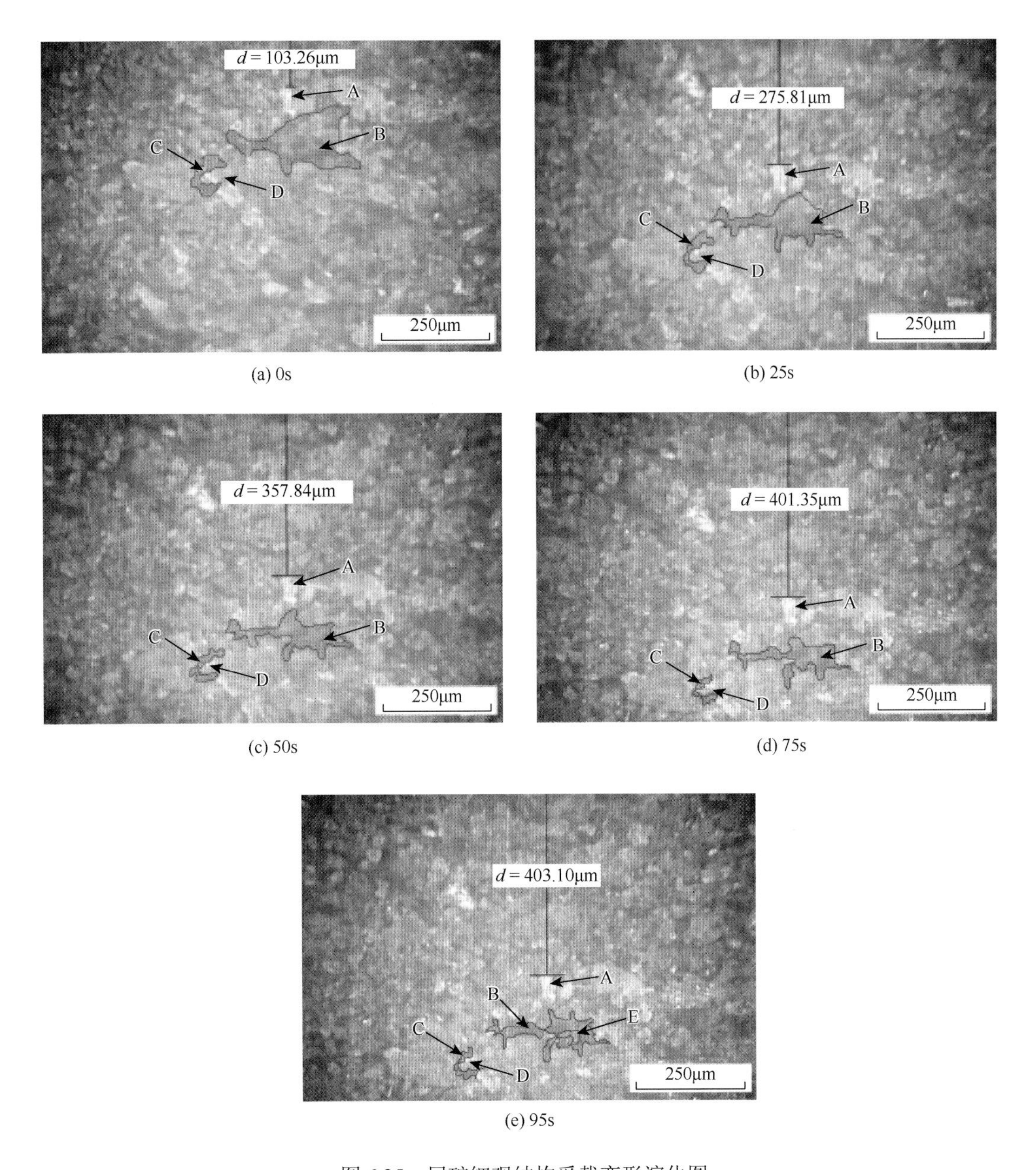

(a) 0s (b) 25s

(c) 50s (d) 75s

(e) 95s

图 6.25 尾矿细观结构受载变形演化图

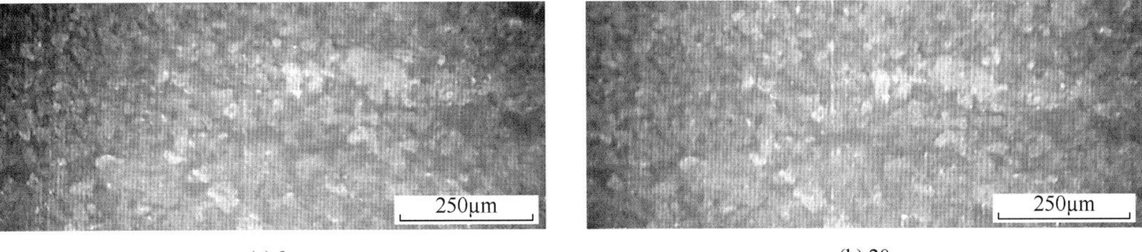

(a) 0s (b) 20s

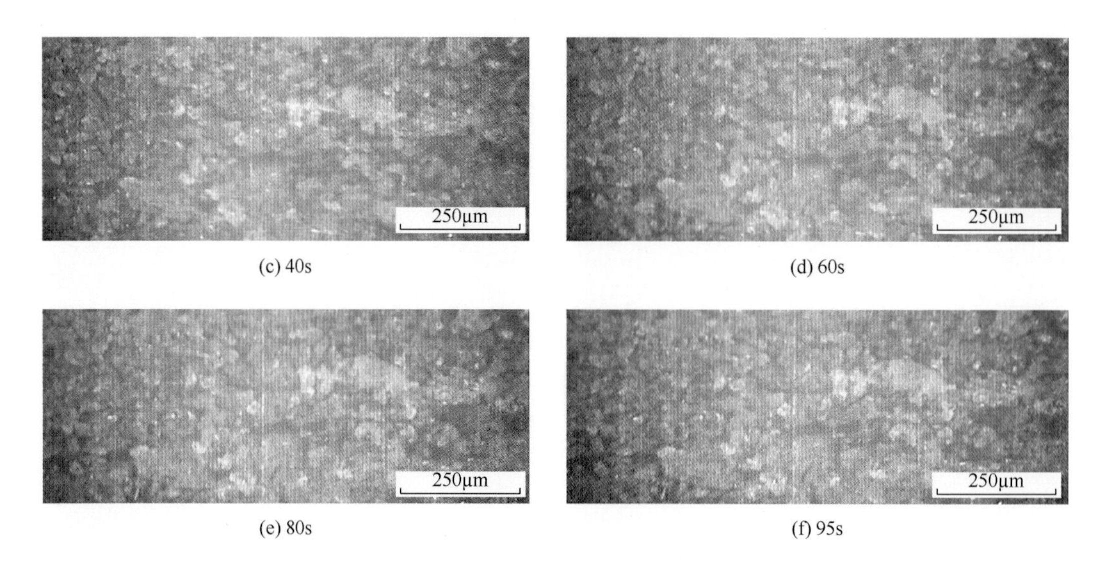

(c) 40s　(d) 60s

(e) 80s　(f) 95s

图 6.26　同一区域尾矿细观结构随荷载作用时间增长的变形演化图

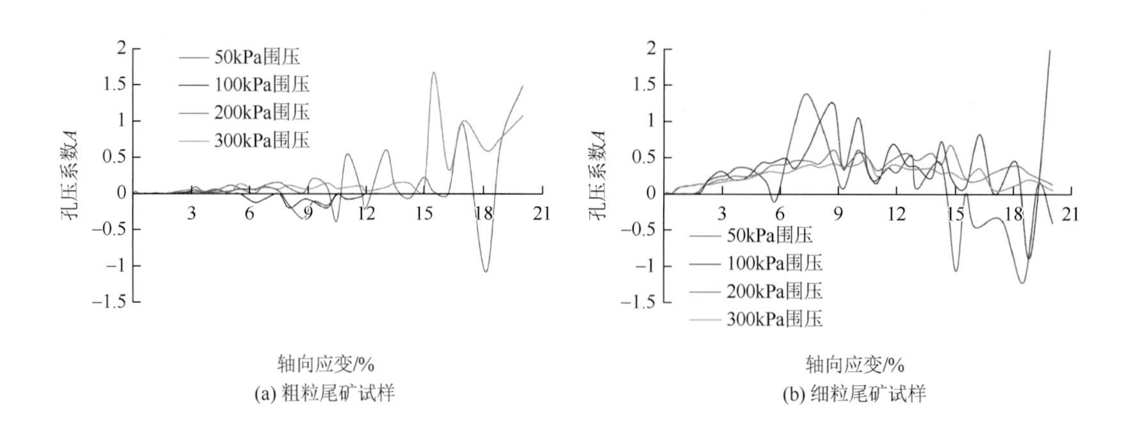

(a) 粗粒尾矿试样　(b) 细粒尾矿试样

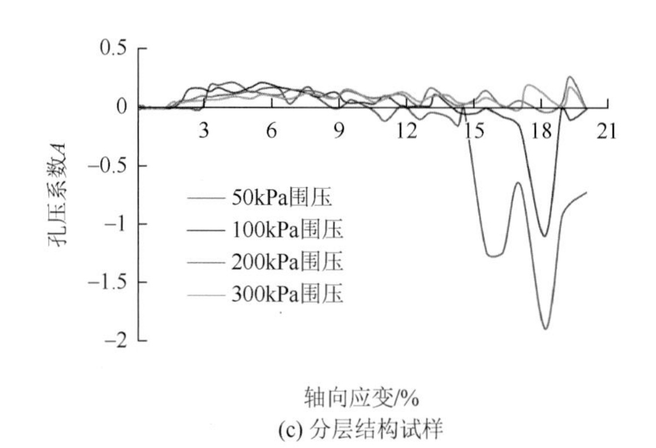

(c) 分层结构试样

图 7.17　尾矿孔压系数 A 与轴向应变的关系曲线

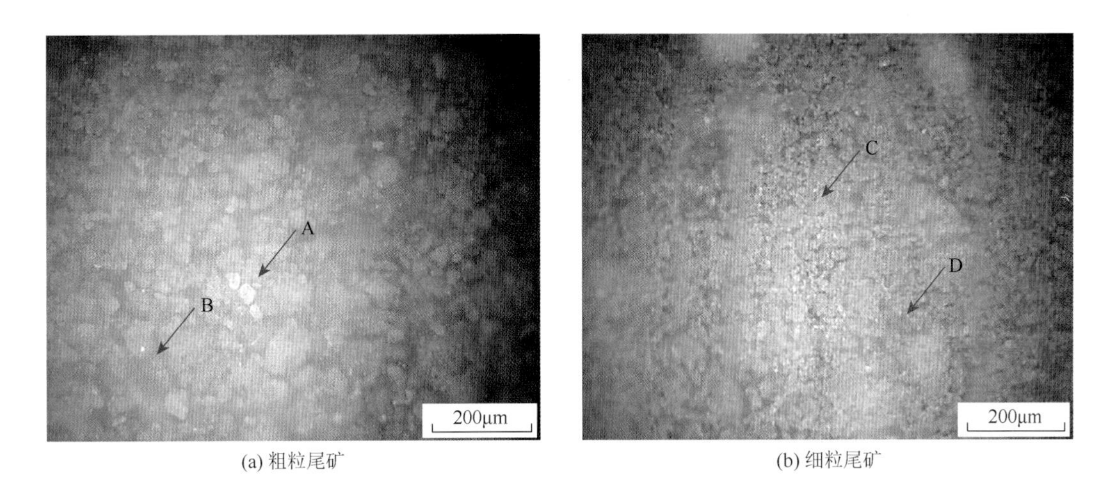

(a) 粗粒尾矿　　(b) 细粒尾矿

图 7.25　未受荷载作用下的单一粗、细粒尾矿层细观结构

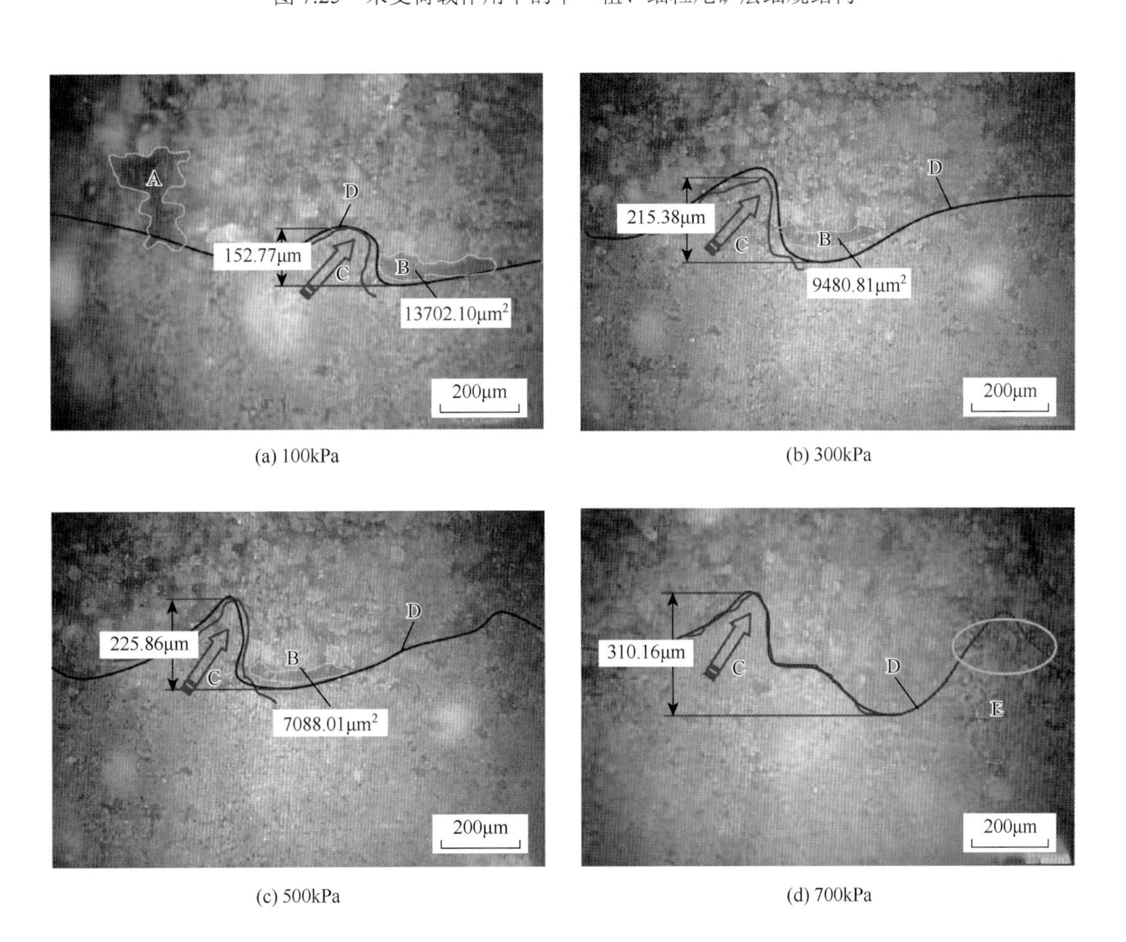

(a) 100kPa　　(b) 300kPa

(c) 500kPa　　(d) 700kPa

图 7.26　粗、细粒尾矿接触面细观结构图

(a) 原始图

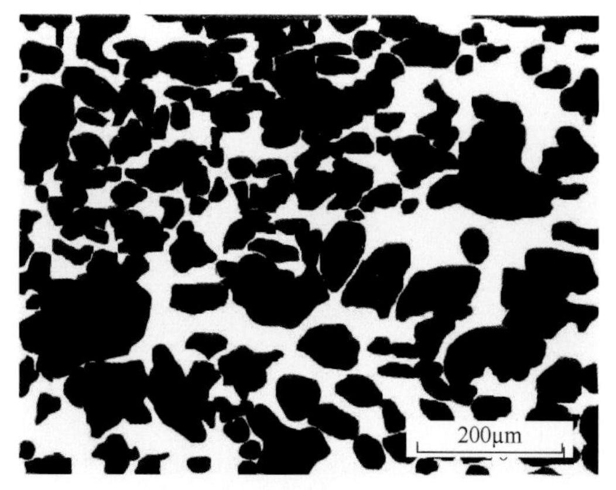

(b) 二值化图

图 8.8　未加载情况下Ⅳ号尾矿细观结构

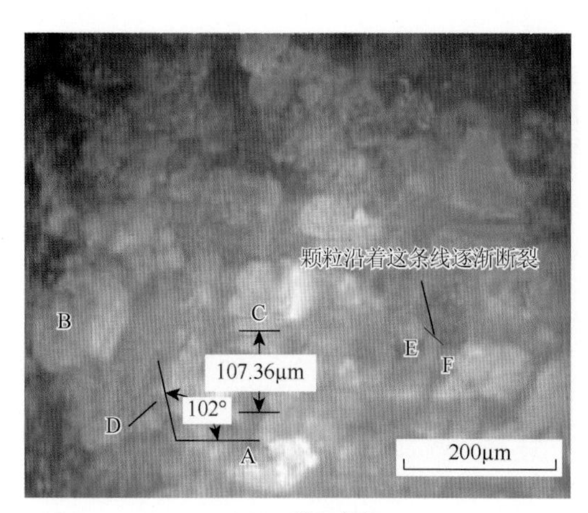

(a) 2.5%轴向应变

(b) 5%轴向应变

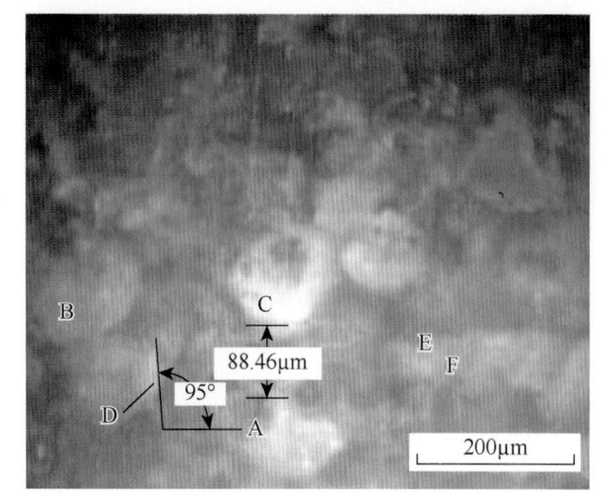

(c) 7.5%轴向应变

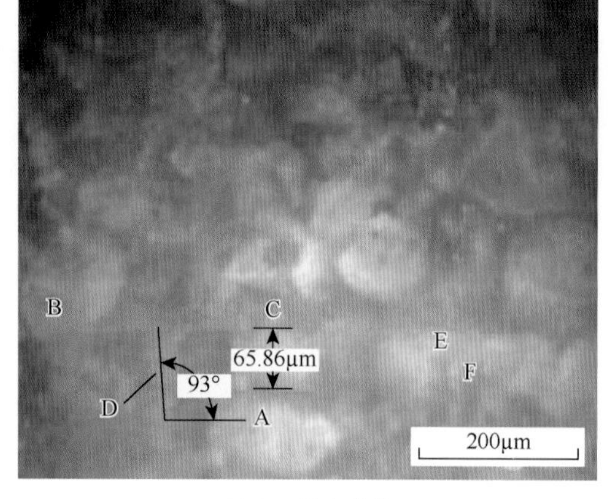

(d) 10%轴向应变

图 8.10　Ⅳ号尾矿不同应变时的细观结构

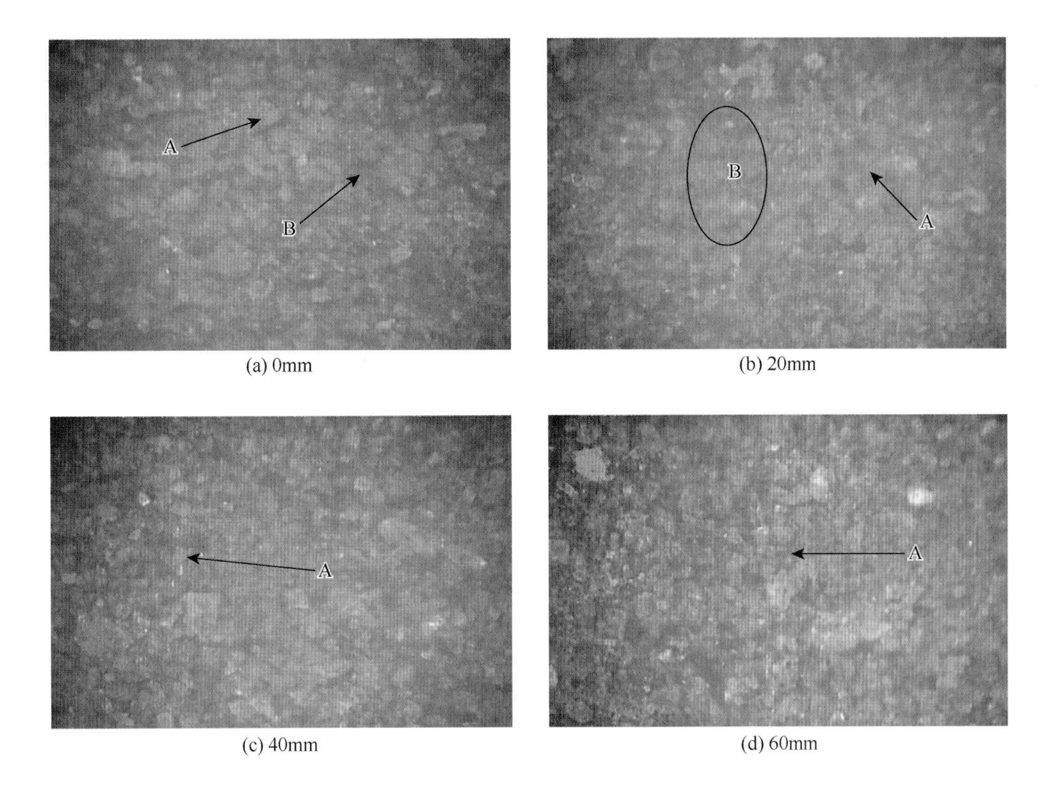

(a) 0mm (b) 20mm

(c) 40mm (d) 60mm

图 9.8 荷载作用下尾矿颗粒的细观变形

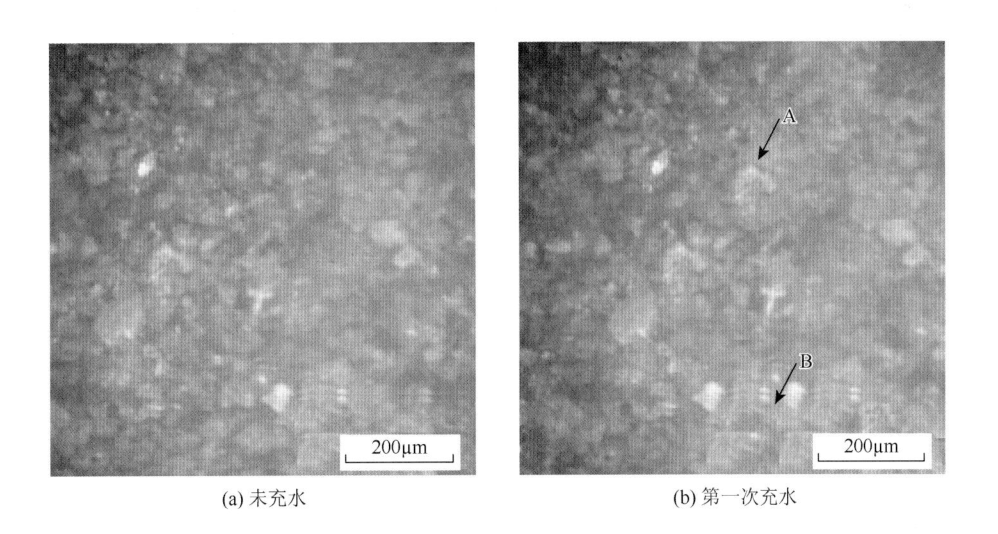

(a) 未充水 (b) 第一次充水

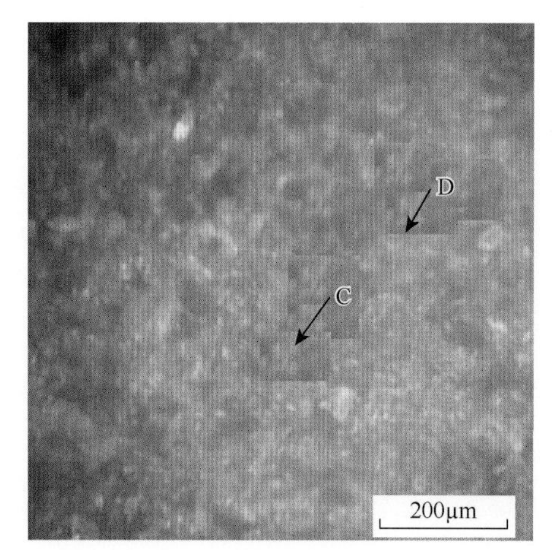

(c) 第二次充水

(d) 第三次充水

图 9.12　初始及 3 次充水后 97.4mm 处尾矿细观结构

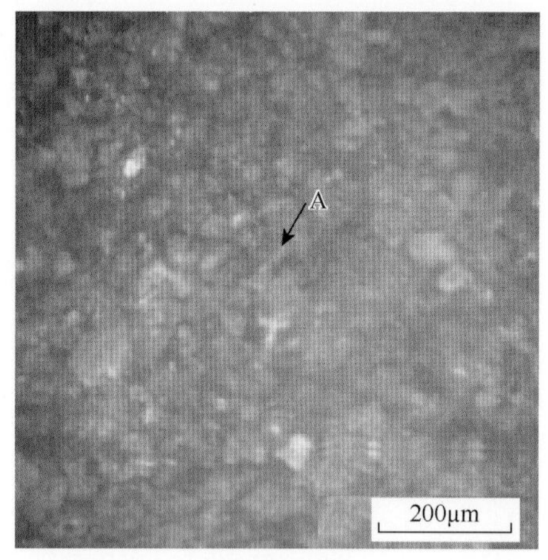

(a) 26.4mm处

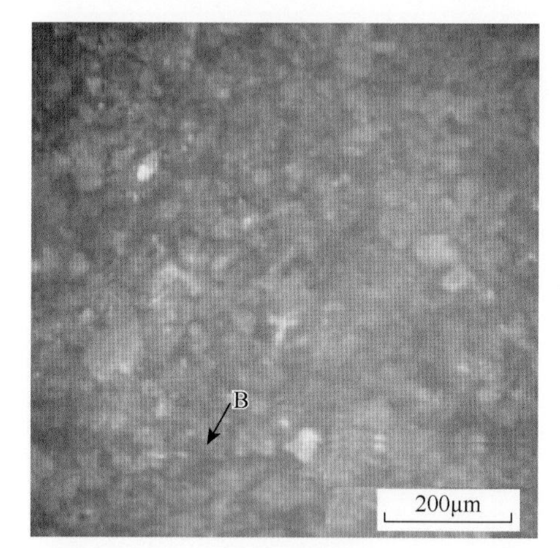

(b) 74.9mm处

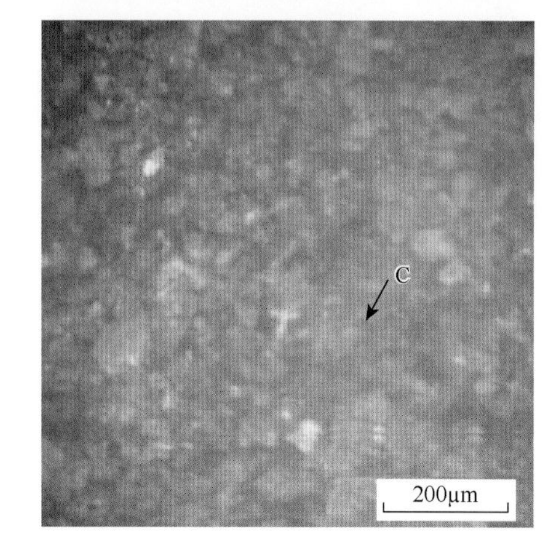

(c) 126.2mm处

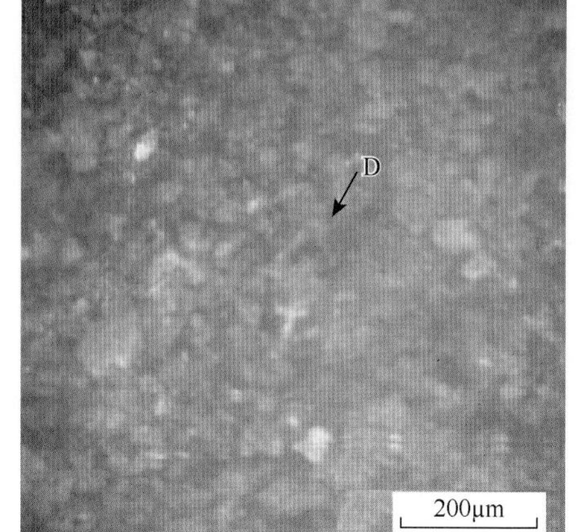

(d) 174.7mm处

图 9.13　3 次充水后各层尾矿细观结构

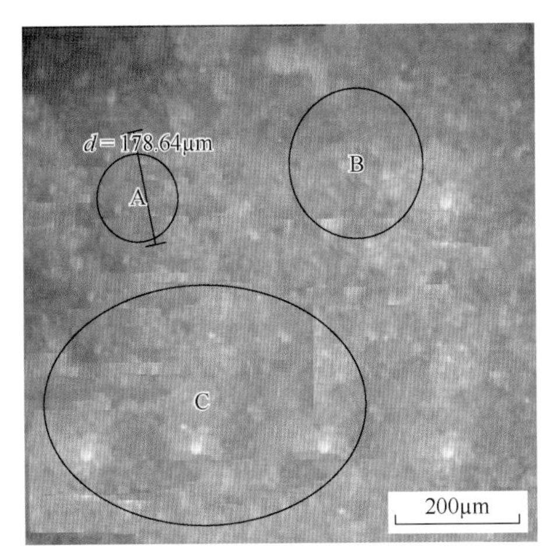

(a) 200kPa

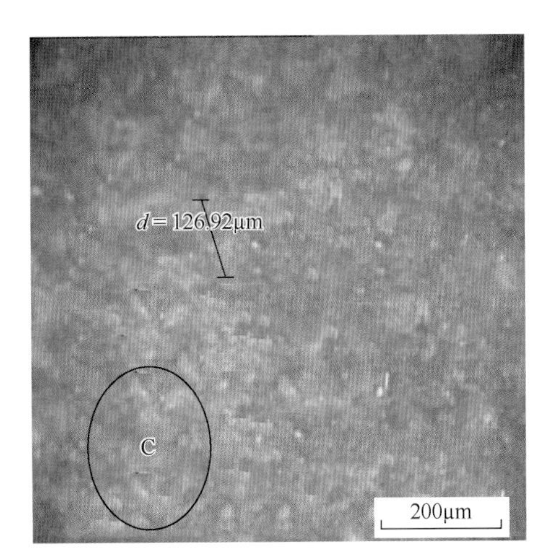

(b) 400kPa

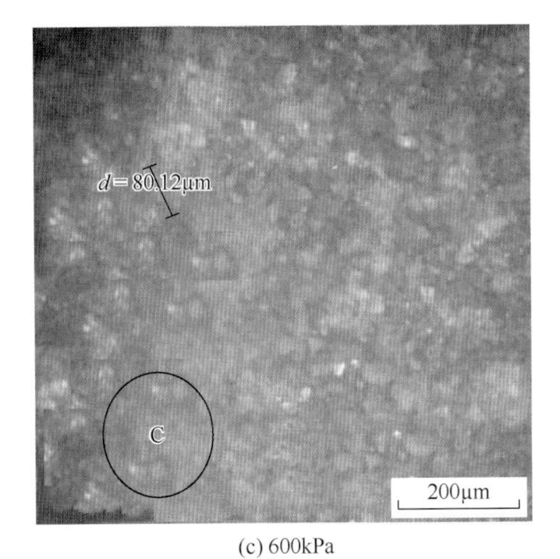

(c) 600kPa

图 9.15　3 次荷载稳定后 97.4mm 处尾矿细观结构

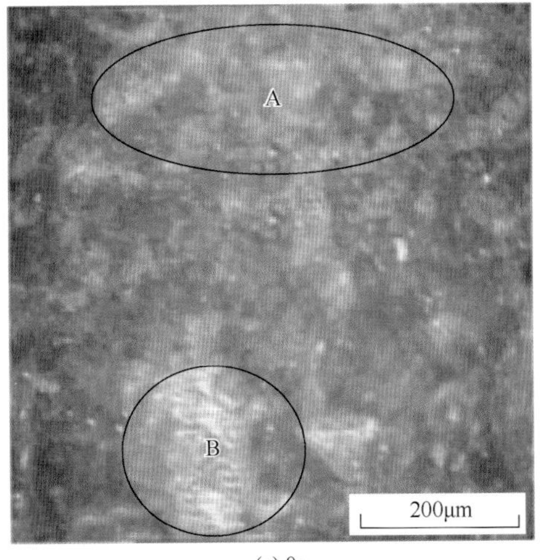

(a) 0s

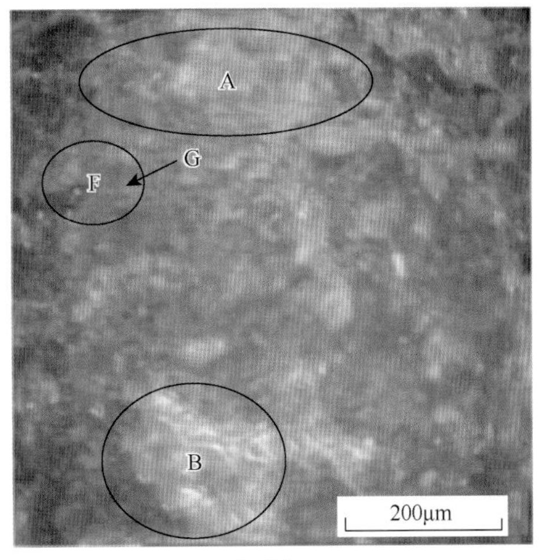

(b) 20s

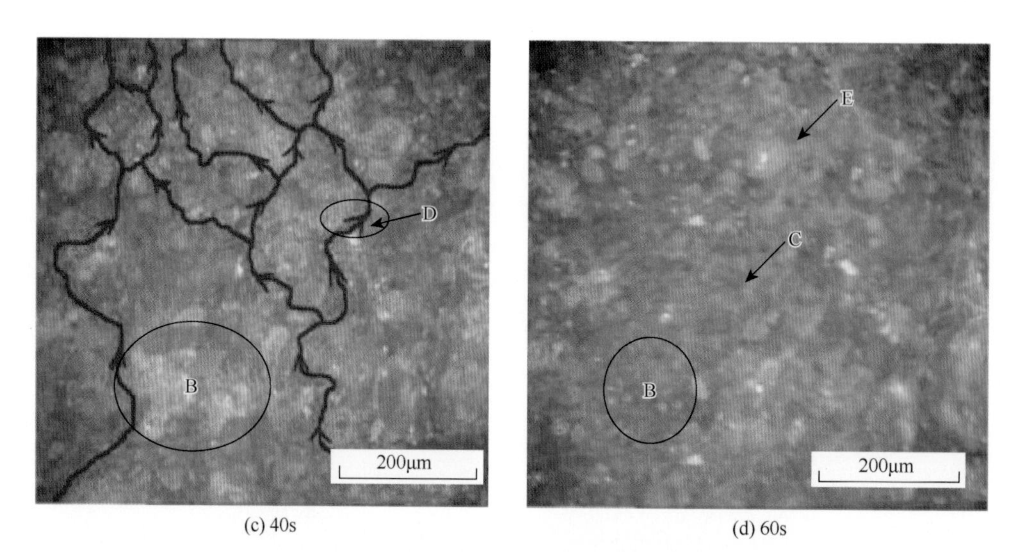

(c) 40s　　(d) 60s

图 9.16　400kPa 荷载作用过程中 126.2mm 处尾矿细观结构

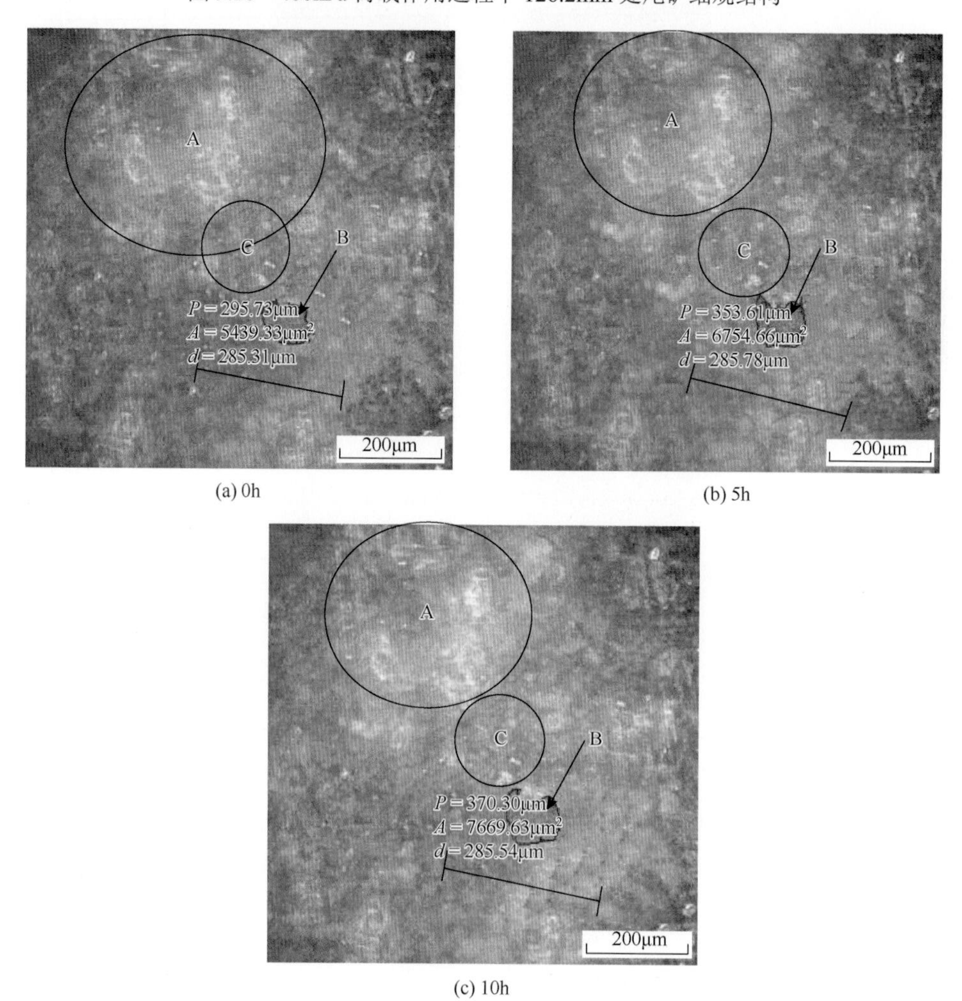

(a) 0h　　(b) 5h

(c) 10h

图 9.18　排水过程中 74.9mm 处尾矿细观结构

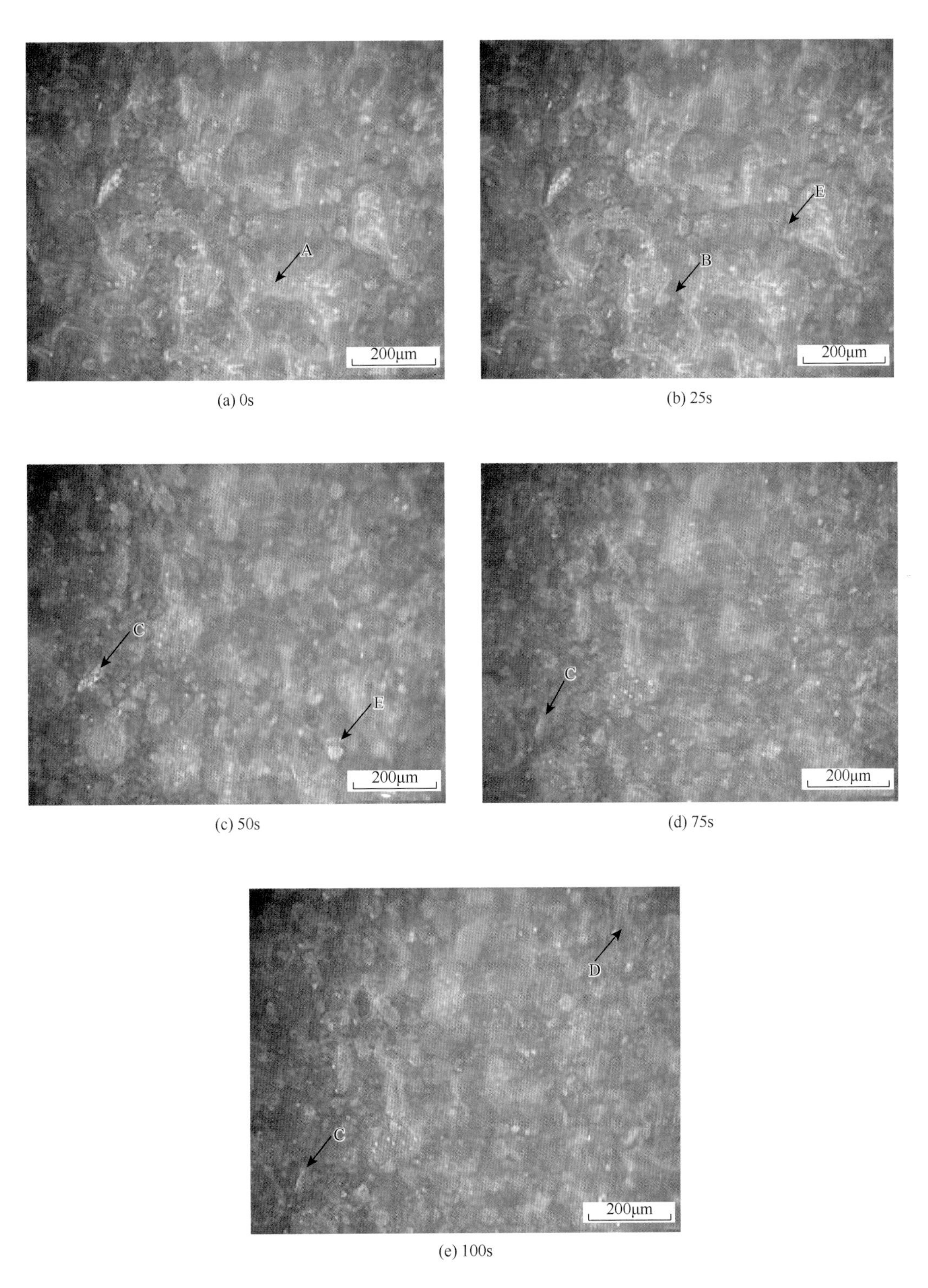

图 10.18　100.7mm 处 600kPa 荷载过程中尾矿细观结构

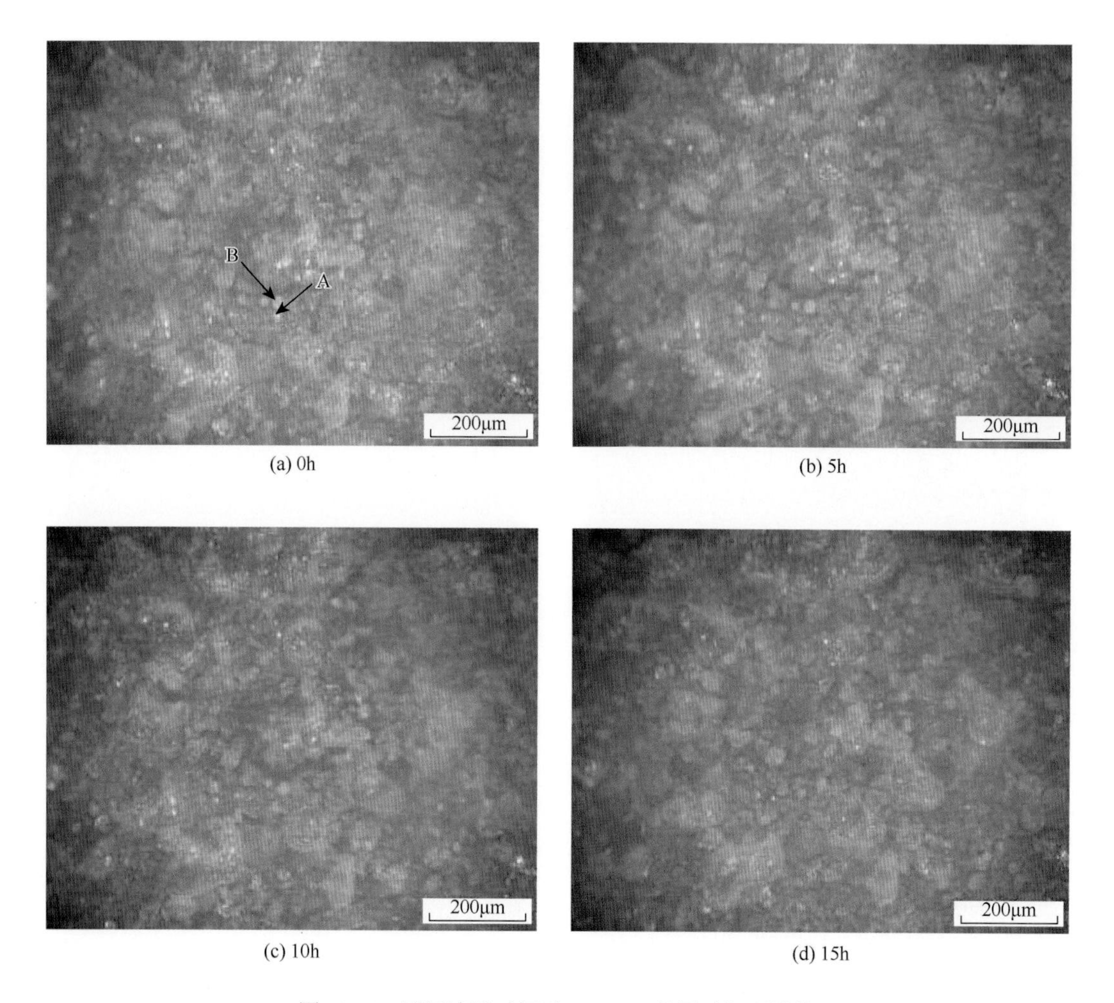

(a) 0h (b) 5h

(c) 10h (d) 15h

图 10.19　不同渗透时间后 99.8mm 处尾矿细观结构

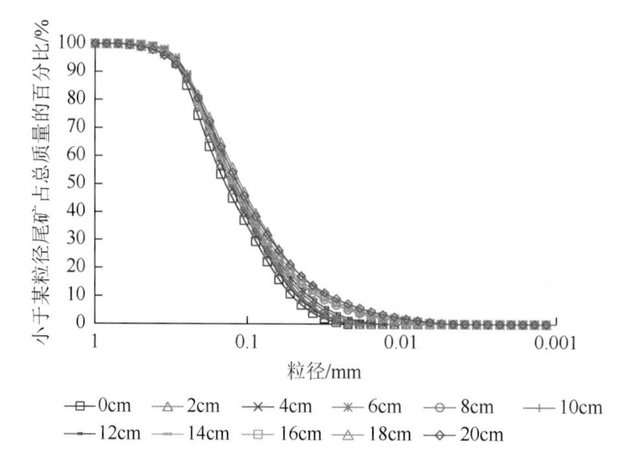

图 10.22　试验后尾矿颗粒级配曲线

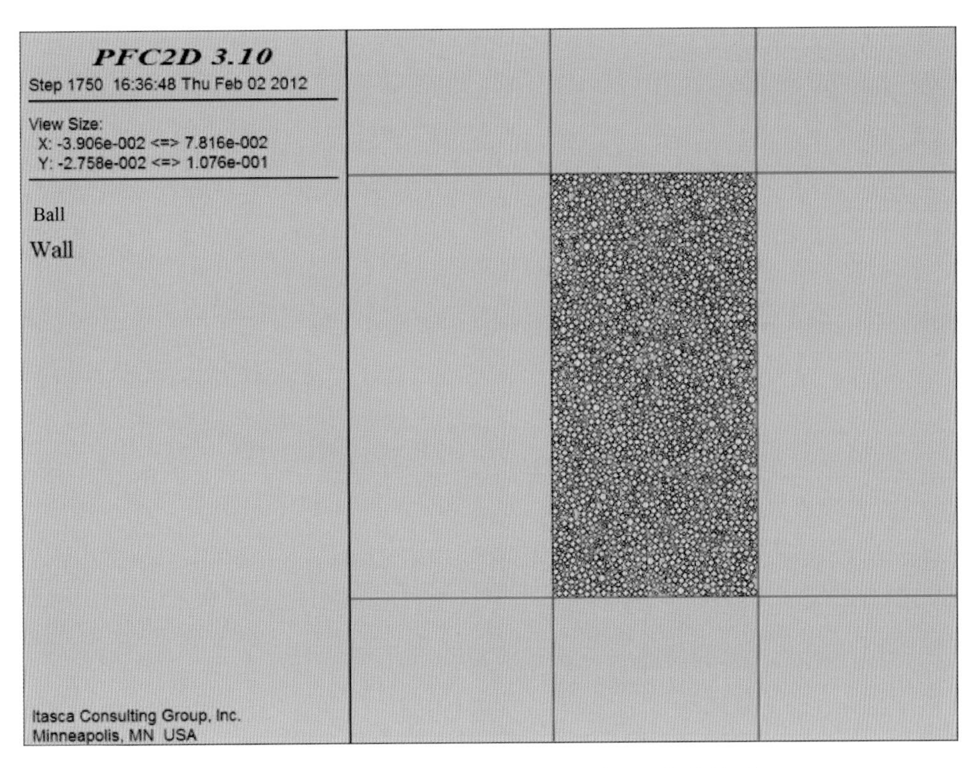

图 11.16 双轴数值模拟试验颗粒初始平衡状态模型

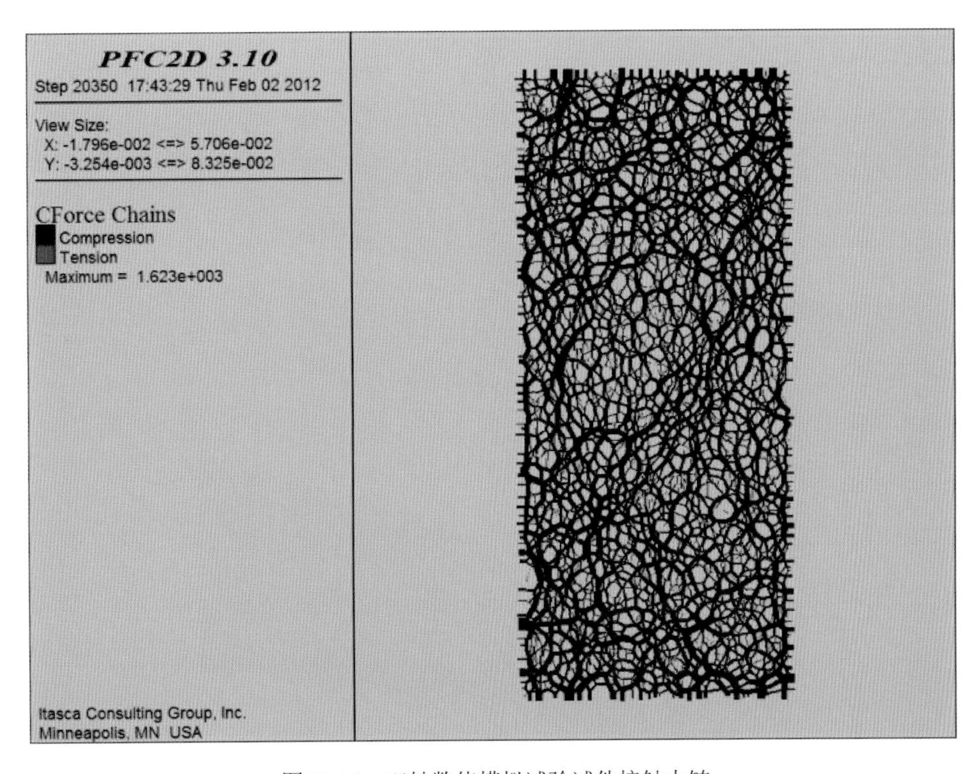

图 11.17 双轴数值模拟试验试件接触力链

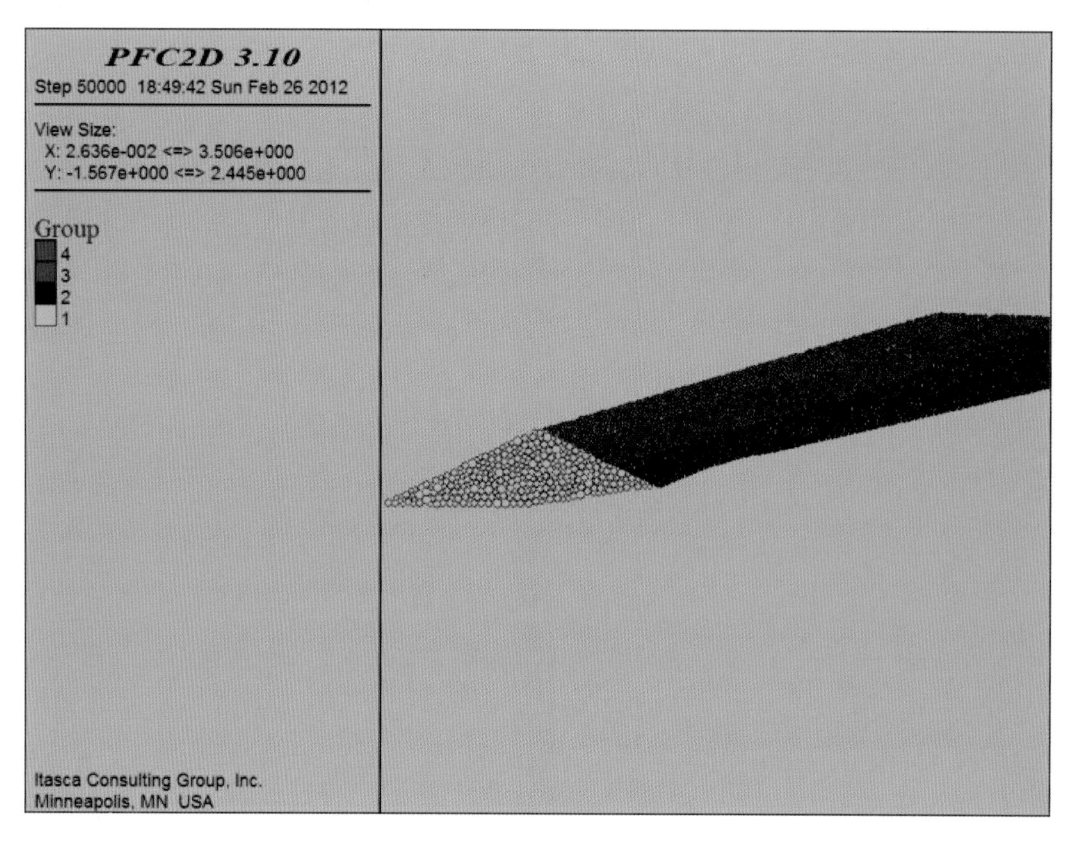

图 11.23　尾矿库初始平衡模型

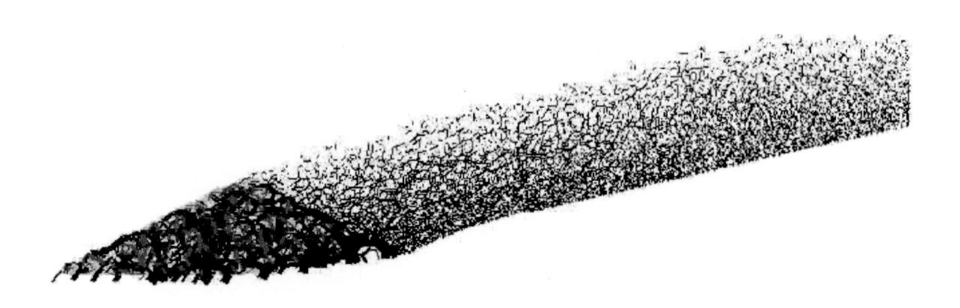

图 11.24　尾矿坝颗粒接触力分布

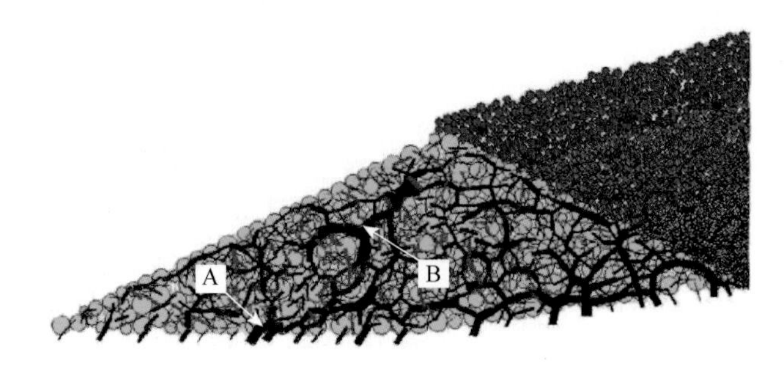

图 11.25　初期坝接触力分布

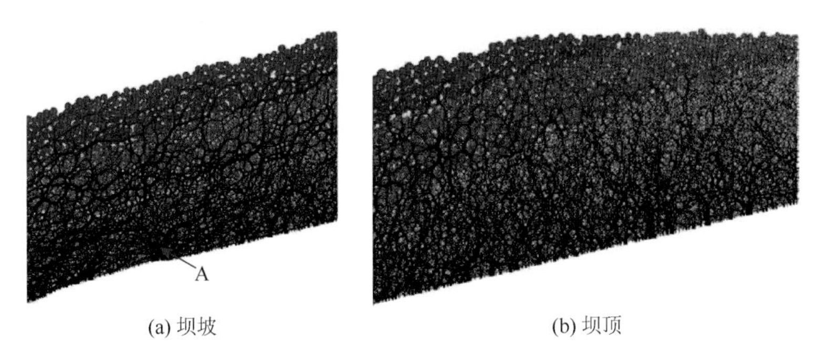

(a) 坝坡　　　　(b) 坝顶

图 11.26　子坝接触力分布